内 容 提 要

　　本教材共分上下两篇。上篇为果树生产基础，主要内容包括果树生产概述、果树育苗技术、果园建立技术、果园管理技术等；下篇为果树生产技术，主要介绍了柑橘、龙眼、荔枝、香蕉、菠萝、芒果、枇杷、梨、葡萄、猕猴桃、桃、李、柿、番石榴、毛叶枣等 15 种南方常见果树与特色果树的主要种类、优良品种、生物学特性和主要生产技术。每个树种介绍了育苗建园、土肥水管理、树体管理及果实采收等内容，其中南方普遍栽培的果树如柑橘、龙眼、荔枝等还总结介绍了周年生产技术。各篇中以果树的相关知识与实训内容组成模块，每个模块设有模块摘要和核心技能，每个模块又分若干子模块，子模块由目标任务、相关知识、实训内容等内容组成，模块的最后设置了教学建议及思考与练习。这样的编写结构利于开展理论实践一体化教学，利于学生强化技能、掌握技术，熟悉知识。教材内容先进实用，通俗易懂，可作为南方中等职业学校果蔬花卉生产等相关农类专业的专业教材，也可作为从事果树生产与经营人员的实用参考书。

中等职业教育国家规划教材
全国中等职业教育教材审定委员会审定
中等职业教育农业部规划教材

果树生产技术

南方本

第二版

覃文显　陈　杰　主编

中国农业出版社

第二版编审人员

主　编　覃文显　陈　杰

参　编　黎德荣　温伟君

审　稿　潘文明

第一版编审人员

主　编　潘文明

参　编　张　健

主　审　侯　敏

为了贯彻《中共中央国务院关于深化教育改革全面推进素质教育的决定》精神，落实《面向 21 世纪教育振兴行动计划》中提出的职业教育课程改革和教材建设规划，根据教育部关于《中等职业教育国家规划教材申报、立项及管理意见》（教职成〔2001〕1 号）的精神，我们组织力量对实现中等职业教育培养目标和保证基本教学规格起保障作用的德育课程、文化基础课程、专业技术基础课程和 80 个重点建设专业主干课程的教材进行了规划和编写，从 2001 年秋季开学起，国家规划教材将陆续提供给各类中等职业学校选用。

国家规划教材是根据教育部最新颁布的德育课程、文化基础课程、专业技术基础课程和 80 个重点建设专业主干课程的教学大纲（课程教学基本要求）编写，并经全国中等职业教育教材审定委员会审定。新教材全面贯彻素质教育思想，从社会发展对高素质劳动者和中初级专门人才需要的实际出发，注重对学生的创新精神和实践能力的培养。新教材在理论体系、组织结构和阐述方法等方面均作了一些新的尝试。新教材实行一纲多本，努力为教材选用提供比较和选择，满足不同学制、不同专业和不同办学条件的教学需要。

希望各地、各部门积极推广和选用国家规划教材，并在使用过程中，注意总结经验，及时提出修改意见和建议，使之不断完善和提高。

教育部职业教育与成人教育司

2001 年 10 月

[第二版前言]

　　《果树生产技术》（南方本）是中等职业学校果蔬花卉生产、现代农艺等相关种植类专业的专业课程之一，根据教育部颁教学大纲和现代职业教育理论，本教材在传统技术的基础上，吸收了最新果树生产技术编写而成的。在编写过程中，坚持以提高学生全面素质为出发点，把知识的传授与技能的培训结合起来，理论力求简化，语言力求通俗易懂，内容力求科学规范，并注重图文并茂，使教材简单易学。

　　本教材共分上下两篇，上篇为果树生产基础，主要包括果树生产概述、果树育苗技术、果园建立技术、果园管理技术等几个方面的内容。下篇为果树生产技术，主要介绍了南方常见果树与特色果树的主要种类、优良品种和生物学特性，以及主要生产技术。在内容选择上，除了传统的南方果树柑橘、龙眼、荔枝、香蕉、菠萝、芒果、枇杷等常绿果树与草本果树外，还选择了近几年来在南方发展较快的落叶果树，如桃、李、柿、葡萄、猕猴桃等以及发展快、效益好的果树番石榴、毛叶枣。鉴于编写篇幅所限，黄皮、草莓、杨梅等以及栽培范围较窄的椰子不列入编写内容中，各校可根据当地果树栽培情况选择、补充教学内容。各篇中以果树的相关知识与实训内容组成模块，每个模块设有模块摘要、核心技能等内容，每个模块又分若干子模块，子模块由目标任务、相关知识、实训内容等组成，模块的最后是教学建议、思考与练习。这样的编写结构有利于开展理论实践一体化教学，利于学生强化技能、掌握技术，熟悉知识。

　　本教材由覃文显、陈杰主编，覃文显负责统稿，黎德荣、温伟君参编。具体编写分工如下：覃文显编写模块二中的模块2—6，模块四，模块九，模块十，模块十一，模块十八，模块十九；陈杰编写模块一，模块三，模块五，模块十二，模块十五，模块十六；黎德荣编写模块二中的模块2—1至2—5、2—7，模块十三，模块十四，模块十七；温伟君编写模块六，模块七，模块八。

　　全书由潘文明主审，并提出宝贵意见。教材在编写过程中，得到了广西农业职业学院傅秀红、山西省原平农业学校马骏的帮助与支持，书中大部分图片由广西百色农业学校苏子贵老师绘制，教材在编写过程中参阅、引用了有关专家的资料，在此一并表示真诚的谢意！

　　本教材主要供南方中等职业学校相关专业的使用，同时也可以作为农民培训的教材，以及果树生产技术人员的学习参考资料。

　　限于编者水平有限，加上时间仓促，本教材不足之处恳请广大师生及各位读者提出意见，以便进一步修改完善。

编　者

2012 年 5 月

[第一版前言]

　　《林果生产技术》（南方本）是中等职业学校三年制种植专业的专业课程之一，根据教育部农业职业教育教学指导委员会对人才培养目标和专业现代化建设的要求，坚持以提高全面素质为基础，把知识传授和能力培养紧密结合，理论以"够用"为度，教材体系采用单元结构，各单元有学习目标、学习提示、实验实训、复习思考、科普写作、观察记载等。编写过程中力求做到专业内容科学规范，注重图文并茂，使学生乐学。

　　由于我国幅员辽阔，自然条件复杂，果树种类繁多，尽管我们在编写时已经分南方本和北方本，但仍然还有地域性的差异。因此，在采用本教材教学时，必须因地制宜，适地适栽，根据各地区的条件和生产特点，有所侧重。

　　本教材由苏州农业职业技术学院潘文明高级讲师主编，江苏省常熟市农副职业中学张健一级教师参编，广东省梅州农业学校侯敏高级讲师主审，在编写过程中，得到农业职业教育教学指导委员会和中国农业出版社的指导，得到山西省原平农业学校马骏高级讲师、北京农业职业学院宋丽润校长助理、江苏省常熟农副职业中学田妹华、钱洪英老师的帮助和支持，苏州农业职业技术学院多媒体课件制作室赵军、蒋春老师协助编排教材。刘延平、龚维红老师绘制了部分插图。苏州农业职业技术学院的领导对于教材的编写给予了大力支持和关怀。在此一并表示衷心感谢！

　　限于编者的水平和时间的仓促，本教材肯定有不足之处，敬请广大读者给予指正。

编　者

2001.7

[目 录]

上 篇

果树生产基础

模块一 果树生产概述

◆ **模块摘要**：了解我国果树生产在农业生产中的地位、意义及发展前景；掌握本课程的学习内容及方法。

◆ **核心技能**：果树及果树生产的含义；果树生产的作用；果树生产的发展；本课程的学习方法。

【目标任务】 通过了解当地果树生产的情况及在当地经济发展中的地位，熟悉果树生产经营的形式，掌握本课程的学习方法。

【相关知识】

一、果树生产的意义

农业是国民经济的基础，果树生产是农业生产的一个重要组成部分。随着我国经济的快速发展，特别是在党的十五大以来，农业生产的优惠政策争相出台，大大推进了社会主义新农村建设的发展。农业生产的条件不断改善，大力推进科教兴农，发展高产、优质、高效农业。积极发展农业产业化经营，推进农业向商品化、专业化、规模化、现代化转变。

目前，我国果树栽培面积逐年扩大，优良栽培品种逐年增多，果品的品质和产量迅速提高，在不断满足人们日常生活需求的同时，对外贸易也占有相当份额，对促进农村经济建设、增加农民收入起到了积极和直接的作用。

栽培果树经济价值高，收益期长，而且不少果树对种植土壤及气候条件要求不严，管理容易，投入少，产出高。充分利用不同地区不同类型的土地资源，选择适宜的果树栽培，进行科学的多种经营，已成为不少农民和农林院校毕业生就业、创业的重要途径。

（一）果树与果树生产的含义

1. 果树 果树是一种经济作物，属于园艺作物的一部分。大多数果树为木本植物，少数为草本植物，如草莓、香蕉、菠萝等。一般来说，果树是指能生产食用的果实、种子及其衍生物的多年生植物。

2. 果树生产 果树生产是人们为获得优质果品，按照一定的管理方式，对果树及其环境采用各类技术的过程，包括苗木培育、果园建立、果树栽培、育种、病虫害防治、果实的贮藏、加工、运输、销售等各个环节，完成了从生产到消费的整个过程。这些环节是相互联系、相互制约的，只有各个环节间相互配合而且畅通，才能搞好和发展果树生产。

果树产业是果树生产链条的延伸，是以果品升值、经济增效为核心，由多领域、多行业、多学科共同参与的系统性综合化产业。它包括果树资源的开发利用、品种培育、生产技术研究、果园综合利用、果品加工与贮藏、果品贸易以及直接为其服务的其他行业。因此，果树生产必须以科学研究为基础，技术创新为核心，市场需求为导向，社会服务为支撑，并尽可能延伸产业链，提高商品率，获得最佳效益。

（二）果树生产的作用

1. 果树生产在国民经济中的作用

（1）农业是国民经济的基础，果树是农业的重要组成部分。随着人民生活水平的提高与国民经济结构的转变，果品生产变得日益重要，它对振兴农村经济、繁荣市场、发展外贸和提高人民生活水平都具有重要意义。

（2）发展果树生产不仅能因地制宜利用山地、丘陵、旱塬和沙荒，也有利于保持水土与改善生态环境，使这些地能得到充分利用，农民尽早脱贫致富。

2. 果树产品的营养、医疗、保健作用

（1）果品营养丰富，富含各种营养物质，如糖、蛋白质、脂肪、果酸、多种维生素、食物纤维及各种矿质元素。果品已经成为人们生活的必需品。

（2）许多果品中的活性物质可预防与治疗疾病，具有开胃、助消化、润肺止咳等医疗效果，能促进人体生长、发育和健康、长寿。

3. 提供加工原料　果品除可鲜食外，还可进行加工，制成罐头、果酒、果干、果酱、果脯、蜜饯、果汁等产品，其副产品还可提炼有效成分，如柠檬皮可提取香精，核桃壳可制取活性炭，这些都是轻工业原料。一些果树还可用于木材加工，综合利用，增加收益。

4. 果树的环境生态效益　果树还是城市、乡村绿化美化环境的好树种，能起到改善生态环境，促进人类身心健康的作用（如观光旅游果园）。

二、果树生产的历史、现状及发展趋势

我国果树栽培历史悠久，根据史料记载，距今 3000 年前就已经开始果树栽培及驯化工作，如桃、梅、李、杏、樱桃、枣、柿等果树，在春秋以前就有栽培，战国时已盛行栽培柑橘。北魏·贾思勰的《齐民要术》（533—544 年）对果树的繁殖、栽植及管理，以及果品的贮藏与加工都有较详细的记载，特别对梨树的嫁接技术记载更为详尽。宋代韩彦直的《橘录》（1178 年）是我国最早的一部柑橘专著，记载了柑橘的种和品种 27 个，对柑橘品种的特性、栽培技术、果品的贮藏与加工具有详细的论述。《橘录》是世界上第一部完整的"柑橘栽培学"。从古代的文献资料考证：充分说明了我国果树栽培历史悠久，果树资源丰富；同时，也说明我国古代的果树栽培技术具有很高的水平。

我国土地辽阔，气候条件复杂，自然环境优越，果树资源丰富，许多有经济价值的果树都原产于我国，例如广东的新会橙、四川的鹅蛋柑、浙江黄岩本地早、江西南丰蜜橘、广西沙田柚、山东莱阳梨、天津鸭梨、新疆无核白葡萄等。这些资源在世界各国的果树育种工作中，都发挥了积极的作用。

据世界粮农组织统计，2007 年世界水果总产量（不含瓜类）达 49 971.1 万 t，中国产量居首位，达 9 441.8 万 t，占世界水果总产量的 18.9%。其次是印度 5 114.2 万 t，巴西 3 681.8 万 t，美国 2 496.2 万 t。我国主产苹果、柑橘、梨、桃、香蕉与葡萄，印度主产香蕉、柑橘和苹果，巴西主产柑橘、香蕉，美国主产柑橘、苹果、葡萄和桃。世界水果总产量

以柑橘最高，2007 年已达到 11 565.1 万 t，其次是香蕉 8 126.3 万 t，葡萄 6 627.2 万 t，苹果 6 425.6 万 t。2007 年，我国人均水果占有量达 71.5kg，接近世界人均 75.7kg 占有量的水平。2007 年，世界水果总面积为 47 144.4 万 hm²，而中国水果总面积为 958.7 万 hm²，占世界水果总面积的 20.3%，居世界第一位。中国人均水果面积为 72.6m²，超过世界人均 71.4m² 的水平。在具体树种中，苹果、柑橘、梨、桃、柿子、胡桃、板栗等面积为世界第一；芒果面积为世界第二，而葡萄、草莓、菠萝、橄榄、椰子、无花果、杏子等面积较小，低于许多国家。全国约有 350 个县（区、市）果园面积超过 6 700 hm²，其产量与产值占全国的 55% 左右。

当前，世界果树发展的新趋势是：采用常规和先进的技术手段结合培育新品种（类型），高产、优质、标准化生产、抗病虫、抗逆境、耐贮藏和具有特殊性状是果树育种的目标。品种更新速度加快，周期缩短，优新品种能较快地应用于生产，转化为生产力。矮化密植集约化栽培，已成为果树发展的总趋势，主要途径是应用矮化砧木，采用短枝型、紧凑型品种，使用矮化植株的技术。无病毒化栽培，以充分发挥树体的生产潜力。良种栽培区域化、基地化，形成大量优质的拳头产品，打开国际市场。广泛使用化学调控技术，加强采后研究，采用气调等先进的贮藏技术，与包装、运输等组配成完善的果品流通链，实现优质鲜果周年供应。

三、果树生产存在的问题及对策

与先进国家比，我国果树品质差、单产低。我国人均果品占有量也仅为世界人均占有量的一半，但一些地区已出现卖果难问题。

1. 果品质量差　在市场上表现是果个大小不一，形状欠整齐、果面着色差、病斑、挤压碰伤、肉质发面、味淡、偏酸、香气不足等。据统计：优质柑橘产量不到总产量的 30%，高档果产量不到总产量的 50%。其原因是多方面的，除栽培管理和缺乏优良品种之外，主要是普遍早采，如脐橙，我们多数果园生产不出果面着色好、果形整齐、品质优良的果品，有的果园在正常成熟前 15～30d 就采收上市，着色差，品质差，经人工上色上市；芒果提前采收、后熟或人工催熟上市。

2. 单产较低　全国水果平均单产长期徘徊在 200～300kg，1998 年虽达历史最高，也只及中等发达国家的 40% 左右。如苹果，美国加州单产 2 200kg，我国不到 400kg。

3. 消费方式单一　我国果品加工量占总产量的 5%～10%，90% 以上鲜食，而世界上果品鲜食与加工的比例大约为：柑橘 63∶35，苹果 70∶30。近年尽管引进果汁等加工生产线，但由于缺乏适合加工专用优良果品原料，加上技术、组织管理跟不上，加工品质量不高，价格贵，销量少，出口竞争力不强。

针对我国果树生产存在的上述问题，面对国内外市场对果品的需求，应大力依靠科技进步发展果品业：①以市场经济为导向，使果树生产适应国内外市场的变化。逐步实现果树生产和科技成果产业化，建立技术密集型的果树企业，提高果农文化和科技素质。使果树业由传统农业向商品化、专业化、现代化方向转变。②要转变大部分果园广种薄收、高投入、低产出的现状，加强对现有低产园的改造，提高单产和品质。应用现有果树生态区划的研究成果，因地制宜，发挥优势，适当集中，发展名优品种，建立优质果树商品基地。改进栽培技术，实现以矮化密植为中心的现代集约化栽培，充分利用国外先进技术，并与国内已取得的成果组装配套，形成规范化、系列化、实用化的生产技术。③进一步对丰富多彩的种质资源进行鉴定。研究并加速利用，通过基因重组（常规育种或生物工程），培育优质、高产、多抗新品种（或类型），以充分挖掘和开发生物本身的潜力。④应用细胞工程技术，建立无病毒良种组培苗木的繁育和推广体系，实现果树无病毒良种化栽培。借助生物工程技术，将特殊性状的基因进行遗传转化或重组，选育自然界未存在的优质、多抗、高产新品种。⑤果树生产逐步向股份合作制、股份制过渡，实现规模经营。在建立农村社会服务体系过程中，注意完善果树生产中产前、产后的服务，特别是流通销售、包装贮运和加工等产后服务，实现农工商三位一体，统一经营管理，以提高果树生产的商品率和果品的附加值。

四、本课程主要学习内容及学习方法

本教材共分上、下两篇。上篇果树生产基础主要包括果树生产概述、果树育苗技术、果园建立技术、果园管理技术等几个方面的内容。下篇主要果树生产技术介绍了柑橘、龙眼、荔枝、香蕉、菠萝、芒果、枇杷、梨、葡萄、猕猴桃、桃、李、柿、番石榴、毛叶枣等15种南方果树的主要种类、优良品种、生物学特性栽培生产技术。每个树种的主要生产技术介绍的是育苗建园、土肥水管理、树体管理及采收等技术，其中南方普遍栽培的果树如柑橘、龙眼、荔枝等还总结介绍了周年生产技术。各篇中以果树的相关知识与实训内容组成模块，每个模块先有模块简介、核心技能等内容，然后每个模块分若干子模块，每子模块由目标任务、相关知识、实训内容等组成，模块中最后是教学建议、思考与练习。这样的编写结构利于开展理实一体化教学，有利于学生强化技能、掌握技术，熟悉知识。教材内容先进实用，通俗易懂，可作为南方中等职业学校果蔬花卉生产等相关农类专业的专业教材，也可作为从事果树生产与经营人员的实用参考书。

实 训 内 容

一、布置任务

了解当地果树发展状况，当地主要果树种类、品种的发展前景，以及存在的问题。

二、准备材料

选定当地经营较好的果园，开展果树生产经营形式的调查。

三、开展活动

走访当地相关业务部门、查阅相关资料、参观当地果园。

【教学建议】可根据具体条件，开展实地果园经营形式的调查，通过走访或参观当地果园，了解果树生产经营的形式。开展实习前，在实习教师的指导下，可先将学生分组，并分配调查内容。调查后安排讨论，进行资料汇总，通过分析评价，写出果树生产经营形式的调查报告。

【思考与练习】
1. 根据调查结果，写出果树生产经营形式的调查报告。
2. 通过实习，你认为"要发展果业，调整果品结构，实现规模经营，创建地方果品特色，打造果品品牌，提升果品效益"应从哪些方面去思考？

模块二　果树育苗技术

◆ **模块摘要**：本单元学习了解果树育苗的意义、方式及苗圃地选择规划，嫁接苗的繁殖原理及关键操作技术，其他类型苗木培育的主要繁殖技术。操作实训并熟练掌握果树常见的嫁接技术和扦插技术。

◆ **核心技能**：嫁接技术，扦插技术。

模块 2－1　育苗基础

【**目标任务**】了解育苗的意义与掌握育苗方式；掌握苗圃地的选择与规划。

【**相关知识**】果树苗木繁殖是果树生产的基础，果树栽培从育苗开始，果树苗木质量的好坏，直接影响到建园的效果和果园的经济效益。因此，培育品种纯正、砧木适宜的优质苗木，是果树育苗的基本任务，也是果树早结果、丰产、优质和高效栽培的前提条件。果树育苗就是根据国家规定的良种繁育制度，培育一定数量、适应当地自然条件、丰产优质的苗木，以满足发展果树生产的需要。果树育苗应以环境良好、设施先进的苗圃为场所，并根据市场对苗木类型和质量的要求，选择育苗方式，采用相应的育苗技术培育良种壮苗。

一、苗木类型

根据繁殖的方法和材料的不同，果树苗木分为实生苗、嫁接苗和自根苗3种类型。

1. 实生苗　由种子播种长成的苗木称为实生苗。

（1）实生苗的优点。①繁殖方法简便，容易掌握；②种子来源广，便于大量繁殖；③根系发达，有主根，适应性广、抗性强，寿命长；④种子不带病毒，在隔离的条件下育成无毒苗。

（2）缺点。后代变异性大、有童期，结果晚。

（3）利用：①用作栽培苗，如胡桃、板栗、榛子等；②用于砧木繁殖；③培育优良品种，杂交苗培育及育种。

2. 嫁接苗　嫁接是将一株植物的枝段或芽等器官或组织，接到另一株植物的枝、干或根等的适当部位，使之愈合形成一个新的植株，经过愈合而形成的独立植株，称为嫁接苗。这个枝段或芽称为接穗，承受接穗的部分称为砧木。一般的嫁接植株仅由砧木和接穗组成，有时也由三部分构成，在砧、穗的中间部分有一段"中间砧"。嫁接繁殖是果树生产中应用最广泛的方法。

（1）嫁接苗的优点。①保持接穗品种的优良性状；②可利用砧木的优良特性如矮化、抗性、适应性等；③便于大量繁殖；④可以保持和繁殖营养系变异，促进杂交幼苗早结果，早期鉴定育种材料；⑤高接换优，救治病株；⑥无童期，结果早。

（2）缺点：①有些嫁接组合不亲和；②对技术要求较高；③传播病毒病。

（3）利用：①苗木繁殖；②品种更新；③树势恢复。

3. 自根苗　自根繁殖主要是利用果树根、茎、叶等营养器官的再生能力（细胞全能性），萌发新根或新芽而长成一个独立的植株。能否进行自根繁殖关键是茎上是否易发不定根；根上是否易发生不定芽。这种能力与树种在系统发育过程中形成的遗传特性有关。自根繁殖主要包括：扦插、压条、分株、组织培养等。

（1）自根苗特点：①变异小，能保持母株优良性状，遗传稳定；②无童期。与实生苗相比：根系浅，抗性较差，适应性较弱，寿命短；繁殖系数较小。

（2）利用。①用于果苗繁殖；②用于砧木繁殖。

二、育苗方式

果树育苗方式的多样化、综合化及工厂化是现代种苗业发展的基本特征，也是现代农业科学技术不断发展和市场导向的必然结果，除传统的露地育苗外，还有保护地育苗、容器育苗和组培育苗等方式。

1. 露地育苗（常规育苗）　果苗繁殖的整个过程或大部分过程都在露地进行，在苗圃修筑苗床，将繁殖材料置于苗床内培育成苗的方法，称为露地育苗。此法是当前主要的育苗方式，设备简单、生产成本低，适用于大量育苗，应用普遍。但受环境影响大。

2. 保护地育苗　利用保护设施，在人工控制的条件下培育苗木的方法。此方法可调控温、湿、光，提高成苗率和苗木质量，加快繁殖速度。保护设施可用于整个育苗周期，也可用于某个生育期。保护设施类型：一是调节地温的设施，如地热装置、酿热物、地热线、地膜覆盖等；二是调节地温、气温设施，如塑料拱棚、温床、温室、大棚等；三是降温、遮光设施，如地下式棚窖、阴棚、弥雾等。

3. 容器育苗　容器育苗是在各种容器中装入配制好的营养基质进行育苗。具有便于人为控制和集约化生产，能随时带土定植等优点。常用的容器类型包括纸袋、蜂窝式纸杯、塑料薄膜袋、塑料钵、育苗专用盘、瓦盆、泥炭盆等。

4. 组培育苗　组培育苗（工厂化育苗）全称为植物组织培养育苗，是在无菌条件下，在培养基中接种果树的组织和器官，经培养增殖形成完整植株的繁殖方法。此方法具有繁殖速度快、繁殖系数高、占地空间小的特点，适合工厂化生产。组织培养在果树生产上主要用于快速繁殖自根苗，脱除病毒，培养无病毒苗木，繁殖和保存珍贵果树良种等领域。

三、苗圃地的选择与规划

（一）苗圃地的选择　苗圃地的选择主要考虑地理位置和农业环境条件两方面因素。从经营效益出发，苗圃应位于果树供求中心地区，交通便利，可降低运输的费用和损失，同时，育成的苗木能适应当地环境条件。果树育苗地的选择，应按当地情况，选择背风向阳、地势较高、地形平坦开阔（坡度在5°以下）、土层深厚（50~60cm）、保水及排水良好、灌溉方便、疏松肥沃的中性或微酸性的沙壤土、壤土，以及风害少、无病虫害的地方，有利于种子萌发、插条生根及幼苗生长发育。过于黏重、瘠薄、干旱、排水不良或地下水位高以及含盐量过多的地方，都不宜作苗圃地。苗圃地形要整齐，以便日常管理。

（二）苗圃的规划　苗圃的规划要因地制宜，充分利用土地，提高苗圃工作效率，安排好道路、排灌系统和房屋建筑，并根据育苗的多少，分为专业大型苗圃和非专业性苗圃。

1. 专业大型苗圃的规划

（1）生产管理用地。生产管理用地依据果园规划，本着经济利用土地，便于生产和管理的原则，合理配置房屋、温室、工棚、肥料池、休闲区等生活及工作场所。

（2）道路、排灌设施。道路规划结合区划进行，合理规划干道、支路、小路等道路系统，既要便于交通运输，适应机械操作要求，又要经济利用土地。排灌设施结合道路和地形统一规划修建，包括引水渠、输水渠、灌溉渠、排水沟组成排灌系统，两者要有机结合，保证涝时能排水，旱时能灌溉。

（3）生产用地。专业性苗圃生产用地由母本区、繁殖区、轮作区组成。

母本区是指提供优良繁殖材料的苗圃地。繁殖材料指的是用作育苗的种子、接穗、芽、插条、根等。母本园一般分为品种母本园、无病毒采穗园和砧木母本园等。母本园的主要任务，是提供繁殖苗木所需要的接穗和插条，这些繁殖材料以够用为原则，以免造成土地浪费，如果这些繁殖材料在当地来源方便，又能保证苗木的纯度和性状，无检疫性病虫害，也可不设母本区。

繁殖区也称育苗圃，是苗圃规划的主要内容，应选用最好的地段。根据所培育苗木的种类可将繁殖区分为实生苗培育区、自根苗培育区和嫁接苗培育区。也可按树种分区，如柑橘育苗区、梨育苗区、桃育苗区和葡萄扦插育苗区等。为了耕作方便，各育苗区最好结合地形采用长方形划分，一般长度不短于 100m，宽度为长度的 1/3～1/2。如受立地条件限制，形状可以改变，面积可以缩小。同树种、同龄期的苗木应相对集中安排，以便于病虫防治和苗木管理。

同一种苗木连作，常会降低苗木的质量和产量，故在分区时要适当安排轮作地。一般情况下，育过一次苗的圃地，不可连续再用于育同种果苗，要隔 2～3 年方可再用，不同种果苗间隔时间可短些。轮作的作物，可选用豆科、薯类等。

2. 非专业苗圃的规划 非专业苗圃一般面积比较小，育苗种类和数量都比较少，可以不进行区划，而以畦为单位，分别培育不同树种、品种的苗木。

实 训 内 容

一、布置任务

调查当地果树育苗情况，了解当地主要果树育苗状况及存在问题，有针对性地提出解决问题的措施。

二、准备材料

学校或学校附近的果园苗圃，苗木销售市场，记载工具等。

三、开展活动

1. 走访当地相关业务部门、查阅相关资料、参观当地苗圃、苗木销售市场。
2. 了解当地主要果树苗木的类型、生产成本、价格、销售情况等。

3. 了解当地主要果树苗木育苗的方式，技术含量。

【教学建议】

1. 学生根据学校所在地或家乡果树苗木的生产销售状况，选择有实用价值的项目进行调查。

2. 苗圃地的选择规划可采用模拟规划或调查现有苗圃的方式进行。

【思考与练习】

1. 果树苗木生产或销售调查报告，完成表2-1。

2. 对当地苗圃进行调查，总结归纳适用于当地的育苗方式。

表2-1　果树苗木生产销售调查表

地点：　　　　　　年份：　　　　年　月　日　　　　记载人：

品　种	苗木产地	苗木价格		生产成本	销售情况	育苗方式	育苗设备	备注
		一级苗	二级苗					

模块 2—2　实生苗的培育技术

【目标任务】了解实生苗的特点和用途，学会种子层积处理的方法和播种技术，熟练掌握培养壮苗的技术。

【相关知识】

一、实生苗的特点及利用

由种子繁殖获得的苗木称为实生苗。实生苗有以下优点：有主根、深根性、根系发达，适应性广、抗性强，寿命长；种子来源广，便于大量繁殖；繁殖方法简便，容易操作；种子不带病毒，在隔离的条件下育成无毒苗。缺点：后代变异性大，优良性状难以保存（异花授粉，后代分离）；有童期，结果晚。因此实生苗主要用作嫁接苗的砧木。也有一些树种如胡桃、板栗、榛子等可直接作栽培苗用。另外，实生苗用于杂交育种中培育优良品种。

二、种子处理与贮藏的意义

种子的处理包括取种、干燥、去杂、除破粒、精选分级及贮藏过程。进行种子处理，一般根据种子大小、饱满程度加以分级，选择粒大、饱满、均匀、无病虫害、不发霉的种子用于沙藏，通过此处理的种子，可提高出苗率，且苗木整齐、生长均匀，方便管理。种子从果实中取出后，适当干燥，贮藏时才不会发霉，一般种子贮藏温度以 0～8℃ 为宜，湿度因树种不同而异，如苹果、梨等仁果类种子要求湿度在 13%～16%，核果类种子要求湿度在 20%～24%，而板栗、银杏、柑橘、龙眼等果树种子的贮藏湿度在 30%～40%。

三、播种的适宜季节

一般分为春播、秋播、随采随播 3 种，具体的播种时间要根据当地的气候、土壤条件和种子特性决定。春播一般在2～3月，大多数落叶果树种子需要经过层积处理（完成后熟）露白后进行，出苗整齐、幼苗生长一致、出苗率高；秋播一般在10月中旬至12月，秋播可省去种子的层积、催芽等工序，且发芽早，但出苗不整齐、出苗率低；大多数常绿果树种子，不需要层积处理，应随采随播，如枇杷在5～6月，龙眼在8～9月（表2-2）。

表2-2 常见果树或砧木播种情况表

树种	采种期（月）	贮藏或层积要求	粒数/kg	播种量（kg/hm²）	播种时期（月）	播种深度（cm）	备注
枳壳	9～10	沙藏	4 400～6 000	450～600	2～3	1～2	播嫩种在7～8月
荔枝	6～7	沙藏催芽	320～400	1 800～3 000	随采随播	2	
龙眼	7～9	沙藏催芽	500～600	1 100～1 500	随采随播	1～2	
湖北海棠	9～10	0～7℃ 30～50d	8 0000～120 000	15～22.5	2～3	2	
沙梨	8～9	0～5℃	20 000～40 000	22.5～30	2～3	2	
毛桃	8	沙藏，80～100d	400～600	450～600	10～11，2～3	5～6	缝合线立放
板栗	9～10	0～5℃，100～180d	120～300	1 500～2 250	2～3月初	4～5	种子平放
枇杷	5～6	沙藏催芽	500～540	750～1 125	随采随播	<1	
胡桃	9～10	沙藏，60～90d	60～100	1 450～3 000	随采随播	6～10	缝合线放
石榴	8～9	沙藏		45～75	3	1.5	

四、播种后的管理

1. 揭去覆盖物 种子萌芽出土后，及时除去覆盖物，一般在种子拱土时揭去，可保证幼苗正常出土。

2. 淋水 注意苗木土壤湿度的变化，如发现表土过干，影响种子发芽出土时，要适时喷水，使表土经常保持湿润状态，可为幼苗出土创造良好条件，忌大水漫灌，以免使表土板结，影响幼苗正常出土。

3. 间苗移栽 幼苗长有2～3片真叶时，密度过大的应进行间苗移栽，间掉病苗、弱苗和畸形幼苗，对生长正常而又过密的幼苗进行移栽。移栽前2～3d要灌透水，以便于挖苗，挖苗时尽量多带土，注意少伤根，最好就近间苗移栽，随挖随栽，栽后及时浇水。

4. 除草与施肥 幼苗出齐后，注意及时除草、松土、施肥和防治病虫害，保持土壤疏松和无杂草，有利于幼苗的健壮生长。

5. 摘心 当幼苗长到30cm左右时，要适时进行摘心，促进苗木加粗，同时除去苗干基部5～10cm的萌蘖，以保证嫁接部位光滑。

实 训 内 容

【实训1】

一、布置任务

1. 种子的采集

2. 种子的处理

3. 种子的贮藏

二、工具、材料准备

当地适用的落叶果树种子或常绿果树砧木种子，洁净河沙、桶、锄头、铲、水瓢等。

三、开展活动

（一）采种及取种　砧木种子应当从品种纯正、生长健壮、抗逆性强、无严重病虫害的成年母株上采集，采集充分成熟、子粒饱满的种子。采种时期要根据果实成熟特征，确定不同砧木树种的采收适期。充分成熟时采收的果实，种仁饱满，发芽率高，生命力强，层积沙藏时不易霉烂；未充分成熟的种子，种仁发育不完全，内部营养不足，生活力弱，发芽率低，生长势弱，不宜采集。

果实采收后，应根据各种果实的特点，取出种子。如仁果类或核果类果实采下以后，凡果肉无利用价值的，可堆放在棚下或背阴处堆积，使果肉、果皮软化。堆积过程中要经常翻动，防止发热损伤种胚，降低种子生活力，堆放7～8d即可用水淘洗取种。果肉可以利用的，可结合加工过程取种。如果在加工过程中果实曾在50℃以上的温水或碱液中处理过，则无取种价值。因为这种种子常会在沙藏过程中霉坏或发芽率不高。

（二）种子的晾干和精选　种子取出后，用清水冲洗干净，漂去空瘪种子，然后，薄薄地摊放在阴凉通风处晾干，以防种子霉烂变质。种子不能受烈日暴晒，暴晒的种子，常因受热过大，失水过快，造成种皮皱缩，使种子失去发芽能力。如限于场所或阴雨天气，则应及时进行人工干燥，一般可在干燥的室内晾干，但温度不宜超过35℃，并且要逐步增温，使种子均匀干燥。含油量高的种子，如核桃等，应先晾晒至充分干燥，然后降温，再贮于冷凉干燥处。含淀粉量大的种子，如板栗等，采收后应立即沙藏，防止失水，才能保证种子的生命力。大多数落叶果树，如砂梨、毛桃、山杏、酸枣、核桃等，宜在晾干后干燥保存，简单常用的保存方法，是将种子装入布袋内或缸、桶、木箱内，放到通风干燥的房屋里，扎好口或盖严盖，以防止种子生虫或受鼠害。大多数常绿果树种子随采随播，如要保存常用湿润的河沙贮藏。

种子晾干后应进行精选分级，筛去杂物，去除破粒，并根据种子大小、饱满程度加以分级。选择粒大、饱满、均匀、无病虫害、不发霉的种子用于沙藏，可使播种后出苗率高，苗木整齐，生长均匀，有利管理。

（三）种子的层积处理

1. **种子和河沙准备**　层积前准备好洁净的种子与河沙，将种子洗净，除去瘪子和杂质。

小粒种子使用河沙的量为种子量的 3～5 倍，大粒种子为 5～10 倍（均按容积计算）。河沙的湿度，以手握成团，但不滴水，放手一碰即散为宜。

2. 层积的方法 根据种子数量及当地气候条件，选择层积方法。

种子量少，可在室内层积。用木箱、桶等作层积容器，先在底部放入一层厚 5～10cm 的湿沙，将准备好的种子与湿沙按比例均匀混合后，放在容器内，在表面再覆盖一层厚 5～10cm 的湿沙（或盖上一层塑料薄膜），将层积容器放在 2～7℃的室内，并经常保持沙的湿润状态。

种子数量较多，在冬季较冷的地区，可在室外挖沟层积。选干燥、背阴、地势较高的地方挖沟，沟的深宽各 50～60cm，长短可随种子的数量而定。沟挖好后，先在沟底铺一层厚 5～10cm 湿沙，把种子与湿沙按比例混合均匀放入沟内（或将湿沙与种子相间层积，层积厚度不超过 50cm），最上覆一层厚 5～10cm 湿沙（稍高出地面），然后覆土成土丘状，以利排水，同时加盖薄膜或草帘以利于保湿。种子数量较多，在冬季不太冷的地区，可在室外地面层积，先在地面铺一层厚 5～10cm 湿沙，再将种子与湿沙充分混合后堆放其上，堆的厚度不超过 50cm，在堆上再覆一层 5～10cm 沙，最后在沙上盖塑料薄膜或覆盖草帘，以利保湿和遮雨。

以上把种子与湿沙按比例混合均匀层积处理称混合层积，也可把种子与湿沙按比例一层沙、一层种子进行分层层积（图 2-1）。

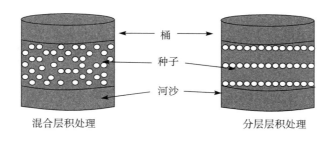

混合层积处理　　　　　　　　　　　分层层积处理

桶

种子

河沙

图 2-1　种子层积处理

3. 应注意的问题 无论采用哪种层积方法，层积完毕后，均应插标签，注明种子名称、层积日期和种子数量。在层积期间要定期检查温度、湿度及通气状况，以防种子霉烂。并注意防止鼠害。春季温度回升，要勤检查翻拌，使种子发芽整齐。如未到播种适期，种子已开始露白，应将种子堆积到背阴冷凉处，延迟种子的发芽。

常绿果树种子不需要通过后熟，播种后可以发芽，应随采随播，若要春播需将种子进行贮藏，目的在于保持种子的发芽力，又使种子的养分损失不至于过多。贮藏方法与层积方法相同，但沙的湿度要小些。

（四）种子的消毒

1. 温水浸种 先在盆中倒入 50～55℃的热水，然后将种子倒入其中，并拿木棍不断搅拌，直至水温降到 30℃左右时，停止搅拌。夏季浸种 6h，冬季为 12h。温水浸种是一种比较安全的种子消毒方法，可有效杀灭附在种子表面和潜伏在种子内部的病原菌。

2. 药剂处理 用药剂处理种子的目的是杀灭附着在种子表面的病原菌。先将种子用清水浸泡 3～4h，再放到药液中进行处理，处理后需用暖和清水冲洗干净。用 0.1% 的高锰酸钾溶液，浸泡 20～30min，可以防治病毒病；用硫酸铜 100 倍溶液，浸泡 5min，可防治炭疽病和细菌性病；用 50% 多菌灵 500 倍溶液浸泡 1h，可以防治枯萎病。

【实训 2】

一、布置工作任务

作畦播种   播种量的计算公式为：每公顷播种量（kg）＝每公顷计划育苗数/（每千克种子粒数×种子发芽数×种子纯洁度）。

二、工具、材料准备

经过层积处理和催芽的砧木种子、锄头、铲、桶、水瓢、覆盖物等。

三、开展活动

1. 整地作畦   育苗地在播种前要撒施基肥并深翻，然后整地作畦。一般每 667m² 地施入优质有机肥 2～3t，过磷酸钙 25～30kg，草木灰 50kg，深翻 30～50cm。深翻施肥后灌透水，水下渗后，根据需要筑垄或作畦：一般垄宽 60～70cm；畦宽 1～1.5m，畦面耙细整成中间稍高的龟背形。为预防苗期立枯病、根腐病、蛴螬等，结合整地喷（撒）五氯硝基苯粉和敌克松粉。

2. 播种

（1）撒播。适用于小粒种子，如砂梨、猕猴桃等，播前先在畦内取出一部分表土作播种后覆土用，再将畦面整平耙细，然后灌水，待水下渗后，将种子均匀撒在畦面上，然后覆上一薄层细土，覆土厚度为种子横径的 2～3 倍，再盖上一薄层细沙，有条件的可用薄膜或秸秆覆盖，有利于种子萌发。

（2）条播。一般小粒种子（如砂梨、枳壳等）可进行畦内条播或大垄条播，畦内条播时每畦可播 2～4 行（采用 4 行时可用双行带状条播），畦内小行距因畦内播种行数而定，边行至少距畦埂 10cm，双行带状播种时窄行距 20～30cm，宽行距 30～40cm。播种时，在整平的畦面上按行距开小沟，沟深根据种子大小，发芽难易，土壤性质及干湿程度等确定，小粒种子宜浅，大粒种子宜深；发芽较迟的种子宜深。在土壤条件适宜时，播种催芽的种子，播种深度一般为种子横径 1～3 倍为宜。开沟后先在沟内灌足底水，待水下渗后，将种子均匀地播在沟内。垄条播一般在垄台上开沟播种。播法同畦条播，播种及时覆土，覆土要细碎。有条件的覆土后上面撒一层细沙或进行秸秆、薄膜等覆盖，以保持湿度，有利于种子萌发出土。

（3）点播（也称穴播）。适用大粒种子，如核桃、板栗、桃等，播前在畦内按行距开沟，然后按株距点播种子，一般行距 30～40cm，株距 10～15cm，每处点播 1～2 粒种子，覆土厚度 3～5cm。播种板栗、胡桃时，应注意种子放置方向，板栗平放，胡桃应将种子平放后使缝合线与地面垂直，这样有利于幼苗出土生长。

【教学建议】 本分模块实训内容，各校在实际教学中可结合当地的实际情况选择当地主栽的果树品种进行育苗，并按照生产上育苗任务大小具体安排实训。

【思考与练习】 技能考核（表 2-3、表 2-4）。

表 2 - 3　果树种子层积处理操作技能考核表

序号	考核内容	考核要点	配分	评分标准	扣分	得分
1	河沙与种子	按体积计算河沙与种子 5～10：1，河沙洁净与种子去劣种	20	河沙与种子比例比例不当扣 5～10 分 河沙不洁净与种子有劣种扣 2～10 分		
2	河沙湿度	抓成团，碰即散或将手扦入沙中，手指沾少量沙而指甲不沾河沙为宜	20	河沙湿度不当扣 5～20 分		
3	层积方法	层积方法正确，操作熟练	40			
4	速度	10min 内完成考核操作	20	每超时 1min 扣 5 分，扣完 20 分即止		
	合计		100			
否定项	若考生发生下列情况之一，应及时终止考试。 　1. 干沙不调湿度，考生该试题成绩记零分。 　2. 用时超时 5min。					

表 2 - 4　作畦播种操作技能考核表

序号	考核内容	考核要点	配分	评分标准	扣分	得分
1	作畦	按畦长约 300cm，畦宽 100～120cm，沟宽 35～40cm，畦高 15～20cm 作畦	20	畦过宽过窄扣 1～10 分 畦沟过宽过窄扣 1～10 分		
2	撒播	在畦内（长约 100cm）撒播，种子撒得均匀	15	种子撒得不均匀扣 1～15 分		
3	点播	在畦内（长约 100cm）按株行距 10cm×20cm 开浅沟点播	15	种子点得不均匀扣 1～15 分		
4	条播	在畦内（长约 100cm）按行距 20cm 开浅沟，在沟内撒播种子，种子播得均匀	15	种子撒得不均匀扣 1～15 分		
5	盖土	盖土的厚度适合、均匀	10	盖土的厚度不适合、不均匀，扣 1～10 分		
6	覆盖淋水	盖草淋水，保持土壤湿润	10	不盖草淋水扣 1～10 分		
7	速度	30min 内完成考核操作	15	每超时 1min 扣 2 分，扣完 15 分即止		
	合计		100			
否定项	若考生发生下列情况之一，应及时终止考试。 　1. 不整地，考生该试题成绩记零分。 　2. 畦沟面积大于畦，考生该试题成绩记零分。 　3. 播种后不覆盖淋水，考生该试题成绩记零分。 　4. 用时超过 10min。					

模块 2—3　　嫁接苗的培育技术

【目标任务】 了解嫁接育苗的相关概念和技术原理；熟练掌握果树芽接和枝接技术。

【相关知识】

一、嫁接、嫁接苗的特点及利用

嫁接是将一个植株的枝或芽等器官，接到另一植株的枝、干或根等的适当部位，使之愈合形成一个新的植株。经过愈合而形成的独立植株，称为嫁接苗。这个枝段或芽称为接穗；承受接穗的部分称为砧木。一般的嫁接植株仅由砧木和接穗组成，有时也有由 3 部分构成的情况，此时在砧、穗间的部分称为"中间砧"。

嫁接繁殖是生产中应用最广泛的方法。嫁接苗的优点：保持接穗品种的优良性状；利用砧木的优良特性（矮化、抗性、适应性等）；便于大量繁殖；可以保持和繁殖营养系变异，促进杂交幼苗早结果，早期鉴定育种材料；高接换种，救治病株；开始结果早。缺点：有些嫁接组合不亲和；对技术要求较高；传播病毒病。嫁接苗利用：主要进行苗木繁殖、品种更新、树势恢复。

二、嫁接成活的原理及影响成活的因素

（一）嫁接成活的原理　嫁接后，砧木和接穗的削面在受伤细胞愈伤激素刺激下产生愈伤组织，砧木和接穗的愈伤组织经过多次分化，将砧木和接穗双方木质部的导管和韧皮部的筛管等输导组织沟通，水分和养分得以相互输送，砧、穗愈合成为一个新植株。

（二）影响嫁接成活的因素

1. 砧木和接穗亲和力　亲和力指砧木和接穗嫁接后能否愈合并正常生长发育的能力，是嫁接成活的关键因素和基本条件。亲和力越强，嫁接成活率越高。

2. 砧木和接穗的质量　嫁接愈合的过程需要砧木和接穗提供充足的营养物质，尤以接穗质量作用较大。

3. 环境条件　嫁接成活与温度、湿度、光照、空气等环境条件有关。

4. 嫁接技术　嫁接技术决定嫁接成活率和嫁接效率的高低。

（三）提高嫁接成活率的措施

1. 选择亲和力强的砧木和接穗　砧木和接穗的亲缘关系越近亲和力越强。一般同种类的亲和力最强，其嫁接成活率高；同属异种间则因果树种类而异，多数果树亲和力较强；同科异属植物间，一般嫁接亲和力较弱，但柑橘类的属间亲和力强，如柑橘属与枳属嫁接。生产上通常用砧穗生长是否一致、嫁接部位愈合是否良好、植株生长是否正常来判断嫁接亲和力的强弱。

2. 选择生命力强的砧木和接穗　在嫁接前应加强砧木的水肥管理，让其积累更多的养分，达到一定粗度，并且选择生长健壮、营养充足、木质化程度高、芽体饱满的枝条作接穗。在同一枝条上，利用中上部位充实的芽或枝段进行嫁接；质量较差的基部芽嫁接成活率低，不宜使用。接穗保存和使用过程用湿润河沙贮藏，石蜡封口、低温贮藏等方法保湿能提高嫁接成活率。

3. 选择最佳的嫁接环境条件 一般温度在 20～25℃ 范围内，有利嫁接伤口愈合。一般以春季 3～5 月份、秋季 9～10 月份嫁接成活率高。嫁接伤口采用塑料薄膜包扎保温、保湿。强光直射会抑制愈伤组织的产生，黑暗能促进愈合，生产上常用遮阳的方法来提高成活率。一般枝接在果树萌发前的早春进行，因为此时砧木和接穗组织充实，温、湿度等也有利于形成层的旺盛分裂，加快伤口愈合；芽接则应选择生长期便于取芽时进行为宜。

4. 规范操作技术 正确的嫁接技术要求嫁接部位要直，砧、穗削面要平滑，砧、穗形成层对齐，操作动作快速准确，嫁接口包扎紧严，嫁接口清洁，即"直"、"平"、"齐"、"快"、"紧"、"洁"。

5. 利用植物生长调节剂 接穗在嫁接前用植物激素进行处理，如用 200～300mg/kg 萘乙酸浸泡 6～8h，能促进形成层活动从而促进伤口愈合，提高嫁接成活率。

6. 加强嫁接后管理 嫁接后 15～30d 检查是否成活，不成活的及时进行补接，并适时解除绑缚物。成活后及时剪砧和除萌。

三、砧木的选择

嫁接苗木由于砧木和接穗的遗传基础不同，其生长发育过程中产生相互影响，为获得果树良好的综合性状，生产上选择与嫁接品种亲和力强的苗木作砧木，对嫁接树有良好影响，具有适应性广、矮化、抗旱、耐湿、耐寒、抗病虫等特性。南方主要果树常见果树的砧、穗配合见表 2-5。

表 2-5　南方主要果树常用砧木

树　种	常用砧木	树　种	常用砧木
柑　橘	枳、酸橙、酸柚、红橘	葡　萄	山葡萄、SO4、5BB
龙　眼	本砧、大乌圆、石硖	猕猴桃	本砧、野生猕猴桃
荔　枝	本砧、禾荔、黑叶	桃	毛桃、山桃
芒　果	本砧、土芒、扁桃	李	毛桃、李
枇　杷	本砧、石楠、野生枇杷	柿	本砧、君迁子
梨	砂梨、棠梨、杜梨	板　栗	本砧、茅栗、锥栗
杨　梅	本砧、野生杨梅	枣	本砧、酸枣

四、接穗的选择、采集与贮藏

1. 接穗的选择 接穗应从良种母本园或采穗圃采集，也可从生产园采集，要求选择品种纯正、生长健壮、丰产稳产、无病虫害的壮年果树，采集树冠外围中上部健壮充实、芽眼饱满的当年生枝或一年生枝作接穗。病虫害发生严重，有检疫对象的果园，不宜采集接穗。

2. 接穗的采集与贮藏 接穗宜就近采集，随采随接，一般在清晨或上午采集，接穗采下后应立即去掉叶片，留下长为 0.5～1cm 的叶柄，修整完好，每 50～100 枝绑成一捆，挂牌、标明品种、数量、采集时间和地点，如接穗暂时不用，必须用湿布和苔藓保湿，量多时可用沙藏或冷库贮藏，苗木若需调运，必须用湿布或湿麻袋包裹，再挂上同样的品种标签，放置背阴处及时调运。调运接穗途中要注意喷水保湿和通风换气，采用冷藏运输效果更好。

无法在短时间内使用的接穗，要妥善贮藏。生长季采集的接穗短期贮藏常用以下几种方法。①水藏。将接穗基部码齐，每 50～100 条捆成 1 捆，将其竖正在盛有清水（水深 5cm 左右）的盆或桶中，放置于阴凉处，避免阳光照射，每天换水 1 次，并向接穗上喷水 1～2 次，接穗可保存 7d 左右。②沙藏。在阴凉的室内地面上铺一层 25cm 厚的湿沙，将接穗基部深埋在沙中 10～15cm，上面盖湿草帘或湿麻袋，并常喷水保持湿润，防止接穗干枯失水。③窖藏。将接穗用湿沙埋在凉爽潮湿的窖里，可存放 15d 左右。④井藏。将接穗装袋，用绳倒吊在深井的水面以上，但不要入水，可存放 20d 左右。⑤冷藏。将接穗捆成小捆，竖立在盛有清水的盆或桶中，或基部插于湿沙中，置于冷库中存放，可贮存 30d 左右。结合冬季修剪准备的接穗，若贮藏时间长，常用沙藏或冷藏方法保存。

五、嫁接时期

在华南地区 2～11 月都可以嫁接，但以春季 3～4 月和秋季 9～10 月嫁接成活率高。枝接常在 3～4 月和 9～10 月进行；芽接在 2～11 月都可进行，以生长期便于取芽时期最适宜。

六、嫁接方法分类

嫁接的分类方法较多，常见的分类方法见表 2 - 6。

表 2 - 6　嫁接方法的分类

依　据	分　类	主　要　区　别
嫁接时期	生长季嫁接	果树生长期嫁接，常用芽接
	休眠期嫁接	果树休眠期嫁接，常用枝接
嫁接场所	地接	在苗圃地，不起苗直接嫁接
	掘接	掘起砧木，在室内或其他场所嫁接
嫁接部位	高接	在树冠较高位置嫁接，常用于高接换种
	平接	树干近地面嫁接，多用于苗木繁殖
	腹接	在枝、干的腹部嫁接
嫁接材料和方法	枝接	用带芽的枝条作接穗，有切接、腹接、劈接、皮下接、舌接等
	芽接	用芽片作接穗，有 T 形芽接、嵌芽接、小芽接、方块形芽接等
	根接	利用根部作砧木，直接与植株嫁接
	靠接	砧、穗都不剪断，嫁接部位削面靠紧嫁接
	桥接	用枝或根的一段，两端同时接于树干上下两处

七、嫁接后的管理

1. 检查成活、解绑和补接　一般芽接成活后需 10～20d 就可检查成活情况，如果接芽新鲜有光泽，叶柄一触即落，即为成活。若接芽变黄变黑，叶柄在芽上皱缩，即为嫁接失败。因为接活后具有生命力的芽片叶柄基部产生离层，未成活的则芽片干枯，不能产生离层，故叶柄不易碰掉。不管是否接活，接后 15d 左右及时解除绑缚物，以防绑缚物缢入砧木皮层内，使芽片受伤，影响成活。对未接活的，在砧木尚能离皮时，应立即补接。一般枝接需在 20～30d 后检查成活与否。成活后应选方向位置较好，生长健壮的上部一枝延长生长，其余去掉。未成活的应从萌蘖中选一壮枝保留，其余剪除，使其健壮生长，留作芽接或次年春天枝接用。

2. 除萌 不论枝接、芽接都要将从砧木部位发出的萌芽及时抹除，避免与接穗争夺养分。

3. 剪砧 芽接成活后，第二年早春萌芽前，应在接芽上 0.6cm 处将砧木剪掉，剪口向接芽背后微斜，剪口要平整，以利剪口正常愈合。

4. 除草施肥 为使嫁接苗生长健壮，可在 5 月下旬至 6 月上旬，每 667m² 追施硫酸铵 7.5～10kg，追肥后浇水，苗木生长期及时中耕除草，保持土壤疏松杂草除净。

5. 摘心 嫁接苗长到一定高度时进行摘心，以促其加粗生长。易发生副梢的品种，如红津轻、金冠果等，可在圃内利用副梢整形。

6. 立支架 如果当地春季风大，为防嫩梢折断，在新梢长到 10～15cm 时，应立支柱，绑缚 2 次，当新梢长到 30cm 时，解除塑料条。

7. 防治病虫害 嫁接苗易受病虫为害，根据各种苗病虫发生规律及时进行防治。

实 训 内 容

一、布置任务

嫁接操作（单芽切接、枝腹接、劈接、舌接、T 形芽接、嵌芽接、小芽腹接）。

二、材料准备

嫁接用砧木和接穗，嫁接刀，枝剪、薄膜、盆等。

三、开展活动

（一）芽接（表 2 - 7）

表 2 - 7　常用芽接操作过程

	T 形芽接（盾片芽接）（图 2 - 2）	嵌芽接（图 2 - 3）	小芽接（芽片接）
选接穗	选枝梢健壮充实、芽眼新鲜饱满	选枝梢健壮充实、芽眼新鲜饱满	选枝梢健壮充实、芽眼新鲜饱满
削接穗	从选好的芽下方 1～1.5cm 处斜削入木质部，由浅入深向上纵削 2～2.5cm，在芽上方 0.5～1cm 处横切一刀。用手捏住接芽两侧，轻轻一掰，取下盾状芽片	在芽上方 0.5～0.8cm 处向下斜削一刀，削面长 1.5～2.0cm，可稍带木质部，然后在芽下方 0.8～1.0cm 处 45°斜切一刀，取下芽片	从芽下方 1.5cm 处，往芽的上端稍带木质部削下芽片，并切去芽下尾尖，芽片长 2～3cm
削砧木	在砧木离地面 5～15cm 光滑处横切一刀，深达木质部，在横切口下纵切一刀，伤口呈"T"形，然后用刀尖向左右拨开成三角形切口	在砧木选定部位斜削一刀，深达木质部且稍长于芽片。切削方法类似接穗切削	在砧木离地面 5～15cm 光滑处，用刀向下削 3～3.5cm 的切口，不宜太深，刚到木质部，并横切去切口外皮 1/2
放接穗及包扎	将削好的芽片插入砧木的三角形伤口内，芽片上端与砧木横切口紧密相接，用薄膜包扎好	将芽片嵌入砧木切口内，对齐形成层，用薄膜包扎好	将削好的芽片插入砧木切口内，对齐形成层，用薄膜包扎好

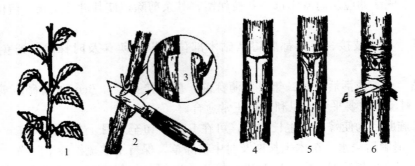

图2-2 T形芽接

1. 剪叶片 2. 削芽 3. 取下芽片 4. 切T形切口 5. 插入芽片 6. 绑扎

（马骏，《果树生产技术》，2009）

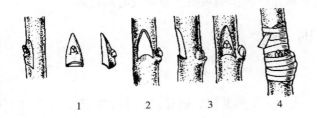  

图2-3 嵌芽接　　　　　　　　图2-4 单芽切接

1. 削接芽 2. 削砧木 3. 嵌入接芽 4. 绑扎　　1. 削接芽 2. 插入接穗 3. 绑扎

（马骏，《果树生产技术》，2009）

（二）枝接（表2-8）

表2-8 常用枝接操作过程

	单芽切接（图2-4）	枝腹接（图2-5）	劈接（图2-6）
选接穗	选枝梢健壮充实、芽眼新鲜饱满	选枝梢健壮充实、芽眼新鲜饱满	选枝梢健壮充实、芽眼新鲜饱满
削接穗	在芽下0.5cm处削1.5～2.0cm的削面，不带或稍带木质部，在长削面对面尖端削长约1cm的小切面，芽留在小切面，在芽上方0.5～1cm处剪断即可	削接穗类似切接，不同处为长削面贯穿整个芽体	近芽下端削成两面等长的平滑斜面，削面1.5～3cm，上端0.5～1cm剪断，顶芽留在外侧
削砧木	在砧木离地6～15cm选平滑处剪断砧木，修平剪口，在断面边缘向上斜削一刀，露出形成层，然后沿形成层垂直向下切2.0cm	不用剪砧，在砧木离地面6～15cm，用刀向下稍带木质部纵削一刀，长度比接穗稍长，并横切去切口外皮1/2	在无节处剪断或锯断，将断口修整平滑，断面中央向下垂直劈开深2～5cm的伤口
放接穗及包扎	将大切面朝里，小切面朝外插入砧木切口，使接穗与砧木形成层对齐，两边对齐，然后用塑料布条绑紧	将削好的接穗插入砧木切口内，对齐形成层，用薄膜包扎好	把削好的接穗插入劈口内，使接穗和砧木紧密吻合，插入接穗时要"露白"，立即包扎

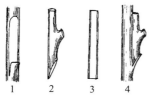

图 2-5　枝腹接

1. 砧木嫁接口　2. 削接芽
3. 接芽切面　4. 安放接芽

图 2-6　劈接

1. 接穗削面侧视　2. 接穗削面正视　3. 插入接穗　4. 绑扎

（马骏，《果树生产技术》，2009）

【教学建议】采用多媒体和教师现场操作演示各种嫁接方法，根据各地具体情况，选择本地常用的几种嫁接方法指导学生进行练习，并进行技能考核。达到技能要求后，进行实地嫁接。

【思考与练习】

1. 进行果树嫁接操作技能考核，老师指定 1～2 种嫁接方法，完成 4 株苗木嫁接（表 2-9）。

表 2-9　果树嫁接操作技能考核表

序号	考核内容	考核要点	分值	评分标准	扣分	得分
1	接穗芽体的选择	接穗芽体要新鲜饱满	10	接穗芽体瘦小扣 2～6 分，无芽、死芽扣 10 分		
2	适宜砧木的选择	选择生长健壮、粗度与所使用的接穗枝条大小相仿的苗木作砧木	5	砧木粗度小于接穗粗度扣 2～5 分		
3	嫁接部位的选择	在砧木离地面 5～25cm 选择光滑处作嫁接部位	5	嫁接部位离地面小于 5cm 或高于地面 25cm 扣 1～5 分		
4	接穗和砧木切口的切削	砧木和接穗切削方法正确深浅适度切口平滑	20	①接穗和砧木切口长度不适宜扣 1～10 分；②接穗和砧木切口平面不光滑扣 1～10 分；③接穗和砧木切口过深或过浅扣 1～10 分		
5	接穗的放入	要求形成层对齐，如果接穗砧木大小不一致，使砧木和接穗的形成层一侧对齐	20	①接穗和砧木切口形成层全部不对齐扣 20 分；②接穗和砧木切口形成层只部分对齐扣 5～15 分		
6	包扎及绑紧	用塑料薄膜包扎，松紧适度	20	①塑料薄膜包扎不密封扣 2～8 分；②绑扎不紧扣 3～8 分；③芽体外部包的薄膜过厚扣 1～4 分		
7	速度	10min 内完成考核操作	20	每超时 1min 扣 5 分，扣完 20 分即止		
合　计			100			
否定项	若考生发生下列情况之一，应及时终止考试。 1. 接穗切削方法不正确，考生该试题成绩记零分。 2. 插入砧木切口的接穗芽体倒置，考生该试题成绩记零分。 3. 接穗包扎及绑紧后呈松垮状态，考生该试题成绩记零分。 4. 用时超时 5min，考生该试题成绩记零分。					

2. 开展实地嫁接，个人统计嫁接株数（芽数）及嫁接成活率，并对嫁接过程进行总结分析。

模块 2—4　营养繁殖苗的培育技术

【目标任务】了解营养繁殖育苗的类型和原理；熟练掌握扦插育苗、压条育苗、分株繁殖的操作技术。

【相关知识】

一、营养繁殖的特点及利用

以果树营养器官为繁殖材料，利用其再生能力培育果苗的方法称为营养繁殖，又称无性繁殖。无性繁殖果苗的特点：保持母本的遗传特性，保持品种固有的优良性状；无童期，开花结果早；可使没有种子的无性系果树得以繁殖，如无核葡萄、无核枣类品种、无核大山楂类品种等。因此，果树生产用苗广泛采用无性繁殖苗，而很少采用实生繁殖苗。

果树无性繁殖育苗的方法很多，生产上广泛应用的有：一是嫁接繁殖；二是诱发枝条产生不定根，如分株、扦插、压条繁殖等；三是利用变态的特异营养器官进行分株繁殖，如草莓的葡匐茎、香蕉的吸芽等；四是微体繁殖，即利用组织培养技术培养果苗。

二、扦插繁殖

扦插繁殖是将果树营养器官的一部分（枝、根或芽、叶）插入基质中，使其生根、萌芽、抽枝，成为新的植株的方法称为扦插。将插条扦插于土中长成的苗木，称为扦插繁殖苗木，简称"扦插苗"。

1. 扦插成活的原理　扦插繁殖主要是利用果树营养器官的再生能力（细胞全能性），枝、芽、叶能萌发新根（不定根）或根系能萌发新芽（不定芽），而长成一个独立的植株。扦插成活的关键是茎上是否易发不定根，根上是否易发生不定芽，这种能力与树种在系统发育过程中形成的遗传特性有关。如葡萄、石榴的枝容易形成不定芽，枣树容易形成不定根，而桃扦插很难成活。因此，生产中必须结合树种特性选用繁殖方法。采用扦插繁殖方法简单容易而且成本低，是低成本发展果树生长的途径之一。扦插苗既可直接作果苗，又可作砧木培育嫁接苗。

2. 扦插时期　以当地土温（15～20cm 处）稳定在 10℃ 以上时开始。插条可在晚秋或初冬结合冬季修剪时剪取，并进行沙藏，到第二年春天气温回升后扦插，也可随剪随插。一般硬枝扦插在 2 月中下旬至 4 月上旬，绿枝随采随插。

3. 常用扦插繁殖的果树（表 2-10）

表 2 - 10　自根苗繁殖果树

	方　　法	常用果树
扦插繁殖	硬枝扦插、嫩枝扦插、根插	葡萄、无花果、石榴、佛手、猕猴桃、枣、梨
压条繁殖	曲枝压条、水平压条	葡萄、猕猴桃
	直立压条	梨、李
	空中压条	荔枝、龙眼、杨梅、柑橘
分株繁殖	根蘖分株	枣、李、梨
	吸芽分株	香蕉、菠萝
	葡匐茎分株	草莓

三、压条繁殖

压条繁殖是将母株上的枝条压于土中或生根材料中，使其生根后与母树分离而长成新的植株的繁殖方法。凡在枝条不与母树分离的状态下，将枝条采用直接培堆泥土埋压后或环剥净枝条皮层后用生根材料（塘泥、锯屑、牛粪、稻谷壳等）包裹生根，生根后剪或锯离母树而经假植长成的苗木，称为压条繁殖苗木，简称"压条苗"、"圈枝苗"。采用压条繁殖成活率高，且可保持母树优良的性状，技术操作易于掌握，但其缺点是易造成母树衰弱。根据枝条压入土中的方式分为曲枝压条（图2-7）、水平压条（图2-8）、直立压条（图2-9）、空中压条（图2-10）。常用压条繁殖的果树见表2-7。

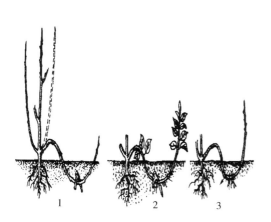

图2-7　曲枝压条

1. 刻伤与曲枝　2. 压入部位生根　3. 分株

（马骏，《果树生产技术》，2009）

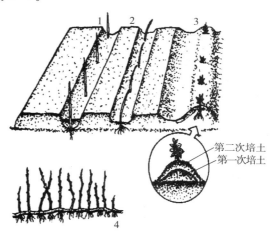

图2-8　水平压条

1. 斜栽　2. 压条　3. 培土　4. 分株

（马骏，《果树生产技术》，2009）

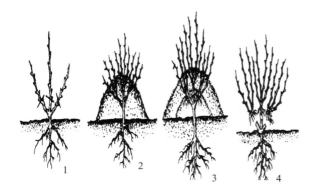

图2-9　直立压条

1. 短截　2. 培土　3. 第二次培土　4. 分株

（马骏，《果树生产技术》，2009）

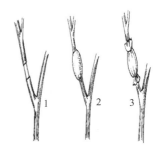

图2-10　空中压条

1. 环剥　2. 包基质　3. 包扎薄膜

（蔡冬元，《果树栽培》，2001）

四、分株繁殖

分株繁殖是利用根际部萌蘖芽条，使其分离母树后而长成新的植株的繁殖方法。凡是根部发生的根蘖或靠近根部的茎上发生的分蘖芽，经分离后长成苗木，称为分根苗或分蘖苗，简称"根蘖苗"。分株一般在春季和秋季进行，宜在根蘖苗根系旺盛且粗壮时分株，否则，会因根蘖苗根系少而弱，吸收养分和水分的能力也弱，而引起根蘖苗生长弱，甚至萎蔫枯死。

1. 根蘖分株　枣、山楂、树莓、樱桃、李、石榴、砂梨等树种根系在自然条件或外界刺激下可以产生大量的不定芽。当这些不定芽发出新的枝条后，连同根系一起剪离母体，成为一个独立植株，这种繁殖方式称为根蘖繁殖，所产生的幼苗称为根蘖苗。

2. 吸芽分株　香蕉植株地下茎在生长季节可以抽生吸芽，菠萝植株地上茎叶腋间也能抽生吸芽，并在基部产生不定根。将吸芽与母株分开，便可培育出与母株遗传性一致的无性系幼苗。

3. 匍匐茎分株　草莓繁殖常用此法。草莓匍匐茎的节上发生叶簇和芽，下部生根长成幼株，夏末秋初将幼苗挖出，即可栽植。草莓地上茎的腋芽在生长季节能够萌发出一段细的匍匐于地面的变态茎，称为匍匐茎。匍匐茎的节位上能够发生叶簇和芽，下部与土壤接触，能长出不定根。夏末秋初，将匍匐茎剪断，可得到独立的幼苗。

实 训 内 容

【实训1】

一、布置工作任务

扦插育苗。

二、材料准备

扦插材料（葡萄、无花果、枣等）、枝剪、锄头、铲、桶，生根粉等。

三、开展活动

以葡萄硬枝扦插开展活动。

1. 插床的整理　育苗地应选在地势平坦、土层深厚、土质疏松肥沃、同时有灌溉条件的地方。前一年秋季土壤深翻 30～40cm，结合深翻每 667m² 施有机肥料 3～5t，并进行冬灌。早春气温回升后及时整地作畦。扦插分平畦扦插、高畦（畦面高出地面 15～25cm）扦插与垄插，平畦主要用于较干旱的地区，以利灌溉；高畦与垄插主要用于土壤较为潮湿的地区，以便能及时排水和防止畦面过分潮湿。无论平畦扦插或高畦扦插，在扦插前都要事先整好苗床。苗床大小应根据地块形状决定，一般畦宽 1m，长 8～10m，扦插株距 10～15cm，行距 30～40cm，每畦内插 3～4 行。

2. 采插条　在休眠期从优良母株上选择健壮充实、芽眼饱满的一年生枝条。

3. 枝条的剪截　枝条剪留 10～15cm，有 2～3 个芽，上端的剪口在芽上 0.5～1.0cm 处，剪成平口，下端的剪口紧贴芽下剪，在芽的背面成 30°～50°的斜面，剪口应平滑，以利愈合。

4. 插条的处理

（1）机械处理。即对插条进行刻伤、剥皮等处理，人为造成伤痕，以促进细胞分裂和根原体的形成。方法是加大插条下端斜面伤口，并在伤口背面和上部纵刻 3～5 条长为 5～6cm 的伤口，深达形成层。也可在枝条脱离母体前，在剪截处进行环剥、刻伤或绞缢等处理，使营养物质和生长素在伤口部位积累，有利于扦插发根。

（2）加温处理。常用的增温催根方式有温床、电热加温等。在热源之上铺一层厚 3～5cm 的湿沙或锯末，将插条下端整齐地捆成小捆，直立埋入铺垫基质之中，插条间用湿沙或锯末填充，顶芽外露，插条基部温度保持在 20～28℃，气温控制在 8～10℃，为保持湿度要经常喷水，这样可使根原基迅速分生，而芽则受低温的限制延缓萌发，经 3～4 周生根后，在萌芽前定植于苗圃。

（3）植物生长调节剂处理。常用的植物生长调节剂有吲哚丁酸、吲哚乙酸、萘乙酸、生根粉等。处理方法有液剂浸泡和粉剂蘸沾，生产上经常使用 50～100mg/kg 的吲哚丁酸、萘乙酸，浸泡插条基部 12～24h（或用 2 000～5 000mg/kg 浸泡插条基部 3～5s），促进生根；粉剂蘸沾用滑石粉作稀释填充剂，稀释浓度为 500～2 000mg/kg，混合 2～3h 后即可使用，先将插条基部用清水冲洗浸湿，然后蘸粉即可扦插。

5. 插入苗床 扦插时，插条斜插于土中，地面露一芽眼，要使芽眼处于插条背上方，这样抽生的新梢端直。垄插时，垄宽 30～40cm，高 25～30cm，垄距 50～60cm，株距 10～15cm，插条全部斜插于垄上，插后在垄沟内灌水。无论采用哪种扦插方法，若采用覆盖地膜后扦插效果更好，用地膜覆盖畦面或垄背，然后用略粗于插条的木棍按株行距打孔破膜，然后插入插条并压实。扦插时必须注意插条上端不能露出地表太长，同时要防止倒插和避免品种混杂。

6. 淋水 灌水扦插后灌 1 次透水，待水下渗后覆盖保湿。

7. 插后管理 主要包括搭棚遮阳、肥水管理、抹芽摘心和病虫害防治。插后设阴棚或采用全光照弥雾法，保持适宜的土壤湿度和空气湿度。为了保持适宜温湿度，提高扦插成活率，一般每 10～15d 灌 1 次水较为适当。生长期应追肥 1～2 次，第一次在 5 月下旬至 6 月上旬，每 667m² 施入尿素 10～15kg，第二次在 7 月下旬，每 667m² 施入复合肥 15kg。并加强叶面喷肥，促进生长。为减少养分消耗，成活后一般只保留 1 个新梢，其余及时抹去。当新梢长到 80～100cm 时进行摘心，使其充实，提高苗木质量。为了培育壮苗和繁殖接穗，每株应插立 1 根 2～3m 长的细竹竿或设立支柱，横拉铁丝，适时绑梢，牵引苗木直立生长。此外，还应注意防治病虫害（图 2-11）。

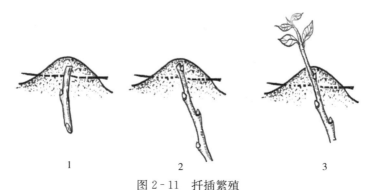

图 2-11 扦插繁殖

1. 单芽硬枝插 2. 多芽硬枝插 3. 带叶软枝插

【实训 2】

一、布置工作任务

空中压条繁殖苗木。

二、准备材料

适合空中压条的果树、环剥刀、枝剪、生根粉、薄膜、绑绳、桶等。

三、开展活动

1. 时间 树液活动旺盛，便于环状剥皮时期为宜，一般在 2 月中旬至 6 月底。

2. 选枝 在品种纯正、生长健壮、丰产稳产、无病虫害的壮年果树，选 2～3 年生（或直径 1～2cm）的健壮枝条进行环剥。

3. 环剥 在枝条离基部 10cm 处环剥宽 2.5～4cm（根据枝条粗细灵活掌握）的剥口，并刮去形成层。

4. 制作包扎生根基质 以保湿性、透气性良好，有一定养分的肥沃园土、苔藓为好，稻草泥条、木糠混合肥泥、泥炭土及海绵也可。基质湿度以手握成团，但没有水滴出为宜，制作成直径 6～10cm、长 10～15cm 的泥团。

5. 催根处理 在环剥处涂 3 000～5 000mg/kg 的吲哚乙酸或萘乙酸，或生根粉。

6. 包塑料薄膜 外包塑料薄膜保湿，注意防止包内水分过多烂根。

7. 下树假植或定植 一般经 30～40d 即可在包扎物外见到新长出的白色嫩根，2～3 月长出 2～3 次根。当围绕在包扎物外成为根团时，就可将压条苗割离母体成为新植株，进行假植或定植。

果树空中压条方法见上述图 2 - 10。

【教学建议】本活动最好安排在春季开展，根据当地果树特点，选择适宜的育苗方式进行练习。

【思考与练习】技能考核（表 2 - 11、表 2 - 12）。

表 2 - 11 扦插繁殖技能考核表

序号	考核内容	考核要点	分值	评分标准	扣分	得分
1	沙床准备	用砖砌成高 20cm，长、宽各 80～100cm 的沙床，然后填入 15～20cm 厚的河沙	15	沙床过大、过小扣 1～7 分 河沙质量高低扣 1～8 分		
2	选枝蔓	硬枝扦插，扦条从优良植株上选择充分成熟，芽眼饱满的一年生枝蔓	15	枝条充实饱满度扣 1～15 分		
		嫩枝扦插，则选择生长健壮，半木质化的枝条	15	枝条充实饱满度扣 1～15 分		
3	剪取插条	剪取枝条 8～10 段，硬枝扦插，剪成 2 个或 2 个芽以上一段，长约 15cm，上端剪口距芽 2～3cm，下端斜切口距芽 0.5～1cm	15	剪枝长短、位置是否合理扣 1～15 分		
		剪取枝条 8～10 段，嫩枝扦插，方法与硬枝扦插相同，但扦条保留 0.5～1 片叶子	15	剪枝长短、位置是否合理扣 1～15 分		

（续）

序号	考核内容	考核要点	分值	评分标准	扣分	得分
4	扦插	将剪取的 8～10 段的枝条按株行距约 5cm×10cm 斜插 2～3 行，上部芽眼露出地面 2～3cm	15	扦插方法是否正确扣 1～15 分		
5	速度	20min 内完成考核操作	10	每超时 1min 扣 2 分，扣完 10 分即止		
合　计			100			

否定项	若考生发生下列情况之一，应及时终止考试。 1. 插条无芽，考生该试题成绩记零分。 2. 用时超时 10min。

表 2-12　空中压条繁殖技能考核表

序号	考核内容	考核要点	分值	评分标准	扣分	得分
1	枝条的选择	选择 2～3 年生健壮、有分枝的枝条	15	接穗芽体瘦小扣 1～15 分		
2	环剥部位的选定	最好在分枝下面 15～20cm 光滑处	15	环剥部位的选定不合理扣 1～15 分		
3	剥皮	在选定的部位上，用刀或驳枝钳上、下各环割一圈，深达木质部，驳口宽度 3～4cm	15	剥口是否整齐扣 1～7 分 剥口宽度、深度不好扣 1～8 分		
4	做泥团	用肥沃园土制作成直茎 6～10cm、长 10～15cm 的泥团。也可直接在剥口用湿度合适的营养土代替泥包扎。基质湿度以手握成团，但没有水滴出为宜	15	泥团是否达到湿度，长度、粗度要求扣 1～15 分		
5	包扎泥团	用泥团环绕驳口扎紧，包扎成橄榄形直径 10～12cm 的泥团	15	泥团包扎是否适宜扣 1～15 分		
6	包扎薄膜	用塑料薄膜包扎保湿	15	1. 塑料薄膜包扎不密封扣 2～10 分 2. 绑扎不紧扣 2～5 分		
7	速度	15min 内完成考核操作	10	每超时 1 min 扣 2 分，扣完 10 分即止		
合　计			100			

否定项	若考生发生下列情况之一，应及时终止考试。 1. 环剥位置严重错误，考生该试题成绩记零分。 2. 包扎及绑紧后呈松垮状态，考生该试题成绩记零分。 3. 用时超时 5 min。

模块 2—5　容器育苗和保护地育苗技术

【目标任务】了解容器育苗和保护地育苗的类型及意义，熟练掌握容器育苗和保护地育苗的操作技能。

【相关知识】

一、容器育苗的意义

容器育苗是在装有营养土的容器里培育苗木的方法。此法常在塑料大棚、温室等保护设施中进行。育苗容器有两类：一类具外壁，内盛培养基质，如各种育苗钵、容器袋、育苗盘、育苗箱等；另一类无外壁，将腐熟厩肥或泥炭加园土，并混少量化肥压制成钵状或块状，供育苗用。生产上常用的容器有塑料薄膜袋、营养砖、草泥杯、泥炭杯、蜂窝塑料薄膜容器、草炭容器等。容器育苗的优点主要有：

（1）不受栽植季节限制，容器苗一年四季均可栽植，便于合理安排劳动力，有计划地进行分期栽植。

（2）节约种子，每钵播 2～3 粒种子，种子利用率相当高，往往比苗圃地育苗节 2/3～3/4 的种子。

（3）可缩短育苗年限，有利于实现育苗机械化，一般苗床育苗需要 8～12 个月才能出圃栽植，但采用容器育苗，只需 3～4 个月或更短的时间即可出圃，而且容器苗出圃时，省去了起苗、假植等作用，育苗全过程都可实行机械操作，为育苗工厂化创造了条件，大大节约了时间、土地和劳力。

（4）有利于培育优质壮苗，容器育苗可以提前播种，延长苗木生长期，加之管理方便，可以满足苗木对湿度、温度和光照的要求，促进苗木迅速生长，有利于培育壮苗。

（5）可以提高栽植成活率，容器栽植是全根全苗，根部不受损伤，可大大提高栽植成活率。

（6）有利于提前发挥效益，容器育苗所用营养土肥力高，有利于苗木生长，根系发育好，抵抗不良环境能力强，栽后缓苗期短，甚至不缓苗，有利于早结丰产。

当然，容器育苗也有其缺点，主要是：单位面积产苗量较低，育苗技术复杂，育苗成本比裸根苗高等。

二、保护地育苗

保护地育苗是在保护设施条件下统一培育幼苗的一项栽培新技术。即指保护地育苗就是在气候条件不适宜苗木生长的时期，创造适宜的环境来培育适龄的壮苗。与传统露地育苗相比，具有如下优点：①缩短幼苗生育期，提高土地利用率；②增加单位面积年产苗量，提高经济效益；③节省种子用量；④减少外界不良天气对幼苗的影响，减少病虫害，提高苗木质量；⑤适应现代化集约化规模化生产要求，可大批量快速培育壮苗。

目前国内保护地育苗设备主要有有温室、温床、阳畦冷床和塑料拱棚等 4 种，使用较广泛的是后 3 种。温床育苗根据加热方式又分为酿热、火热、水热和电热等 4 种。阳畦冷床育苗又称日光温床（室），是利用太阳光能增加床内温度进行冬春之际育苗。塑料拱棚育苗在我国塑料大棚应用时间较短，但发展速度快，近年来，塑料遮阳网膜推广应用，与塑料薄膜配套使用。

（一）地膜覆盖育苗 地膜覆盖能提高土壤温度，防止水分蒸发，缩短种苗发芽与生根的时间，有利于发根及迅速生长和提高成活率，还能有效地防止表土板结及防止田间杂草生长。覆膜前先将畦面整平，灌透水，在水未渗完之前立即覆膜，这样可使地膜紧贴地面，地膜边可以用土压在畦埂上，也可以趁土壤湿软，用小薄板直接将地膜压入畦边的泥土中。

（二）大棚育苗

1. 塑料棚 从塑料大棚的结构和建造材料上分析，应用较多和比较实用的，主要有 3 种类型。

（1）简易竹木结构大棚。这种结构的大棚，各地区不尽相同，但其主要参数和棚形基本一致，大同小异。大棚的跨度 6～12m、长度 30～60m、肩高 1～1.5m、脊高 1.8～2.5m，按棚宽（跨度）方向每 2m 设一立柱，立柱粗 6～8cm，顶端形成拱形，地下埋深 50cm，垫砖或绑横木，夯实，将竹片（竿）：固定在立柱顶端成拱形；拱架间距 1～1.2m，并用纵拉杆连接，形成整体；拱架上覆盖薄膜，拉紧后膜的端头埋在四周的土里 拱架间用压膜线或 8 号铅丝、竹竿等压紧薄膜。其优点是取材方便，造价较低，建造容易；缺点是棚内柱子多、遮光率高、作业不方便，寿命短，抗风雪能力差。

（2）焊接钢架大棚。这种钢架大棚，拱架是用钢筋、钢管或两种结合焊接而成的塑料大棚，上弦用 16mm 钢筋或 6 分管，下弦用 12mm 钢筋，纵拉杆用 9～12mm 钢筋，跨度 8～12m，脊高 2.6～3m，长 30～60m，拱架间距 1～1.2m。纵向各拱架间用拉杆或斜交式拉杆连接固定形成整体。拱架上覆盖薄膜，拉紧后用压膜线或 8 号铅丝压膜，两端固定在地锚上。这种结构的大棚，骨架坚固，无中柱，棚内空间大，透光性好，作业方便，是比较好的设施。但这种骨架是涂刷油漆防锈，1～2 年需涂刷一次，比较麻烦，如果维护得好，使用寿命可达 6～7 年。

（3）镀锌钢管装配式大棚。这种结构的大棚骨架，其拱杆、纵向拉杆、端头立柱均为薄壁钢管，并用专用卡具连接形成整体，所有杆件和卡具均采用热镀锌防锈处理，是工厂化生产的工业产品，已形成标准、规范的 20 多种系列产品。这种大棚跨度 4～12m，肩高 1～1.8m，脊高 2.5～3.2m，长度 20～60m，拱架间距 0.5～1m，纵向用纵拉杆（管）连接固定成整体。可用卷膜机卷膜通风、保温幕保温、遮阳幕遮阳和降温。这种大棚为组装式结构，建造方便，并可拆卸迁移，棚内空间大、遮光少、作业方便；有利苗木生长；构件抗腐蚀、整体强度高、承受风雪能力强，使用寿命可达 15 年以上，是目前最先进的大棚结构形式。下面主要介绍镀锌钢管装配式塑料大棚结构、品种和安装。

2. 防虫网 防虫网是目前物理防治各类苗木害虫的首选产品，通过覆盖在棚架上构建人工隔离屏障，将害虫拒之网外，切断害虫（成虫）繁殖途径，有效控制多种害虫的传播以及预防病毒病传播的危害。同时具有透光、适度遮光等作用，创造适宜苗木生长的有利条件。网室生产期间，网室要密封，网脚压泥要紧实，棚顶压线要绷紧，以防夏季强风掀开。平时田间管理时工作人员进出要随手关门，以防蝶蛾飞入棚内产卵。同时还要经常检查防虫网有无撕裂口（特别是使用年限较长的），一旦发现应及时修补，确保网室内无害虫侵入。

3. 温室 又称暖房。能透光、保温（或加温），用来栽培植物的设施。在不适宜苗木生长的季节，能提供生育期所需的人工环境，多用于低温育苗。温室的种类多，依不同的屋架材料、采光材料、外形及加温条件等又可分为很多种类，如玻璃温室、塑料温室；单栋温室、连栋温室；单屋面温室、双屋面温室；加温温室、不加温温室等。温室结构应密封保温，但又应便于通风降温。现代化温室中具有控制温湿度、光照等条件的设备，用电脑自动控制创造植物所需的最佳环境条件。

4. 遮阳网　一种塑料织丝网。常用的有黑色和银灰色两种，并有数种密度规格，遮光率各有不同。主要用于夏天遮阳防雨，也可作冬天保温覆盖用。遮阳网覆盖栽培的原理是利用遮阳网夏天的遮光、降温，秋冬季的保温防冻和机械的防风、防雨、防虫等作用，优化覆盖作物的生长环境，广谱性地抵御和减轻灾害天气的影响，实现苗木优质栽培。当前遮阳网主要应用在夏季，尤其是南方推广面积大。有人形容说：北方冬季是一片白（薄膜覆盖），南方夏季是一片黑（覆盖遮阳网）。夏季（6～8月）覆盖遮阳网主要作用是防烈日的照射、防暴雨的冲击、高温的危害及病虫害的传播，尤其是对阻止虫害迁移起到很好的作用。

实 训 内 容

一、布置工作任务

容器育苗。

二、工具、材料的准备

种子或插条、营养袋、锄头、铲、桶等。

三、开展活动

1. 制作育苗容器　常用的容器制作。制作容器的材料本着"因地制宜、就地取材、废旧利用、经济实用"的原则进行选择。容器的形状，有圆筒形、圆锥形、六角形、正方形等。目前生产上应用最多的是圆筒形。容器规格的大小依苗木大小而定，一般种子育苗，可制成直径10～12cm、高12～15cm的容器为宜，扦插育苗时规格可适当加大些。

（1）纸制营养钵。多用废水泥袋、旧报纸等物，缝制成不同规格的纸袋，填入培养土即可使用。

（2）塑料薄膜袋。把塑料薄膜裁成长条，用电烙铁加热制作成袋，袋的底部打几个孔，以利排水，填进培养土即可使用。

（3）稻草泥容器。以稻草、黏泥作原料，放入模具内，制成圆筒状容器，干燥后放入培养土，即可作播种用。

2. 配制营养土　因地制定，就地取材。常用材料：泥炭、蛭石、珍珠岩、森林腐殖土（荒地表土）、黄心土（黄棕壤去掉表土）、未耕种的山地土、河沙、树皮粉、碎稻壳炉渣等。常见的配方：①火烧土78%～88%，完全腐熟的堆肥10%～20%，过磷酸钙2%；②泥炭、火烧土、黄心土各1/3；③火烧土1/2～1/3，山坡土或黄心土1/2～2/3；④黄土56%、腐殖土33%、沙子11%；⑤黄土85%、沙子13%、磷肥2%；⑥沙土65%、腐熟羊粪35%。

3. 平整育苗床　大规模容器育苗可在露地育苗，也可和温室或塑料大棚结合起来，进行塑料大棚容器育苗。大多在温室或塑料大棚内进行，如果在露地进行，必须选择地势平坦、排水良好、通风、光照条件好的半阳坡或半阴坡。平整育苗地，按宽1m、深10～15cm的规格作床，步道要踩实，床底要平整。

4. 填装营养土　填装前营养土必须进行充分混合，混拌均匀，土量多时可用搅拌机混合，土量少时用人工混合，人工混合应翻倒5次以上，混合后堆放4～5d再用。配置好的营养土要过筛，要求营养土虚实适宜，干湿度合适，以手捏成团放松可散为宜。装土时必须随装随用，手指将土装满压实。容器中填装营养土要保证覆土，床面喷水后营养土应比容器边沿低 1～2cm，以防灌溉时水从容器流出。

5. 摆放容器 容器排列的宽度一般为 1m 左右，长度根据具体条件而定。摆放后要求容器上口要平整一致，摆放这种容器时要用氯化乙烯塑料板、黑色地膜等材料与地面隔绝。

6. 播种或种植小苗播种 播前几天要浇透水，待水完全下渗后再播，最好采用点播方法播种，种子一露白就播下，将露白的种子播入容器。原则上每穴 1 粒，为提高保存率，也可播 2～3 粒，播种后及时用疏松的营养土覆盖种子，覆土一般为种子直径的 1～3 倍，最厚不超过 3cm，覆土后适量浇水。芽苗移植的最佳时间在幼苗期进行，此时苗高为 3～4cm，有 1～2 片真叶。芽苗移植后立即透浇水，保证根系和土壤的密切接合。

7. 淋水 播后浇透水，以后经常保持基质湿润便可。出苗和幼苗期要量少勤浇，保持培养基湿润；速生期要量多次少，做到培养基间干间湿；生长后期要控制浇水；出圃前要停止浇水。容器育苗能否成功，关键在于能否有效控制温、湿度。适宜苗木生长的最佳棚内温度为 18～28℃，最佳空气相对湿度为 80%～95%，土壤水分宜保持在田间持水量的 80% 左右。

8. 保温、保湿覆盖 播种后用塑料薄膜覆盖容器，减少水分蒸发。

【教学建议】利用理实一体化教学方法，结合其他育苗方式开展容器育苗和保护地育苗活动。

【思考与练习】

1. 容器育苗和保护地育苗有什么特点？
2. 地膜覆盖有什么作用？
3. 简述容器育苗过程。

模块 2－6　　苗木的快速培育技术

【目标任务】本模块学习果树的快速育苗技术，主要是了解组织培养、芽苗嫁接育苗、高空靠接育苗技术。通过学习，了解组织培养育苗，学会利用砧木芽苗进行嫁接、高空靠接育苗技术，能正确地运用这些技术达到快速培养苗木的目的。

【相关知识】

果树苗木的快速培养技术在本模块中主要是指快速培养营养苗的方法，这些方法与一般的繁殖方法比如常规的嫁接方法相比，有繁殖系数大、成苗快、提早出圃的优点，从而实现快速培养苗木的目的。如香蕉的组织培养育苗要比分株繁殖方法的繁殖系数大，而不到一年可成苗出圃，从而快速繁殖了香蕉苗；一般的果树嫁接育苗从播种育砧木苗，到嫁接出圃最快也要两年，龙眼、荔枝等嫁接育苗一般要 3 年左右才能出圃，而用芽苗嫁接则一年或一年多就可成苗出圃。

果树快速育苗的方法简介如下：

一、组织培养育苗

植物组织培养是根据植物细胞具有全能性这个理论，近几十年来发展起来的一项无性繁殖的新技术。植物的组织培养广义又称离体培养，指从植物体分离出符合需要的组织、器官或细胞原生质体等，通过无菌操作，在人工控制条件下进行培养以获得再生的完整植株或生产具有经济价值的其他产品的技术。组织培养狭义是指组织培养育苗，是用植物各部组织，如形成层、薄壁组织、叶肉组织、胚乳等进行培养产生愈伤组织，愈伤组织再经过再分化形成再生植物。

二、芽苗嫁接育苗

芽苗嫁接是利用果树种子播种出苗后，长出的第一轮叶转绿成熟，砧木苗还幼小时（俗称芽苗）就开始进行嫁接的方法。芽苗作砧木进行嫁接，由于在砧木很小时就嫁接，把生长砧木的时间变成生长嫁接苗时间，可以缩短嫁接育苗期。据广西百色农业学校覃文显实践，枳壳砧嫁接温州蜜柑、椪柑、四季橘，酸柚砧嫁接沙田柚，荔枝砧嫁接荔枝，龙眼砧嫁接龙眼，都取得很好的效果。如荔枝种子播种出苗 30d 后嫁接，嫁接后一年半苗木可长到径粗 0.8cm，高 40cm，可以出圃，比先培养砧木苗一年多，嫁接后再长一年出圃缩短育苗期一年以上。具体方法见实训内容。

三、高空靠接育苗

果树高空靠接一般是在果树进行较大量的疏剪时进行，是利用成年优良母树的枝条，径粗 0.8～3cm，这些枝条本是进行疏剪时要剪除的，但利用于靠接，可在短时间（4～8 个月）内获得一株嫁接大苗。方法是先用营养杯育好砧木苗，把砧木苗固定到要嫁接的枝条上进行靠接，成活后下树种植即可。具体方法见实训内容。

实 训 内 容

【实训 1】

一、布置任务：荔枝芽苗嫁接育苗

本项实训以荔枝芽苗嫁接为例，学习掌握芽苗嫁接操作技术要点。

二、工具、材料的准备

单面刀片、长约 15cm、宽 0.5cm 的塑料薄膜带（厚度≤0.01mm）、种子（荔枝）、营养杯袋（选用高约 10cm、直径约 10cm 薄膜育苗袋）、营养土、竹片及薄膜（作小拱棚保湿用）、水桶等、接穗、育苗袋（高 25cm、直径 15cm）等。

三、开展活动

1. 培育芽苗　配制营养土，做营养杯。

取种、播种及出苗。选用核大的荔枝种子，洗干净直接播种于营养杯中。播种后保持营养杯内营养土湿润，一般经 1 周后出苗，30d 内首次叶转绿、茎木质化时可以嫁接。

2. 嫁接　选取刚木质化的成熟荔枝新梢作接芽，最好选用顶芽，大小与芽苗的茎粗一致。嫁接时把芽苗从中上部切断，用刀片从切口中间往下纵切一刀破开砧木，深约 1cm。接穗切成长约 2cm 带 1～2 芽的一小段，基部相对两面用刀片由浅到深纵削一斜面，削成契形。把削好的接穗插于砧木接口中，用薄膜带绑扎，固定接穗于砧木接口中。嫁接后把营养杯整齐排列于树荫处或阴棚下，用薄膜做成小拱棚，棚内洒水，棚四周用土压实薄膜密封，保持棚内湿润（薄膜上经常挂有水珠）。嫁接方法见图2-12。

3. 接后管理　保持小拱棚内湿润，一般 1 周后接穗萌发，一个半月后接穗第一篷叶成熟，此时逐渐打开薄膜，逐步接受阳光照射。待抽第二轮叶时，可以用刀片切除绑扎嫁接口的薄膜，并把嫁接苗转到高 25cm、直径 15cm 大育苗袋中培养。在育苗袋中再培养 1 年，苗高可达 40cm，嫁接口下茎粗达 0.7cm，可定植。

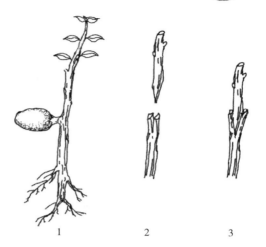

图 2 - 12　芽苗嫁接
1. 芽苗　2. 削嫁接口及接穗　3. 按插接芽

【实训2】

一、布置任务：芒果高空靠接育苗

本项实训以芒果高空靠接育苗为例，学习掌握高空靠接快速育苗的方法。

二、工具、材料的准备

嫁接刀、嫁接用塑料薄膜带、接穗、种子、育苗床、堆沤腐熟的甘蔗渣或稻草、营养袋（选用高约 15cm、直径约 10cm 薄膜育苗袋）、营养土、育苗袋（高 25cm、直径 15cm）、麻绳等。

三、开展活动

1. 培育砧木　以粗沙或煤屑为苗床，苗床高 20cm，芒果种子洗净果肉，略晾干后，剥去硬壳，立即整齐排列于沙苗床中，排种时种子腹部朝下，用沙或煤屑覆盖种子，最后苗床盖上稻草，湿水，保持苗床湿润。播种后 1 周出芽，一个多月小苗叶片成熟，茎木质化后则可以起苗嫁接。

2. 嫁接

（1）嫁接前砧木处理。把适合嫁接的芒果苗从苗床中起出，植于营养袋中，袋内填充经堆沤腐熟的甘蔗渣或稻草，填充料淋水，保持袋内湿润。于苗木根部上方茎干处用麻绳绑扎袋口，防止水分散失。

（2）选接穗。选择生长健康，生长较为直立，直径 1～3cm 的枝条做接穗。

（3）环剥枝条。对选做接穗的枝条在下部适合开嫁接口处进行环剥，环剥宽度 1cm 左右。环剥枝条的目的在于阻止本枝条养分往下运输，积累于环剥口上方，利于嫁接口的愈合。

（4）开嫁接口。在环剥口上方由浅到深稍带木质部削一刀，刀口长 3cm 左右，形成接穗嫁接口。

（5）削砧木。把装在营养袋内的砧木在离袋口绑扎处上方约 8cm 处剪断，在离断口 3cm 处由浅到深向上削出一个斜面，形成一个长约 3cm 的马耳状削口。

（6）安插砧木与绑扎。把削好的砧木削口一面紧贴接穗嫁接口木质部，一面插入接穗嫁接口中，用塑料薄膜带绑扎密封嫁接口，再用麻绳把砧木营养袋绑扎固定于接穗枝条上。嫁接结束。嫁接方法见图 2 - 13。

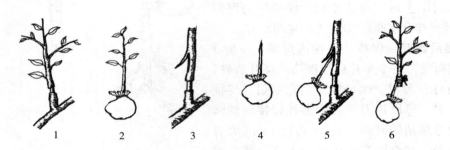

图 2 - 13　高空靠接

1. 选枝环剥　2. 砧木起苗装袋　3. 削接穗嫁接口
4. 削砧木嫁接口　5. 砧木插入嫁接口　6. 成活后剪下树种植（假植）

3. 下树假植　嫁接后 2～3 个月，看到砧木营养袋内根系发达，嫁接口愈合充分，说明嫁接成活，及时从树上于嫁接口下方把枝条剪下，假植于育苗地或育苗袋中。

4. 植后管理　下树假植后，进行常规的水肥管理，约经 3 个月，即得嫁接苗，可以出售或用于建园定植。

【教学建议】

1. 组织培养育苗由于要有专门的设备，建议有条件的学校把该项知识与技能作为一门选修课专门开设，具体的操作技术本教材不作详细描述。

2. 芽苗嫁接与高空靠接只是以一个果树种类的嫁接方法为例加以说明，各校根据具体情况选用不同的果树种类进行练习，并观察效果，及时总结经验。

【思考与练习】

1. 果树快速培养的生产现实意义。

2. 高空嫁接中，对接穗枝条进行环剥的作用。

模块 2—7　苗木出圃技术

【目标任务】了解苗木出圃的过程，熟练掌握起苗、分级、包装和假植的操作技能。

【相关知识】

一、苗木出圃时间

苗木应达到地上部枝条健壮、成熟度好、芽饱满、根系健全、须根多和无病虫等条件才可出圃。起苗一般在苗木的休眠期。落叶果树从秋季落叶到翌年春季树液开始流动以前都可进行。常绿果树除上述时间外，也可在雨季起苗。春季起苗宜早，要在苗木开始萌动之前起苗。秋季起苗应在苗木地上部停止生长后进行，春天起苗可减少假植程序。

二、苗木出圃的标准及分级的重要性

苗木分级是使出圃的苗木合乎规格标准，使苗木栽植后生长势均匀整齐。起苗后应立即在背风的地方进行分级，标记品种名称，严防混杂。根据苗木主要质量指标（苗高、地径、根系、病虫害和机械损伤等），可将苗木分成为成苗（标准苗）、幼苗（未达出圃规格，需继续培育）和废苗3类。其中成苗又可分为两级：即1级和亚级苗。分级时要严格掌握分级标准。苗木出圃标准因树种、品种有不同的标准，而且有国家标准和地方标准（表2-13）。

表 2-13　柑橘嫁接苗分级标准（中华人民共和国国家标准）

种类	砧木	级别	苗木径粗(cm)	分枝数量(条)	苗木高度(cm)	苗木径粗(cm)	分枝数量(条)	苗木高度(cm)	苗木径粗(cm)	分枝数量(条)	苗木高度(cm)
地区			南亚热带			中亚热带			北亚热带		
甜橙	枳	1				≥0.8	3	≥45			
	枳	2				≥0.6	2	≥35			
	酸橘、红橘、朱橘、枸头橙	1	≥1.0	3～5	≥45	≥0.9	3	≥50			
		2	≥0.8	2	≥35	≥0.7	2	≥40			
宽皮柑橘	枳	1	≥0.9	3	≥45	≥0.7	3	≥45	≥0.7	3	≥45
	枳	2	≥0.8	2	≥35	≥0.6	2	≥35	≥0.6	2	≥35
	酸橘、红橘、枸头橙	1	≥1.0	3～4	≥50	≥0.8	3	≥50	≥0.8	3	≥50
		2	≥0.8	3	≥40	≥0.7	3	≥40	≥0.7	2	≥40
柚	酸柚	1	≥1.1	3～4	≥60	≥0.9	3	≥60			
		2	≥1.0	3	≥50	≥0.8	3	≥50			
柠檬	红橘、香橙、土橘	1	≥1.0	3	≥60	≥1.0	3	≥60			
		2	≥0.9	3	≥50	≥0.8	3	≥50			
金柑	枳	1	≥0.8	3	≥45	≥0.6	3	≥35	≥0.6	3	≥35
	枳	2	≥0.6	3	≥35	≥0.5	2	≥30	≥0.5	2	≥30

实 训 内 容

一、布置任务

苗木出圃。

二、工具、材料准备

出圃苗木、锄头、铲、包装材料等。

三、开展活动

1. 起苗　一是起苗深度应根据树种的根系分布规律，宜深不宜浅，过浅易伤根。要远起远挖，果树起苗一般从苗旁20cm处深刨，苗木主侧根长度至少保持20cm，注意不要伤苗木皮层和芽眼，对于过长的主根和侧根，因不便掘起可以切断。二是起苗前圃地要浇水。因冬春干旱，圃地土壤容易板结，起苗比较困难。最好在起苗前2～3d给圃地浇水，使苗木在圃内吸足肥水，有比较丰足的营养储备，又能保证苗木根系完整，增强苗木抗御干旱的能力。三是挖取苗木时要带土球。起苗时根部带上土球，避免根部暴露在空气中，失去水分。

2. 苗木分级　苗木分级的原则是：必须品种纯正，砧木类型一致，地上部分枝条充实，芽体饱满，具有一定的高度和粗度。根系发达，须根多，断根少，无严重病虫害及机械损伤，嫁接口愈合良好。将分级后的各级苗木，分别按20株、50株或100株绑成捆，以便统计及出售、运输。

3. 检疫消毒　苗木出圃要做好检疫工作。如葡萄苗木的主要检疫对象是根瘤蚜和美国白蛾。苗木外运要通过检疫机关检疫，签发检疫证。育苗单位必须遵守有关检疫规定，带有检疫对象的苗木严禁出圃外运。苗木外运或贮藏前都应进行消毒处理，以免病虫害的扩散与传播。消毒方法可根据苗木所感病虫种类，有针对性地选用消毒药剂。一般落叶果树苗木消毒可用3～5波美度石硫合剂或1 000倍升汞液浸泡1～3min，取出晾干即可。

4. 假植　出圃后的苗木如不能定植或外运，应进行假植。假植苗木应选择地势平坦、背风阴凉、排水良好的地方，挖宽1m、深60cm东西走向的定植沟，苗木向北倾斜，摆一层苗木填一层混沙土，切忌整捆排放，培好土后浇透水，再培土。假植苗木均怕浸水，怕风干，应及时检查。

5. 苗木的包装与运输　苗木掘起后，要进行包装，一般用的包装材料有：草包、蒲包、聚乙烯袋、涂沥青不透水的麻袋和纸袋，集运箱等。包装时先将湿润物放在包装材料上，然后将苗木根对根放在上面，并在根间加些湿润物（如苔藓、湿稻草、湿麦秸等）；或者将苗木的根部蘸满泥浆。这样放苗到适宜的重量，将苗木卷成捆，用绳子捆住。小裸苗也用同样的办法即可。大苗起苗时要求带上土球，为了防止土球碎散，以减少根系水分损失，所以挖出土球后要立即用塑料膜、蒲包、草包和草绳等进行包装；或用木箱，对特殊需要的珍贵树种的包装有时用木箱。包装时一定要注意在外面附上标签，在标签上注明树种的苗龄、苗木数量、等级、苗圃名称等。短距离运输，苗木可散在筐篓中，在筐底放上一层湿润物，筐装满最后在苗木上面再盖上一层湿润物即可。以防苗根不失水为原则。长距离运输，则裸根苗苗根一定要蘸泥浆，带土球的苗要在枝叶上喷水。再用湿苫布将苗木盖上。运输过程中，要经常检查包内的湿度和温度，以免湿度和温度不符合植物运输。如包内温度高，要将包打开，适当通风，并要换湿润物以免发热，若发现湿度不够，要适当加水。另外，运苗时应选用速度快的运输工具，以便缩短运输时间；有条件的还可用特制的冷藏车来运输。

【教学建议】学生进行了各种育苗方式的技能操作练习后，在最好在秋季苗木出圃时期开展活动，让学生熟练掌握育苗的全过程。

【思考与练习】

1. 苗木出圃有哪些过程？技术要点是什么？

2. 技能考核（表2-14）。

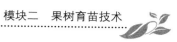

表 2 - 14　起苗和包装技能考核表

序号	考核内容	考核要点	分值	评分标准	扣分	得分
1	裸根起苗	起 2 株,尽可能多带根系	15	根系损伤度扣 1～10 分 枝芽损伤度扣 1～10 分		
2	带土起苗	2 株,要求带直径 10cm 的泥团,并用包装袋和包装绳包扎好根部的泥团	20	泥团是否完整扣 1～10 分 包装效果扣 1～10 分		
3	整形剪叶	苗木挖出后进行剪枝叶整形修剪,枝、叶、根剪留合理	20	修剪合理程度扣 1～20 分		
4	拌泥浆	挖一个穴或准备一个桶,向穴内或桶内倒入松土,倒入适量水,捣成稠稀适合的泥浆	10	泥浆稠稀度扣 1～10 分		
5	浆根	将裸根苗的根系放入泥浆中,使全部根系上裹上一层泥浆。	10	浆根不适合、不均匀,扣 1～10 分		
6	包装	用稻草、塑料薄膜将考场事先提供的 40～50 株裸根苗,作裸根苗的根系包装保湿示范操作	15	包装不合理扣 1～15 分		
7	速度	30min 内完成考核	10	每超时 1min 扣 2 分,扣完 10 分即止		
合　计			100			

否定项	若考生发生下列情况之一,应及时终止考试。 1. 裸根苗无根,考生该试题成绩记零分。 2. 带土起苗没带土,考生该试题成绩记零分。 3. 用时超时 10min。

模块三　果园建立技术

◆ **模块摘要**：本模块主要了解不同类型的园地对果树生长的关系，熟悉果树生长发育对土壤、环境和肥水条件的要求；学习园地的规划设计方法，并掌握园地规划设计技术。

◆ **核心技能**：园地类型的选择；果园规划设计技术。

模块 3－1　园地的选择与规划

【目标任务】了解园地的类型、环境及气候条件与果树栽培的关系；熟悉果树生长发育对土壤、周围环境和肥水条件的要求；掌握果园园地的规划设计。

【相关知识】

一、果园生态条件

果树的生存、生长发育、开花结果的正常进行，都是在一定生态环境下进行的，果树优质丰产同适宜的生态环境条件密不可分。适宜的生态环境可以增加果品产量和质量，然而恶劣的生态环境不仅会造成果品产量及质量的下降，甚至会导致果树的枯萎或死亡。

果树的生态环境是指其自下而上空间所包括一切因素的总和，包括气候条件、土壤条件、地势条件、生物因子等。因此在栽培果树之前不仅要调查所在地区的生态环境，还要选择合适的树种去栽培，以获取最大的收益。生态环境中的每一个因子的改变都很有可能会造成果树的巨大变化，如温度、降水、土壤、空气湿度、光照、地形等。

1. 温度

（1）温度影响果树的分布。温度是果树重要的生存因子之一。果树生产的目的是获取果实，而果实形成的环境比生长要严格得多。各种果树在其长期演化的过程中，形成了各自的遗传、生理代谢类型和对温度的适应范围。

限制果树分布的诸多温度因子中，主要是年平均温度、生长期积温和冬季最低温。

①年平均温度。各种果树都有其适应栽培的年平均温度，这与它们的生态类型和品种特性有关。

②生长期积温。积温可分为活动积温和有效积温。活动积温是果树生长期或某个发育期活动温度之和。在一年中能保证果树生物学有效温度的持续时期为生长期（或生长季），生长期中生物学有效温度的累积值为生物学有效积温，简称有效积温或积温。

果树在一定温度下开始生长发育，为完成全生长期或某一生育期的生长发育过程，要求一定的积温。如果生长期内温度低，则生长期就延长；如温度高则生长期缩短。在某些地区，由于生长期的有效积温不足，则果实不能正常成熟，即使年平均温度适宜，冬季能安全越冬，该地区也失去该种果树的栽培价值。

③冬季最低温。果树多年在露地越冬，所以冬季的最低温是决定果树能否露地过冬的重

要因子。一种果树能否抵抗某地区冬季最低温度的寒冷或冻害，是决定该果树能否在该地区生存或进行商品栽培的重要条件。超越这个界限，将发生低温伤害；如果低温伤害发生严重而频繁，则可能丧失该果树的栽培价值。不同树种和品种，具有不同的抗寒力。

落叶果树有自然休眠的特性。12月到第二年2月间进入自然休眠后，需要一定低温才能正常通过休眠期，如果冬季温暖，平均温度过高，不能满足通过休眠期所需的低温，常导致芽发育不良，春季发芽、开花延迟且不整齐，花期拉长，落花落蕾严重，甚至花芽大量枯落而减产。

（2）温度影响果树的生长结果。果树维持生命与生长发育皆要求一定的温度范围，不同温度的生物学效应有所不同，有其最低点、最适点与最高点，即三基点温度。最适温度下，果树表现生长发育正常，速率最快、效率最高。最低温度与最高温度常常成为生命活动与生长发育终止时的下限与上限温度。因此，过低与过高的温度对果树是不利的，甚至是有害的。

果树春季萌芽和开花期的早晚，主要与早春气温高低有关。落叶果树通过自然休眠后，遇到适宜的温度就能萌芽开花。温度愈高，萌芽开花期愈早。另外，温度对果实的着色、硬度（关系到果实货架期）及风味都有影响，进而影响到果实的品质。

2. 降水与空气湿度（即水分的影响） 水是果树生存的重要生态因素，也是果树体内的重要成分，果树的含水量达50%～97%，因器官不同而有变化。足够的含水量使细胞保持膨压状态，以维持正常的生理活动。水是理想的溶剂，营养物质的吸收、转化、运输与分配，光合作用、呼吸作用等重要的生理过程，都必须在有水的环境中才能正常进行。

果树的需水量是指生产单位干物质所消耗的水分的单位数。即果树在生长期或某一物候期所蒸腾消耗的水分总量与同一时期生产的干物质总量的比值。果园的需水量包括土壤的水分蒸发和树体表面的蒸腾耗水之和。果树的需水量又因树种不同，按需水多少、排列的顺序是：梨＞李＞桃＞苹果＞樱桃＞酸樱桃＞杏，需水量越小的越耐旱。在年周期内不同物候期，果树对水分的需要是不同的，温带落叶果树在休眠期耗水少，当树叶长成和坐果之后，耗水明显增多。到生长末期，耗水又减少。常绿果树虽无明显休眠期，在冬季低温季节，其蒸腾耗水也明显降低。春季萌芽时水分不足，常延迟萌芽或发芽不整齐，影响新梢正常生长。花期干旱或遇阴雨常引起落花落果。新梢生长期由于枝叶迅速旺盛生长，需水量多，对缺水反应最为敏感，称为需水临界期。如此时水分亏缺，将导致新梢过早停长，叶面积缩小，使光合产物减少，引起当年碳素营养亏缺。果实生长发育期缺水，将抑制果实生长。

果树灌水的关键时期是：生长季节初期坐果时、形成花芽时和采收前的最后一个果实膨大期。若这些时期缺水，则对果树的生长发育影响严重，就算后期补救也不会再有明显的效果。

果树的抗旱能力因树种而不同。抗旱力强的果树不仅在干旱条件下能存活下来，重要的是能获得正常的经济产量。抗旱力强的有桃、扁桃、杏、石榴、枣、无花果、胡桃、菠萝、枣椰、油橄榄等；抗旱力中等的有苹果、梨、柿、樱桃、李、梅、柑橘等；抗旱力弱的有香蕉、枇杷、杨梅等。

水分过多或水涝是果树水分胁迫的另一种形式。各种果树都有一个较宽的耐土壤水分饱和（水涝）的范围，但其耐涝能力是不同的。落叶果树中杏和桃对水涝很敏感，梨和苹果的根则较耐水涝。果树受涝害较轻时表现为叶片萎蔫、早期落叶、落果、细根死亡、大根腐烂，随水涝时期延长，进一步出现枝干木质部变色、叶片失绿、枝枯、植株萎蔫直到死亡。

3. 土壤

（1）土壤对果树栽培的影响。土壤是果树栽培的基础。果树生长发育所需的水分和矿质营养主要是通过土壤吸收的。因为多年生木本果树大多属于深根性作物。所以需要较大的土层厚度。像桃、杏、李等核果类的果树其土层厚度可较薄。果树具有重要而活跃的生理功能，根系的生长与分布对果树生长结果以及抵抗环境胁迫能力有重要影响。果树根系的生长与分布，主要与土层厚度及土壤的理化性质密切相关。土层厚度直接影响根系垂直分布深度。土层是指适宜根系生长的活跃土壤层次。土层深厚，根系分布深，吸收养分与水分的有效容积大，水分与养分的吸收量多，树体健壮，有利于抵抗环境胁迫（如水分胁迫，营养胁迫，高温或低温胁迫等），为优质丰产提供了有利的条件。

四川丘陵地区，不少果园土层厚度仅为 20～40cm。有些果园土壤较深厚，但浅层有沙砾层、坚硬的黏土层或板结层分布，或因土层坚硬，根系无法穿过；或因水分与矿质养分极易流失，干旱与饥饿的环境使根系不能正常生长，果树都表现为弱势低产。在这类土壤上建园，必须通过爆破或深耕使土层加厚到 80～100cm，以改善根系生长的土壤条件。

由于矮化砧根系较浅，矮化树果园所要的土壤也可较浅。但必须土壤结构良好，肥水管理条件优越。在不深的土层内，可控制垂直根的生长，促进水平根及须根发达，有利于早期丰产。在这种条件下较浅的土层也可获得好的效果。

（2）土壤质地和结构对果树生长的影响。土壤质地是组成土壤矿质颗粒各粒级组成含量的百分率。土壤中的矿质颗粒根据粒级不同而分为沙粒、粉粒和黏粒 3 种粒级。由各类粒级所占不同百分率组成为质地不同的土壤，如砂质土、壤质土、黏质土、砾质土等，对果树生长发育有不同的影响。其中砂质土和壤质土比较适宜果树的生长。

在实际生产中，应把果树对地理气候环境的适应性作为制定、实施果树栽培管理技术的立足点，提高水、光、气、热等资源利用率，建立起一个有机结合、相互协调、相互制约的果园生态系统，以促进果树的丰产、稳产、优质、低耗、高效，并在果树持续性生产中促进果园生态环境的逐步优化。

二、果园类型的选择及评价

1. 平地果园 平地果园地势平坦，四周开阔，交通方便，土层深厚，水分充足，有机质含量高，树体生长量大，根系深，产量较高。便于机械化操作管理和果园的规划设计。但这种地方在通风、光照及排水方面，往往不如有一定坡度的丘陵山地好，因此在果实色泽、风味品质及贮藏性方面不如丘陵山地果园。

2. 丘陵山地果园 丘陵山地果园，尤其是在 20°以内的缓坡、斜坡地带建园。这种地方具有空气流通、光照充足、昼夜温差大、排水良好，果实着色、风味品质较平地果园要好，其缺点是根系分布浅，养分、水分条件较差。

3. 洼地、水稻田果园 低洼地、水稻田等，一般地下水位较高，尤其在降水量多的山区，土壤含水量增高，排水不畅，常常产生硫化氢等有毒害的物质，使果树根系受毒害而死亡。同时，地势低洼，通风不良，易造成冷空气沉积，开花期易受晚霜危害，使产量不稳。

因此，在低洼地、水田等地不适宜建果园。

三、果园的环境标准

果园应选择在生态条件良好，远离污染源，并具有可持续生产能力的农业生产区域。良好的果园环境是进行无公害果品生产的基础。要求果园附近无污染源的工矿企业，果园河流或地下水的上游无排放有毒物质的工厂，果园土壤不含天然有害的物质，果园距主干公路50m以上，园地未施有毒有害的有机物和无机物。

（一）空气环境质量标准　果园的大气环境不能受到污染。大气的污染物主要有二氧化硫、氟化物、臭氧、氮氧化物、氯气和粉尘等。这些污染物直接伤害果树的生长，妨碍果树的光合作用。人们食用被污染的果品，会引起慢性中毒。因此，果园的大气环境质量应达到国家大气环境质量标准 GB 3095—1982 的一级标准。

大气环境质量标准分为三级：

一级标准　为保护自然生态和人群健康，在长期接触情况下，不发生任何危害影响的空气质量要求。生产无公害果品的环境质量应达到一级标准。

二级标准　为保护人群健康和城市、乡村的动物、植物，在长期和短期接触情况下，不发生伤害的空气质量要求。

三级标准　为保护人群不发生急性、慢性中毒和城市动物、植物（敏感者除外）能正常生长生活的空气质量要求。

（二）土壤环境质量标准

土壤污染源主要有：

1. 水污染　它是由工矿企业和城市排出的废水、污水污染土壤所致。

2. 大气污染　由工矿企业以及机动车（船、航天器）排出的有毒气体被土壤所吸附。

3. 固体废弃物　由矿渣及其他废弃物进入土壤中造成的污染。

4. 农药、化肥污染　土壤中污染物主要是有害重金属和农药。

因此，果园土壤监测的必测项目是：汞、镉、铅、砷、铬 5 种重金属和六六六、滴滴涕 2 种农药以及土壤 pH 等。其中土壤中六六六、滴滴涕残留标准均不得超过 0.1mg/kg，5 种重金属残留标准因土壤质地而有所不同，一般采用与土壤背景值相比，具体可参阅中国环境质量监测总站编写的《中国土壤环境背景值》。土壤污染程度的划分主要依据测定的数据计算污染综合指数的大小来定。共分为 5 级。

只有达到 1～2 级的土壤才能作为生产无公害果品的基地。

四、果园应具备的功能区

（一）种植区　应根据地形、地势和土壤条件，为便于耕作管理，应因地制宜地将果园划分成不等或相等面积的种植区。种植区的面积大小，取决于果园规模、地形及地貌。同一种植区，要求土壤类型、地势等尽量保持一致。种植区的划分，应以便于管理、有利于水土保持和便于运输为原则。一般不要跨越分水岭，更不要横跨凹地、冲刷沟和排水沟。种植区面积不宜过大或过小，过大管理不便，过小浪费土地。通常，种植区面积大则 1～2hm²，小则 0.6～1hm²。在丘陵山地建园，地面崎岖不平，种植区面积甚至可小于 0.4hm²。

(二)道路系统 因地制宜地规划好园路系统,可方便田间作业,减轻劳动强度,降低生产成本。道路的设置应根据果园面积的大小,规划成由主干道、支道和田间作业道组成的道路网。

1. 主干道 主干道要求位置适中,贯穿全园,与支道相通,并与外界公路相接。一般要求路宽5~7m,能通行大汽车,是果品、肥料和农药等物资的主要运输道路。山地果园的主干道,可以环山而上,或呈"之"字形延伸,路边要修排水沟,以减少雨水对路面的冲刷。

2. 支道 支道可与小区规划结合设置,作为小区的分界线。支道应与主干道相连,要求路宽3~4m。山地建园,支道可沿坡修筑,但应具有0.3%的比降,不能沿等高线修筑。

3. 田间作业道 为方便管理和田间作业,园内还应设田间作业道,要求路面宽1~2m。小区内应沿水平横向及上下坡纵向,每距离50~60m设置一条小路。

(三)排灌系统 有的地区,如江西赣南地区,雨量充沛,但年降雨量分布不均匀。上半年阴雨绵绵,以至地面积水,有时伴有暴雨成灾。下半年常出现伏秋干旱,对果树的正常生长发育很是不利。因此,山地果园必须具有良好的排灌设施。灌溉用的水源主要有池塘、水库、深井和河流等,灌溉系统的设置在建园前应认真考虑,并首先建设好。

规划排灌系统的总原则是:以蓄为主,蓄排兼顾,降水能蓄,旱时能灌,洪水能排,水不流失,土不下山。

1. 蓄水和引水 山地建园,多利用水库、塘、坝来拦截地面径流,蓄水灌溉。如果果园是临河的山地,需制订引水上山的规划;若距河流较远,则宜利用地下水(挖井)为灌溉水源。

2. 等高截洪沟 在涵养林下方挖一条宽、深各1m的等高环山截洪沟,拦截山水,将径流山水截入蓄水池。下大雨时,要将池满后的余水排走,以保护园地免冲刷。

3. 排(蓄)水沟 纵向与横向排(蓄)水沟要结合设置。纵向(主)排水沟,可利用主干道和支道两侧所挖的排水沟(深、宽各50cm),将等高截洪沟和部分小区排水沟中蓄纳不了的水,排到山下。横向排水沟,如梯田内侧的"竹节沟",可使水流分段注入主排水沟,减弱径流冲刷。

4. 引灌设施

(1)修筑山塘或挖深水井。水源丰富的地方可修筑山塘或挖深水井,用于引水灌溉。

(2)修筑大型蓄水池。在果园最高处,也可在等高截洪沟排水口处,修建大型蓄水池,容量为100m³,并且安装管道,使水通往小区,便于浇灌。

(3)简易蓄水池。每个小区内,要利用有利地势,修建一个20~30m³的简易蓄水池,以便在雨季蓄水,旱季用于浇灌。

(四)果园辅助设施 辅助建筑物包括管理用房,药械、果品、农用机具等的贮藏库。管理用房,即场部(办公室、住房)是果园组织生产和管理人员生活的中心。小型果园场部应安排在交通方便、位置比较中心、地势较高而又距水源不远或提水引水方便的地方;大型果园场部应设在果园干道附近,与果园相隔一定距离,防止非生产人员进入果园,减少危险性病虫带进果园。杜绝检疫性病虫,通过人为因素传播,在果园中蔓延,确保生产安全。果品仓库应设在交通方便,地势较高、干燥的地方;储藏保鲜库和包装厂应设在阴凉通风处。此外,包装场和配药池等,建在作业区的中心部位较合适,以利于果品采收集散和便于药液运输。粪池和沤肥坑，应设置在各区的路边，以便于运送肥料。一般每 $0.6\sim0.8hm^2$ 的果园，应设水池、粪池或沤肥坑，以便于小区施肥、喷药。

实　训　内　容

一、布置任务

园地选定后，应根据建园要求与当地自然条件，本着充分利用土地、光能、空间和便于经营管理的原则，进行全面的规划。规划的具体内容包括：种植区的划分、道路设置、排灌系统的设置，以及辅助建筑物的安排等。

二、材料准备

材料：可供调查的现成果园和可作为建园实习的场地。

用具：指南针、测高仪、手持坡度计、水准仪、土壤钻、pH 计、皮尺、钢卷尺及记载用具。

三、开展活动

本项目可根据具体条件，采取实地果园规划设计或参观现成果园的形式进行。

(一)果园规划设计

1. 基本情况调查

(1) 园地情况。地形、地势、坡度、面积、水源。

(2) 土壤情况。土壤质地、结构、肥力、土层深度、地下水位、酸碱度。

(3) 果园小气候。气温、雨量、湿度、日照、风、霜、雹；植被和防护林对果园小气候的影响（气象要素材料可查阅当地气象站的资料）。

2. 园地测量　根据测量结果绘制地形图。

3. 规划设计　根据园地条件和对果园类型的要求进行规划设计。

(1) 划分小区。种植小区面积、小区规划。

(2) 划分道路。干路、支路、小路的设置。

(3) 布置排灌系统。水源、主渠、支渠的宽度、高度。

(4) 布置辅助建筑及设施。建筑物（管理用房，药械、果品、农用机具等的贮藏库）的位置、面积及具体要求。此外，包装场、配药池、粪池和沤肥坑等的设置与要求。

(二)现成果园规划设计的参观　参观项目可参考上述肉容。

【教学建议】 可根据具体条件，采取实地果园规划设计或参观现成果园的形式进行。如有建园任务，学生可参加建园的规划设计；如无此条件，可假设一些条件，如土地面积、地形、地势、土壤条件等，要求的果园类型，让学生进行规划设计；如附近有规划设计较好的现成果园，也可进行现场参观。开展实习前，在教师的指导下，可先将学生分组，并分配调查内容。调查后安排讨论，分析评价其主要优缺点。

【思考与练习】

1. 通过对果园基本情况的调查，绘制果园规划图，编写果园规划设计书。

2. 通过对现成果园的参观，总结分析其规划设计的优缺点。

模块 3—2　　果园的开垦技术

【目标任务】 学会山地果园的规划设计，初步掌握等高梯田修筑技术。
【相关知识】

一、果园开垦的主要任务

果园开垦是果园规划中一项基础性工作，其主要任务包括清地、翻耕、平整地、开壕沟或梯田，定标挖种植穴或开种植沟等。其好坏直接影响水土保持、抚育管理、生长和产量，必须予以重视。一般应在定植前半年进行。在设计和开垦工作中，要十分注意环境保护和可持续发展等问题。

二、山地果园的开垦

（一）修筑等高梯田 梯田是山地果园普遍采用的一种水土保持形式，它是将坡地改成台阶式平地，使种植面的坡度消失，从而防止了雨水对种植面的土壤冲刷。同时，由于地面平整，耕作方便，保水保肥能力强，因而所栽植的柑橘生长良好，树势健壮（图 3-1）。

梯田由梯壁、梯面、边埂和背沟（竹节沟）组成（图 3-2）。

图 3-1　水平梯田

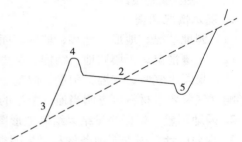

图 3-2　梯田结构
1. 原坡面　2. 梯面　3. 梯壁
4. 边埂　5. 背沟

1. 清理园地 将杂草、杂木与石块清理出园，草木可晒干后集中烧掉作肥料用。

2. 确定等高线

（1）测定基点。选择能代表该片坡地大部分坡度的地段，作一与横向水平垂直的直线即基线，自上而下地定出第一个基点。然后用一根与定植行距等长的竹竿（或皮尺），将其一端放在第一个选定的基点上，另一端顺着基线执在手中使成水平，手执一端垂直地面的点，就是第二个基点。依次得出第三、第四……个基点，基点选出后，各插上竹签。

（2）测定等高线。用等腰人字架测定。人字架长 1.5m 左右，两人操作，一人手持人字架，一人用石灰画点，以基点为起点，向左右延伸，测出等高线。测定时，人字架顶端吊一铅垂线，将人字架的甲脚放在基点上，乙脚沿山坡上下移动，待铅垂线与人字架上的中线相吻合时，定出的这一点为等高线上的第一个等高点，并做上标记。然后使人字架的乙脚不动，将甲脚旋转 180°后，沿山坡上下移动，使铅垂线与人字架上的中线相吻合时，测出的这一点为等高线上的第二个等高点。照此法反复测定，直至测定完等高线上的各个等高点为止。将测出的各点连接起来，即为等高线。依同样的方法测出各条等高线。由于坡地地形及地面坡度大小不一，在同一等高线上的梯面可能宽窄不一。等高线测定后，必须进行校正。按照"大弯随弯，小弯取直"的原则，通过增线或减线的方法，进行调整。也就是等高线距离太密时，应舍去过密的线；太宽时又酌情加线。经过校正的等高线就是修筑梯田的中轴线，按照一定距离定下中线桩，并插上竹签（图3-3）。

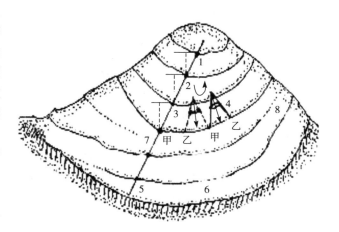

图3-3 用等腰人字架测定基点、等高线示意
1. 第一个基点 2. 第二个基点 3. 第三个基点
4. 等腰人字架 5. 基线 6. 等高线 7. 增线 8. 减线

3. 梯田的修筑方法 修筑梯田，一般从山的上部向下修。修筑时，先修梯壁（垒壁）。随着梯壁的增高，将中轴线上侧的土填入，逐一层层踩紧捶实。这样边筑梯壁边挖梯（削壁），将梯田修好。然后，平整好梯面，并做到外高内低，外筑埂而内修沟，即在梯田外沿修筑边埂。边埂宽30cm左右，高10～15cm。梯田内沿开背沟，背沟宽30cm，深度20～30cm。每隔10m左右在沟底挖一宽30cm，深10～20cm的沉沙坑，并在下方筑一小坝，形成"竹节沟"，使

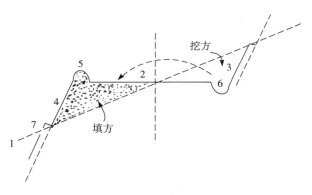

图3-4 梯田修造
1. 原坡面 2. 梯面（内斜式） 3. 削壁
4. 垒壁 5. 边埂 6. 背沟 7. 壁间

地表水顺内沟流失，避免大雨时雨水冲刷梯壁而崩塌垮壁（图3-4）。

4. 挖壕沟或种植穴 山地、丘陵地采用壕沟式，即将种植行挖深60～80cm、宽80～100cm的壕沟。挖穴时，应以栽植点为中心，画圆挖掘，将挖出的表土和底土，分别堆放在定植穴的两侧。最好是秋栽树，夏挖穴；春栽树，秋挖穴。提前挖穴，可使坑内土壤有较长的风化时间，有利于土壤熟化。如果栽植穴内有石块、砾片，则应捡出。特别是土质不好的地区，挖大穴对改良土壤有着极其重要的作用。一般深度要求在60～100cm。水平梯田定植穴、沟的位置，应在梯面靠外沿1/3～2/5处，即在中心线外沿，因内沿土壤熟化程度和光线均不如外沿，且生产管理的便道都设在内沿。

5. 回填表土与施肥 无论是栽植穴还是栽植壕沟，都必须施足基肥，这就是通常所说的大肥栽植。栽植前，把事先挖出的表土与肥料回填穴（沟）内。回填通常有两种方式，一种是将基肥和土拌匀填回穴（沟）内，另一种是将肥和土分层填入。一般每立方米需新鲜有

机肥 50～60kg 或干有机肥 30kg，磷肥 1kg，石灰 1kg，枯饼 2～3kg，或每 667m² 施优质农家肥 5t。

（二）挖鱼鳞坑　在坡度较大、地形复杂的山坡地，不适合修水平梯田和撩壕时，可以挖鱼鳞坑来进行水土保持，或因一时劳力不足，资金紧缺，来不及修筑梯田的山坡，可先修鱼鳞坑，以后逐步修筑水平梯田。

1. 定定植点　修筑时，先定基线，测好等高线，其方法与等高梯田相同。在等高线上，根据果树定植的行距来确定定植点。

2. 挖坑　以定植点为中心，从上部取土，修成外高内低半月形的小台面，大小 2～5m，一半在中轴线内，一半在中轴线外，台面的外缘用石块或土堆砌，以利保蓄雨水。将各小台面连起来看，好似鱼鳞状排列。

3. 回填表土、有机肥　在筑鱼鳞坑时，要将表土填入定植穴，并施入有机肥料。这样，栽植的果树才能生长好。

（三）撩壕　撩壕，是在山坡上，按照等高线挖成等高沟，把挖出的土在沟的外侧堆成垄，在垄的外坡栽果树，这种方法可以削弱地表径流，使雨水渗入在撩壕内，既保持了水土，又可增加坡的利用面积。

1. 确定等高线　其方法与等高梯田相同。

2. 挖撩壕　撩壕规格伸缩性较大，一般自壕顶到沟心，宽可 1～1.5m，沟底距原坡面 25～30cm，壕外坡宽 1～1.2m，壕高（自原坡面至壕顶）25～30cm。撩壕工程不大，简单易行，而且坡面土壤的层次及肥沃性破坏不大，保水性好，撩壕增厚了土层，所以对果树生长是很有利的，适合于坡度较小的缓坡（5°左右）地建园时采用。但撩壕没有平坦的种植面，不便施肥管理，尤其在坡度过大（超过 10°）时，撩壕堆土困难，壕外土壤流失大。因此，撩壕应用范围小，是临时的水土保持措施。

3. 回填表土　把事先挖出的表土与肥料回填沟内。回填通常有两种方式，一种是将基肥和土拌匀填回沟内，另一种是将肥和土分层填入。

三、旱地果园的开垦

（一）平地果园的开垦　平地包括旱田、平缓旱地、疏林地及荒地。

1. 规模在 10hm² 以上的果园，可采用重型大马力拖拉机进行深犁（30cm），重耙 2 次后，与坡度垂直方向定线开行和定坑，根据果树树种来确定行株距。如坡度在 5°～10°可按等高线定行。按同坡向 1hm² 或 2～3hm² 为一小区，小区间 1m 宽的小道（或小工作道），4个以上的小区间设 3m 宽的作业道与支道相连。果园内设等高防洪、排水、蓄水沟；防洪沟设于果园上方，宽 100cm×深 60cm；排水和蓄水沟深 30cm×宽 60cm。

2. 规模在 10 hm² 以下的小果园，由于设在平地或平缓地，应精心开垦和进行集约化栽培与管理，在有限的土地面积中夺取优质、高产、高效益。开垦中尽量采用大马力重型拖拉机进行深耕重耙两次，然后根据地形地势和果树树种按等高或直线确定行株距。地势在 5°～10°，可采用水平梯田开垦，根据果树树种来确定行株距；地势在 5°以下，地形完整的经犁耙可按直线开种植畦，畦开浅排水沟，沟宽 50cm，深 20cm，种植坑直径 1m，深 0.8～1m。如在旱田或地下水位高的旱地建园，必须深沟高畦，以利排水和果树根系正常生长。

（二）丘陵果园的开垦　海拔高度在 400m 以下，坡度在 20°以内的丘陵地建果园较为适宜。

1. 兴建 10hm² 以上的果园 可根据海拔高度、坡面大小、坡度大小的不同,采取:

(1) 坡度在 10°~15°、坡面在 5hm² 以上、海拔在 200m 以下的丘陵地,可采取 33kW 左右履带或中型具挖土和推地于一体的多功能拖拉机,先按行距离等高定点线推成 2~3m 宽水平梯带,而后再按株距定点挖种植坑 (1m×1m)。

(2) 海拔在 200~400m 高、坡高 15°~20°、坡面在 5hm² 以下丘陵地,先按行距等高定点线挖、推成 1~1.5m 宽水平梯带,而后按株距定点挖成 0.6m×0.6m×0.6m 的种植坑。

2. 兴建 10hm² 以下的果园 可根据开垦地海拔高度、坡度,以坡面大小进行等高定行距,先开成水平梯带,然后按株距挖坑;或者根据行距等高线定株距挖坑,种植后力求在 2 年内,结合扩坑压施绿肥、作物秸秆、有机肥,改土时逐次修成水平梯带,方便今后作业、水土保持和抗旱。开垦和挖坑应在回坑、施基肥前两个月完成,使种植坑壁得到较长时间的风化。

四、洼地的开垦、水田改种果树的土壤改造

洼地、水稻田地表土肥沃,但土层薄,能否排水、降低地下水位是种植果树成功的关键。洼地、水稻田应考虑能排能灌,即雨天能排水,天旱时能灌水。洼地、水田可用深浅沟相间形式,即每两畦之间一深沟蓄水,一浅沟为工作行。洼地、水稻田种果树不能挖坑,而应在畦上做土墩。应根据地下水位的高低进行整地,确定土墩的高度,但必须保证在最高地下水位时,根系活动的土壤层至少要有 60~80cm。在排水难、地下水位高的园地,土墩的高度至少要有 50cm,土墩基部直径 120~130cm,墩面宽 80~100cm,呈馒头形土堆。地下水位较低的园地,土墩可以矮一点,一般土墩高为 30~35cm,墩面直径 80~100cm,田的四周要开排水沟,保证排水畅通。墩高确定以后,就可依已定的种植方式和株行距,标出种植点后筑墩。筑墩时应把表土层的土壤集中起来做墩,并在墩内适当施入有机肥。无论高墩式或低墩式,种植后均应逐年修沟培土,有条件的还应不断客土,增大根系活动的土壤层,并把畦面整成龟背形,以利于排除畦面积水。

实 训 内 容

一、布置工作任务

通过开垦现场的观察,学会山地果园梯田的开垦方法,初步掌握等高梯田修筑技术。

二、确定观察内容

(一)山地果园梯田的开垦方法

1. 测等高线

(1) 定基点。相邻两基点的水平距离就是今后梯田面的实际宽度。确定基点间的距离需根据坡度大小和树种行距的宽窄要求而定。如在地形或坡度变化较大的坡面定基点时,要选择有代表性的坡面(即能代表整个坡面的一般坡度),自上而下进行定点,打上木桩。

(2) 测等高点。用测量仪器,向基点的两侧顺序定出与第一基点等高的所有水平点(为有利于排水,点间可保持 0.2%~0.3% 的比降)。点间距离一般以 3~5m 为宜。

（3）划等高线。由于坡面局部地形的变化缘故，在划定等高线时会产生曲度过大或造成等高线间的距离宽窄不一，故在实际划定时要进行调整，才便于施工。

2. 筑梯田壁和梯田埂 等高线划定后，开始施工的第一步是在等高线上筑梯田壁和梯田埂。可采用石砌，也可采用土筑的土壁，但要层层夯实，并使梯田壁向内倾斜呈 60°～70°，以防倒塌。

南方多雨地区在筑梯田埂时，要根据历史上最大日降雨量确定其高度。筑埂要力求水平，并使梯田面向内倾斜 5°，以防雨水汇集一处溢出，造成局部冲刷。

3. 平梯田面 平梯田面时，如山地土壤上下层肥力差异大，应将表土集中到梯田面中央，取心土筑壁，然后以梯田埂的水平线作标准进行平整。如表土与心土肥力差别不大者，则可直接进行平整。

（二）旱地果园的开垦方法 具体方法见本模块。

三、开展活动

本实习可在指导教师的指导下，组织学生到当地果园开垦现场参观，如有供修筑梯田的现场，可进行小面积的施工。

【教学建议】 本次实习可在校园附近选择一块可供教学实习的场地，在实习指导教师的指导下，现场为学生作示范性教学，然后组织学生进行小面积的施工，并总结山地梯田修筑的技术要点，然后要求学生写出实际报告。

【思考与练习】 通过实习，总结修筑等高梯田的技术要点。

模块 3—3　　果树栽植技术

【目标任务】 掌握果树栽植的原理与技术。
【相关知识】

一、种植密度的确定

合理密植是现代化果园的方向。它可以充分利用光照和土地，使果树提早结果，提早收益，提高单位面积产量，提早收回投资。提倡密植，并不是愈密愈好。栽植过密，树冠容易郁闭，果园管理困难，植株容易衰老，经济寿命缩短。通常在地势平坦，土层较厚、土壤肥力较高，气候温暖，管理条件较好的地区，栽植可适当稀些。在山地和河滩地，以及肥力较差、干旱少雨的地区栽植，可适当密植。

二、栽植前的准备

1. 苗木准备 苗木栽植前，要解除薄膜，修理根系和枝梢，对受伤的粗根，剪口应平滑，并剪去枯枝、病虫枝及生长不充实的秋梢。

2. 肥料准备 幼树定植前，可准备腐熟的有机肥和化肥。

三、保证果树栽后成活与快速生长的条件

栽植时，将苗木放在栽植穴内扶正，使根顺、舒展，随即埋土，边埋边踩实，并将树苗

微微振动上提，以使根土密接，然后再加土填平。在树的周围，要做树盘。树盘做好后，充分灌水，水渗下后，再于其上覆盖一层松土，以便保湿。栽植中，要真正做到苗正、根舒、土实和水足，并使根不直接接触肥料，防止肥料发酵而烧根。栽后树盘可用稻草、杂草等覆盖。

四、栽后管理

1. 检查成活及时补栽　定植后半个月及时检查成活，对未成活的植株应及时补栽。

2. 淋水　定植后如无降雨，3～4d 内每天均要淋水保持土壤湿润，以后视植株缺水情况，隔 2～3d 淋水一次，直至成活。

3. 恢复生长后施肥　一般植后半个月部分植株开始发根，一个月后可施稀薄肥，以腐熟人尿加水 5～6 倍，或尿素加水配成 0.5% 水液，或 0.3% 复合肥浇施，每株施 1～2 勺。如施用含有生根素的冲施液肥，则效果更好，它能促使幼树早发根，多发根。以后每月淋 1～2 次，注意淋水肥时，不要淋在树叶上，只要施在离树干 10～20cm 的树盘上即可。新根未发、叶片未恢复正常生长的植株不宜过早施肥，以免引起肥害，影响成活。

4. 定干与固定　定植后，对在苗圃未整形的苗木（单干苗）留 40～60cm 短截，主干高 30～50cm。植后 1 周，穴土已略下陷可插竹枝支撑固定植株，以防风吹摇动根群，影响成活。植后若发现卷叶严重，可适当剪去部分枝叶，以提高成活率。

实 训 内 容

一、布置任务

通过栽植果树，掌握果树定植技术和提高成活率的关键。

二、工具材料的准备

材料：选当地 1～2 种果树的一二年生嫁接苗。

工具：定植板、标杆、皮尺、测绳、挖掘工具和灌水用具。

三、开展活动

1. 定距离　平地果园在确定栽植密度和方式后，如采取挖穴种植者，可先在园地适当位置定一基线，在基线上按行距定点，插上标杆或打上白粉点，再以此线为基线，定出垂直线 2～3 条，在线上按株距定点，插上标杆或打上白粉点，然后应用"三点成一直线"的原理，用标杆或绳子标定全园各点，各点均打上白粉点。

山地果园如梯田面上只栽一行果树，可按梯田走向定点。

2. 挖定植坑　植穴大小、深浅可根据地下水位高低和土壤性质而定。一般深 60～80cm，也可采取挖 1m 深、宽的条沟。

3. 放基肥　一般每立方米需新鲜有机肥 50～60kg 或干有机肥 30kg，磷肥 1kg，石灰 1kg，枯饼 2～3kg，或每 667m² 施优质农家肥 5t。肥料分层施入，肥料应与土壤拌匀，防止肥料发酵而烧根。

4. 栽植　栽植前先校正原来定点的位置，并插上标杆。苗木先进行处理，如裸根的剪除部分多余的根系，并要用黄泥浆进行浆根处理。定植时，调节深浅度可根据树种、土壤性质和植穴沉实情况，通常未经沉实的植穴，定植时应适当提升苗木的高度，填土时将细表土填满根际，并层层压实。早春落叶时定植的苗木要套上塑料袋保湿。

5. 植后覆盖与淋水　定植后应充分灌水，培土、做好树盘，可用杂草或稻草或地膜覆盖（果树栽植流程见图3-5）。

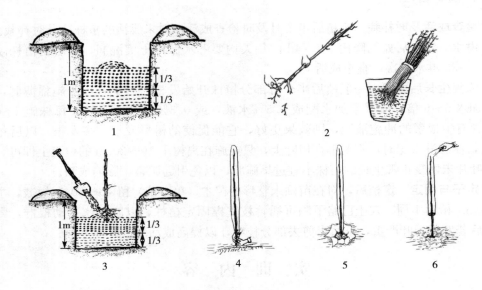

图3-5　果树栽植流程

1. 挖坑施肥　2. 定植前苗木剪除多除根系与浆根处理　3. 栽苗培土
4. 套上塑料袋保湿　5. 盖上地膜保湿　6. 成活后除去套袋

6. 植后管理　经常淋水保持土壤湿润状态，苗木萌发后要及时除去套袋，对不成活的应及时补苗。

【**教学建议**】果树定植涉及许多具体问题，如受条件限制，落叶树与常绿树的定植方法也有差异，可选当地主要树种2~3种按当地经常采用的方法进行示范操作。实习时，先在实习教师的示范指导下，学生分成小组实际操作。

【**思考与练习**】通过实习，说明提高定植果树成活率应掌握哪些技术要点。

模块四　果园管理技术

◆ **模块摘要**：本模块主要学习内容是果园土壤管理、土壤耕作、施肥、水分管理等，果树的整形修剪以及花果管理技术。

◆ **核心技能**：果园土壤改良技术、施肥技术、果树的整形修剪技术、果树的催花保果技术。

模块 4—1　果园土肥水管理技术

【目标任务】

学习果园常用的土壤、施肥与水分管理技术，并掌握其操作技能。

【相关知识】

一、果园的土壤管理技术

（一）土壤改良　我国人口多人均耕地少，因而果园多数建立在丘陵、山地、荒坡、滩涂上，一般是土层瘠薄，有机质少，土壤肥力低。尽管在定植前，果园开垦时进行过一定程度的改良，但还不能满足果树正常生长结果和丰产、稳产、优质的要求。因此，栽植后对果园土壤进一步改良仍是果园管理的基础工作。通过改良使果园土壤达到土层深厚、疏松、肥沃的目标。

土壤改良的途径有深翻改土、修整排水沟排水、培土等。

1. 深翻改土　果园通过深翻，结合深施绿肥、麸饼肥、粪肥等有机肥，从而改良土壤结构，改善土壤中肥、水、气、热的状况，提高土壤肥力，达到促进果树根系生长良好，有利于植株的开花结果等。深翻方式主要有扩穴深翻、隔行或隔株深翻和全园深翻 3 种。

（1）扩穴深翻。在幼树栽植后的头 2～4 年内，自定植穴边缘（如果开沟定植的则从定植沟边缘）开始，每年或隔年向外扩穴，穴宽 50～80cm，深 60～100cm，穴长根据果树的定植距离与果树大小而定，一般 100～200 cm。如此逐年扩大，直到全园翻完一遍为止。扩穴深翻结合施绿肥、农家肥（粪肥、垫肥与麸饼肥等）、磷肥及石灰等，每株施有机肥 30～40kg，石灰 0.5～1.0kg。

（2）隔行深翻。在成年果园，为了保持果园良好的土壤肥力，还必须每年深翻一次，深度 60～80 cm，长度为株距的一半左右。平地果园可隔一行翻一行，次年在另外一行深翻；丘陵山地果园，一层梯田一行果树，也可隔两株深翻一个株间的土壤。这种深翻方法，每次深翻只伤及半面根系，可防止伤根太多，既改善了土壤肥力，又利于果树生长结果。

（3）全园深翻。除树盘范围以外，全园一次性深翻一遍。这种方法一次翻完，便于机械化施工和平整土壤，但容易伤根过多。多用于幼龄果园。

2. 修整排水沟　低洼地、海涂、沙滩和盐碱地及一些地下水位高的平地果园，由于地下水位高，每年雨季土壤湿度大，果树地下水位以下的根系处于水浸状态，造成根系长期处于缺氧状态，并且土壤产生许多有毒物质，致使果树生长不良，树势衰退，严重的导致死亡。开沟排水，降低地下水位，是这类果园土壤改良的关键。

具体方法参考本书模块 3—2 中洼地果园开垦的相关内容。

3. 培土 果园培土具有增厚土层、保护根系、增加肥力和改良土壤结构的作用。培土的方法一是全园培土，把土块均匀分布在全园，经晾晒打碎，通过耕作把所培的土与原来的土壤混合。土质黏重的应培含砂质较多的疏松肥土，含砂质多的可培塘泥、河泥等较黏重的肥土。培土厚度要适当，一般以 5～10cm 为宜。二是树盘内培土，即逐年于树盘处培上肥沃的土壤，在增厚土层的同时，降低地下水位，一般是在低洼地果园进行。培土工作南方多在干旱季节来临前、采果后的冬季进行。

二、果园土壤耕作技术

1. 幼年树果园 幼年树果园，由于果树还没有充分长大，果园的空旷地还多，果树的吸收水肥能力还不强，此时果园的耕作任务是营造良好的果园环境，促进果树的快速生长，尽快投产并进入丰产。

（1）树盘内的精耕细作。树盘是指树冠垂直投影的范围，是根系分布集中的地方，要进行精细的管理，才有利果树的迅速生长、提早结果与加快进入丰产期。

树盘管理包括：

①中耕除草。每年中耕除草 3～5 次，使树盘保持疏松无杂草，以利根系生长。中耕深度以不伤根为原则，一般近树干处要浅，约 10cm，向外逐渐加深 20～25cm。中耕除草一般结合施肥进行，在施肥前除净杂草与疏松土壤。

②树盘覆盖。覆盖有保持土壤水分、防冻、稳定表土温度（冬季增加地表温度，夏季降低地表温度），防止杂草生长、增加土壤肥力和改良土壤结构的作用。覆盖物多用秸秆、稻草等，厚度一般在 10cm 左右。亦可用地膜覆盖。

③树盘培土。在有土壤流失的园地，树盘培土可保持水土和避免积水。培土一般在秋末冬初进行。缓坡地可隔 2～3 年培土一次，冲刷严重的则一年 1 次。培土不可过厚，一般为 5～10cm。根外露时可厚些，但不要超过根颈。

（2）行间间种。幼年树果园，由于树体尚小，行间空地较多，进行合理间作，可以增加收入，以短养长，还可以抑制果园杂草生长，改善果园整体环境，提高土壤肥力，从而增强果树对不良环境的抵抗能力，有利于果树生长。丘陵山坡地果园间种作物，还能起到覆盖作用，以减轻水土流失。

适宜间种的作物种类很多，各地应根据具体情况选择。1～2 年生的豆科作物，如花生、大豆、印度豇豆、绿豆、蚕豆等较为适宜；也可种植蔬菜如葱蒜类、叶菜类，茄果类、姜等；也可种植绿肥、牧草如苕子、印度豇豆、猪屎豆、藿香蓟、百喜草等作物。其中种植藿香蓟能明显减少红蜘蛛对果树的危害。

2. 成年树果园 成年果园，由于果树已经充分生长，树体扩大，根系发达，吸收水肥的范围不断扩大，果树对养分的总体要求增加。因而，果园管理的主要任务是以提高土壤肥力为主，以满足果树生长和结果对水分、养分的需要。土壤耕作就要围绕这一目的进行，主要土壤耕作技术有以下几种方式：

（1）清耕制。清耕制即是果园内周年不种其他作物，随时中耕除草，使土壤长期保持疏松无杂草状态。同时冬夏进行适当的深度耕翻，一般深15～20cm。清耕法的优点是土壤疏松，地面清洁，方便水肥管理和防治病虫害。缺点是如长期清耕，土壤容易受雨水冲刷，特别是丘陵山地果园冲刷更为严重，养分、水分流失，导致土壤有机质缺乏，影响果树生长发育。

（2）生草制。生草制即是在果园行间人工种植禾本科、豆科等草种，或自然生草，不翻耕，定期刈割，割下的草随地腐烂或覆盖树盘的一种土壤管理制度。在缺乏有机质、土层较深、水土易流失、临近水库的果园，生草法是较好的土壤管理方法。

生草制有全园生草法与树盘内清耕或干草覆盖的行间生草法两种。

生草法可以防止土壤雨水冲刷；增加土壤有机质，改善土壤理化性状，使土壤保持良好的团粒结构；土温变化较小，可以减轻果树基地表面根系受害；省工，节约劳力，降低成本。但是，长期生草的果园使表层土板结，影响通气；草与果树争肥争水，影响果树生长发育；杂草是病虫害寄生的场所，草多病虫多，某些病虫防治较困难。

适合果园人工种植的草种主要有早熟禾、百喜草、野牛草、羊胡子草、燕麦草、三叶草、紫花苜蓿、草木樨、扁豆黄芪、绿豆、苕子、猪屎豆、多变小冠花、百脉根、紫云英等。

（3）清耕覆草制。在果树需肥水最多的前期保持清耕，后期或雨季覆盖生长作物，待覆盖作物成长后期，适时翻入土壤作绿肥，这种方法称为清耕覆盖作物法。它是一种较好的土壤管理方法，兼有清耕和生草法的优点，在一定程度上克服了两者的缺点。

（4）免耕制　主要是利用除草剂除草，土壤不进行耕作。这种方法具有保持土壤自然结构、节省劳力、降低成本等优点。但如果长期免耕，会使土壤有机质含量逐年下降，土壤肥力降低。在土层深厚、土质好的果园采用，尤其是在湿润多雨的地区，刈草与耕作均有一定困难的应用除草剂。免耕几年以后，改为生草制或清耕覆盖制，过几年再免耕，如此交替进行效果好。

三、果园施肥技术

果园施肥是获得果树丰产优质的主要技术措施之一，要达到预期的施肥目的，要注意施肥的时期、用肥种类、肥料用量及施肥方法的合理性。

（一）施肥时期和肥料种类　果园施肥以基肥为主，基肥多为农家肥及堆肥、厩肥、麸饼肥及作物秸秆、绿肥等。基肥一般在采果后的秋季施入，落叶果树一般在落叶后至萌发前1个月施入，常绿果树一般在11月至次年的1月施入为好。

追肥在果树生长期施入。幼龄树追肥以量少多次为好，而成年树一般每年3～4次：花前施肥，在春季萌芽期施入，肥料种类以氮肥为主，适量配施磷。花后施肥，又称稳果肥，在谢花后坐果期施用，肥料种类要氮、磷、钾配合施，开化多的要多施氮肥，而花量少、树势强的要少施氮肥。果实膨大期施肥，又称壮果肥，一般在果实迅速膨大期施入，以速效氮、钾肥为主，配合施磷肥。果实生长后期肥，又称采果肥，在果实开始着色至采果前后施入，肥料以磷、钾肥为主。

（二）施肥数量的确定　施肥量与很多因素有关，应根据树种、品种、树龄、生长势、挂果量、土壤肥力状况来确定。柑橘、苹果、香蕉、葡萄等需肥较多，而菠萝、李、枣等需肥较少。幼龄树、生长旺盛树、结果少的树少施肥，而成年大树、结果多的树、生长弱的树要多施肥。土壤贫瘠的山坡地、沙地果园，保水保肥能力弱，要多施肥。

（三）不同施肥方法的特点　果树施肥方法有土壤施肥与根外施肥两种方式，各自有不同的特点。

1. 土壤施肥的特点　土壤施肥是果树施肥的主要方式。即把肥料施在果树根系集中的土层中，利于果树根系向更深更广的范围扩展，对延长果树寿命有利。

2. 根外追肥的特点　根外追肥是果树施肥的辅助方式。即把一定浓度的肥料溶液喷施到果树树体（主要是叶片）上的一种施肥方法。该施肥方法有用肥少、省工、肥效发挥快、肥料利用率高、降低成本等特点，但由于叶面施肥肥效短，吸入肥料量少，有的肥料也不能用于叶面喷施，因而根外施肥不能代替土壤施肥，而只作果树土壤施肥的一种补充。

（四）配方施肥　配方施肥是根据果树的需肥规律、土壤的供肥特性与肥料效应，通过分析测定果树树体和土壤的营养状况，提出氮、磷、钾以及微肥等元素适宜的比例和用量以及相应的施肥技术。配方施肥包括营养状况诊断、配方的提出、肥料的配制或生产、施肥等过程。配方施肥可以有针对性地进行施肥，提高了施肥的效率，降低用肥成本，减少环境污染，减少病虫害，提高果实品质，是综合运用现代科学技术成果的一种合理施肥技术。

四、水分管理技术

（一）灌水　果树不同的物候期需水量不同，当果树根系需要吸收的水分土壤不能满足时，就要进行灌水。果树需要灌水的几个关键时期为：萌芽开花期、新梢萌发生长期、果实膨大期。此外，在秋冬严重干旱的地区，采果后灌水，对落叶果树的越冬和翌年春的生长有利。柑橘等常绿果树，采收后结合施肥进行灌水，有利恢复树势，积累营养，促进花芽分化。在果实成熟采收前，若土壤不是十分干旱，则不宜灌水，否则会降低果实品质或引起裂果。常绿果树在秋梢成熟后和花芽分化前期，适当造成干旱状态，有利于促进花芽分化。

灌水方法有地面漫灌、地面沟灌、地下滴灌、地面喷灌等。

（二）排水　地下水位高的平地果园要作沟起畦、筑种植墩降低地下水位。在雨水季节要疏通排水沟排水，防止果园积水。

实 训 内 容

一、布置工作任务

在本校的实训果园或到附近的生产果园，利用土壤施肥与根外施肥方法进行果园施肥，掌握几种施肥方法的操作要点。

二、工具与材料的准备

开沟机、锄头、铁铲、尺子、喷雾器、树干注射机，有机肥（麸饼肥、绿肥、厩肥等）、化肥（或有机复合肥或无机复合肥、微肥）、天平、杆秤、量筒、水桶、泥箕，适合施肥的果树。

三、开展活动

1. 土壤施肥

（1）确定施肥部位。1～3年生的幼年树在树盘内施肥，成年结果树围绕树冠外围投影线（滴水线）处施肥。

（2）土壤施肥的常用方法。

①环状沟施。是在位于果树树冠外围投影线（树冠滴水线）处挖施肥沟。如是结合深翻改土进行施肥的，沟深 60～80cm，宽 30～60cm（图 4-1），挖沟后先在沟底垫放绿肥、土杂肥等粗肥，然后将腐熟的麸饼肥、粪肥等优质农家肥与速效性化肥或复合肥与表土混合施入，最后用挖沟时挖起的心土覆盖，盖土要高出原地面 15～20cm。

图 4-1　环状沟施肥

②条沟施。位于果树树冠外围投影线（树冠滴水线）处挖，相对两边各挖一条沟深60～80cm、宽 30～40cm、长 100～150cm 的条形沟（图 4-2）。挖沟后土、肥回填方法同环状沟施方法。

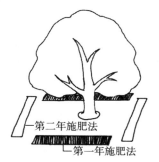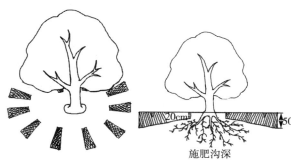

图 4-2　条状沟施肥　　　　　　　图 4-3　放射沟施肥

③放射沟施。以树干为中心，位于果树树冠外围投影线（树冠滴水线）处挖 4～8 条里浅外深、里窄外宽的深 30～60cm、宽 30～50cm、长约 100cm 的放射状沟（图 4-3）。挖沟后土、肥回填方法同环状沟施方法。

④穴施。以树干为中心，位于果树树冠外围投影线（树冠滴水线）处挖 10 个左右的深 40～50cm、直径 50～60cm 的施肥穴（图 4-4），挖穴后土、肥回填方法同环状沟施法。

如仅施优质农家肥与速效性化肥的，上述 3 种施肥方法都可挖宽、深各 30～40cm 的浅沟，挖沟后将优质农家肥与化肥或复合肥与表土混合放入沟中，再用心土覆盖。如是仅施

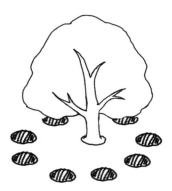

图 4-4　穴状施肥

化肥或复合肥的，沟深 15～20cm 即可，挖沟后把肥料撒入沟中，再填土，然后淋水即可。

2. 根外施肥

（1）叶面喷施。

①确定叶面喷施所用的肥料及浓度（见表 4 - 1）。

表 4 - 1　果树叶面肥及使用浓度

肥料名称	使用浓度	肥料名称	使用浓度
尿素	0.3％～1％	硝酸钾	0.5％
硝酸铵	0.1％～0.4％	硼砂	0.1％～0.3％
硫酸铵	0.1％～0.4％	硼酸	0.1％～0.5％
磷酸铵	0.3％～0.5％	硫酸亚铁	0.1％～0.4％
腐熟人粪尿	5％～10％	硫酸锌	0.1％～0.5％
过磷酸钙	1％～3％	柠檬酸铁	0.1％～0.2％
硫酸钾	0.3％～0.5％	钼酸铵	0.3％
磷酸二氢钾	0.2％～0.5％	硫酸铜	0.01％～0.02％
草木灰	1％～5％	硫酸镁	0.1％～0.3％

不同果树，不同的物候期，不同的季节，施用的浓度不同，抽梢与开花或果实发育前期的，或在高温时用较低浓度。如在较低温度或是枝叶老熟时用较高浓度。

②配制药液。按比例计算用肥料量和用水量，把称取的肥料溶于量取的水中，搅和均匀。

③喷施。要求喷洒到叶面及叶背，药液喷洒要均匀，以湿润不滴水为度。

（2）树干注射。树干注射施药是将植物所需杀虫、杀菌、杀螨、化肥、微肥和植物生长调节剂等的药液强行注入树体，使植物满足对某些元素的需求，以达到促进生产、增加产量、提高品质、治虫防病、调控生长的目的。是病虫防治也是施肥的一种方法。树干注射不受降雨、干旱等环境条件和树木高度、危害部位等的限制，施药剂量精确，药液利用率高，不污染环境（图 4 - 5）。

①肥料浓度、配制与用量。一般树干注射的肥料浓度在 1％～3％，一株树用量为 100～200g。尿素、磷酸二氢钾等肥料可用于树干注射。

②注射方法。在树干上打孔，孔的大小约 3cm，将注射针头旋入孔中，将针头连接注射机，将可注射肥液。

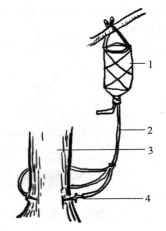

图 4 - 5　树干注射
1. 药瓶　2. 输液管
3. 树干　4. 针头

【教学建议】

1. 本教学分模块学习果园的土肥水管理技术，操作性强，在教学时结合生产上的各个环节开展相应的实践活动。如条件限制有的环节不能让学生亲自操作的，也要到附近的果园进行观察见习。

2. 施肥是果园管理中劳动强度大的一项作业，要结合农业机械课程的教学尽量使用机械作业，让学生了解掌握机械使用方法的同时，提高学习兴趣，消除学生由于大量体力劳动而可能产生的厌学情绪。

【思考与练习】

1. 果树施肥部分确定的依据，如何确定不同年龄的果树最合适的施肥部位。
2. 叶面施肥的特点与利用，与土壤施肥的合理配合。
3. 果园不同耕作制度的特点与利用。
4. 根据果树具体生长情况确定合理的施肥方法。
5. 根据不同的肥料种类确定施肥方法。

模块 4－2　果树整形修剪技术

【目标任务】熟悉果树整形与修剪的概念、知道果树整形与修剪的重要性，一般果树的丰产树形的特征，学会使用修剪工具，掌握整形技术、修剪技术。

【相关知识】

整形修剪是根据果树的生物学特性，在果园土肥水管理与病虫害防治的基础上，把果树的树冠整成一定的形状，并按照生长结果的需要对果树的枝条进行外科式处理，或应用生长调节剂处理。整形与修剪是两个概念，但互相不可分割，整形是通过修剪把果树树冠整成一定的形状，而修剪则是机械的或是化学的处理果树上的枝或梢，达到维持果树树冠形状与调节果树生长与结果的平衡的目的。

一、整形与修剪重要性

果树整形修剪的目的是为了丰产优质与方便果园管理作业。木本果树都有直立向上生长的习性，如果不加以人工整形，树体越长越高，这既不利于喷药、疏花疏果、采收等作业，树体也会相互遮阴，滋生病虫，不利于开花结果，产量与品质下降。因而，生产上必须按照丰产优质、方便管理的要求把果树树体整成一定的形状，以改善通风透光条件，矮化树冠。同样，修剪是为了整形，另外，修剪改善枝条生长状态，防止枝条徒长与衰退，还可以平衡生长与结果的关系，达到丰产优质的目的。因此，整形修剪是果树栽培管理的一项重要作业。

二、整形与修剪的原则

整形的基本原则是"因树修剪、随枝作形，有利结果，注重效益。"整形中应做到"长远规划、全面安排、平衡树势，主从分明"。在树形的建造上，既要满足早期结果的需要，又要顾及长期稳产与长远效益，做到整形与结果两不误。

修剪的原则是"以轻为主，轻重结合，因树制宜、效率优先"。修剪要做到"抑强扶弱、正确促控，枝组健壮、高产优质"。修剪的最大原则是保证最大效益，当精细的修剪虽然能提高产量与质量，但大量的劳动投入导致成本大增而降低经营效益时，就应简化修剪技术，可采用机械修剪。

三、果树丰产树形结构

果树总体上的丰产树形应该是矮而疏散、开张的树冠，而高大直立、密闭树冠不方便管理，且不容易获得丰产与优质。常见的丰产树形以小冠形为主，一般树冠直径小于 400cm，高小于 350cm，仁果类常用疏散分层形，核果类常用自然开心形，柑橘、龙眼、荔枝、芒果等常用自然圆头形。果树主要树冠结构如图 4-6。

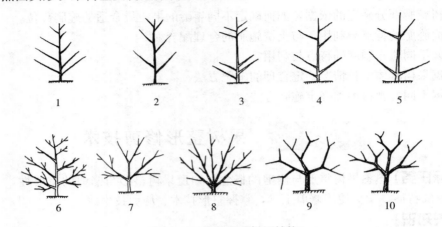

图 4-6 果树主要树冠结构

1. 主干形 2. 变则主干形 3. 层形 4. 疏散分层形 5. 十字形
6. 自然圆头形 7. 开心形 8. 丛状形 9. 杯状形 10. 自然杯状形

四、修剪时期

1. 休眠期修剪 落叶果树从秋冬落叶到春季萌发前进行修剪，或是常绿果树从秋梢成熟后到春季春芽萌动前修剪，都称为休眠期修剪。休眠期修剪果树，此期树体内贮藏养分充足，修剪后树体器官数量减少，有利于营养集中供应新芽的萌发。

2. 生长期修剪 是指在果树春季萌发后至落叶果树秋冬季落叶前进行修剪，或是指常绿果树在晚秋梢停止生长前进行的修剪。根据生长季节不同，又分为春季修剪、夏季修剪和秋季修剪。生长期修剪主要是调节生长与结果的关系，南方常绿果树往往在采果后进行修剪，促进夏梢或秋梢的萌发，培养翌年的结果母枝。

实 训 内 容

一、布置任务

龙眼果树整形与修剪技术：到学校实训果园或当地的生产果园去，对果树实施整形与修剪，学习掌握果树的整形修剪技术。

二、工具、材料的准备

手锯、枝剪、环割刀、麻绳、竹签或木签、封口蜡、薄膜，适合整形、修剪的果树（荔枝或龙眼）。

三、开展活动

（一）整形技术 对龙眼或荔枝树进行整形，培养自然圆头形树冠（图 4-6）。

1. 定干 当荔枝（龙眼）苗木长到 60~80cm 时，进行摘心或短截定干，一般定干高度为 40～60cm。定干高度以下 20cm 处为主枝分枝带，是整形的区域。

2. 培养主枝　对苗木进行摘心或剪顶后，主干即可抽发新梢，从萌发的新梢中选留方向分布均匀且长势相当的 3～5 个枝条培养成为主枝，其余的抹除，主枝与主枝之间相距 10～20cm，主枝与主干的夹角为 40°～70°。如主枝分枝角度不够，在生长过程中，要用吊拉手法开张角度，方法如图 4-7。

图 4-7　主枝开张角度

3. 培养副主枝　当主枝长到 60～70cm 时，在 40～50cm 处短截，促进主枝抽生分枝，在主枝上抽生的分枝中选留 3 条长势相似的分枝，其中 2 条作为副主枝，另一条作为主枝的延长枝培养。当延长枝再长到 50～60cm 时，再短截，促进分枝为 2 级副主枝。如此再培养第三、第四层分枝，圆头形树冠即可形成。

4. 辅养枝的培养及处理　由各层副主枝抽生的枝条为辅养枝，这些枝条可成为结果母枝枝组，可扩大叶面积，增加光合作用，积累营养供果树生长结果。这类枝条一般不作太多修剪，只对徒长的进行短截，过密的适当疏去一部分即可。

（二）果树主要修剪方法应用与效果观察分析

1. 短截　对一、二年生的枝条前端剪去一部分，观察修剪后能宿短枝条、促进分枝的效果（图 4-8）。

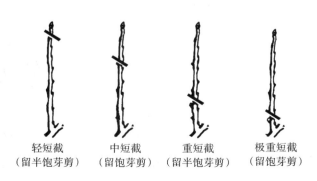

|轻短截|中短截|重短截|极重短截|
|（留半饱芽剪）|（留饱芽剪）|（留半饱芽剪）|（留饱芽剪）|

图 4-8　短截修剪（从左至右示不同的修剪程度）

2. 回缩　选择多年生的枝条或大枝进行短截，短截后观察大枝的萌芽状况，萌芽后培养成新的骨干枝，达到更新复壮的效果（图4-9）。

图4-9 回缩修剪（左图为轻度回缩、右图为重度回缩）

3. 疏剪 在树冠密生枝条处选择弱的、劣质的枝条从基部剪去，留下强的、优质的枝条，减少枝条的数量。观察修剪后改善通风透光条件及提高留用枝质量的效果（图4-10）。

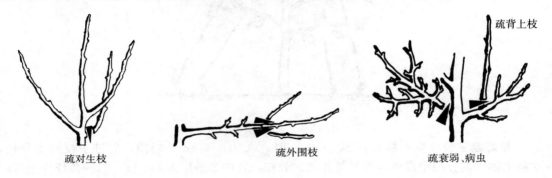

疏对生枝 　　　　　　　疏外围枝 　　　　　　疏衰弱、病虫

疏背上枝

图4-10 疏 剪

4. 摘心 用手摘去幼嫩的、尚未木质化的枝条的顶端。观察摘心后抑制枝条伸长、促进枝条老熟、使枝条生长健壮、充实的效果（图4-11）。

5. 抹芽 用手将尚未成熟的嫩枝从基部抹除。观察减少枝条、节约养分、促进留用新梢的成熟与生长充实的效果。

6. 拉枝 改变枝条角度与方向，一般是将生长弱的枝条拉向直立方向，生长强的枝条拉向水平方向。主要是把直立的枝条拉向水平方向，削弱生长势。用绳子套活结绑扎枝条，然后拉向需要的方向，再用竹签打入地下固定绳子即可。

图4-11 摘 心 　　　　　　　　　　　　图4-12 扭 枝

7. 曲枝 对直立生长的旺枝向水平或下垂方向弯曲。效果与拉枝相似，有控制枝条生长、促进花芽分化的作用。

8. 扭梢 对生长旺盛的即将老熟的枝条，在枝条的基部把枝条扭转一定的角度，使枝条的木质部与韧皮部受伤而不折断，呈扭曲状态。目的是增加处理枝条的营养积累，有利于花芽分化（图4-12）。

9. 拿枝 对直立生长、长势旺盛的半木质化枝条，从枝条基部开始，逐段用手弯曲枝条，弯曲的程度是使木质部有轻微的损伤而不伤韧皮部（操作时枝条发出轻微的折断声）（图4-13）。其处理的效果是减弱枝条生长势，使旺枝停止生长，加快养分的积累，促进花芽分化。

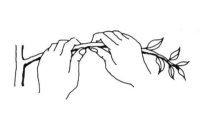

图4-13 拿枝（又称捋枝）

10. 环割 对营养生长旺盛的树，在副主枝、主枝或是主干上用环割刀环割一圈，割断韧皮部而不伤木质部。环割削弱生长旺盛的果树的长势，使环割口以上的枝条积累较多的营养，有利于开花与保花保果（图4-14）。

定距环割

图4-14 枝条环割

11. 环剥 对营养生长旺盛的树，在副主枝、主枝或是主干上用刀剥去韧皮部一圈，然后用薄膜包扎伤口或在伤口处涂上封口蜡。处理效果同环割，只是削弱长势的程度更大，在生长特别旺盛的树上使用该技术（图4-15）。

12. 环扎 在枝干上用铁丝环扎一圈，使铁丝陷进皮层。经过一段时间后再解除绑扎。效果同环割，但削弱生长势的程度不如环割、环剥。

【教学建议】

1. 果树常见的修剪方法，在教师指导下选择合适枝条进行修

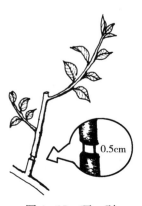

0.5cm

图4-15 环剥

剪操作，在学会针对不同的目的采取不同的修剪方法的同时，掌握修剪工具的使用方法。

2. 果树修剪结合生产上的要求进行实际操作，切实解决学校附近果园生产上果树的修剪问题。

3. 由于本书篇幅所限，各种修剪方法的操作方法，如何选择需要处理的果树、枝条，处理后的作用（效果）等，在书中没有详细的解释，任课教师要运用自己所掌握的技术与知识一一传授给学生，让学生有更深的了解。

【思考与练习】 果树整形修剪的重要性；果树各种丰产树形；针对不同果树与枝条的长势采取不同的修剪方法，修剪后的效果（修剪目的）；对校内实训果园或学校附近的当地果园提出树形整改与修剪方案。

模块 4—3　果树花果管理技术

【目标任务】 学习掌握果树促进开花、防止落花落果、改善果实外观品质的技术。

【相关知识】 果树栽培管理的目标是使果树结出更多的优质果实，除了围绕这一目标采取合理的土肥水管理、整形修剪等措施以营造利于结果的内外条件外，对花果的直接管理也是重要的措施之一。

一、果树促花与保花保果技术

（一）果树促花技术 果树由于受气候、树体生长过于旺盛等因素的影响，有时开花少或不开花，造成减产或歉收，促进果树开花是获得丰产的基础。主要措施有以下几个方面。

1. 控水 当秋冬季土壤过湿时，对生长势强的青壮年树加强果园排水，适当造成干旱的状态，有利于花芽分化而促进开花。

2. 断根、晒根 在晚秋至冬季，对生长旺盛的果树，扒开根际附近的土壤，露出部分根系，过一段时间再覆土埋根。生长特别旺盛的，在晒根的同时，还可以断掉部分根系，防止过旺的生长，能促进花芽的分化而开花。

3. 环割及环扎等 对生长旺盛果树的树干或枝条，在秋冬季采用环割、环剥、环扎等处理，可以促进开花。另外，对生长旺盛的直立枝，采用拉枝、拿枝、扭枝、曲枝等方法处理，也可以促进花芽分化。具体方法见模块 4—2 有关修剪的操作。

4. 药物处理 利用乙烯利、萘乙酸、丁酰肼、多效唑等药物处理果树促进花芽分化，不同果树处理的时间、使用的浓度不同，具体看相关各种果树栽培管理内容。

（二）保花保果技术 由于内外因素的影响，有的果树开花以后落花落果严重，特别是落果严重时，造成结实少甚至花而不实，因而保花保果是一项促进丰产的有效措施。

1. 果园放蜂 除了杨梅、山核桃、银杏等果树为风媒花外（主要靠风来传播花粉），大多数果树为虫媒花（靠昆虫传播花粉）。因此，花期果园放蜂可以提高授粉率从而提高坐果率。一般每 667m^2 果园放一群蜂即可，每群蜂距离 500m 以内。在花期放蜂时，果园不再喷有毒药物，防止蜂群中毒。花期如遇低温或降雨天气，影响蜂群活动时，仍然要进行人工授粉。

2. 人工授粉 人工辅助授粉可以大大改变由于授粉不良引起的坐果率低的状况，可提高坐果率 70%～80%。具体方法见本模块实训内容。

3. 生长调节剂和微量元素的应用　常用于保花保果的生长调节剂有赤霉素（GA₃）、细胞激素（BA），常用的微量元素有硼酸、硫酸镁、硫酸锌、硫酸亚铁等。生长调节剂在生产上的使用可根据不同果树、不同物候期，参照药品使用说明书的使用方法灵活使用。微量元素一般浓度为 0.1％～0.2％。

二、疏花疏果

疏花疏果是指疏去过多的花果，减少营养的损耗，集中养分供给留下的花果，减少落花落果，并防止挂果过多严重削弱树势，保证树体生长健壮，防止大小年的发生，达到高产、稳产、优质的目的。

1. 疏花疏果时期　疏花疏果越早越好，以减少开花挂果对养分的损耗。在冬季修剪时，有意识地剪去过多的花芽，使留下的花芽营养状况得到改善，利于开花结果。疏花在抽花穗时进行，疏去部分花穗，在盛花前再疏去过多的花朵。疏果在谢花后一周开始，在生理落果停止后分批完成。疏果过迟，由于果实的膨大已消耗了营养，不利于果实的发育。具体时间据果树种类、品种、坐果多少确定。

2. 疏花疏果强度的确定　疏去果实的多少或留下果实的多少（留果量）要依据果树树体的大小、树的枝叶量、树的长势强弱来确定。生产上根据枝果比、叶果比来确定留果量。

（1）枝果比。是指果树上各类一年生枝条的数量与果实总个数的比值。如苹果、梨的枝果比一般为 3～4：1，弱树 4～5：1。

（2）叶果比。是指叶片总数（或叶总面积）与果实总个数的比值。如苹果一般乔化砧 30～40 张叶留一个果、或 60～80cm² 叶面积留一个果，矮化砧 20～30 张叶留一个果、或 50～60cm² 留一个果；砂梨、柿等 10～15：1；温州蜜柑 20～25：1；脐橙 50～60：1。

三、果实套袋技术

（一）果实套袋的作用　在疏果后，对果实进行套袋。套袋的作用是改善外观，提高果实抗病虫的能力，减少农药污染，防止日灼与裂果。果实套袋是生产无公害果品的措施之一，但有的果实套袋后存在含糖量降低、风味变淡的缺点。

（二）套袋时期的确定　一般在果实挂稳后进行。套袋太早，果实尚小，不方便操作，也存在影响果实的发育的问题。套袋太迟，对改善外观品质等套袋的作用下降。

实　训　内　容

【实训1】人工辅助授粉

一、布置任务

学习采集花粉，点授花粉的方法，学会授粉工具的使用。

二、材料工具准备

塑料袋、玻璃瓶、毛笔、小镊子、白纸、梯子、喷雾器、喷粉器、竹竿，授粉品种树。

三、开展活动

1. 采集花粉 在主栽品种开花前1～3d，于采花品种树上采集当日或次日开放的花，采花时将花蕾从花柄处摘下。将采下的花带回室内，两手分别各拿一花，花心相对摩擦，使花药落入垫好的白纸上，然后拣去花瓣、花丝，让花瓣自然晾干，一般经1～2d，花药开裂，散出花粉，用筛子筛去杂物，用纸包好备用。

2. 授粉

（1）点授。在主栽树花朵盛开初期，就一朵花而然，以开花的当日或次日，在晴天的上午授粉效果最好。授粉时对枝组上的花朵用毛笔蘸上花粉而逐个点碰花柱。此授粉方法坐果率高但用工多，工效低。沙田柚等果树可用点授法。也可以在开花的当日，取授粉树上正在盛开的花朵，去掉花瓣，露出花蕊，将竹竿前端破开夹住花柄，手拿竹竿的另一端，逐个用花蕊点碰要授粉的花朵的柱头。此法授粉效果好，但用工多，劳动强度大，在沙田柚上可采用。

（2）机械授粉。进行大面积人工授粉时，为了节省人工，提高效率，采用机械授粉。

①喷雾。把花粉混入5%～10%的蔗糖溶液中，用超低量喷雾器将花粉溶液喷到授粉树上。为增加花粉活力，可增加0.1%的硼砂。此法工效高，授粉效果好，但用花粉量大。

②喷粉。将花粉用填充剂（滑石粉或甘薯粉等）稀释，花粉与填充剂的比例一般是1∶50～200，然后用喷粉机喷到授粉树上。授粉具体操作方法见图4-16。

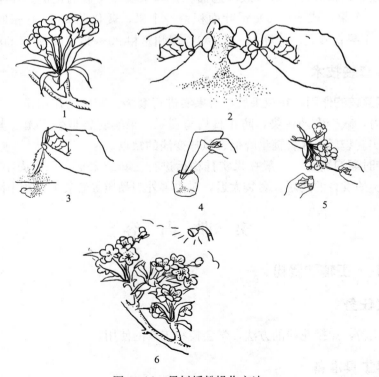

图4-16 果树授粉操作方法

1. 采花 2. 取花粉 3. 晾花粉 4. 贮藏花粉 5. 人工点授 6. 机械授粉（喷雾或喷粉）

【实训2】人工疏花与疏果、果实套袋

一、布置任务

进行人工疏花与疏果，对果实进行套袋，掌握其操作技能。

二、材料的准备

套果袋、绳子、农药、疏果剪，适宜处理的果树。

三、开展活动

1. 疏花、疏果　先按上述基础知识部分描述的方法确定留果量，然后开始疏花疏果。人工疏花疏果，一般由上而下、由内而外，按主枝、副主枝、枝组的顺序依次进行，以免漏疏。先疏去弱枝上的果，小果、虫果、畸形果，然后按留果量疏去过多的果。

2. 果实套袋前的处理　果实套袋前先喷低毒高效的病虫防治药剂，等喷到果实上的药液干后即可套袋。

3. 套袋　果袋一般用商品生产的专门果袋，有纸袋、塑料袋、泡沫网袋等，生产上有专门用于各种果实的果袋，如套芒果、香蕉、梨、葡萄的等，也可以自制纸袋。套袋时，用手撑开袋口，将袋口对准小果扣入袋中，并让果在袋中悬空，不让果实接触袋壁，在果柄处或母枝上呈折扇状收紧袋口，用绳子绑扎袋口，再拉伸果袋，确保小果在袋内悬空。沙田柚、梨、杨桃、石榴等一般一果套一袋，而香蕉、葡萄、龙眼等是整个果穗套入一个袋中（图4-17）。

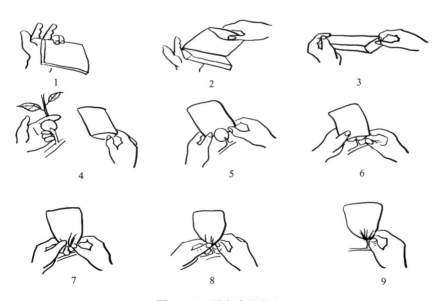

图4-17　果实套袋技术
1. 袋子放在左手掌上　2. 右手拇指放入袋内　3. 撑开袋体　4. 左手握住果实
5. 用袋套住果实　6. 袋切口在果柄交叉处重叠　7. 袋一侧向袋切口处重叠
8. 另一侧向袋切口处重叠　9. 绑扎丝绑扎折叠处

4. 套袋效果观察　套袋收获果实后，观察套袋对果实外观及品质的影响。把观察结果记录下表（表4-2）。

表 4 - 2　果实套袋效果观察记录表

观察时间：　　　　　年　　月　　日　　　　　　　　　　　　　　　　观察者：

	外观色泽	机械损伤	病虫发生状况	品尝风味
套袋果实				
对照（不套袋）				

【教学建议】

1. 选择当地栽培的果树进行实训，人工授粉、疏花疏果与套袋要结合生产实际进行，并保证疏花疏果、套袋的效果。

2. 疏果、喷药与套袋可一次完成。

【思考与练习】

1. 根据不同的果树种类、品种，果树不同的长势，不同开花量与挂果量，合理确定留果量。

2. 试分析果实套袋的效果。

模块 4—4　果树高接换种技术

【目标任务】 了解果树高接换种的必要性以及在果树生产上的意义，掌握其操作时期及操作技术。

【相关知识】

一、高接换种的意义

果树高接换种实际是一种果树品种改造技术。在生产中，有的果园往往会由于种植的品种不是品质不优就是产量不高，而树体生长健壮。如把这些果树砍掉再重新上新的品种，不仅重新投产的时间长而且成本也高。通过高接的方法，充分利用原有果树的树体骨架，把不合适的品种改造成适销对路、丰产优质的品种，见效快，效果好。一般高接后第二年开始投产，第三年进入丰产。

二、高接换种的时期

果树的高接时期与果树育苗嫁接时期相似，不同的果树高接时期不同。一般是春季嫁接为好，而像芒果、龙眼、荔枝等热带亚热带果树，夏季高接也适宜。而落叶果树则在每年春季萌芽前进行高接较合适。

实 训 内 容

一、布置任务

到果园去，进行果树高接换种的观察与实际操作。

二、工具、材料的准备

嫁接刀（芽接刀与劈接刀）、接穗、薄膜条、手锯、尼龙绳（或麻绳）、记录簿、封口蜡等。

三、开展活动

1. 嫁接前大树处理

（1）确定需要进行高接换种的果树，可用以下方法确定：经过多年正常的栽培与管理，该果园的果树品种确认是由于品种的原因难以获得高产与优质，销路不畅；当地有取代原品种的适销对路、高产优质的品种，并能获得较多的该优质品种的接穗；被换种改造的果树树体健康，不老化、不衰退。

（2）高接换种是利用原果树枝条做砧木、新品种的枝条做接穗进行嫁接的，因而为了方便嫁接，有必要对原果树进行接前的处理。不同的树体状况进行不同的处理：①如要高接换种的果树是高大的树木，外围枝条多，处在不方便嫁接操作的高位，这样的大树在接前要进行回缩更新，即在树高 1～2m 处把主枝用锯锯截，锯口涂上封口蜡，经过一段时间，锯口周围重新萌发新梢，选择不同方向每锯口留 3～4 条新枝，其余的抹除，待新梢生长成熟，即可用这些新梢作为砧木进行嫁接。②如树体不很高大，在适合操作人员站立在地面嫁接的部位有较多的直径在 5cm 以下的大枝的，可在合适的位置直接锯断枝条，在锯口处用劈接法进行嫁接。③如树体是较矮的分枝低的果树，整个树体外围枝条方便操作人员站立在地面就能嫁接，如年龄不很长或是矮化栽培的如龙眼、荔枝等果树，可不进行锯主枝或锯大枝处理，只选择在四周不同方向生长良好的枝条（15～30 条）做砧木进行嫁接，其余的枝条剪除。

（3）如遇干旱天气，在嫁接前 1 周，对大树进行淋水，以提高嫁接成活率。

2. 嫁接　根据不同的原树处理情况用不同的方法进行嫁接。上述第一种原树处理方法处理大树的，等萌发的新梢成熟后，用这些新梢作砧木，在适宜嫁接的季节用腹接、枝接、芽接、舌接法等方法进行嫁接；第二种方法处理大树的，用劈接法进行嫁接，每个锯口最好接两个接穗；第三种方法处理原树的，用切接、腹接、芽接、枝接等方法进行嫁接。具体操作方法见嫁接育苗模块。

3. 接后管理

（1）抹除砧木上的萌芽。高接换种的果树，由于是在大树上进行嫁接，嫁接后砧木上容易萌发新梢，及时抹除。

（2）剪砧。如果用腹接法嫁接的，待嫁接成活，在嫁接口上方剪去砧木上部，促进接芽的萌发。

（3）解除薄膜。当接芽萌发，并生长成熟后，用利刀切去绑扎嫁接口的薄膜。

（4）剪顶促分枝。待接芽萌发，长到长约 20cm 时，进行剪顶，促进分枝，以迅速形成树冠。

（5）淋水、施肥。当接芽萌发并成熟后，即可进行施肥，干旱时淋水，促使枝条生长健壮，以迅速形成树冠，恢复生产。肥料以氮肥为主，进入结果母枝成熟期，为形成花芽，增施磷、钾肥。

果树高接换种具体方法见图 4-18。

【教学建议】 高接换种是一项操作性、实用性很强的技术，由于本书的篇幅所限，有些内容没有写进，建议教师在果园进行实际操作时，边操作边讲解，把操作的要求与目的一一向学生解释，以加深学生的印象。比如锯截的高度，选留枝条的多少与方位，剪顶促进分

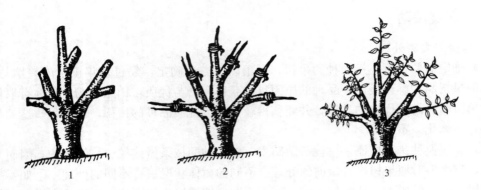

图 4-18 果树高接换种
1.原树截枝处理 2.劈接法嫁接 3.嫁接后萌发状态

枝的重要性以及操作要点等。

【思考与练习】根据需要换种的树的不同状况进行适当的嫁接前的处理，分析处理的必要性。

下 篇

果树生产技术

模块五　柑　　橘

◆ **模块摘要**：本模块观察柑橘主要品种树冠及果实的形态，识别不同的种类与品种；观察柑橘的生物学特性，掌握柑橘的生长结果习性以及对环境条件的要求；学习柑橘土肥水管理、花果管理、整形修剪等主要生产技术；并了解柑橘丰产树的技术指标、柑橘周年管理技术和防冻技术。

◆ **核心技能**：柑橘主要种类与品种的识别；柑橘保花保果技术、疏花疏果技术及旺树促花技术。

模块 5－1　　主要种类与品种

【**目标任务**】通过识别柑橘的叶、枝、花和果的形态特征，能够比较准确地掌握柑橘主要种类和栽培品种。

【**相关知识**】

一、柑橘的种类

柑橘种类繁多，其中经济价值较大的有3属，即枳属、金柑属和柑橘属。其中柑橘属是柑橘类果树中最重要的1属，包括6类：大翼橙类、宜昌橙类、枸橼类、柚类、橙类和宽皮柑橘类。生产上最重要的种类有柚类、橙类和宽皮柑橘类（柑、橘）。

1. 大翼橙类　叶柄翼叶发达，叶翼与叶身同大或偏大，新叶、幼果无茸毛。花较小（花径约2cm），花丝分离散开。现有2个种和1个变种，即红河橙、马蜂柑、厚皮大翼橙。作砧木或育种材料。

2. 宜昌橙类　叶柄翼叶大，新叶、幼果无茸毛。花较大（花径约3cm），花丝分离连结成束。有1个种和2个变种，即宜昌橙、香橙、香圆。作育种材料和矮化砧。

3. 枸橼类　叶柄无翼叶或翼叶甚小，新梢和花均为紫红色，枝有刺，一年多次开花。果主要作药用或饮料。有4个种和1个变种，即香橼、黎檬、绿檬、来檬。佛手是枸橼的1个变种。

4. 柚类　叶柄翼叶发达，心脏形，新叶、幼果有茸毛。有柚、葡萄柚两种（表5-1）。柚主要品种有：沙田柚、文旦柚、晚白柚、官溪蜜柚等。葡萄柚是柚与橙的杂交种。

表 5-1 柚与葡萄柚的区别

比较项目	柚	葡萄柚
新叶、幼果有无茸毛	新叶、幼果有一些茸毛	新叶、幼果没有茸毛
果实大小	果大，500~2 000g，皮厚	果小，400~500g，皮薄
结果性状	结果单个	成串结果，像葡萄
叶翼大小	叶翼小	叶翼大
果实风味	鲜吃为主，肉脆，清香，味甜	酸甜带苦味，可鲜吃，加工

5. 橙类 叶柄翼叶较小，叶尖不分叉，果皮包着很紧，囊瓣难分离。有甜橙和酸橙 2 种（表 5-2）。甜橙分：普通甜橙、脐橙、血橙三大类。

表 5-2 甜橙与酸橙的区别

比较项目	甜 橙	酸 橙
萼片有无茸毛	萼片没有茸毛	萼片有茸毛
果芯	果芯充实	果芯空
果皮分离难易	果肉与皮不易分离	果肉与皮易分离
海绵层	海绵层可吃	海绵层不能吃，味苦
果皮油胞	果皮油胞凸起或平	果皮油胞凹进
叶子大小	叶小	叶大
果实用途	鲜吃、加工	果不鲜吃，入药、加工，作砧木

6. 宽皮柑橘类 叶柄翼叶较小，叶尖不分叉或模糊，果皮宽松易剥，囊瓣易分离。包括柑和橘 2 类（表 5-3）。

表 5-3 柑与橘的区别

比较部位	柑	橘
花大小	花大，花径在 3cm 以上	花小，花径在 2.5cm 以下
春梢叶子	春叶先端凹缺模糊，主脉先端分叉不明显	春叶先端凹缺明显，主脉先端分叉明显
果面	果面多凹点，海绵层较厚	果面多光滑，海绵层较薄
果蒂	果蒂果肩倾斜，皮厚粗糙，皮甜，气味浓闷	果肩圆形，皮薄，皮苦，气味辛香
果皮剥皮难易	剥皮较难	剥皮较容易
种胚颜色	种胚为淡绿色	种胚为深绿色

柑橘各类果实、叶片之比较见图 5-1、图 5-2。

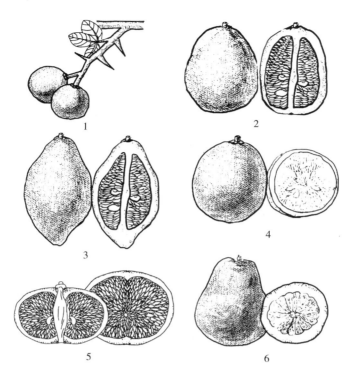

图5-1 柑橘主要种类果实形态
1.枳 2.圆金柑 3.柠檬 4.橙 5.柑 6.柚

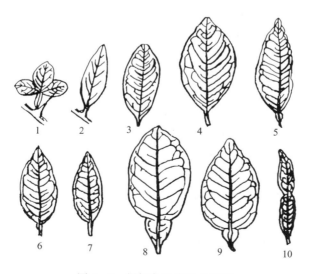

图5-2 柑橘各种类叶片形态
1.枳 2.圆金柑 3.枸橼 4.柠檬 5.酸橙
6.甜橙 7.柑 8.文旦柚 9.葡萄柚 10.宜昌橙

二、主要的优良品种

1. 甜橙类 脐橙、夏橙、锦橙、哈姆林甜橙、新会橙等。

2. 宽皮柑橘类 温州蜜柑、蕉柑、柑、本地早、南丰蜜橘、红橘等。

3. 柚类 沙田柚、文旦柚、晚白柚、官溪蜜柚等。

4. 杂柑类 天草。

实 训 内 容

一、布置任务

通过实习，初步培养学生从植株和果实两方面识别柑橘种类和主要品种的能力，学会对品种特征特性的描述方法。

二、材料准备

材料：柑橘 3 属、6 类的代表种类的植株和果实，当地主要栽培品种的植株和果实或蜡叶标本和浸制标本。

用具：皮尺、卡尺、水果刀、镊子、解剖针、托盘天平、折光仪及绘图用具。

三、开展活动

（一）种类区别

1. 枳、金柑、柑橘 3 属的区分 以事先采集的叶、花、果制成的蜡叶标本及浸制标本为材料，观察叶片形态特征和解剖花、果，分析其构造后，根据下列检索表进行区分：

1. 三出复叶，落叶性，子房多茸毛，果汁有苦油 ·························· 枳属

1. 单身复叶，常绿性，子房无茸毛或有少数茸毛，果汁无苦油 ·············· 2

  2. 叶背网脉不明显，子房 3～7 室 ·························· 金柑属

  2. 叶背网脉明显，子房 8～18 室 ·························· 柑橘属

2. 柑橘属 6 类的区分 材料准备和观察顺序同上，根据下列检索表进行区分：

1. 叶柄翼叶发达 ·· 2

1. 叶柄翼叶较小 ·· 4

1. 叶柄无翼叶或翼叶甚小 ·· 枸橼类

  2. 嫩枝、新叶、幼果有茸毛 ·· 柚类

  2. 嫩枝、新叶、幼果无茸毛

    3. 花较小（花径约 2cm 以下），花丝分离散开 ·············· 大翼橙类

    3. 花较大（花径约 3cm 以上），花丝联结成束 ·············· 宜昌橙类

      4. 叶尖不分叉，果皮包着很紧，囊瓣难分离 ············ 橙类

      4. 叶尖分叉或模糊，果皮松宽，囊瓣易分离 ············ 宽皮橘类

（二）主要品种识别

1. 植株观察 在果园现场，观察记载当地主要品种植株形态特征（图 5 - 3），并按下表项目顺序，将观察结果填入表 5 - 4 中。

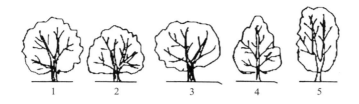

图 5－3 柑橘树形图

1. 圆头形 2. 自然半圆形 3. 扁圆形 4. 阔圆锥形 5. 圆柱形

2. 果实观察 按下表项目顺序，将果实观察结果填入表 5－4 中。

表 5－4 柑橘品种记载表

观察人姓名：

项 目		附 记 载 内 容 说 明
植 株	树性	乔木、小乔木、灌木、常绿、落叶
	树形	见图 5－1
	枝条性状	直立、开展、下垂、密、中、疏
	叶型	以春梢叶片为准（下同）、单身复叶、三出复叶
	形状	披针形、长椭圆形、长卵圆形、菱形等，叶尖分叉有无
	翼叶	有无、侧心脏形、侧三角形、披针形、线形
	叶脉	明显、中等、不明显
果 实	果重	选不同等级 10 个果，以平均数计
	果形指数	纵径/横径
	果形	扁圆形、圆形、长圆形、倒卵形、瓢形等
	果色	黄、黄橙、橙、橙红、红等
	果顶	圆、突起、凹陷、果脐凹环、放射沟有无
	果基	圆、平、凹或有颈等
	果面	平滑、粗糙，有无长沟或肋条，柔毛有无，油胞凹点深、浅
	厚度	以果实中部横断面为准
	海绵层	厚度、色泽
	油胞	大小，稀密，着生状态（凸、平、凹）及形状（圆、椭圆）
	果皮性状	剥离难、易，脆或韧
	囊瓣数目	任选 10 个果，以多少至多少计
	囊瓣性状	肾形、半圆形、半月形，分离难易，囊瓣壁厚薄等
	砂囊形状	纺锤形、棒形、长卵形、圆形、多角形等
	果汁颜色	黄、橙、红等
	可食部分（％）	占全果重（％）
	可溶性固形物（％）	以折光仪测出计
种 子	数目	任选 10 个果，计其平均数
	重量	取 100 粒称其重，再折算出千粒重
	形状	纺锤形、卵圆形、球圆形、楔形、D 形等，嘴的长短、形状
	子叶颜色	绿、淡绿、黄白、白
	胚数	以 10 粒种子平均数计

【教学建议】本实习可分2~3次进行。种类区别可与主要品种树体外部形态的识别结合进行，品种果实的识别可在果实成熟较集中的季节进行。对某些成熟期不同或较难搜集的品种，可采用浸制标本、蜡叶标本和挂图等在室内进行观察识别；观察要事先把选定的品种植株标明名称，实习时便于学生独立进行观察比较。观察品种较多时，可选定一部分品种进行较全面观察记载，其余品种只记载主要特征；室内观察果实时，学生可分小组进行。观察记载顺序是：先观察果实外部特征，再将果实横切，观察果皮厚度，囊瓣数目、形状，果汁颜色和测其可溶性固形物（％），再口尝鉴评其品质，最后观察种子。

【思考与练习】

1. 描绘枳、金柑、柑橘3属叶片形态图。

2. 绘出柑橘属6类代表品种果实横剖面图，并注明各部分名称。

3. 参照本实习"柑橘品种记载表"的项目，填写本地区3~5个品种。

模块 5－2　生物学特性

【目标任务】明确乔木果树地上部树体组成和各部分名称，熟悉果树枝芽的类型和特点。

【相关知识】

一、生长特性

（一）根系　柑橘地下部分所有的根，称为根系。它是树体的重要组成部分，其主要作用是从土壤中吸收水分和养分，参与许多化合物的合成，如氨基酸、蛋白质、激素等，贮存与合成有机营养物质，并具有固定树体的作用。根系的分布状况、生长发育与地上部的生长发育以及开花结果有着密切的关系。只有培养健壮强大的根系，才能达到"高产、优质、高效"的栽培目的。

1. 根系结构　柑橘多数采用嫁接繁殖，枳壳是柑橘的主要砧木，其根系包括主根、侧根、须根和菌根等部分。

（1）主根。由枳壳种子的胚根向下垂直生长，构成了枳砧柑橘根系的主根。主根是根系的永久中坚骨架，具有支撑和固定树体、输送与贮存养料的作用。

（2）侧根。直接着生在主根上的较粗大的根，称为侧根。柑橘树的各级侧根和主根一道，构成根系的骨架部分，为永久性的根，称为骨干根。侧根也具有固定树体、输送和贮藏养料的作用。

（3）须根。着生在主根和侧根上的大量细小的根，称为须根。经过须根的生长，构成了强大的根系，增强了根系吸收和输送养料的作用。

（4）菌根。栽培的柑橘，是经嫁接繁殖的树体，须根发达。其根系一般不生根毛，而是靠与真菌共生所形成的菌根，来吸收水分和养分。真菌既能从根上吸收自身生长所需要的养分，又能供给根群所需的无机营养和水分。通过菌根分泌有机酸，能促使土壤中的难溶性矿物质的分解，增加土壤中的可供给养料。菌根还能产生对柑橘生长有益的生长激素和维生素。菌根的菌丝具有较高的渗透压，大大提高了根系吸收养分和水分的能力，增强了根系的吸收功能。

2. 根系分布　柑橘根系按其生长在土壤中的方位，分为水平根和垂直根。

（1）水平根。水平根的分布较接近地面，几乎与地面平行，多数分布在 20～40cm 范围。水平根系的根群角（主根与侧根之间的夹角）较大，分枝性强，易受外界环境条件的影响。

水平根的分布范围较广，一般可达树冠冠幅的 1.5～3 倍。水平根的分布范围，与土壤条件关系密切，在土壤肥沃、土质黏重时，水平根分布较近；瘠薄山地、土质砂性重时，水平根分布较远。水平根分枝多，着生细根也多，它是构成土壤中根系分布的主要部分。

（2）垂直根。垂直根距离地面较远，几乎与地面成垂直状态，根群角较小，分枝性弱，根系受外界环境条件的影响较小。

垂直根分布深度一般小于树高，直立性强、生长势旺的树垂直根深；垂直根分布的深度受土壤条件影响较大，在土层深厚、质地疏松、地下水位低的园地，垂直根分布较深。地下水位的高低直接左右着垂直根的分布范围。垂直根主要固定树体和吸收土壤深层的水分和养分，它在全根量中所占比例虽小，但它的存在及分布深度，对适应不良的外界环境条件有重要的作用。

根系分布的深浅，常常受到砧木、繁殖方式、树龄大小、土层深浅、地下水位的高低和栽培环境条件的影响。枳砧柑橘根系较红橘砧柑橘浅；嫁接繁殖的柑橘根系较实生繁殖浅；幼树柑橘根系较成年树的根系浅；柑橘在土层深厚、肥沃，地下水位低的土中根系分布较深，而在土壤板结、瘠薄，地下水位高的土中分布较浅。

水平根和垂直根在土壤中的综合配置，构成了整个根系。随着新根的大量增生，而发生季节性的部分老根的枯死，这种新、旧根的生长与枯死的交替称为根的自疏现象。根系就是借助于这种新旧根的生长与枯死的交替，使根系在土壤中分布具有一定的密度，并表现出明显的层性，通常为 2～3 层。

3. 根系生长　柑橘根系在年周期内无明显的休眠期，当土温达 12℃左右时，根系开始生长，随土温的升高而活动加速，以 25～30℃为根系活动的最适温度，土温超过 37℃后，根系即停止生长。在江西赣南地区，根系一般于 2 月底至 3 月初开始生长，至 12 月底停止生长。柑橘根系生长适宜的土壤湿度，一般为土壤田间最大持水量的 60%～80%。土壤的通气性对根系生长极为重要，因根系的生长和营养物质的吸收都必须通过呼吸作用而取得能量。土壤孔隙含氧量在 8% 以上时，有利于新根的生长，当土壤孔隙含氧量低于 4% 时，新根生长缓慢，含氧量在 2% 时，根系生长逐渐停止，含氧量低于 1.5% 时，不但新根不能生长，原有根系也将腐烂，根系出现死亡。因此，土壤积水、板结时，根系生长减弱，树势衰弱，叶片黄化，产量下降，甚至不能开花结果。

柑橘根系在年周期中的生长，表现为 3 个高峰，并与枝梢生长交替进行。即在每次新梢停止生长时，地上部供应一定量的有机养分输送至根部，根系才开始大量生长。江西赣南地区，第一次新根的发生，一般在抽生春梢开花以后，初期新根生长数量较小，至夏梢抽生前，新根大量发生，形成第一次生长高峰，此次发根量最多；第二次生长高峰，常在夏梢抽生后，发根量较少；第三次生长高峰在秋梢停止生长后，发根量较多。

柑橘根系吸收水分和养分，供地上部叶片进行光合作用，而叶片制造的有机营养物质输送至根部，供根系生长进行呼吸作用，产生能量，用于维持正常的生理过程，因此根系生长与枝梢生长不能同时进行，而是交替进行。但根的停止生长不像枝梢停止生长那样明显，只要温度适宜，周年均可生长。就树体而言，有机物质与内源激素的积累状况是根系生长的内因；就外界环境来说，冬季低温和夏季高温、干旱是促成根系生长低潮的主要外因。

根群生长的总量取决于地上部分输送的有机营养的数量。树势弱，枝叶营养生长不良；或因开花结果过多，消耗大量养分，地上部输送至根部的养分不足，都会影响根系的生长。

（二）芽　果树的芽是枝、叶、花等的原始体。枝、叶、花都由芽发育而成。芽是适应不良外界环境条件的一种临时性器官，它与种子具有相似的特性。芽具有生长结果、更新复壮及繁殖新个体的作用。由于果树极易发生芽变，如脐橙，生产上可利用芽变来繁育脐橙新品种。如美国纽荷尔脐橙就是由华盛顿脐橙的芽变而产生。

1. 芽的种类　柑橘的芽是裸芽，无鳞片包着，而是由肉质的先出叶包着。因枝梢生长有"自剪（自枯）"的习性，故无顶芽，只有侧芽。侧芽又称腋芽，着生于叶腋中。柑橘的芽是复芽，即在一个叶腋内，着生数个芽，但外观上不太明显，其中最先萌发的芽称主芽，其余后萌发或暂不萌发的芽称副芽。果树的芽，萌发仅能抽生枝、叶的称叶芽，萌发后能开花结果的称花芽。花芽由叶芽转化而来，在外部形态上，叶芽和花芽没有明显区别。柑橘花芽属混合花芽，即先抽生枝叶，后开花结果。

2. 芽的特性

（1）芽的早熟性。柑橘当年生枝梢上的芽当年就能萌发抽梢，并连续形成2次梢或3次梢，称为芽的早熟性。芽的早熟性使柑橘1年抽生2~4次梢。生产上利用芽的早熟性和一年多次抽梢的特点，在幼树阶段对春梢留5~6片叶，夏梢6~8片叶进行摘心，可使枝梢老熟，芽体提早成熟，提早萌发，缩短1次梢生长时间，多抽1次梢，增加末级梢的数量，有利于扩大树冠，使幼树尽早成形，尽早投产。

（2）芽的异质性。芽在发育过程中，因枝条内部营养状况和外界环境条件的差异，同一枝条不同部位的芽存在着差异，这种差异称为芽的异质性。如早春温度低，新叶发育不完全，光合作用能力弱，制造的养分少，枝梢生长主要依靠树体上一年积累的养分。这时所形成的芽，发育不充实，常位于春梢基部，而成为隐芽。其后随温度的上升，叶面积增大，叶片较多，新叶开始合成营养，养分充足，从而逐渐使芽充实。故柑橘枝梢中、下部的芽较为饱满，而枝梢顶部的芽，由于新梢生长到一定时期后顶芽自剪（自枯），侧芽（腋芽）代潜顶芽生长，故最后生长的腋芽较为饱满。生产上利用芽的异质性，通过短截枝梢，促发中、下部的芽，增加抽枝数量，尽快扩大树冠。

（3）顶芽自剪。柑橘新梢停止生长后，其先端部分会自行枯死脱落，这种现象称为顶芽"自剪"（自枯）。芽自枯后，梢端的第一侧芽处于顶芽位置，具备了顶芽的一些特征，如易萌发、长势强、分枝角小等。此芽萌生使枝梢继续延伸，自剪后的顶芽顶端优势较弱，常使先端几个枝梢长势相同，而呈丛状分枝。生产上利用顶芽自剪（自枯）这一特性，可降低植株的分枝高度，培育矮化、丰满的树冠。

（4）芽的潜伏性。柑橘枝梢和枝干基部都有发育不充实，几乎不萌发的芽，称为隐芽，也叫潜伏芽。隐芽萌发力弱，寿命很长，可在树皮下潜伏数十年不萌发，只要芽位未受损伤，隐芽就始终保持发芽能力，且一直保持其形成时的年龄和生长势，枝干年龄愈老，潜伏芽的生长势愈强。在枝干受到损伤、折断或重缩剪等刺激后，隐芽即可萌发，抽生具有较强生长势的新梢。生产上利用柑橘芽的潜伏性，对衰老树或衰弱枝组进行更新复壮修剪。

（三）枝梢　柑橘植株的枝，又称梢，由芽抽生、伸长发育而成。枝梢的主要功能是输导和贮藏营养物质。枝梢幼嫩时，表面有叶绿素和气孔，能进行光合作用，直至表皮和内部的叶绿素消失，外层木栓化才停止。柑橘枝梢由于顶芽自枯，而呈丛状分枝，易造成成年柑橘树树体郁闭，影响通风透光条件。在生产上，对成年柑橘树加强栽培管理，合理修剪，改善树体通风透光条件，减少树体无效消耗，保证树体营养生长健壮，以达到"高产、优质、高效"的栽培目的。

柑橘的枝梢，一年可抽生 3～4 次。依枝条抽生的季节，可划分为春梢、夏梢、秋梢和冬梢。

1. 春梢　2～4 月份抽生的梢称为春梢，即立春后至立夏前抽发。此时气温较低，光合产物少，梢的抽生主要是利用树体上一年贮藏的养分，所以，春梢节间短，叶片较小，先端尖，抽生较整齐。春梢上能抽生夏梢、秋梢，也可能成为翌年的结果母枝。

2. 夏梢　5～7 月份抽生的梢称为夏梢，即立夏后至立秋前抽发。此时气温高，雨水多，枝梢生长快，故夏梢长而粗壮，叶片较大，枝横断面呈三棱形，不充实，叶色淡。夏梢是幼树的主要枝梢，通过对夏梢留 6～8 片叶摘心，可以加快幼树树冠的形成。成年结果树夏梢过多，会加重梢与果之间的矛盾，引起幼果大量脱落，故除用于补空补缺树冠外，可采取每隔 3～5d，抹梢一次，严格控制夏梢的抽生。

3. 秋梢　8～10 月份抽生的梢称为秋梢，即立秋后至立冬前抽发。秋梢生长势比春梢强，比夏梢弱，枝梢横断面呈三棱形。叶片大小介于春梢和夏梢之间。8 月份发生的早秋梢，均可成为优良的结果母枝。在江西赣南地区，9 月 20 日前抽生的秋梢都可以老熟，形成结果母枝；而 9 月 20 日以后抽生的秋梢为晚秋梢，因气温低，枝叶生长不充实，不能形成花芽，成不了结果母枝，还会遭受潜叶蛾的为害，造成落叶，故对 9 月 20 日以后抽生的枝梢，应严格控制或抹除。

4. 冬梢　立冬前后抽生的梢称冬梢。在肥水条件好，温度高的地区，还可抽发冬梢，如江西赣南南部地区。在生长旺盛的幼树上抽发冬梢较多，生产上利用冬梢，使幼树尽早成形，扩大树冠。在成年树上，冬梢的抽生会影响夏、秋梢养分的积累，应严格控制。

二、结果习性

生产上栽种的柑橘，几乎都是嫁接树，即通过嫁接繁殖的苗木。嫁接树从接穗发芽到首次开花结果前为营养生长期，通常为 2～3 年，经调控促花处理，只需 2 年就能开花。因为嫁接树的接穗是来自于阶段性已成熟、性状已固定的成年树上的成熟枝条的枝芽，这种接穗具有稳定的优良性状，既能保持原有品种的优良特性，又能提早开花结果。

柑橘的开花结果习性包括花芽分化、开花与结果。

1. 花的结构　柑橘的花为完全花。发育正常的花，由花萼、花冠、雄蕊、雌蕊及花盘等部分构成。

（1）花萼。萼片宿存，深绿色，呈杯状，紧贴在花冠基部。萼片先端突出，呈分裂状，有 3～6 裂（通常为 5 裂）。

（2）花冠。花冠有 4～6 个花瓣（通常为 5 瓣），花瓣较大而厚，白色，革质，成熟时反卷，表面角质化，有蜡状光泽。

（3）雄蕊。雄蕊普遍为 15～30 枚。花丝通常 3～5 个在基部联合。雄蕊发育不正常，属于花粉败育型雄性不育，花粉囊中绝无花粉粒，在植物学上是绝对的雄性不育。

（4）雌蕊。雌蕊柱头较大，而柱头上的表皮细胞则分化为乳头状突起的单细胞毛茸，能分泌黏液，有利于受粉和花粉发芽。

柑橘子房上位，但它不是直接着生在花托上，而是着生在花托上的一个叫做蜜盘的特殊组织上。心室 10～12 个。由于柑橘有不育的特性，所以绝大多数心室由靠近中心柱一侧的薄壁细胞不能继续分化，随之逐步退化，极少成为胚珠。有的珠心和珠被发育很正常，但胚囊母细胞在发育途中很早就不分裂，逐渐萎缩，细胞质退化；有的胚囊母细胞分裂到 4 个大孢子阶段退化；也有的 4 个大孢子中个别孢子形成胚囊，发育成胚珠。这种胚珠可以同外来的健全花粉受精，形成种子，产生杂种实生苗，但这种机会太少。除去有核系外，大多数柑橘种子都是受外来花粉的刺激由珠心胚发育而成，并没有受精。所以说，柑橘在植物学上是相对的雌性不育。

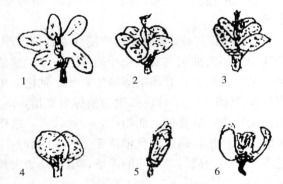

图 5-4　柑橘的正常花和畸形花（2～6）
1. 正常花　2. 露柱花　3. 开裂花
4. 扁苞花　5. 小型花　6. 雌蕊退化花

（5）花盘。子房的下部有花盘，花盘外部具有蜜腺，能分泌蜜液，从开花时起，一直到花瓣脱落为止。

凡花器官发育不全，花形不同于正常花者，称畸形花。根据畸形花的形态特征可分为露柱花、开裂花、扁苞花、小型含苞花、雌蕊和雄蕊退化花等类型（图 5-4）。

柑橘正常花坐果率高，畸形花坐果率很低，除极少数露柱花能坐果外，其他几乎都不能坐果。

2. 花芽分化　花芽形成的过程就是花芽分化，即从叶芽转变为花芽。柑橘开始花芽分化需要一定的营养物质做基础，故枝梢上的花芽分化要待枝梢停止生长后才能开始。花芽分化又划分为生理分化和形态分化。柑橘花芽的形态分化分为 6 个阶段。

①未分化期：生长点突起，窄而尖，鳞片紧包。

②开始分化期：生长点开始变平，横径扩大并伸长，鳞片开始松开。

③花萼形成期：生长点平而宽，两旁有两个突起，成"凹"形，花萼原始体出现。

④花瓣形成期：花萼生长点内另形成两个小的突起，花瓣原始体出现。

⑤雄蕊形成期：雄蕊原始体出现，或出现两列雄蕊。

⑥雌蕊形成期：生长点中央突出伸长，即雌蕊原始体出现。

一般认为芽内生长点由尖变圆就是花芽开始形态分化，在此以前为生理分化，到雌蕊形成，为花芽分化结束。柑橘花芽分化期通常从 11 月至次年的 3 月。生理分化期，即 9～10 月，是调控花芽分化的关键时期。通过拉枝、扭枝等，均对花芽分化有利。冬季适当的干旱和低温有利于花芽分化。光照对花芽分化具有重要的作用。生产上对生长过旺的树，可通过冬季控水、断根、环剥等措施，促进花芽分化。

3. 结果枝与结果母枝

（1）结果枝。凡当年开花结果或其上形成混合芽的都为结果枝。通常由结果母枝顶端1芽或附近数芽萌发而成，但均表现为1~2节位（母枝顶端为第一节）抽生结果枝能力最强，以下节位抽生结果枝能力依次减弱。集中分布在1~4节位。根据结果枝上叶片的有无，可细分为有叶结果枝和无叶结果枝（图5-5）。

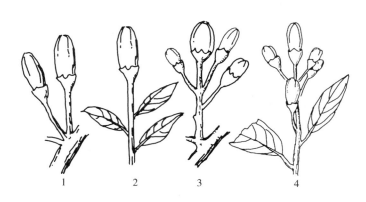

图5-5 柑橘结果枝类型
1. 无叶单花 2. 有叶单花 3. 无叶花序 4. 有叶花序

①有叶结果枝：花和叶俱全，多发生在强壮的结果母枝上部，长约110cm，花着生在顶端或叶腋间，当年结果以后，翌年又能抽生营养枝。通常为有叶单花枝和有叶花序枝两种。

②无叶结果枝：有花无叶，多发生在瘦弱的结果母枝上，结果枝退化短缩，略具叶痕，当年花果脱落后，则多枯死。通常为无叶单花枝和无叶花序枝两种。

不同的结果枝种类，结果能力是不同的。甜橙、宽皮柑橘等种类有叶花枝结果能力最强，占90%以上；无叶花枝着果能力最差，不到10%。在有叶花枝中，又以腋生花枝着果能力最强，占47.89%；顶单花枝次之，占44.36%；丛生花枝最差，占7.75%。腋生花枝所结果实，果形高桩，脐小，不易裂果，果实品质较好。但柠檬、柚、金橘等种类则以无叶花枝结果多。

由于甜橙、宽皮柑橘等种类有叶结果枝坐果率高于无叶结果枝。生产上可通过短截、缩剪部分结果母枝、衰弱枝组、落花落果枝组，减少非生产性消耗，促发健壮的营养枝，增加有叶花枝数，减少无叶花枝，提高坐果率。

（2）结果母枝。柑橘能抽生花枝的基枝，称成花母枝。成花母枝上的花枝能正常坐果的枝，称结果母枝。换句话说，结果母枝是指当年形成的枝梢，如顶芽及附近数芽为混合芽，翌年春季由混合芽抽枝发叶、开花结果的枝条。结果母枝一般生长粗壮，节间较短，叶中等大，质厚而色浓，上下部叶片大小比较近似。

柑橘春、夏、秋梢一次梢，春夏梢、春秋梢和夏秋梢等二次梢，强壮的春夏秋三次梢，都可成为结果母枝。幼龄柑橘树以秋梢作为主要结果母枝，随着树龄增长，成年柑橘树以春梢作为主要结果母枝。春梢母枝长以5~15cm为最佳结果母枝长度，秋梢母枝以10~15cm为适宜长度，过长枝梢反而不易形成结果母枝，结果母枝粗度以直径0.4cm左右的坐果较稳。结果母枝上的叶片数以6~11片叶为最佳，着果数达65.02%。通过修剪，可以减少结果母枝的数量，减少结果枝，促发营养枝，从而调节生长与结果的关系。

结果母枝的着生姿态不同，其上抽生的结果枝的坐果率是有差异的。通常，斜生状态的结果母枝所抽生的结果枝坐果率最高，水平母枝次之，下垂母枝和直立母枝相近，坐果率均较低。故幼龄结果树，可通过拉枝整形，培养开张树冠，提高早期产量。

4. 授粉受精与单性结实　柑橘一般均能自花授粉而结实。柑橘授粉后，约经30h花粉管即可达到胚珠。从授粉后到完成受精，经48～72h。受精后胚珠开始发育形成种子，种子产生的生长素，刺激果实生长发育。因此，未经受精的花，其子房不能发育而脱落。

大多数柑橘种类品种，须经授粉受精才能结实，但也有些品种，如温州蜜柑、华盛顿脐橙、乳橘、南丰蜜橘等，不经受精，果实也能发育成熟，这种现象称为单性结实。

三、对生态环境条件的要求

（一）温度　柑橘系亚热带的常绿果树。温度是影响柑橘分布和种植的主要因子。在温度中，最主要的是年平均温度、生长期不小于10℃的年活动积温和冬季的极端低温。柑橘在气温达到12.5℃时开始生长，适宜生长的温度范围为13～36℃，最适宜的生长温度为23～33℃；柑橘生长结果要求年平均温度在15℃以上，最适的年平均温度为18～19℃；不小于10℃的年活动积温在4 500℃以上，最适宜的不小于10℃的年活动积温为6 000～6 500℃；要求冬季的极端低温在－3℃以上。此外，要求冷月（1月）的平均气温在7℃左右。实践证明，温度（尤其是冬季低温）已成为柑橘分布的主要限制因子。

柑橘春梢抽发和开花初期的气温在13～23℃，果实生长期气温在28～38℃；果实成熟期温度降到13℃左右，较低的气温对果实着色有利；昼夜温差大，有利于柑橘品质的提高。夏季高温影响柑橘生长发育，当气温上升到35℃时，其光合作用就降低50%。温度过高，会出现日灼。柑橘在花期和幼果期，遇到高温干旱后会加剧花果的脱落，出现异常的落花落果现象。

（二）光照　光照是柑橘进行光合作用、制造有机养分不可缺少的条件。柑橘的耐阴性较强。光照充足，叶片光合作用强，光合产物多，树势强健，花芽分化好，花丰果多，产量高，果实色泽鲜艳，而且含糖量高，果实品质优良。光照不足，树体营养差，不利于花芽分化，易滋生病虫害，果实着色差，产量低，品质下降。但光照过强，又易使果实遭受日灼，甚至树枝、树干裂皮。

（三）水分　水分是柑橘最基本的组成部分，是生命活动的必需物质。一般枝、叶的含水量为50%左右，果实为85%以上。柑橘的生命活动，如光合作用、呼吸作用等，更需要水分参与其中。柑橘要求年降雨量1 000mm以上，雨量不足或分布不均的地方，种植时要有水源和灌溉设施。

空气湿度对柑橘生长也有很大影响。如空气过于干燥，湿度过低，不利于柑橘生长结果，落花落果严重。空气湿度在65%～72%时，最有利于柑橘优质和丰产。

柑橘园保持适量的土壤水分，通常要求土壤田间持水量保持在60%～80%，这对于枝叶生长、果实发育、花芽分化以及产量提高都极为有利。

（四）土壤　土壤是柑橘生长的基础。确保土壤的肥沃、深厚和疏松，是柑橘优质、丰产稳产的关键。丰产的柑橘园，要求土壤深1m，有机质丰富，达3%以上，含氮0.2%～0.25%，含磷0.15%～0.25%，含钾2%以上，土壤空气中含氧量在8%以上。土壤pH5.0～8.0，以pH5.5～6.5最适宜。土壤以沙壤土最佳，含砂质多的土壤，柑橘产量低，果实小，果汁少，肉质粗糙，风味淡，品质差。土壤黏重，地下水位高，土层薄，pH＞7.5的紫沙土，不宜种植柑橘。因此，在瘠薄地建园时，宜行深耕，翻压绿肥，增施有机肥料，提高土壤肥力。

（五）地势 地势（海拔高度、坡度、坡向和小地形）不是树木的生存条件，但能显著地影响小气候，与树体生长发育关系密切，建园、配植以及栽培管理制度等都要根据地势情况统筹安排。

海拔高度对气候有很大影响，一般来说，温度随海拔升高而降低，而雨量分布在一定范围内是随海拔升高而增加。

由于树木对温、光、水、气等生存因素的不同要求，都具有各自的"生态最适带"，这种随海拔高度成层分布的现象，称为树木的垂直分布。亚热带地区的云南，山麓生长龙眼、荔枝和柑橘，但到海拔 500m 以上时就代之以桃、李、杏和苹果等温带树种，再向上则又以山葡萄和野核桃为主。在低纬度、平均海拔 4 000m 的西藏高原，在 2 500m 的湿热温润地带也有柑橘、香蕉、番木瓜等亚热带树种分布。山地园林应按海拔垂直分布规律来安排树种、营造园景，以形成符合自然分布的雄伟景观。

树木在高海拔条件下往往表现为寿命长、衰老慢，如寿命长的桃树于四川西部海拔 2 000m 山地，有的可活 100 年。这是因为生长季随海拔升高而缩短，生理代谢活动减缓所至（图 5-6）。

坡度对土壤含水量影响很大，坡度越大，土壤冲刷越严重，含水量越少；同一坡面上，上坡比下坡的土壤含水量小。据观测，连续晴天条件下，3°坡的表土含水量为 75.22%，5°坡为 52.38%。20°坡为 34.78%。耐旱和深很的树种，如仁用杏、板栗、核

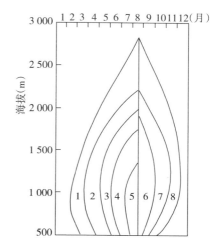

图 5-6 海拔高度（m）与生长季的关系
1. 开春 2. 仲春 3. 春末 4. 初夏
5. 仲夏 6. 夏末 7. 初秋 8. 深秋

（汉姆斯）

桃、香榧、橄榄和杨梅等，可以栽在坡度较大（15°～30°）的山坡上。坡度对土壤冻结深度也有影响，坡度为 5°坡时结冻深度在 20cm 以上，而 15°时则为 5cm。

在同一地理条件下，南向坡（南、东南、西南）日照充足，而北向坡（西、西北、和东北）日照较少；温度的日变化，以阳坡大于阴坡，一般可相差 2.5℃。由于生态因子的差别，不同坡向表现不同。生长在南坡的树木，物候早于北坡，但受霜冻、日灼、旱害较严重；北坡的温度低，影响枝条木质化成熟，树体越冬力降低。北方，在东北坡栽植树木，由于寒流带来的平流辐射霜，易遭霜害；但在华南地区，栽在东北坡的树木，由于水分条件充足，表现良好。

复杂地形构造下的局部生态条件，对树木栽培有重要意义。因为当大地形所处的纬度气候条件不适于栽培某树种时，往往某一局部由于特殊环境造成的良好小气候，可使该树种不仅生长正常，而且表现良好。如江苏一般不适于柑橘的经济栽培，但借助太湖水面的大热容量调节保护，可降低冬季北方寒流入侵的强度，保护树体免受冻害，围湖的东、西洞庭山成为北缘地区的重要柑橘生产基地。

实　训　内　容

一、布置任务

通过对柑橘生长结果习性的观察，了解柑橘生长结果习性，学会观察生长结果习性的方法。

二、工具、材料的准备

材料：当地柑橘主要品种的结果树。

工具：皮尺、钢卷尺、卡尺、标签、记载用具。

三、开展活动

（一）柑橘形态观察

1. 树形的综合观察　圆头形、自然半圆形、扁圆形、阔圆锥形、圆柱形。

2. 枝条类型的观察　生长枝、结果母枝、结果枝。

3. 花型观察　花萼、花冠、雄蕊、雌蕊及花盘。

（二）物候期的观察与记录

1. 确定物候期观察项目　柑橘物候期观察项目主要有：

①萌芽期。以枝条顶芽膨大，幼叶露出时为准。

②开花期。柑橘蕾期较长，可根据需要详细记载蕾期 3 个阶段：现蕾期、露白期、全白期；初花期以全树花开 5％～15％为准；盛花期以 25％～75％为准；谢花期以花谢 75％以上为准。

③新梢生长期。当新梢生长 1cm 时为始期，梢顶的芽自然脱落为自剪期。根据需要可分别观察春、夏、秋各次梢的生长期。

④落果期。花谢后，幼果自花柄处脱落为第一次落果期，幼果从蜜盘处脱落为第二次落果期。

⑤果实成熟期。按下列标准记载：全树 25％果实的果面 1/3 着色为着色期，全树 50％果实的果面 3/4 着色为成熟期。

2. 观察与记录　根据当地栽培的主要树种选择 2～3 个代表性品种进行观察，观察内容填入表中。

【教学建议】实习应在春季发芽前布置和讲解观察的项目，观察时可利用课余时间进行；根据观察树种、品种，观察人员可分成小组进行，将观察结果填入表中；观察地点不要太远，以便于学生利用课余时间进行观察；观察时间间隔长短的确定，一般萌芽至开花期每隔 2～3d 观察一次，开花期每天或隔 1d 观察一次，其他时间可每 5～7d 观察一次；有些物候期的记载标准，学生不易掌握，应在指导老师的指导下，选物候期早的树种，在某一物候期临届时，进行现场指导，如芽膨大期、开绽期、花蕾分离期等。

【思考与练习】

1. 记载项目完成后及时总结交流。

2. 总结比较 1～2 种果树所观察的品种的开花期和果实成熟期。

模块 5—3　主要生产技术

【目标任务】 学习柑橘栽培的主要生产技术，了解果树产量构成的基本要素，掌握柑橘丰产树的特征，全面掌握柑橘丰产优质的主要技术措施。

【相关知识】

一、果树产量的构成要素

果树产量的构成要素包括：果树品种、树龄、树形、干高与干粗、冠径与冠高、树冠体积、主枝数和侧枝数等。丰产生物学指标包括：树势、枝量、果数、叶面积与叶面积系数、叶果比和枝果比等。

二、柑橘丰产树的特征

1. 丰产的柑橘树生长健壮　健康的树体是果树丰产的基础，因而在橘树生产上，要进行科学管理、合理施肥、及时防治病虫害，让柑橘生长健康。健壮的柑橘树大小中等，生长势较强，抽枝能力强，分枝较多，枝条长势中庸，叶色深绿，无病虫害。

2. 丰产的柑橘树有良好的树形　良好的树形，对于柑橘树的生长发育和开花结果，具有非常重要的意义。因此，在柑橘栽培管理的过程中，应根据柑橘的特性，对幼树进行整形。利于结果的良好树形是：树体不很高大，利于管理；分枝部位较低；枝条分布均匀，疏密适当，分枝角度较大，树冠开张。在通常情况下，柑橘丰产树的树冠，多采用自然圆头形树形或自然开心形树形。

（1）自然圆头形。自然圆头形柑橘树，其树形适应柑橘树的自然生长习性，容易整形和培育。其树冠结构特点是：接近自然生长状态，主干高度为 30～40cm，没有明显的中心干，由若干粗壮的主枝、副主枝构成树冠骨架。主枝数为 4～5 个，主枝与主干呈 30°～45°，每个主枝上配置 2～3 个副主枝，第一副主枝距主干 30cm，第二副主枝距第一副主枝 30～40cm，并与第一副主枝方向相反，副主枝与主干成 50°～70°。通观整棵柑橘树，树冠紧凑饱满，呈圆头形。

（2）自然开心形。自然开心形柑橘树，树冠形成快，进入结果期早，果实发育好，品质优，而且丰产后修剪量小。其树冠结构特点是：主干高度为 30～35cm，没有中心干，主枝数 3 个，主枝与主干呈 40°～45°，主枝间距为 10cm，分布均匀，方位角约呈 120°，各主枝上按相距 30～40cm 的标准，配置 2～3 个方向相互错开的副主枝。第一副主枝距主干 30cm，并与主干成 60°～70°。这种状态的柑橘树形骨干枝较少，多斜直向上生长，枝条分布均匀，从属分明，树冠开张，开心而不露干，树冠表面多凹凸形状，阳光能透进树冠的内部。

三、柑橘丰产优质主要措施

（一）选择适宜的种植地　柑橘生长发育受种植地的条件影响很大，适宜的种植地是柑橘丰产优质的前提。如种植地不适宜，温度、光照、水分、土壤等不适宜柑橘的生长与发育的需要，则种植后柑橘生长不良，很难获得高产优质。因而要根据柑橘对环境条件的要求，选择适宜种植的园地，水分、光照充足，无严重霜冻地区，土壤深厚肥沃，有机质丰富的砂质壤土地段是理想的种植地。

（二）培养丰产形树冠　良好的树形是柑橘丰产的基础。在生产上，从种植选苗开始，就要围绕培养良好树形采取相应的技术措施。在果树生长前期，即正式开花结果投产前，是培养良好树形的主要时期，在进入盛果期，则主要工作是维持良好树形，推迟柑橘衰老期的到来。具体培养树形的方法见实训内容相关模块。

（三）合理施肥　合理施肥是培养健壮树体获得丰产优质果品的主要措施。

合理施肥包括确定合理的施肥时期，采用合理的施肥方法，控制合理的施肥量，肥料种类的合理配合等内容。

要做到合理施肥必须①"看天施肥"：即根据气候情况施肥。一般是雨后施肥，雨前不施肥；天气暖和柑橘生长期多施肥，天气寒冷不施肥或少施肥。②"看地施肥"：即根据土壤情况施肥。土壤肥沃的柑橘园少施肥，土壤瘠薄的多施肥。③"看树施肥"：即看树的长势施肥。树势旺盛，开花结果少，叶片浓绿的柑橘树少施肥，特别是要少施速效氮肥；长势不强，叶片淡绿、开花结果多的树多施肥，要多施氮肥；枝叶生长时多施氮肥，果实生长发育时增施磷、钾肥。

（四）调节营养生长生殖生长的关系　在柑橘年周期中，营养生长与生殖生长的矛盾常常表现为：花量过多时，春梢抽生少而弱，削弱果树长势；夏梢大量抽生时，则造成成年树落果严重；大年树坐果过多时，又影响秋梢的抽生与花芽分化。生产上早春可短截部分结果母枝，减少花量，促其多抽枝；成年柑橘树及时抹除夏梢，可减轻落果；大年树可短截部分结果母枝、衰弱枝组和落花落果枝组，促使抽生大量的秋梢。这些措施都可以缓和营养生长与生殖生长的矛盾。

（五）搞好花果管理工作　柑橘在生产上除了上述的丰产优质措施外，还有一个重要环节就是的搞好保花保果与疏花疏果工作。

柑橘结果初期，在良好的土壤条件与正常管理的情况下，一般树势旺盛，开花较少，而在幼果期落果也严重，往往造成柑橘早期产量低而不稳定，因而保花保果是保证柑橘结果初期能获得较好产量的有效措施。

到了结果盛期，特别是接近衰老期的柑橘果树，树势转弱，开花多，如不进行疏花疏果处理，则结果多，但果实小、品质差。因而，为了减缓柑橘树衰老的进程，延长结果期，在开花结果多的年份，疏去多余的花果成为一项有效的丰产优质技术措施。

1. 保花保果　①生产上通常使用 $0.3\%\sim0.5\%$ 的尿素与 $0.2\%\sim0.3\%$ 的磷酸二氢钾混合液，或用 $0.1\%\sim0.2\%$ 的硼砂加 0.3% 的尿素，在开花坐果期进行叶面喷施 $1\sim2$ 次。②盛花期叶面喷施液体肥料，如农人液肥，施用浓度为 $800\sim1\,000$ 倍液，补充树体营养，保果效果显著。此外，使用新型高效叶面肥，如叶霸、绿丰素（高 N）、氨基酸、倍力钙等，营养全面，也具有良好的保果效果。

2. 重视疏果　柑橘花量大，为节约养分，有利于稳果，可在春季进行疏剪，剪除部分生长过弱的结果枝，疏除过多的花朵和幼果，减少养分消耗，保证果品商品率，预防树体早衰，克服大小年结果现象。柑橘疏果在稳果后以人工摘除为宜。坐果量大或小果、密生果多的多疏，相反则少疏或不疏，一般可疏去总果量的10％左右。疏果应注意首先疏去畸形果、特大特小果、病虫果、过密果、果皮缺陷和损伤果。同时根据花型疏果，优先疏除易裂的果，如无叶花果及有叶单花果等。如以叶果比为疏果指标，最后一次疏果后，则叶果比可用

60：1的比例。但品种不同的柑橘，疏果的叶果比也不一样，大叶品种叶果比小，小叶品种叶果比可稍大。疏果时期每年可进行 3 次。第一次在 5 月底，即第二次生理落果后；第二次在 7 月中旬，即果实第二次膨大前；第三次在采果前 15d 左右。

（六）加强病虫防治 柑橘在生产时期，抽生新梢时容易被潜叶蛾为害，叶片容易发生溃疡病，果实容易发生溃疡病、疮痂病、黑星病，红蜘蛛、锈蜘蛛也经常为害果实使果实表面变黑褐色。加强病虫害防治是柑橘获得丰产优质的重要措施。

实 训 内 容

【实训1】

一、布置任务

通过实习，掌握柑橘土、肥、水管理技术。

二、工具材料的准备

材料：幼年及成年柑橘园，土杂肥、绿肥、腐熟液肥、化肥、草木灰、枯饼、石灰等。
用具：镐、锄头、水桶、喷雾器、运肥工具和其他施肥工具。

三、开展活动

（一）土壤管理

1. 幼龄柑橘园的土壤管理

（1）深翻扩穴。

①时期。深翻扩穴时期分春季和秋季。

春季：可在土壤解冻后进行，此时地上部仍处在休眠状态，根系刚开始活动，生长比较缓慢，伤根后容易愈合和再生。春季土壤解冻后，水分上移，土质疏松，操作较省工。北方多春旱，深翻后要及时灌水。在风大、干旱缺水地区，不宜进行春季深翻。

秋季：即在果实采收后，此时深翻，有利于劳动力的安排，深翻时期长。而且，此时正值根系生长高峰，伤根易于愈合，并能长出新根。如结合翻后施肥灌水，可使土壤与根系迅速密接，有利于根系生长。

②方法。幼树定植后对栽植穴以外的心土部分，用 2～3 年时间，进行扩穴改土，其方法可先在一行间深翻，留一行不翻，第二年或几年后再翻未翻过的那一行。若为梯田果园，可在一层梯田内每隔两株树翻一个株间，隔年再翻另一个株间。通常挖深 60～80cm、宽 50～60cm 的壕沟，株施粗有机肥（稻草、绿肥）30kg，猪牛栏粪 20kg，或腐熟垃圾 30kg，饼肥 1.5～2kg，钙镁磷肥 1kg，石灰 1.5kg。肥料填放时，粗肥（稻草、绿肥）分 2～3 层放下部，精肥（饼肥、磷肥）分 1～2 层放上部。有条件的地区，可采用小型挖掘机挖条沟深翻，可大大提高劳动效率。

（2）树盘覆盖。幼树在树盘上覆盖一层 10～15cm 厚的杂草、秸秆、落叶等材料，可防止土壤冲刷，杂草丛生，保持土壤疏松透气，减少土壤水分蒸发，夏季可降低地表温度10～15℃，冬季可提高土温 2～3℃，具有明显的护根作用。

（3）合理间作。间作物的选择应因地制宜。夏季绿肥有猪屎豆、印度豇豆和印尼绿豆等。冬季绿肥有肥田萝卜和苕子等。土壤瘠薄的远山地柑橘园，可间作耐旱耐瘠薄的豆类和绿肥，如蚕豆、绿豆、早大豆、豌豆、印度豇豆和肥田萝卜等；近山地柑橘园，可选择绿肥和花生等；河滩柑橘园，可间作西瓜、花生和豆类等；肥水条件好的柑橘园，也间作蔬菜和草莓等。

2. 成年柑橘园的土壤管理

（1）中耕除草。除草是一项费工的田间管理农活。利用除草剂防除杂草，方法简单易行，效果良好。果园中耕除草的深度以 15～20cm 为宜。分以下几个时期进行。

①早春。在早春土壤解冻后，及早耙地，浅刨树盘或树行，可保持土壤水分，提高土温，促进根系活动。这是干旱地区春季一次重要的抗旱措施。

②生长季节。生长期勤中耕除草，可使土壤松软无杂草，促进微生物活动，减少养分和水分的流失与消耗。

③秋季。秋季深中耕，可使山区旱地柑橘园多蓄雨水，涝洼地柑橘园散墒，以免土壤湿度过大及通气不良。

（2）果园覆盖。对幼年柑橘园，多采用树盘覆盖。对成年柑橘园，多采用全园覆盖，即在果园地面上覆盖一层 10～15cm 厚的稻草或杂草、秸秆等，可减少土壤水分蒸发，起到保墒的作用，并能抑制杂草的生长，保持土壤的通透性。所覆盖的秸秆等有机物质，经过 1～2 年腐烂后，结合深翻土壤，把它埋入地下，可大大增加土壤中有机质养分的含量，提高土壤肥力。实行果园覆盖，有利于土壤微生物活动，增强土壤的保水、保肥能力，夏季覆盖可降低地表温度 10～15℃，冬季覆盖可提高土温 2～3℃，具有明显的护根作用，使根系不至于因地表温度的急剧变化而影响生长，有利于柑橘树的生长发育。

（3）培土与客土。坡地或沙地果园，常因水土流失而导致果树根系外露，影响树体生长发育。对于这种果园进行树下培土，加厚土层，可提高土壤保肥蓄水能力，并使树体直立生长，不至于倾斜。在寒冷地区或寒冷季节培土，可以提高土温，减少根系冻害。培土适宜时间为冬季。培土原则是，黏性土客沙性土，沙性土客黏性土。这样可起到客土改良土质的作用，同时还有增加土壤养分、防止土壤流失而造成的根系裸露的作用。培土数量要因地制宜。培土数量太少，改良土壤的效果不明显；培土太厚，影响根系透气。每株培土 150～300kg，其厚度为 5～15cm，每 667m² 5t 左右。培土时应撒匀，最好结合耕翻或刨树盘，使培土与原土掺和均匀。

（二）施肥　柑橘施肥有土壤施肥和根外追肥两种。

1. 土壤施肥　土壤施肥既要利于根系尽快吸收肥料，又要防止根系遭受肥害。因此，施肥应做到因时、因树、因肥制宜。坚持根浅浅施、根深深施、春夏浅施、秋冬深施；无机氮浅施，磷钾肥、有机肥深施。秋冬施肥应结合深翻扩穴改土，压埋绿肥；磷肥易被土壤固定，与腐熟的有机肥混合深施效果好。

（1）施肥时期。

①基肥。基肥是全年的主要肥料，以迟效性有机肥为主，如厩肥、堆肥、枯饼、绿肥、杂草、垃圾、塘泥、滤泥等。结合深翻改土，可以补充土壤有机质含量。为尽快发挥肥效，施基肥时也可混施部分速效氮素化肥、磷肥等。结合基肥施入少量石灰，可调节土壤酸碱度。秋施基肥比春施好，早秋施肥比晚秋或冬施好。基肥秋施还可以提高土温，减少根系冻害。

②追肥。追肥又称补肥。是在柑橘树体生长期间，为弥补基肥的不足而临时补充的肥料。追肥以速效性无机肥为主，如尿素等。追肥的时期与次数，应结合当地土壤条件、树龄树势及树体挂果量而定。一般土壤肥沃的壤土可少施，砂质土壤宜少施、勤施；幼树、旺树施肥次数比成年树少；挂果多的树可多次追肥；结果少或不结果的树可少施或不施。柑橘追肥分以下几个时期。

花前肥：必须在2月上、中旬给较弱树和多花树适量追施速效性肥料，加以补充，可明显提高坐果率，又能促进枝叶生长，叶片长大转绿，尽早进入功能期，增强光合能力。但是，如树势较旺，或花芽量少的，花前不宜追肥，否则会因促进枝梢旺长而造成大量落果。这次追肥应以氮、磷、钾配合，而适当多施氮肥为主。

稳果肥：即在4月下旬至5月上、中旬适量追施速效性氮肥，并配合磷、钾肥，补充柑橘对营养物质的消耗，可减少生理落果，促进幼果迅速膨大。需要注意的是氮肥的施用不要过量，以免促发大量的夏梢而加重生理落果。

壮果促梢肥：应在7月上旬施壮果促梢肥，结合抗旱灌水，适量施入速效性氮肥，加大磷、钾肥的比例，有利于促进果实迅速膨大，提高产量，并可促使秋梢老熟，有利于花芽分化。此时气温、土温均较高，正值根系生长高峰，发根量多，根系吸收能力强，是柑橘施肥的一个重要时期。

采果肥：果实采收后及时施采果肥，以速效性氮肥为主，配合磷、钾肥。用于补偿由于大量结果而引起的营养物质亏空，尤其是消耗养分较多的衰弱树，对恢复树势，增加树体养分积累，提高树体的越冬性，防止落叶，促进花芽分化，对来年的产量都极为重要。

幼龄柑橘树的施肥，目的在于促进枝梢的速生快长，迅速扩大形成树冠，为早结丰产打基础。所以，幼树施肥应以氮肥为主，配合磷、钾肥，可在生长期内勤施、薄施，促使树体迅速生长，形成丰产树冠。

（2）施肥量。施肥量要根据树龄、树势、结果量、土壤肥力等综合考虑。

一般幼龄旺树结果少，土壤肥力高的可少施肥，大树弱树，结果多，肥力差的山地、荒滩要多施肥，沙地保水保肥力差，施肥时要少量多次，以免肥水流失过多。通常1～3年生幼树的施肥量为：基肥以有机肥为主，配合磷、钾肥，株施绿肥青草30～40kg，猪栏粪50kg，磷肥1.5kg，复合肥1kg，饼肥0.5～1kg，石灰0.5～1kg。由于幼树根系不发达，吸水吸肥能力较弱，追肥以浇水肥为主，便于吸收。一般坚持"一梢两肥"，即每次新梢各施1次促梢肥和壮梢肥。春、夏、秋三次梢的促梢肥，萌发前一周施用，以氮肥为主，促使新梢萌发整齐、粗壮。株施尿素0.15～0.25kg，复合肥0.25kg。春、夏、秋三次梢的壮梢肥，在新梢自剪时以磷、钾肥为主，促进新梢加粗生长，加速老熟。株施复合肥0.15～0.2kg。

成年柑橘树，基肥占全年施肥量的60%～70%，以有机肥为主，配合磷、钾肥，株施猪牛栏粪50kg，饼肥2.5～4.0kg，复合肥1～1.5kg，硫酸钾0.5kg，钙镁磷肥和石灰各1～1.5kg，结合扩穴改土进行。追肥占全年施肥量的30%～40%。花前肥：株施复合肥0.5～1kg，对树势旺或花量少的树，要控制花前肥，防止春季芽前施速效肥，致使春梢猛长，造成枝梢与花果的养分竞争，落花落果严重，大量减产。壮果促梢肥：株施饼肥4.0～5.0kg，复合肥0.25～0.5kg，硫酸钾0.25～1kg，钙镁磷肥0.25～1kg。采果肥：株施复合肥0.25kg，尿素0.15～0.25kg。成年柑橘树一般不提倡5月施稳果肥，以防导致夏梢猛发而加剧第二次生理落果。必要时，可根据柑橘的花量、春梢量、挂果量及树势、叶色，进行根外追肥，即用 0.2%～0.3%的尿素＋0.2%～0.3%磷酸二氢钾进行树冠喷施，隔 7～10d 喷一次，连喷 2～3 次。

（3）施肥方法。土壤施肥应尽可能把肥料施在根系集中的地方，以充分发挥肥效。根据柑橘根系分布特点，追肥可施用在根系分布层的范围内，使肥料随着灌溉水或雨水下渗到中下层而无流失为目标。基肥应深施，引导根系向深广方向发展，形成发达的根系。氮肥在土壤中移动性较强，可浅施；磷、钾肥移动性差，宜深施至根系分布最多处。柑橘的土壤施肥方法常用如下几种：

①环状沟施肥。在树冠投影外围挖宽 40～60cm、深 50～60cm 的环状沟，将肥料施入沟内，然后覆土。挖沟时，要避免伤大根，逐年外移。此法简单，但施肥面较小，只局限沟内，适合幼树使用。

②条状沟施肥。在树冠外围相对方向挖宽 50cm、深 40～60cm 的由树冠大小而定的条沟。东西南北向，每年变换一次，轮换施肥。这种方法在肥源、劳力不足的情况下，生产上使用比较广泛，缺点是肥料集中面小，果树根系吸收养分受到局限。

③放射沟施肥。以树干为中心，距干 1m 向外挖 4～8 条放射形沟，沟宽 30cm，沟里端浅外端深，里深 30cm，外深 50～60cm，长短以超出树冠边缘为止，施肥于沟中。隔年或隔次更换沟的位置，以增加柑橘根系的吸收面。此法若与环状沟施肥相结合，如施基肥用环状沟，追肥可用放射状沟，效果更好。但挖沟时要避开大根，以免挖伤。这种施肥方法肥料与根系接触面大，里外根都能吸收，是一种较好的施肥方法。在劳力紧缺，肥源不足时不宜采用。

④穴状施肥。追施化肥和液体肥料如人粪尿等，可用此法。在树冠范围内挖穴 4～6 个，穴深 30cm～40cm，倒入肥液或化肥，然后覆土，每年开穴位置错开，以利根系生长。

⑤全园撒施。成年柑橘园，根系已布满全园，可采用全园施肥法，即将肥料均匀撒于园内，然后翻入土中，深度约 20cm，一般结合秋耕或春耕进行。此法施肥面积大，大部分根系能吸收到养分，但施肥过浅，不能满足下层根的需求，常导致根系上浮，降低根系固地性，雨季还会使肥效流失，山坡地和沙土地更为严重。此法若与放射沟施肥隔年更换，可互补不足，发挥肥料的最大效用。

⑥灌溉施肥。将各种肥料溶于水中，成为根系容易吸收的形态，直接浇于树盘内，能很快被根系吸收利用。比土壤干施肥料，大大地提高了肥效，增加了肥料利用率。同时，灌溉施肥通过管道把液肥输送到树盘，采用滴灌技术，把肥施入土壤，用于根系吸收，减少劳力，节约了果园的施肥成本。水肥施用的推荐浓度：0.5%的复合肥（氮磷钾含量各为15%）液、10%的稀薄腐熟饼肥液或沼液、0.3%的尿素液等。

2. 根外追肥

（1）叶面施肥注意事项。柑橘叶面吸收养分主要是在水溶液状态下，渗透进入组织，所以喷布浓度不宜过高，尤其是生长前期枝叶幼嫩时，应使用较低浓度，后期枝叶老熟，浓度可适当加大，但喷布次数不宜过多，如尿素使用浓度为 0.2%～0.4%，连续使用次数较多时，会因尿素中含缩二脲引起中毒，使叶尖变黄，这样反而有害。叶面喷肥应选择阴天或晴天无风上午 10 时前或下午 4 时后进行，喷施应细致周到，注意喷布叶背，做到喷布均匀，喷后下雨则效果差或无效应。一般喷至叶片开始滴水为度，喷布浓度严格按要求进行，不可超量，尤其是晴天更应引起重视，否则由于高温干燥水分蒸发太快，浓度很快增高，容易发生肥害。为了节省劳力，在不产生药害的情况下，根外追肥可与农药或生长调节剂混用，这样可起到保花保果、施肥和防治病虫害的多种作用。但各种药液混用时，应注意合理搭配。常用的根外追肥的浓度见表5-5。

表5-5　根外追肥使用肥料的适宜浓度

肥料种类	浓度（％）	喷施时期	喷施效果
尿素	0.1～0.3	萌芽、展叶、开花至采果	提高坐果，促进生长
硫酸铵	0.2～0.3	萌芽、展叶、开花至采果	提高坐果，促进生长
过磷酸钙	1～2	新梢停长至花芽分化	促进花芽分化
硫酸钾	0.3～0.5	生理落果至采果前	果实增大，品质提高
硝酸钾	0.3～0.5	生理落果至采果前	果实增大，品质提高
草木灰	2～3	生理落果至采果前	果实增大，品质提高
磷酸二氢钾	0.1～0.3	生理落果至采果前	果实增大，品质提高
硼砂、硼酸	0.1～0.2	发芽后至开花前	提高坐果率
硫酸锌	0.1	萌芽前、开花期	防治小叶病
柠檬酸铁	0.05～0.1	生长季	防缺铁黄叶病
硫酸锰	0.05～0.1	春梢萌发前后和始花期	提高产量，促进生长
钼肥	0.1～0.2	花蕾期、膨果期	增产

（2）主要喷施时期与肥料种类、使用浓度。新梢生长期间喷叶面肥0.3％～0.5％的尿素与0.2％的磷酸二氢钾，促进枝梢生长充实；在花期喷施0.2％硼砂与0.3％尿素，可以促进花粉发芽与花粉管伸长，并有利于授粉受精；在谢花后喷施0.5％尿素与0.2％的磷酸二氢钾，可减少落果；7～9月，果实迅速膨大期时喷施0.3％的磷酸二氢钾有壮大果实，促进秋梢萌发的作用。9～11月时喷施0.3％的尿素与0.2％的磷酸二氢钾等可以促进花芽分化与提高果实品质。

（三）水分管理　水分管理包括灌水、排水等措施。

1. 灌水

（1）灌水时期。在生长季节，当自然降水不能满足柑橘生长、结果需要时，必须灌水。正确的灌水时期，不是等柑橘已从形态上显露出缺水状态（如果实皱缩、叶片卷曲等）时再灌溉，而是要在柑橘未受到缺水影响以前进行。否则，柑橘的生长与结果都会受到损失。一般认为，当土壤含水量降低到田间最大持水量的60％，接近"萎蔫系数"时即应灌水。目前，生产上多根据柑橘一年中各物候期生理活动对水分的要求、气候特点和土壤水分的变化情况而定。一般可按以下几个时期灌水。

①萌芽开花前。早春柑橘萌芽、抽梢、开花、坐果需水量较多，水分充足与否，直接影响到当年产量的高低，尤其是早春干旱地区特别重要。因此，及时在花芽膨大时灌水，有利于柑橘的萌芽、开花和新梢生长，并可提高坐果率。

②新梢生长和幼果膨大期。果实迅速膨大和新梢生长期，对水分的需求量很大，缺水会抑制新梢生长，影响果实发育，甚至造成大量落果，干旱时应及时进行灌溉。但要防止灌水过量，以免导致营养生长过旺而加重落果，特别是初果期幼龄树更为严重。所以，灌水时要

根据具体情况，灵活掌握适量。

③果实迅速膨大期。此时正值秋季干旱，气温偏高，应及时灌水，有利于果实膨大，提高产量，但灌水过多会影响果实品质，降低果实耐贮性。

④果实采收后。果实中富含水分，采果后，树体因果实带走大量的水分，而出现水分亏缺现象，再加上天气干旱，对水分的需求更加明显。此时，结合施基肥及时灌水，可促使根系吸收和叶片的光合效能，增加树体的养分积累，有利于恢复树势，提高花芽分化质量，为树体安全越冬和下一年丰产打好基础。

（2）灌水量。果园灌溉必须掌握适当的灌水量，才能调节土壤中水分与空气的矛盾。一般应根据土质、土壤湿度和柑橘根群分布深度来决定。最适宜的灌水量，应在一次灌溉中使柑橘根系分布范围内的土壤湿度达到最有利于其生长发育的程度。土壤含水量达田间持水量的 $60\%\sim80\%$ 为宜。

（3）灌水方法。山地果园灌溉水源多依赖修筑水库、水塘拦蓄山水，也有利用地下井水或江河水，引水上山进行灌溉。

合理的灌溉，必须既符合节约用水，充分发挥水的效能，又要减少对土壤的冲刷。常用的灌溉方法有沟灌、浇灌、喷灌和滴灌。

2. 排水　土壤水分过多，尤其是低洼地柑橘园，雨季易造成园地积水，土壤通气不良，缺少氧气，从而抑制根系的生长和吸收功能，形成土中虽有水，根系却不能吸收的"生理"干旱现象。根部缺氧使根系不能进行正常的呼吸作用，无氧呼吸产生一些有毒物质，如硫化氢、甲烷等，积水时间一长，致使根系受害，并出现黑根、烂根现象，甚至一部分根系会窒息死亡。所以雨季必须排水，确保园地不积水，对柑橘的健壮生长、高产优质至关重要。

柑橘园排水可以在园内开排水沟，将水排出，也可以在园内地下安设管道，将土壤中多余的水分由管道中排除。即明沟排水和暗沟排水。生产中较多采用明沟排水。

对已经受涝被淹的柑橘树，要及时排除积水，并用清水冲洗被淹叶片上的泥土，及时松土散墒，使土壤通气，促使根系尽快恢复生长，以减轻受害。

【实训2】

一、布置任务

通过实习，掌握柑橘的树体管理技术，主要包括柑橘幼树整形技术、结果树的修剪技术、花果管理技术（保花保果、疏花疏果）、果实套袋等。

二、材料准备

材料：幼年柑橘树、成年结果树。

工具：枝剪、手锯、绳子、木桩、保果试剂、套袋纸等。

三、开展活动

（一）整形修剪

1. 整形　柑橘常用的丰产树形主要是自然圆头形与自然开心形两种。

（1）自然圆头形的整形过程。

①第一年，定植后，在春梢萌芽前将柑橘苗木留50～60cm短截定干，剪口芽以下20cm长的范围为整形带，整形带以下即为主干。在主干上萌发的枝、芽应及时抹除，保持主干有30～40cm高度，以促发分枝。整形带内当分枝长4～6cm时，选留方位适当、分布均匀、长势健壮的4～5个分枝作主枝，其余的抹除。保留的新梢，在嫩叶初展时留5～8片叶后摘心，促其生长粗壮，提早老熟，促发下次梢。经过多次摘心处理后，有利于柑橘树枝梢生长，扩大树冠，加速树体成形。

②第二年，春季发芽前，短截主枝先端衰弱部分。抽发春梢后，在先端选留一强梢作为主枝延长枝，其余的梢作侧枝。在距主干30cm处，选留第一副主枝。每次梢长2～3cm时，要及时疏芽，调整枝梢。每条基梢上，春、夏、秋三次梢分别以选留3～4条为好。为使树势均匀，留梢时应注意强枝多留，弱枝少留。通常春梢留5～6片叶、夏梢留6～8片叶后进行摘心，以促使枝梢健壮。秋梢一般不摘心，以防发生晚秋梢。

③第三年，继续培养主枝和选留副主枝，配置侧枝，使树冠尽快扩大。在此期间，主枝要保持斜直生长，以维持生长强势。每个主枝上配置方向相互错开的2～3个副主枝。在整形过程中，要防止出现上、下副主枝、侧枝重叠生长的现象，以免影响光照（图5-7）。

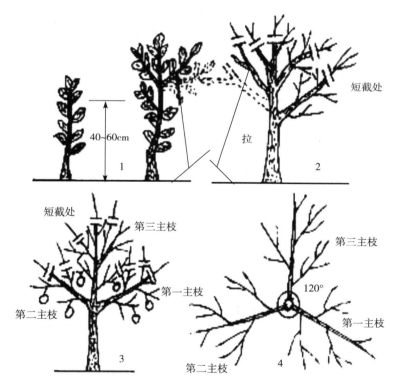

图5-7 自然圆头形树的整形过程
1. 第一年整形 2. 第二年整形 3. 第三年整形 4. 俯视图

（2）自然开心形的整形过程。

①第一年，定植后，在春梢萌芽前将苗木留50～60cm长后短截定干。剪口芽以下20cm为整形带。在整形带内选择3个生长势强、分布均匀和相距10cm左右的新梢，作为主枝培养，并使其与主干成40°～45°；对其余新梢，除少数作辅养枝外，其他的全部抹去。

整形带以下即为主干。在主干上萌发的枝和芽，应及时抹除，保持主干有30～35cm高度。

②第二年，在春季发芽前短截主枝先端衰弱部分。抽发春梢后，在先端选一强梢作为主枝延长枝，其余的作侧枝。在距主干35cm处，选留第一副主枝。以后，主枝先端如有强壮夏、秋梢发生，可留一个作主枝延长枝，其余的进行摘心。对主枝延长枝，一般留5～7个有效芽后下剪，以促发强枝。保留的新梢，根据其生长势，在嫩叶初展时留5～8片叶后摘心。通过摘心，促其生长粗壮，提早老熟，促发下次梢，经过多次摘心处理后，有利于枝梢生长，扩大树冠，加速树体成形。

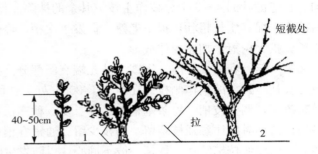

③第三年，继续培养主枝和选留副主枝，配置侧枝，使树冠尽快扩大。主枝要保持斜直生长，以保持生长强势。同时，陆续在各主枝上按相距30～40cm的要求，选留方向相互错开的2～3个副主枝。副主枝与主干成60°～70°。在主枝与副主枝上，配置侧枝，促使其结果（图5-8）。

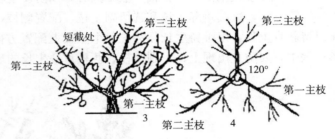

图5-8　自然开心形树的整形过程
1. 第一年整形　2. 第二年整形　3. 第三年整形　4. 俯视图

在柑橘幼树定植后2～3年内，对于树上在春季形成的花蕾均予摘除。第三、第四年后，可让树冠内部、下部的辅养枝适量结果；对主枝上的花蕾，仍然予以摘除，以保证其生长强大，扩大树冠。

2. 修剪

（1）幼年树的修剪。柑橘树从定植后至投产前，这一时期称幼年树。幼年树的特点是生长势较强，以抽梢扩大树冠、培育骨干枝、增加树冠枝梢和叶片量为主。幼年树的修剪量宜轻，故应在整形的基础上，对它适当进行修剪。

①短截延长枝。幼树定植后，5月下旬，在春梢老熟时，短截延长枝先端的衰弱部分，促发分枝，抽出较多的强壮夏梢。7月中旬，对它适时进行夏剪，一般将延长枝留5～7个有效芽后下剪，以促发多而强壮的秋梢，用于扩大树冠。通过剪口芽的选留方向和短截程度的轻重，调节延长枝的方位和生长势。

②夏、秋长梢摘心。对于未投产的幼年树，可利用夏、秋梢培育骨干枝，扩大树冠。对于长势强旺的夏、秋梢，可在嫩叶初展时留5～8片叶后摘心。通过摘心，促其生长粗壮，提早老熟，促发下次梢。经过多次摘心处理后，增加分枝，有利于枝梢生长，扩大树冠，加速树体成形。但是，在投产前一年放出的秋梢母枝，不能摘心，以免减少来年的花量。

③抹芽放梢。当树冠上部、外部或强旺枝顶端零星萌发的嫩梢在1～2cm时，即可抹除，每隔3～5d抹除一次，连续抹3～5次，当全树大多数末级梢，特别是树冠内膛和下部的枝梢都萌发时，即停止抹芽让其抽梢。结合摘心，放1～2次梢，促使其多抽生一二批整

齐的夏、秋梢，以加快生长，加快扩冠。但是，投产前一年的幼年树，抹芽后所放出的秋梢，多是翌年开花结果的优良母枝。故抹芽放梢时，如果树冠上部生长较旺盛，则可对上部和顶部的芽多抹1～2次，先放下部的梢。待其生长健壮后，再放上部的梢，使树冠形成下大上小的结构，改善光照条件，形成立体结果。

④疏剪无用枝梢。幼年树修剪量宜轻，尽可能保留可保留的枝梢作为辅养枝。同时适当疏删少量密弱枝，剪除病虫枝和扰乱树形的徒长枝等无用枝梢，以节省养分，有利于枝梢生长，扩大树冠。

⑤疏除花蕾。幼年柑橘树树冠弱小，营养积累不足。如果使它过早开花结果，就会影响枝梢生长，不利于树冠形成。因此，在柑橘幼树定植后2～3年内，应摘除其花蕾。第三、第四年后，也只能让柑橘幼树在树冠内部、下部的辅养枝上适量结果，而主枝、副主枝上的花蕾，仍然要摘除，以保证柑橘幼树进一步加强生长，扩大树冠，直至理想的树形和树冠基本形成为止。

（2）初结果树的修剪。柑橘树定植后3～4年开始结果。此时，柑橘幼树既生长，又结果，但应以生长为主，继续扩大树冠，使它尽早进入结果盛期。

①促发春梢。随着柑橘幼树进入结果期，其树冠中、下部春梢，会逐渐转化为结果母枝，而上部的春梢则是抽发新梢的基枝。因此，对树冠中、下部的春梢，除纤弱梢外，其余的应尽量保留，让其结果。而在树冠上部，可在春芽萌发期，适当短截主枝、副主枝、侧枝延长枝和外围长秋梢，并疏去同一节位上的密生枝和过于弱的营养枝，并摘除树冠上部的花蕾，促发健壮春梢，以备夏剪促梢，继续扩大树冠。在冬季，可对结果枝和落花落果枝短截1/3～1/2，做到强枝少短截，弱枝重短截。经短截处理后，来年可抽生强壮的春梢，进而继续抽生夏、秋梢，并成为良好的结果母枝。

②抹除夏梢。对挂果多的树，为防止其因抽发夏梢而加重生理落果，缓和生长与结果的矛盾，在5～7月要及时抹除夏梢。通常是3～5d抹除一次，直到夏剪放梢时为止；对挂果少的树，应对夏、秋长梢在嫩叶初展时留5～8片叶后摘心，促其生长粗壮，提早老熟，促发下次梢。经过多次摘心处理后，能增加分枝，扩大树冠，加速树体成形。对长势旺的夏、秋梢抽生较多时，可在冬季短截1/3数量的强夏、秋梢，保留春段或基部2～3个芽，让其抽生预备枝。保留1/3数量生长中等的夏、秋梢，作为结果母枝，使其开花结果。疏剪1/3数量的较弱夏、秋梢，减少结果母枝数量，减少花量，以节省树体养分。

③猛攻秋梢。秋梢是初结果柑橘幼树的主要结果母枝。在6月底至7月初，要对初结果的柑橘幼树重施壮果促梢肥；在7月下旬，对其树冠外围的斜生粗壮春梢，一律保留3～4个有效芽后进行短截；对于树势强、结果多的初结果柑橘幼树，可选择其树冠外围强壮的单顶果枝，留果枝基部的3～4个有效芽，剪除幼果，以果换梢。这样，通过对柑橘幼树采取猛攻秋梢的有效措施后，可以使柑橘幼树促发足够数量的健壮秋梢，作为来年优良的结果母枝。

④继续短截延长枝。在修剪中，采用拉枝方法，将主、侧枝延长枝拉至70°左右，长势强的可拉至水平状，特旺的可拉至下垂，以削弱顶端优势；并剪去延长枝先端的衰弱部分，以促使侧枝或基部的芽萌发抽枝，培育内膛和中下部的结果母枝，增加结果量。

（3）盛果期树的修剪。柑橘树进入盛果期后，树冠各部位普遍开花结果。经几年时间的丰产后，其树势逐渐转弱，较少抽生夏、秋梢，结果母枝转为以春梢为主。枝组大量结果后，也逐渐衰退，易形成大小年结果现象。这个时期，对柑橘树进行修剪的目的，是及时更新侧枝、枝组和小枝，培育新的结果母枝，保持营养枝与花枝比例适当，防止大小年结果现象的出现，尽量延长柑橘树盛果期年限。

①冬春修剪。采果后到春梢萌发前，所进行的修剪称冬春修剪。具体修剪方法如下：

及时调冠整枝：要使成年结果树保持高产稳产，达到立体结果，就必须使树冠互不遮阴，做到上部稀，外围疏，内膛饱满，通风透光，层层疏散，冠面凹凸呈波浪形；下部大，上部略小，呈自然圆头形，有效结果体积大。这就要短截相邻主枝、副主枝和交叉重叠枝，保持各枝间有足够空间，侧枝要求短而整齐，有较强突出者，则可在小枝部位剪除，以免妨碍邻近侧枝的生长。

疏剪郁蔽大枝：柑橘树在结果初期，树冠上部抽生的直立大枝较多，相互竞争，长势也强，应注意对它们加以控制。对于树势强的树，要疏剪强枝和直立枝，以缓和树势，防止树冠出现上强下弱的现象。丰产后，树冠外围大枝较密的，可适当疏剪部分 2～3 年大枝，以改善内膛光照条件，防止早衰，延长盛果期年限。

更新枝条，轮流结果：随着柑橘树树龄的增长，结果量的增多，行间树冠相接，结果枝组容易衰退。因此，每年进行修剪时，应选 1/3 左右的结果枝组或夏、秋梢的结果母枝，将其从基部短截，在剪口保留 1 个当年生枝，并短截其 1/3～2/3，防止其开花结果。从而使这些部位抽生较强的春梢和夏、秋梢，形成强壮的更新枝组，轮流结果，保持稳产。

结果枝和结果母枝的修剪：对结果后衰弱的结果母枝，可从基部剪除。如同时抽生营养枝，则可留营养枝，剪去结果枝。若结果枝衰弱，叶片枯黄，则可将结果枝从基部剪除；若结果枝充实，叶片健壮，则只要剪去果梗，使其在翌年抽发 1～2 个健壮的营养枝。

合理回缩修剪下垂枝：柑橘树树冠中、下部的枝梢，是柑橘早结丰产的优良结果部位，不应将它随意剪去；而要充分利用它的下垂枝开花结果。结果后，这些枝条衰退，可对它逐年回缩修剪。修剪时，从它的健壮处剪去先端下垂的衰弱部分，抬高枝梢位置，使这些枝梢离地稍远。这样，它们就不致因果实重量增加而垂地，避免损害果实的品质。

疏剪病虫弱枝，改善树体光照：柑橘易在树冠四周产生大量的密生小侧枝，使树冠外围枝叶密集，内膛光照极弱，叶黄，枯枝、病虫枝大量发生，故应及时疏除柑橘树的纤弱枝、重叠枝和病虫枝等。对密生枝采取"三去一"、"五去二"的办法，去弱留强，去密留稀，以保持树冠有足够大小不等的"天窗"，使阳光散射到树冠中部，改善内膛的光照条件，从而充分发挥树冠各部位枝条的结果能力。

②夏季修剪。从柑橘春梢停止生长后，到秋梢抽生前（5～7 月），对树冠枝梢进行的修剪称夏季修剪。其方法如下：

抹除夏梢：5～7 月份，要及时抹除夏梢，防止因夏梢抽发而加重生理落果。通常每隔 3～5d 抹除一次，直到夏剪放梢时为止。江西信丰园艺场（1976）试验，控夏梢比不控夏梢的树产量提高 4 倍。

培养健壮秋梢结果母枝：柑橘的春、夏、秋梢，都能成为结果母枝。成年柑橘树以春梢为主要结果母枝，并能促发大量健壮的秋梢结果母枝。充分利用柑橘树的这一特性，是柑橘结果园丰产稳产、减少或克服大小年结果的一项关键性措施。

合理安排秋梢期：放秋梢的迟早，要视地区、品种、树龄、树势、挂果量、气候条件及管理水平等情况灵活掌握。所确定的放秋梢日期，既要有足够的时间使秋梢生长充实，又要有利于抑制晚秋梢及冬梢的萌发。一般盛产期挂果较多的树和弱树，宜放"大暑"—"立秋"梢；挂果适中，树势中庸的青壮年树，宜放"立秋"—"处暑"梢；初果幼龄树、挂果偏少的旺树，宜放"处暑"—"白露"梢。此外，树龄大、树势弱的放秋梢要早些，反之则迟些；受旱的柑橘园放秋梢宜早些，肥水条件好的柑橘园放秋梢宜迟些。要避免在酷热、干旱和蒸发量大的时候放秋梢。

进行夏季修剪，需要有充足的肥水供应，才能攻出壮旺的秋梢。攻秋梢肥是一年中的施肥重点，应占全年施肥量的 30%～40%，以速效氮肥为主，配合施腐熟的有机肥。一般在放梢前 15～30d 施一次有机肥，施肥量为饼肥 2.5～4kg/株。以后再在夏剪前施一次速效氮肥，施肥量为复合肥 0.5kg/株，并配合施入磷、钾肥。

另外，施肥和修剪还应结合灌溉，才能达到预期的攻秋梢的目的。放梢后，还应注意防治潜叶蛾，才能保证秋梢抽发整齐和健壮。

（4）衰老树的修剪。柑橘更新修剪，根据树冠衰老程度的不同，分为轮换更新、露骨更新和主枝更新 3 种。

①轮换更新。轮换更新又称局部更新或枝组更新，是一种较轻的更新。比如，树体部分枝群衰退，尚有部分枝群有结果能力，则可在 2～3 年内，有计划地轮换更新衰老的 3～4 年生侧枝，并删除多余的基枝、侧枝和副主枝。要保留强壮的枝组和中庸枝组，特别是有叶枝要尽量保留。柑橘树在轮换更新期间，尚有一定产量。经过 2～3 年完成更新后，它的产量比更新前要高，但树冠有所缩小。再经过数年后，它可以恢复到原来的树冠大小。因此，衰老树采用这种方法处理效果好。

②露骨更新。露骨更新又称中度更新或骨干枝更新，用于那些不能结果的老树或很少结果的衰弱树。进行这种更新，主要是删除多余的基枝、侧枝、重叠枝、副主枝或 3～5 年生枝组，仅保留主枝。露骨更新后，如果加强管理，当年便能恢复树冠，第二年即能获得一定的产量。更新时间，最好安排在每年新梢萌芽前，通常在 3～6 月进行为好。在高温干旱的柑橘产区，可在 1～2 月春芽萌发前，进行露骨更新（图 5-9）。

图 5-9　柑橘露骨更新

③主枝更新。主枝更新又称重度更新，是更新中最重的一种。树势严重衰退的老树，可在距地面 80～100cm 高处的 4～5 级骨干大枝上回缩，锯除全部枝叶，使之重新抽生新梢，形成新树冠。老树回缩后，要经过 2～3 年才能恢复树冠，开始结果。一般在春梢萌芽前进行主枝更新。实施时，剪口要平整光滑，并涂蜡保护伤口。树干用生石灰 15～20kg，食盐 0.25kg，石硫合剂渣液 1kg，加水 50L，配制刷白剂刷白，防止日灼。新梢萌发后，抹芽 1～2 次后放梢，疏去过密和着生位置不当的枝条，每枝留 2～3 条新梢。对长梢应摘心，以促使它增粗生长，把它重新培育成树冠骨架。第二年或第三年后，即可恢复结果（图 5-10）。

（二）花果管理

1. 保花保果　柑橘整个落花落果期可分为 4 个主要阶段，

图 5-10　柑橘主枝更新

即落蕾落花期、第一次生理落果期、第二次生理落果期和采前落果。

柑橘落蕾落花期从花蕾期开始，一直延续到谢花期，持续 15d 左右。通常在盛花期后 2～4d，进入落蕾落花期。江西赣南为 3 月底至 4 月初。盛花期后一周，为落蕾落花高峰期。谢花后 10～15d，往往子房不膨大或膨大后就变黄脱落，出现第一次落果高峰，即在果柄的基部断离，幼果带果柄落下，亦称第一次生理落果。江西赣南出现在 4 月下旬或 5 月初。第一次生理落果结束后 10～20d，又在子房和蜜盘连接处断离，幼果不带果柄脱落，出现第二次落果高峰，亦称第二次生理落果。第一次比第二次严重，一般柑橘第一次生理落果比第二次生理落果多 10 倍。

（1）营养元素保果。加强栽培技术管理，增强树势，提高光合效能，积累营养，是保果的根本。营养元素与坐果有密切的关系，如氮、磷、钾、镁、锌等元素对柑橘坐果率提高有促进作用，尤其是对树势衰弱和表现缺素的植株效果更好。①生产上通常使用 0.3%～0.5%的尿素与 0.2%～0.3%的磷酸二氢钾混合液，或用 0.1%～0.2%的硼砂加 0.3%的尿素，在开花坐果期进行叶面喷施 1～2 次。②盛花期叶面喷施液体肥料，如农人液肥，施用浓度为 800～1 000 倍液，补充树体营养，保果效果显著。此外，使用新型高效叶面肥，如叶霸、绿丰素（高 N）、氨基酸、倍力钙等，营养全面，也具有良好的保果效果。

（2）生长调节剂保果。目前用于柑橘保花保果的生长调节剂不少，主要有天然芸薹素（油菜素内酯）、赤霉素（GA₃）、细胞分裂素（BA）及新型增效液化剂（BA＋GA₃）等。

①天然芸薹素。剂型有：0.15%乳油，0.2%可溶性粉剂。

油剂型（0.15%天然芸薹素乳油）需先用少许（200g 左右）温水搅匀至油状物全部溶解后，再加水稀释至所需的浓度即可使用；0.2%可溶性粉剂可直接加水稀释至所需的浓度进行喷施。

使用方法：柑橘谢花 2/3 或幼果 0.4～0.6cm 大小时，用 0.15%天然芸薹素乳油稀释 5 000～10 000 倍，即 5 000 倍兑水 10kg，10 000 倍兑水 20kg，进行叶面喷施，每 667m² 喷液量 20～40kg，具有良好的保果效果。

②赤霉素（GA₃）。剂型有：粉剂、水剂和片剂。粉剂水溶性低，用前先用 95%酒精 1～2mL 溶解，加水稀释至所需的浓度；水剂和片剂可直接溶于水配制，使用方便。

使用方法：柑橘谢花 2/3 时，用 50mg/kg（即 1g 加水 20kg）赤霉素液喷布花果，2 周后再喷一次；5 月上旬疏去劣质幼果，用 250mg/kg（1g 加水 4kg）赤霉素涂果 1～2 次，提高坐果率，效果显著。涂果比喷果效果好，若在使用赤霉素的同时加入尿素，保花保果效果更好，即开花前用 20mg/kg 赤霉素溶液加 0.5%尿素喷布。

③细胞激动素（BA）。使用方法：柑橘谢花 2/3 或幼果 0.4～0.6cm 大小时，用细胞激动素 200～400mg/kg（2%细胞激动素 10mL 加水 50～25kg）喷果。

④新型增效液化剂（BA＋GA₃）。新型增效液化剂（BA＋GA₃）有两种类型：喷布型和涂果型。

喷布型：喷布方法不同，对保果的效果影响很大。整株喷布效果较差，对花、幼果进行局部喷布效果好，专喷幼果效果更好。因此，喷布时叶面和枝条尽量少喷。建议用小喷雾器或微型喷雾器对准花和幼果喷，保花保果效果好，而且省药，节省费用。使用浓度因树势而异，老树、弱树每瓶（10mL）加水 7.5kg；幼树、强树加水 10～15kg，在谢花期喷施一次，第二次喷施在第一次喷后 10～15d 进行。

涂果型：涂果有两种涂法：全果均匀涂和果顶涂。两种涂果法的保果效果差不多。全果均匀涂是指将一个果实的表面都均匀涂湿，其优点是果实增大均匀，果型增大明显，但速度慢。果顶涂是指将果实的顶部（脐部）涂湿，其他地方不涂，其优点是速度快，省工，还可减少裂果。值得注意的是：涂果涂湿就行了，不要涂成流水状，更不宜涂在果梗或花梗上，否则会造成果实基部果皮加厚，影响其商品价值。涂果时，老树、弱树每瓶（10mL）加水0.75kg，幼树、强树每瓶加水 1kg，在谢花时涂一次，弱树可涂两次，第二次涂果在第一次涂后 2～3 周进行。

总之，花量少的树宜采用涂果型增效液化剂（BA＋GA$_3$）涂果，在谢花时涂一次，谢花后 10d 左右涂第二次；一般花量的树可在盛花末期先用喷布型增效液化剂（BA＋GA$_3$）微型喷布一次，谢花一周后用涂果型增效液化剂（BA＋GA$_3$）选生长好的果实涂一次；对于花量较大、花的质量又较好的树，可在谢花时用喷布型增效液化剂（BA＋GA$_3$）普通喷布一次，谢花 10d 左右再微型喷布一次。不同的保果方法，保果效果不同，采用保果剂保果效果显著，涂果优于微型喷布，整株喷布效果较差。

（3）营养调节保果。树体营养是影响柑橘坐果的主要因素，调节好树体营养状况，有利于保花保果。

①抹除部分春梢营养枝和夏梢。在柑橘花蕾现白时，抹除密集的部分细弱短小的春梢和花枝上部的春梢营养枝，可保幼果并促其生长。在柑橘第二次生理落果期，控制氮肥施用，避免大量抽发夏梢。夏梢抽发期（5～7 月）每隔 3～5d，及时抹除夏梢，也可在夏梢萌发到长 3～5cm 时，喷施"杀梢素"，控制夏梢，避免与幼果争夺养分水分而引起落果。

②培养健壮秋梢结果母枝。柑橘春梢、夏梢、秋梢一次梢，春夏梢、春秋梢和夏秋梢二次梢，强壮的春夏秋三次梢，都可成为结果母枝。但幼龄树以秋梢作为主要结果母枝。因此，必须加强土肥水管理，培育健壮的树势，夏剪前重施壮果促梢肥。一般提前在放梢前15～30d 施一次有机肥（饼肥 2.5～4kg/株）。为确保秋梢抽发整齐健壮，也可在施完壮果攻秋梢肥的基础上，结合抗旱浇施 1 次速效水肥。如 1～3 年生幼树，可每株浇施 0.05～0.1kg 尿素＋0.1～0.15kg 复合肥，或 10%～20%枯饼浸出液 5～10kg＋0.05～0.1kg 尿素；4～5 年生初结果树，开浅沟（见须根即可）株施 0.1～0.2kg 尿素＋0.2～0.3kg 复合肥，肥土拌匀浇水，及时盖土保墒；6 年生以上成年结果树，株施 0.15～0.25kg 尿素＋0.25～0.5kg 复合肥，有条件的果园可每株浇 10～15kg 腐熟稀粪水或枯饼浸出液。剪后连续抹芽2～3 次（每 3～4d 抹一次），待 7 月底至 8 月初统一放秋梢。放梢后还应注意做好病虫害防治，主要防治潜叶蛾、红蜘蛛、溃疡病、炭疽病等，防治时做到"防病治虫、一梢两药"。具体防治措施为：第一次喷药时间是秋梢萌芽长一粒米时，喷杀虫药（潜叶蛾、蚜虫）＋杀菌药（以防炭疽病为主）＋杀螨药（有红蜘蛛的果园）；第二次喷药时结合叶面施肥待秋梢刚展叶转绿时（即隔第一次喷药时间 10d 左右），喷杀虫药（潜叶蛾）＋杀菌药（以防溃疡病为主）＋杀螨药（有红蜘蛛的果园）＋叶面有机营养液（促进秋梢老熟），保证秋梢抽发整齐、健壮。培养大量健壮优质的秋梢结果母枝，是柑橘结果园丰产稳产、减少或克服大小年结果的关键措施之一。生产上常见的树势衰弱，秋梢数量少而质量差，或冬季落叶多、花质差、不完全花比例增多，花果发育不良等，是造成大量落果、产量低的主要原因。

③合理修剪，改善树体通风透光条件。成年柑橘结果树发枝力强，易造成枝叶密闭，应采取以疏为主，疏、缩结合的方法，打开光路，改善树体光照条件；春季进行疏剪，以减少花量，节约养分，有利于稳果。对花量过大的植株，应摘除部分花蕾，除去无叶花序花，有利于树势恢复，提高坐果率。

（4）调控肥水管理，提高坐果率。加强肥水管理可提高柑橘的坐果率。如第二次生理落果前减少氮肥的使用量，以减少夏梢抽发，减轻梢果矛盾，可提高坐果率。提倡施用有机肥、绿肥，肥料元素合理搭配，保持土壤疏松、湿润，不旱不涝，以增强树势，既可为翌年防止生理落果打下基础，同时也可防止采前落果。花期和幼果期出现异常高温干旱天气，叶面喷水，土壤灌水，可有效降低叶温，提高坐果率。在果实的生长发育过程中，若雨水过多（春、夏季），要及时排除积水，遇旱（秋旱）应灌水，有利于果实生长，又可防止异常的落果，采果前多雨，果实品质下降。冬季适当控水有利于柑橘花芽分化。在柑橘的栽培管理过程中，认真贯彻"春湿、夏排、秋灌、冬控"的水管措施，确保产量和果实品质的提高。

（5）及时防病防虫，防重于治。在花蕾期直至果实发育成熟，不少病虫害会导致落花落果，如溃疡病、炭疽病、红蜘蛛、介壳虫、金龟子、花蕾蛆、卷叶蛾、椿象、吸果夜蛾等，必须及时防治。保证叶片数量多、分布匀、颜色绿，防止异常落叶，尤其是急性炭疽病的防治，对提高树体营养水平及坐果率有积极的作用。

2. 疏花疏果　柑橘花量大，为节约养分，有利于稳果，可在春季进行疏剪，剪除一些生长过弱的结果枝，疏除过多的花朵和幼果，减少养分消耗，保证果品商品率，预防树体早衰，克服大小年结果现象。据报道，叶果比为100∶1，果实膨大良好，夏秋梢的发生最多；叶果比80∶1，果实适中，翌年的花芽率最高；叶果比60∶1，产量最高。从新老叶比例看，以25∶1产量最高，果实膨大良好，翌年开花结果也很好。

柑橘疏果在稳果后以人工摘除为宜。人工疏果分全株均衡疏果和局部疏果两种。全株均衡疏果是指按叶果比疏去多余的果，使植株各枝组挂果均匀；局部疏果系指按大致适宜的叶果比标准，将局部枝全部疏果或仅留少量果，部分枝全部不疏，或只疏少量果，使植株轮流结果。坐果量大或小果、密生果多的多疏，相反则少疏或不疏，一般可疏去总果量的10%左右。疏果应注意首先疏去畸形果、特大特小果、病虫果、过密果、果皮缺陷和损伤果。同时根据花型疏果，优先疏除易裂的果，如无叶花果及有叶单花果等。如以叶果比为疏果指标，最后一次疏果后，则叶果比可为60∶1。但品种不同的柑橘，疏果的叶果比也不一样，大叶品种叶果比小，小叶品种叶果比可稍大。疏果时期一年可进行3次。第一次在5月底，即第二次生理落果后；第二次在7月中旬，即果实第二次膨大前；第三次在采果前15d左右。

3. 果实套袋　果实套袋可防止病、虫、鸟对果实的危害，减轻风害造成的损失，也可防止果锈和裂果，提高果面光洁度，靓化果面。经套袋的果实，果面光滑洁净，外观美，果皮柔韧，肉质细嫩，果汁多，富有弹性，商品率高。同时可减少喷药次数，减少果实受农药污染和农药残留，并可防止日灼果，增强了果实的商品性。

柑橘套袋时间应掌握在第二次生理落果结束后至7月中旬完成。套袋时应选择晴天，待果实叶片上完全没有水气时进行。套袋前，应疏去畸形果、特大特小果、病虫果、机械损伤果、近地果和过密果，力求树冠果实分布均匀、合理。全园进行一次全面的病虫防治，重点是红蜘蛛、锈壁虱、介壳虫、炭疽病等，套袋应在喷药后 3d 内完成，若遇下雨需补喷。套袋时将手伸进袋中，使全袋膨起，托起袋底，把果实套入袋内。袋口置于果梗着生部的上端，将袋口拧叠紧密后，用封口铁丝缠紧即可。套袋时不能把叶片套进袋内或扎在袋口，尽量让纸袋内侧与果实分离，一果一袋。套袋时按先上后下，先里后外的顺序进行。待 10 月中旬果实着色前期，解除果实套袋，增大果实受光面，提高果品着色程度，但吸果夜蛾危害严重的地方，可在采果前 10d 左右拆袋。

【实训 3】

一、布置任务

通过实习，学会果实的采收，掌握果实成熟度的判断和采收技术。

二、材料用具

材料：当地主要果树的结果树。

用具：采果梯、采果袋（或篮）、采果剪、装果容器（果筐或果箱）。

三、开展活动

1. 确定果实成熟技术 采收前观察待采果实处于什么成熟度，根据要求确定采收期。采收期的确定应根据果实的成熟度来决定。采收时期的迟早，对柑橘的产量、品质、树势及翌年的产量均有影响。达到成熟度采收的柑橘，能充分保持该品种果实固有的品质。若过早采收，不仅果实大小未达到最大限度，导致减产，同时果实的内含物也未达到最适程度，以致影响果品质量和产量；采收过迟，也会降低品质，增加落果，容易腐烂，不耐贮藏。适时采收的关键是掌握采收期。柑橘通常在 11 月中旬成熟采收。采收期的确定应考虑到：

（1）果实色泽。果实成熟时，果皮中的叶绿素消失，类胡萝卜素和叶黄素等增加，出现本品种固有的色泽。果实内在品质也达到了理想的要求。生产上常常以果皮色泽的变化来作为成熟的指标。当果树上有 2/3 的果实达到所要求的成熟度即可确定为采收期。不同用途所要求的成熟度不同，采摘期也不同。用作鲜食的果实，要求色泽、风味都达到该品种的特点，肉质开始变软时，采收为宜；贮藏用果实，一般果皮已有 2/3 转黄，油胞充实，果实尚坚实而未变软时即可采收，要求比鲜食果成熟度略低。

（2）固酸比。果实中可溶性固形物含量与总酸含量之比称为固酸比，而总糖含量与总酸含量之比称糖酸比。随着果实的成熟，含糖量增加，含酸量降低。故也有以固酸比（或糖酸比）来作为成熟度的指标。江西赣南山区具有昼夜温差大的特点，脐橙果实成熟时糖分增加快，降酸也快，固酸比以 11～13：1 为宜。

2. 果实的采收技术 柑橘类果实的采收，需用采果剪。采果时一般都用"一果两剪"法，即第一剪带果梗 3～4mm 剪断，第二剪则齐果蒂把果梗剪去。采果时注意不要使剪子碰伤果皮。

注意采果顺序，应先从树冠下部和外围开始，下部采完后再采内膛和树冠上部的果实，以免采收时碰落其他果实。

模块 5-4　　柑橘园周年生产技术

【目标任务】 熟悉柑橘园周年生产技术，包括：土肥水管理、保花保果、果树修剪、病虫防治、果实采收、冬季清园等。

【相关知识】

一、春季管理（2～4月）

1. 2月（休眠期）

（1）灌水（春旱时）促花芽完全分化。冬季气候干旱缺水，适当灌水可促花芽完全分化。

（2）修剪。幼树立春后结合幼树定形做好拉枝、弯枝。成年树早春可短截外围延长枝，疏剪密生枝、交叉枝、枯枝、病虫枝；清除搅乱树形的徒长枝；适当回缩近地面的下垂枝；树冠郁闭的柑橘树应及时适度"开天窗"，即将树冠上部或外围直立枝，上位枝剪除若干枝，以利改善光照条件。

（3）防病治虫。防治对象有红蜘蛛成虫、卵块，介壳虫，苔藓，地衣。药剂以 0.8～1.0 波美度石硫合剂加 500 倍 20% 二氯杀螨醇；或 20% 三氯杀螨醇 500～800 倍加 40% 氧化乐果 1 500 倍液；或 8～10 倍松脂合剂加 0.2% 洗衣粉。

2. 3月（春梢萌芽期）

（1）施肥。以在 2 月下旬至 3 月上旬春芽萌发前施用为宜，以速效氮肥为主，配合施用磷肥。成年树在树盘内均匀撒施，每株 0.2～0.25kg 的尿素加复合肥 0.35～0.5kg，或浇稀粪水适量。树势旺的树可少施或不施春肥。对幼年树、衰弱树或着果率不高的品种，为了促进花芽分化，可适当提早施，即在立春前在树盘内均匀撒施，每株尿素 0.1kg 加复合肥 0.2～0.3kg，或浇施粪肥适量加入尿素；反之，在需要控制花量的情况下，可适当延迟。

（2）适当疏剪。对树势较弱、花量大的树，可适当疏花，摘除部分无叶花，减少营养消耗，提高坐果率。

3. 4月（春梢抽发、现蕾期）

（1）花前复剪。凡满树皆花的多花量树，适当重剪、疏剪或短截一部分着花蕾的结果母枝，促发新梢，使成为次年的结果母枝。

（2）保花保果。对脐橙、本地早蜜橘等落花落果比较严重或坐果率比较低的品种，在初花期喷施以硼为主的叶肥，花谢 3/4 时喷布一次 50mg/kg GA₃（赤霉素）进行保花保果；在谢花期补施叶面肥，如农人液肥、氨基酸钙等，也可选用 0.3% 尿素加 0.2% 磷酸二氢钾，或其他果树营养液进行树冠喷布，及时补充树体营养，可以有效减轻花后落果。

（3）播种夏季绿肥。园内空地耕翻整地，准备播种豆、花生、早大豆、猪屎豆等夏季绿肥。

（4）防病治虫。防治疮痂病、红蜘蛛、蚜虫、花蕾蛆、潜叶甲等。疮痂病采用 0.5%～0.7% 波尔多液，或 70% 托布津 1 000～1 200 倍液，或多菌灵 800～1 000 倍液。红蜘蛛用 50% 三硫磷 1 200～1 500 倍液等；蚜虫用敌敌畏 1 000 倍液防治；花蕾蛆等用 3% 呋喃丹 0.5～1.0kg 与干细土 25kg 混撒树冠下地面和 90% 晶体敌百虫 150 倍液喷洒地面。

二、夏季管理（5～7月）

1.5月（开花、谢花期，第一次生理落果期）

（1）保花保果。加强肥水管理、应用赤霉素（九二〇）、2,4-滴、防落素等植物激素进行春剪（控制春梢）。一般在花谢2/3和第一次生理落果结束时结合根外追肥，防病治虫喷洒，喷后2～3d即开始生效，5～6d后，效果达到最高峰。有效期2,4-滴可以维持15d左右，赤霉素可维持25～30d。控制晚春梢，采用抹除或摘心的方法，使营养生长转向生殖生长。

（2）防病治虫。此期有幼果疮痂病、红蜘蛛、蚜虫、卷叶蛾、长白蚧、糠片蚧、矢尖蚧、黑刺粉虱等，疮痂病可用70%托布津，或50%多菌灵1 000倍液；红蜘蛛用20%三氯杀螨醇1 000倍液、或三唑锡、苯丁锡1 500～1 800倍液；蚜虫用24%万灵1 500～2 000倍液，或好年冬2 000～2 500倍液；蚧类用唑硫磷1 000～1 200倍液，或乐果1 000～1 500倍液；卷叶蛾用菊酯类农药。

2.6月（夏梢抽发，第二次生理落果）

（1）夏季修剪。从小满至夏至（5月下旬至6月下旬），早剪早发枝，枝数量多。对生长旺盛或易发夏梢影响落果的品种修剪宜迟，在7月中旬定果后修剪。对夏梢生长旺盛的树，可采取控制夏梢，防止落果。通常，夏芽萌至5cm左右，每3～5d抹除一次，也可留2～3叶摘心处理夏梢，以减少养分消耗，有利保果。此期的落果（6月落果），果实大小似玻璃球，幼树落果多因大量发生夏梢所致，成年树大量落果多为营养不良引起，叶多果多，叶少果少。一般大果品种要求叶面积多些，小果品种可少些；早熟品种要求叶面积多些，迟熟品种可少些。剪除落花落果母枝：此类母枝多数有一定的营养基础，易促发秋梢。因此，对其一般应剪到饱满芽的上方。通常无春梢的弱小落花落果母枝，留1～2片叶后短截；无春梢而较粗壮的落花落果母枝，留5～6片叶后短截。

（2）施肥。凡营养不足的树，在5月下旬施用稳果肥，可以显著降低第二次（5月下旬至6月下旬）的落果幅度，提高着果率。如施肥不当，有时会引起夏梢的大量发生，加剧梢果对养分的竞争，同样也会导致大量的落果。因此，这次施肥要依树势和结果多少而定，对结果少的旺树可不施或少施，对结果多、长势中等或较弱的树要适量的施。以速效氮肥为主，配合适量的磷肥，有利种子发育，减少落果。翻埋夏季绿肥，可以抗旱、壮果和壮梢。

（3）防病治虫。此期有卷叶蛾、红蜡蚧、长白蚧、糠片蚧、矢尖蚧、锈壁虱等，用药有喹硫磷1 000～1 200倍液，或乐果1 000～1 500倍液再加精制敌百虫1 000倍液；或20%三氯杀螨醇1 000倍液，或速扑杀1 500倍液。此期每隔10d喷1次，雨后补喷，气温超过30℃时停止使用，以免药害。

3.7月（定果期）

（1）壮果肥。7～9月施肥，具有壮果逼梢和促进花芽分化的作用，对提高当年产量、打下第二年丰产基础关系极大。对早熟品种或结果多而树势弱的植株更需早施。以氮、钾肥为主，腐熟有机肥、饼肥和无机肥配合施。常遇伏旱，施肥应结合抗旱进行。

（2）覆盖。幼龄、成龄柑橘树盘覆盖可以降低地表温度、减少水分蒸发，抗高温干旱；保护表土不被雨水冲刷，保持土壤疏松。覆盖结束时，将已腐熟的有机质翻入土中。

（3）防治病虫。此期有锈壁虱、红蜘蛛、潜叶蛾、蚱蝉、天牛、溃疡病等。锈壁虱、红蜘蛛多喷乐果 1 000～1 500 倍液，或 20％三氯系螨醇 1 000 倍液，或 0.2～0.3 波美度石硫合剂；潜叶蛾兼治锈壁虱用 20％速灭杀丁 5 000～8 000 倍液加 20％三氯杀螨醇 1 000 倍混合液，或 25％敌杀死 2 000～2 500 倍液加三氯杀螨醇 1 000 倍混合液，或 25％杀虫双 600～800 倍液加三氯杀螨醇 1 000 倍混合液。蚱蝉人工捕捉，或用乐果堵杀。溃疡病用农用链霉素加 1％酒精，每升 600～800 单位。

三、秋季管理（8～10 月）

1.8 月（果实膨大期）

（1）田间管理。8 月为脐橙裂果初发期，为预防裂果的田间管理重点有：①注重果园旱灌涝排工作；②树冠可再喷一次 1％石灰水＋0.2％氯化钾，间隔 15～20d；③在裂果初发期或久晴后暴雨前，根据树体壮旺情况，大枝螺旋割 2/3～1.5 圈（旺枝割 1.5 圈，壮枝割 2/3 圈）；④放早秋梢时期为 7 月中下旬至 8 月 10 日前。

（2）病虫防治。8 月 10 日前抽发的早秋梢，一般能避开潜叶蛾危害，但仍应喷药防治，还要加强蚜虫、炭疽病对新梢危害的防治。

本月还须注重对粉虱和锈螨的监测预防。

2.9 月（果实膨大期）

（1）田间管理。①9 月为脐橙裂果高发期，继续采用综合措施防治裂果；②抹除晚秋梢，提高品质和降低病虫危害；③9 月下旬，对树冠直径达 1.0m 以上的幼树拉枝整形，整形以自然开心形为主，拉枝角度与主干保持 45°～60°，角度不宜拉得太大，严禁拉成下垂枝。

（2）病虫防治。主要病害有炭疽病和褐腐病，可用代森锌等杀菌剂防治。主要虫害有叶螨、粉虱类和蚧类，可分别用杀螨剂和菊酯类、杀扑磷类药物防治。

3.10 月（果实膨大、着色期）

（1）田间管理：①采取措施控制果园杂草生长；②加强柑橘果实后期控氮保质工作：首先是控制施氮量，次为追肥宜早施，辅以环割，方有利控制树势。如上述措施有效性差时，则可在果实成熟前 60d，将含碳素高的有机物施入土壤中（如未腐熟稿秆或 2％～4％的砂糖液按每平方米树盘 5L 施用）使土壤中过剩的无机氮再次有机化，抑制根系在果实成熟前对氮素的过量吸收，有利降低土壤和叶片中的无机氮含量水平，从而促进着色、增糖减酸、适时成熟，提高果实品质。

（2）采前落果及病虫防治。柑橘采前落果常伴有虫伤果、褐腐病和青、绿霉菌的感染，脐橙还伴有裂果。因此，防止采前落果喷施 2,4-滴保果剂应结合病害防治喷施杀菌剂，并人工捡除病虫害果集中销毁，以降低果园再次侵染源。主要虫害有红黄蜘蛛、锈螨、粉虱和吸果夜蛾等，虫害防治应注意农药采收安全间隔期，一般宜选用生物农药和物理杀伤性农药，如阿维菌素＋硫黄胶悬剂控制危害，后期使用硫黄胶悬剂，兼有隔离病菌侵染和果皮催色效果。此期病虫防治彻底，有利降低贮藏腐损。

四、冬季管理（11 月至翌年 1 月）

1.11 月（果实成熟、采收期）

（1）加强柑橘果实后期管理，提升果实品质。①着重深沟排湿，降低采前土壤持水量，提高果实糖度和维持较高酸度，使果实风味浓厚。②适时采收：在无霜冻的地区，采用挂树完熟，可使糖度提高 10%～20%，而且果实色泽更加鲜艳。

（2）做好采收、贮运准备工作。采收前应备好专用果剪、容器等物。禁用可能在采收过程中造成果实机械损伤的工具、容器。采收前 2～3d 内，应将贮藏室和预贮室清扫干净，辅上清洁柔软垫料后彻底消毒备用。

（3）精心采收。中、下旬采果，推行一果两剪，减少果实损伤率，提高采收质量。果实采收后，需在 24h 内用防腐保鲜药剂及时处理，有利提高轻伤果的愈合和耐贮性。经药剂处理后的果实，应先入预贮室预贮。

2. 12 月（果实成熟、采收期）

（1）适期采收中晚熟柑橘。为了保证采收质量，要严格执行操作规程，认真做到轻采、轻放、轻装、轻卸。采下的果实应轻轻倒入有衬垫的篓（筐）内，不要乱摔乱丢，果篓和果筐不要盛果太满，以免滚落、压伤。倒篓、转筐都要轻拿轻放，田间尽量减少倒动，防止造成碰、摔伤。对伤果、落地果、病虫果及等外果，应分别放置，不要与好果混放，认真做好中晚熟柑橘的采果工作。

（2）加强柑橘果实贮藏管理。柑橘果实经 5～7d 预贮后，即可用单果保鲜袋套袋入贮。套袋时应剔除病虫果、畸形果和机械损伤果，分级套袋，分级入贮。入贮最好用 25kg 装专用木箱或塑料箱堆码（应留出通气道和检查道）贮存，有利贮藏管理和提高库房利用率。采用库房平面堆码贮藏的，也应用砖砌好人行检查道，果实堆码高度应控制在 40cm 左右，过高会造成下部果实压伤，空气对流不畅。堆码时应将蒂部朝上，一次存放，不要翻动，库内温度控制在 3～8℃，相对湿度 80%～90%，注意库房通风换气工作。

3. 1 月（越冬期）

（1）整形修剪。在冬季以改造树型、矮化树冠、增强树冠内部光照的大枝修剪为主。提高树冠受光面、内膛受光率和树体有效容积和生产率，方便树体管理。

（2）清洁田园。修剪掉带病虫的枝条，要移出园外烧毁，以降低病虫源。不带病虫的枝叶，可同基肥一道入园土，培肥土壤。随后树冠喷 1.5～2 波美度石硫合剂或 95% 机油乳剂 50～80 倍加有机磷农药杀灭越冬病虫害，清洁田园。注意石硫合剂不能与机油乳剂混用，只能选用其中一种药剂清园。或先喷机油乳剂，萌芽前再喷石硫合剂，两种药剂的使用安全间隔期在 50d 以上。

（3）土壤改善。对树冠大、土壤熟化度高、不便田间作业的果园，可于树冠滴水线处开挖 30cm 宽、30～40cm 深、120～150cm 长的土穴，施入稿秆、杂草、厩肥为主的有机肥和迟效性磷肥，酸性土应补施石灰，碱性土可补施硫黄粉；土壤熟化度低、树冠小便于田间作业的果园，可将腐熟稿秆、杂草、厩肥等有机肥和石灰（碱性土用硫黄粉）均匀撒施于果园，迟效性碱肥撒施于树冠滴水处，然后按树冠下浅、树冠外深的方法进行土壤混合翻坑工作，以加速土壤熟化度，提高土壤的良好理化性质及生物性，培肥土壤，改善柑橘根群生长环境。冬季干旱，土壤持水量偏低的果园在土壤改良工作前后可适度灌水，以利田间作业，并减轻旱害对树体的影响。

（4）园地道路及灌排设施建设。园路整修可配合树形改造及修剪进行。对地处平坝的果园，应开挖 1m 以上深沟排湿，坡台地果园应开好背沟，背沟出水口处开挖沉泥坑。水源好的果园要搞好提灌设施建设，水源差的果园，须按每 667m² 10～20m³ 贮备水修建专用水池常年贮水备用。本月还要做好贮藏果的安全检查、商品化处理及果品运销工作。

实 训 内 容

一、布置任务

通过本实习，制定本地主栽柑橘种类的周年生产技术方案，并组织实施。

二、材料准备

材料：幼年柑橘树（1～3 年生）、结果树。

三、开展活动

1. 幼年树（1～3 年生）

（1）基肥。开沟在上一年的基础上向外扩穴，做到不留隔层。表土、心土分层堆放，同时，每株树施入有机肥 3kg，钙镁磷肥 0.5kg，并施入农家肥 50kg 或秸秆类、绿肥等。结合施肥，进行施肥沟消毒与杀毒。

方法：回填时，先用少量有机肥与钙鲜磷肥、杀虫剂（如敌百虫）混拌，撒遍施肥沟周围。第一层绿肥、农家肥或秸秆覆盖 5cm 表土（熟土）后踏严实，第二层有机肥钙镁磷混合与表土拌匀后填入并覆土，浇透水。同时，在清园前每亩洒匀 50kg 的石灰，做到表土填底下，心土填上面。

（2）追肥。

①5～6 月每株树施尿素 0.2kg。

②8～9 月每株树施复合肥 0.2kg。

③8 月份叶面喷施 2％～3％过磷酸钙＋2％硫酸钾或 0.2％磷酸二氢钾。

2. 结果树

（1）基肥。每株树施猪牛栏粪 50kg，饼肥 1～1.5kg，复合肥 1～1.5kg，硫酸钾 0.5kg，钙镁磷肥和石灰各 1～1.5kg，开沟方法同幼树。

（2）追肥。

①发芽肥（催芽肥）。每株施尿素、过磷酸钙 0.25kg，加入 0.25kg 硫酸钾。

②稳果肥。每株施尿素 0.15kg、过磷酸钙 0.2kg，0.2kg 硫酸钾。（过磷酸钙需提前 24h 浸泡，尿素在浇前放入边搅动边浇施）。

③壮果肥。每株施尿素 0.35kg，硫酸钾 0.35kg，过磷酸钙 0.15kg。

④采后肥。每 667m² 尿素 15kg，过磷酸钙 10kg，硫酸钾 10kg，沟施。

（3）叶面肥。

①花前。0.5％尿素＋0.2％磷酸二氢钾。

②花期。0.1％硼酸或硼砂＋0.3％～0.4％尿素，或 1％～2％过磷酸钙＋10mg/L 的 2, 4-滴溶液。

③谢花后春梢转绿时。喷 0.4％～0.5％尿素＋0.2％～0.3％磷酸二氢钾。

④膨大期。0.3％尿素，3％过磷酸钙，0.5％～1％硫酸钾，日光过强可喷施 2％石灰水。

⑤采果前。喷 1％～2％过磷酸钙 2～3 次，可降低果实柠檬酸的含量，增加含糖量。

⑥冬季。喷 0.3%～0.5%磷酸二氢钾。

（4）虫害防治。

①花蕾蛆。花蕾直径 2～3mm 时，用 2.5%溴氰菊酯（敌杀死）乳油 3 000 倍液，90%敌百虫或 80%敌敌畏 800～1 000 倍液等喷洒地面。

②红蜘蛛。3～5 月，花前用 5%噻螨酮（尼索朗）3 000 倍液或 15%哒螨酮（牵牛星）2 000 倍液；花后用 73%炔螨特（克螨特）3 000 倍液，20%双甲脒 1 500 倍液，15%哒螨酮 3 000 倍液或 25%噻虫嗪（阿克泰）3 000～4 000 倍液。

③潜叶蛾。4～5 月和 7～9 月，晴天午后用药。2.5%氯氟氰菊酯（功夫）乳油，20%甲氰菊酯（灭扫利）乳油 4 000～6 000 倍液，24%灭多威（万灵）水溶性液或 5%氟虫脲（卡死克）乳油 1 000～1 500 倍液。

④大实蝇。40%乐果乳剂 100 倍液，7 月 20%高渗高效氯氰菊酯乳油（顽虫敌）或 65%锌硫磷 1 000 倍液喷地面，每周一次，连续 2 次。

⑤吹绵蚧。4～6 月，40%氧化乐果 1 000 倍液。或用普通洗衣粉 400～600 倍液，每 2 周喷一次，3～4 次。

⑥矢尖蚧。5 月中下旬，40%杀扑磷（速扑杀）乳油 1 500 倍液。

⑦天牛。5～6 月 巡视捕捉成虫，在基部发现虫粪掏空用布条或棉花蘸 50%敌敌畏乳油或 40%氧化乐果乳油 5～10 倍液塞洞。

⑧吉丁虫。6～9 月用 40%氧化乐果乳油 100 倍液点涂毒杀，高峰期 90%敌百虫晶体 1 000～1 500 倍液，或 80%敌敌畏乳油 800～1 000 倍液，或 5%氟虫腈（锐劲特）1 500 倍液，或 48%毒死蜱（乐其本）600～800 倍液。

（5）病害防治。

①黄龙病。5 月下旬发生，8～9 月最严重，春夏多雨秋季干旱时发病重；40%氧化乐果乳油 1 000～1 500 倍液或 9%敌百虫晶体 800 倍液喷雾。

②溃疡病。5～9 月 用 1000 单位/ml 农用链霉素或 50%代森铵水剂 500～800 倍液喷雾。落花后 10d、30d、50d 各喷一次，30%氧氯化铜 700 倍液，或 72%农用链霉素 4 000 倍液。

③脚腐病。4～9 月发生，7～8 月最严重，检查出病斑用刀刮刻病部，涂 25%甲霜灵（瑞毒霉）可湿性粉剂 200 倍液或 90%三乙膦酸铝（疫霉灵）可湿性粉剂 100 倍液或 50%多菌灵可湿性粉剂 100～200 倍液。

④树脂病。春芽萌发前、幼果期各喷 1 次药，可用 50%福美甲（退菌特）可湿性粉剂 500 倍液或 50%甲基硫菌灵（甲基托布津）可湿性粉剂 500～800 倍液。要注意喷布到主干及大枝部分，以保护叶片和枝叶。

（6）柑橘"泡果"的处理。在其盛花期后 35～50d，用 100～200 mg/L 吲熟酯溶液喷洒，疏果效果好，且不会产生落叶的副作用，并可增加柑橘果实中可溶性固形物，提高糖酸比，加速果实着色，改变氨基酸组成，明显地减少浮皮。

【教学建议】在实习指导教师指导下，调查当地柑橘栽培的主要品种周年管理生产技术，并写出工作方案，按工作方案组织实施。

【思考与练习】制定柑橘周年栽培管理方案。

模块 5—5　柑橘冻害处理技术

【目标任务】通过学习，掌握柑橘冻害防止措施，初步掌握柑橘冻害后的救护措施。

【相关知识】

一、柑橘冻害

柑橘在 0℃以下的低温造成的伤害，称为冻害。轻微的冻害，可造成树体落叶，产量下降。冻害严重时，可造成树体的死亡。

二、防冻措施

1. 选择适栽、抗寒砧木　选择适合当地栽培的抗寒砧木，具有较强的抗寒能力。进行脐橙嫁接，通常选择枳壳作砧木。枳壳耐寒性极强，能耐－20℃低温。

2. 加强管理，提高树体的抗寒能力　采果后加强栽培管理，尤其是肥水管理，对树体的恢复非常重要。果实采收后及时施采果肥，肥料以速效性氮肥为主，配合磷、钾肥。用于补偿由于大量结果而引起的营养物质亏空，尤其是消耗养分较多的衰弱树，有利于恢复树势，增加树体养分积累，提高细胞液的浓度，增强树体的抗寒力，提高树体的越冬性，防止落叶，促进花芽分化，对来年的产量极为重要。

3. 培土壅蔸　生产上栽培的脐橙，基本上是采用嫁接繁殖苗木，嫁接口距离地面 10～20cm，较为贴近地面，夜温较低时，根颈部最易受到冻害。可在脐橙越冬前，通常在 11 月中下旬，用疏松的土壤培植于根颈部，为 20～30cm 高，然后再覆盖一层稻草。培土后，根颈部的温度可提高 3～7℃，昼夜温差减小，具有良好的防冻效果，但是，培土厚度不足的防冻效果较差。

4. 树盘覆盖　新定植的幼树，其根系一般密集分布在离地面 20cm 左右的土层中，并且须根和细根分布较多，而地下部的根系耐寒性较差。在树盘上直接覆盖一层稻草、杂草或谷壳等物，可提高土温和湿度，改善根系所处的温、湿度环境，有利于根系生长，对防止根系受冻、保护幼树安全越冬具有积极的作用。

5. 果园熏烟　熏烟一方面燃烧放热，另一方面烟粒与水汽形成浓厚烟雾，阻挡了地面和树冠辐射降温，提高果园的温度，从而达到常规防冻措施所不及的防冻效果。熏烟物可用杂草、谷壳、木屑、枯枝残叶、沥青、油渣、油毡等易燃物，堆上覆以湿草或薄泥，每667m²4～6 堆。选择晴朗无风、气温－5℃左右的晚间，在果园安排多点烟堆，于发生重霜冻前数小时点燃烟堆，可直接提高果园近地面空间的温度，通常可升温 1～3℃，对预防霜冻有良好效果。

6. 灌水　由于土壤的墒值低于水的墒值，使得土壤在低温时温度降低比水更快，所以在冻害来临前的 7～10d，对脐橙园进行全园灌足一次水。对于缺水的地方，可采取树盘灌水。灌水后铺上稻草或者是撒上一层薄薄的细土，以保持土壤的墒值，减轻根系的伤害程度。

7. 搭棚与覆盖　对于脐橙幼年树，尤其是 1～2 龄的小树，可在果园内围着幼树搭三角棚，南面开口，其他方位用稻草封严，防寒效果良好。或者直接在幼树树冠上面覆盖稻草、草帘、塑料薄膜等，有的直接在树盘上覆盖稻草、谷壳等物，均能起到防冻效果。

8. 保叶与防冻　在脐橙采果前后，树冠喷施一次 1% 淀粉加 50mg/kg2，4 - 滴液，可有效地抑制叶片的蒸腾作用，并具有一定的保温效果，可保护叶片安全越冬。特别要防止急性炭疽病引起的大量落叶，保叶对防止冻害具有积极重要的意义，应引起高度的重视。大雪过后，及时摇落树体积雪，可减轻叶片受冻。否则，积雪结冰后，对叶片伤害更大。

三、柑橘冻害处理技术

1. 锯干、涂伤口保护剂　脐橙树遭受冻害后，地上部分枝干受到不同程度的损伤或枯死，此时，根系尚未受冻，处于完好状态，只要采取适当的措施，就能使树体萌发新枝，恢复树冠，可减轻冻害。对已受冻的枝干，在新梢萌芽、生死界线分明时，适时地进行修剪，即剪去枯枝或锯去枯干。这样，有利于树体积累养分，并可促进新梢提早萌芽。锯干出现的较大伤口，及时涂刷保护剂，减少水分蒸发和防御病虫害，可保护伤口，防止腐烂。一般在锯口、剪口可涂抹油漆，或涂抹 3～5 波美度石硫合剂，也可用牛粪泥浆（内加 100mg/kg 的 2，4 - 滴或 500mg/kg 赤霉素）或用三灵膏（配方为：凡士林 500g，多菌灵 2.5g 和赤霉素 0.05g 调匀）涂锯口保护。在遭受较大冻害后，对于完全断裂枝干，应及早锯断，削平伤口，并涂以保护剂（油漆、石硫合剂等），并用黑膜包扎，防止腐烂。对于已撕裂未断的枝干，不要轻易锯掉，应先用绳索或支柱撑起，恢复原状，然后在受伤处涂上鲜牛粪、黄泥浆等，促其愈合，恢复生长。对断枝断口下方抽生的新梢应适当保留，以便更新复壮。

2. 合理疏花疏果，控制负载量　脐橙成年树受冻后，应控制结果量。春季可疏剪一部分弱结果母枝和坐果率低的花枝，减少花量，节约养分，尽快使树体恢复生长，促进损伤部分愈合。

3. 加强肥水管理　脐橙树受冻后，在春季萌芽前应早施肥，使叶芽萌发整齐。展叶时追施一次氮肥，注意浓度不宜过大。树冠叶面可喷施 0.3% 尿素 + 0.2% 磷酸二氢钾混合液，也可喷施有机营养肥，如叶霸、绿丰素、氨基酸、倍力钙等，有利树体恢复。对于土壤缺水的园地应及时补充水分。

4. 防治病虫害与补栽　脐橙树受冻后，必然会造成一些枝干枯死或损伤，成为病菌滋生的场所。对于枝干裸露部分，夏季高温季节易引起日烧裂皮，继而引发树脂病。防治日烧裂皮，可用生石灰 15～20kg，食盐 0.25kg，石硫合剂渣液 1kg 加水 50kg 配制刷白剂，涂刷枝干。防治树脂病则可用 50% 多菌灵可湿性粉剂 100 或 200 倍液，或 50% 托布津可湿性粉剂 100 倍液。同时，对于枝干枯死部分，应及时剪去，彻底清除病原。对受冻严重的 1～2 年生脐橙幼树，及时挖除，进行补栽。

5. 松土保温　脐橙树受冻后，枝叶减少，树体较弱，应及时地进行松土，提高地温，增加土壤的通气性，有利于根系生长，恢复树势。

【教学建议】根据当地柑橘冻害发生情况，在实习指导教师指导下，组织学生开展柑橘冻害调查工作，并写出柑橘冻害发生调查报告。准备一些柑橘防冻材料，如稻草，通过实习，比较并检查防冻效果。

【思考与练习】

1. 说明柑橘防冻措施及冻害发生后的救护措施。

2. 总结柑橘防冻效果。

模块六　龙　　眼

◆ **模块摘要**：本模块观察龙眼主要品种树形树冠及果实的形态，识别不同的品种；观察龙眼的生物学特性，掌握生长结果习性以及对环境条件的要求；学习龙眼的土肥水管理、树体管理等主要生产技术；掌握龙眼周年生产技术。

◆ **核心技能**：龙眼主要品种的识别；疏花与疏果技术；保花保果技术；促进花芽分化技术；龙眼周年生产技术。

模块 6－1　主要种类品种识别与生物学特性观察

【**目标任务**】熟悉生产上常见的栽培品种的果实性状与栽培性状，识别当地栽培的主要品种，了解龙眼生物学特性的一般规律，为进行龙眼科学管理提供依据。

【**相关知识**】

龙眼俗称"桂圆"，是南亚热带常绿长寿果树之一，是原产于我国南方的名贵特产水果，素有"北有人参，南有桂圆"之誉。果实富含营养，自古受人们喜爱，更视为珍贵补品，明李时珍曾有"滋阴以龙眼为良"的评价，其滋补功能显而易见。

龙眼历来被人们称为岭南佳果，因其既可鲜吃又可药用，在市场上供不应求。龙眼果实外观美，果肉鲜嫩，果汁甜美，营养丰富，可鲜食与制成干果，也可加工成各种加工品，药用价值高。龙眼树形美观，四季常绿，遮阴性能好，为南方优良的绿化树种。

一、主要优良品种

龙眼为无患子科果树中最优的树种，是亚热带常绿长寿果树之一。果品畅销海内外，在世界水果市场上享有优势地位。我国龙眼栽培历史悠久，品种资源丰富，在相当长的历史时期，主要是通过实生繁殖，故龙眼的品种（株系）繁多，目前在我国大部分地区实生龙眼树随处可见。鉴于龙眼品种的分类尚有待于今后系统研究，目前，我国各地主栽品种和优良品种主要有：

1. 石硖　又名十叶、石圆、脆肉等。原种出自广东南海平洲，是栽培历史悠久的鲜食名种，现广东、广西等地多栽培。石硖果实圆球形或扁圆形，大小中等、均匀，果肩稍微突起，果实纵径 2.3～2.5cm，果重 7.5～10.6g，最大可达 14g。皮薄，黄褐色，有深黄褐色至淡黄褐色斑纹。果肉厚 0.45～0.46cm，浓乳白色至黄蜡色，不透明，剥壳后果肉表面不流汁，肉质爽脆，汁少，味甜如蜜，易离核。种子小，红褐色，纵径 1.3cm，横径 1.3cm，种子重 1.33～1.34g，种脐较大，外种皮有明显纵行纹沟。果实成熟期一般在 8 月中下旬。

2. 储良　原产于广东高州风界镇储良村，母树是村民莫耀坤 1942 年用圈枝苗种植。储良龙眼的无性后代，表现为树势中等，树冠半圆行、开张；枝干树皮较粗糙；枝条节间较短，分枝多，1～2 年生枝条上的皮孔较密集，形状较圆而粗糙；叶片深绿色，有光泽。果大，鸡肾行，平均单果重 12～14g，果实纵径 2.2～2.5cm、横径 3.0～3.3cm。果皮黄褐色、较平滑。果肉厚 0.65～0.76cm，白蜡色。果实可食率 69％～74％，鲜食品质上等。果实成熟期一般在 7 月底至 8 月上旬。

3. 大乌圆 别名大龙眼、砂眼、荔枝龙眼。原产广西容县，为广西主栽品种之一。大乌圆龙眼树冠圆头形或半圆形，树势旺盛，树姿开张。树干灰褐色，树皮较粗糙，裂纹明显。枝梢粗大，着生较疏，1～3 年生枝上的皮孔带距离较宽。叶片浓绿色，长椭圆形，先端渐尖；叶缘波浪状。果重 18.3g，最重可达 31g。果皮黄褐色，中等厚，龟状纹微隆起。果肉蜡白色，半透明，果肉表面不易流汁、离核易，肉厚、肉质较爽脆，甜味稍淡，品质中等，种子棕黑色，有光泽，圆球形。果实成熟期 8 月下旬。

4. 灵龙 是广西钦州市灵山县水果办 1991 年从一株实生繁殖变异株选育出来的新品种。该品种具有以下优良特性：①抗逆性强，高产稳产。其母株树龄 53 年，植于房前屋后，冠幅有 7m²，从 1991—1995 年单株产量分别为 77kg、75kg、65kg、80kg 和 75kg。②果穗大，着粒密，呈葡萄穗状。平均单穗果重 600g，最大单穗果重 2 800g，且果穗着果紧凑。③果中等大，品质佳，平均单果重 12.5～15g，最大单果重 20.85g。果肉干苞、爽脆，不流汁，清甜带有蜜味，可溶性固形物 20.2％～23.5％，可食率 69％～70.8％。④属迟熟品种，每年 8 月 25 日前后成熟。⑤优良性状遗传性稳定。高接后代表现早结、丰产、稳定、果大质优。

5. 福眼 别名福圆、虎眼。福眼是福建泉州市最普遍的主栽品种，主要分布在泉州市的郊区，及晋江、南安、惠安、安溪等县市。广西、广东、台湾有少量栽培。福眼树冠圆头形或半圆形，树姿开张，树干灰褐色。树皮有云片状裂片，剥落较明显，是该品种的主要特征。叶色绿，长椭圆形，小叶排列疏密中等，先端钝尖，叶缘不显波浪状。果穗较短，坐果较密，果梗软韧，穗重 240～270g，果实扁圆形，大小均匀，果顶浑圆，果肩微突，单果重 13～14g。果皮黄褐色，龟状纹不明显，无放射纹，瘤状突起不明显。果肉淡白、透明，果肉表面稍流汁，易离核，肉质稍脆，化渣。汁量中等，味淡甜，香气一般，品质中等。果实成熟期 8 月下旬至 9 月上旬。

二、生长特性

龙眼在分类学上属于无患子科龙眼属，该属在我国作为果树栽培者仅龙眼一种。龙眼是南亚热带常绿果树，树体高大，树冠圆头形或半圆形，生长茂密，浓郁。树体由地下和地上两大部分组成，包括根系、根颈、主干、茎、芽、花、果、种子等主要器官。

1. 根系 龙眼根系的主要功能是固定树体；吸收土壤中的水分和养分，并向上输送到树冠上，将地上部光合作用产物向下输送到根端；合成某些植物素类物质，参与树体生长发育的生理调控；贮藏部分营养物质。生产实践证明，根系生长良好对龙眼结果有正相关的效应。

龙眼的根系庞大，由主根、侧根、细根、须根和菌根组成。根系的分布因土壤质地、地下水位与管理措施而异。栽植在土层深厚、土壤疏松、地下水位低的地方，龙眼的垂直根通常可达 2～3m，甚至有的可穿入半风化层，深达 5m。若遇地下水位高或硬层者，垂直根入深度则受到阻碍。龙眼水平根的扩展范围较宽，大多比树冠大 1～3 倍。

龙眼的根与真菌共生，形成共生菌根。菌根是由内囊霉科真菌入侵新生的须根所形成的共生联合体，菌根较须根肿大，且无根毛。老菌根或菌根基部呈黄褐色，大量的根菌外生菌丝可伸展到比根毛更远的范围去，增加龙眼的吸收能力。菌根吸收水分的能力比根毛还要强，能在萎蔫系数之下从土壤中吸收水分，且输送的速度更快，从而大大地提高了对水分的利用率。菌根的存在与充分发展，是龙眼能适应旱瘠红壤山地恶劣环境的重要条件之一。据调查，龙眼60%～70%的吸收根分布在距地表10～40cm的土层中，且绝大多数集中分布于树冠范围内。

龙眼根系的生长发育与环境条件关系密切，尤其是土壤管理状况。龙眼定植后的前几年，根系处于迅速生长期。据调查：三年生石硖龙眼的细根（粗度2mm以上）有541条，5年生的有1 037条，其分布情况见表6-1。

表6-1　石龙眼幼年树根系分布情况

树龄	总根量	0～20cm		21～40cm		41～60cm		61～80cm		81～100cm	
		条数	%	条数	%	条数	%	条数	%	条数	%
三年生	541	307	56.7	148	27.3	77	14.3	9	1.6	0	0
五年生	1 037	464	44.7	329	31.7	207	19.9	31	2.99	6	0.5

注：各调查5株平均数；用壕沟法观测。

龙眼地下根系的生长发育和地上根系的生长结果存在着相辅相成的关系。根系发达，则吸收能力强，能有效地吸收土壤中的水分和养分，供地上部生长需要，促进树冠迅速生长，保持枝叶旺盛，提高树体营养水分，达到早开结果。但是，如果幼年树主根粗壮，入土深，须根少，则地上部营养生长特别旺盛，早结丰产性能差。

综合各产区龙眼早结丰产树根系的特点是：主根入土较浅，须根多，分布广；树冠的特点是：主干矮而粗，分枝级数多，树冠紧凑。表6-2所示，要达到早结丰产、稳产目的，果园管理工作一方面要促进根系生长，防止早期主根过于旺盛，另一方面又要通过深翻改土，逐年引根深生。

表6-2　龙眼早结丰产树地上、地下部生长状况调查
（谢创平，1990）

树龄	调查内容		丰产树	非丰产树
三年生	主根深（m）		1.2～1.5	1.7～2.4
	离地面40cm处，主根径粗（cm）		2.1～2.4	3.3～4.6
四年生	土层不同深度根量比例（%）	0～20	53.2	26.3
		21～40	29.7	39.7
		41～60	13.2	31.6
		61～80	3.9	2.7
	主干高度（cm）		26.3	33.3
	主干周长（cm）		22.8	19.1
	树冠高度（cm）		161.5	252.6
	东西冠幅（cm）		223.9	319.7
	南北冠幅（cm）		210.4	330.8
	主枝条数（条）		4～5	2～3

龙眼根系在年周期中没有自然休眠，其生长次数、数量和强度，主要受土壤温度、水分状况以及当年地上部枝梢生长和结果量的影响，通常在一年中根系生长有3～4次生长高峰，且都伴随在各季枝梢的生长高峰之后，与枝梢生长交替进行，以6～8月根系生长数量最多。

此外，根系生长发育还受到土壤环境因素的影响，主要表现在土温及水分方面。土壤温度低于10℃，根系活动减弱；随土温上升，根系活动加速，当土温23～28℃时，为生长最适温度；土温升至29～31℃时，根系活动又变缓慢；土温高达33℃以上，根系则停止生长。土壤含水量也是影响根系生长的重要因素，当土壤水分充足，如6～8月，正值高温多雨天气，根系生长量最大；遇干旱天气，根系生长量相对减少。因此，旱期保持果园土壤水分的农业措施是值得重视的。例如，龙眼幼年果园间作、覆盖、翻埋等，对保持果园土壤水分有明显效果。

由此看出，在加强龙眼园土壤管理基础上，可人为调节土壤水、热、肥、气的关系，并通过合理放梢、合理修剪、合理花疏果等农业措施，可以促进根系正常生长，加快幼年树的树冠形成，通过调节枝梢、花果、根系三者均衡的生长发育，有利于结果树连年高产稳产。

2. 芽 龙眼枝梢顶端优势强，顶芽饱满粗壮。新梢通常从已充实的枝梢顶芽衍生，或从短截枝上的腋芽或不定芽抽出。顶芽延伸能力强，尤其是未结果壮旺树，一次新梢长度达30cm以上。顶芽的生长优势，抑制了侧芽的萌发力和成枝力。如果剪短枝顶部，可促使侧芽或不定芽抽出，一般能从剪口以下1～5个侧芽抽生2～3条新梢。

3. 枝梢 龙眼的主干和各级枝条起着支撑树冠的作用，上连芽、叶、花果，下接根颈、根系，是树体营养物质和水分、激素上下交流的通道，木质部的导管是输送水和矿质营养的通道，皮层韧皮部中的筛管是输送有机营养的通道。1～2年生枝条的皮层含有叶绿素，可进行光合作用；枝干还起着贮藏养分的作用。

龙眼树干外皮粗糙，有不规则纵裂纹，皮厚而具木栓质，灰褐色外皮颜色的深浅和粗糙度依树龄、品种而异。龙眼新梢色泽较浅，皮孔明显，随着枝条年龄的增大，外皮逐渐变粗、变褐色且呈纵裂纹。树干的高低和树冠大小与繁殖方法、土壤状况、品种及树体管理有关。直接着生在主干上的大枝称为一级主枝，着生在一级主枝上的大枝称为二级主枝或副主枝，着生在二级主枝的大枝称为侧枝，侧枝可又依次分为若干。

龙眼枝条可分为结果枝和营养枝，结果枝又有结果母枝和结果枝之分，而新梢也因抽出的时间不同而分为春梢、夏梢、秋梢和冬梢。

（1）春梢。通常在2～4月份从上年的秋、夏梢及未萌发秋梢的采果枝及老枝抽出。由于春季气温仍较低，故新梢从萌动至老熟需要的时间较长，通常为60～90d。

壮健的春梢，当年能抽出理想的夏梢或秋梢，成为来年结果母枝的基枝。但对生势较差的春梢，难以形成来年良好的结果母枝基枝，可通过短截，促使抽发强壮夏、秋梢，作为明年的结果母枝。

（2）夏梢。5～7月抽出。如广东这个季节，月平均气温25.7～28℃，雨水充沛，其中7月份为一年中月平均气温最高的月份，最新梢生长充实的旺盛季节。自5月上旬至7月底，先后可抽1～2次夏梢，一般从当年春梢或前年夏、秋梢和没有萌发秋、春梢的采果枝以及老枝抽出，也有从春季修剪和疏花穗的短截枝上萌发。

未结果幼年树利用生长旺季，促使抽生壮健夏梢，对扩大树冠十分重要。结果量中等的植株，如肥水充足，能抽生较多夏梢，足量的夏梢对当年果实增大与及时萌发新梢均有显著效果。对结果量多的丰产树，通过疏花疏果，促使抽出夏梢，平衡营养生长与开花结果的矛盾，对增加当年产量、提高果实品质和克服大小年结果，也有着十分重要的作用。

（3）秋梢。8～10月抽出。这个季节，我国南方沿海地区月平均气温由8月的27.4℃逐渐降至10月的23.2℃，阳光充足，雨量逐月减少，温度条件比其他任何季节都更有利于光合作用。日夜温差从9月起逐月加大，极利于营养物质积累。但由于9月份起雨量减少，若遇秋旱没有灌水条件或采果前后没有及时施肥促梢，则采果枝萌发秋梢量少，生势也弱。在栽培管理条件较好的龙眼园，通常情况下，幼年结果树可抽生1～2次生长良好的秋梢，成年结果树也可抽出1次壮健的秋梢。

秋梢主要从两种基枝萌发：一是采果枝秋梢，即从采果后的结果枝顶部腋芽抽出，这种秋梢有一定数量，但由于当年结果的消耗，抽新梢时枝条营养水平尚低，故该种秋梢长度较短，枝条偏小，生长势较差；另一为夏延秋梢，即从当年夏梢顶端抽生，枝条萌发早而壮，是来年较理想的结果母枝。秋梢是来年开花结果的最主要枝梢，通过加强科学管理，是使其成为良好结果母枝的关键。

（4）冬梢。于11月至次年1月抽出。进入冬季树体处于半休眠状态，枝梢很少生长。但若遇早冬气温偏暖、雨水偏多的年份，幼年树及树势壮旺的成年树，于已充实的夏、秋梢顶端抽生冬梢。冬梢叶片一般较难正常转绿老熟，营养积累差，难成为次年结果母枝，故应该通过肥水控制和药剂处理来控制冬梢的发生。

龙眼枝梢以抽生季节为标准划分，如春季抽生的新梢统称为春梢。若再细分，则2月抽生的称为早春梢，3月抽生的为春梢，4月抽生的称晚春梢。其他季节抽生的新梢可依此类推。

龙眼与其他亚热带常绿果树一样，周年均有新梢生长。定植后第二年起至投产前，在肥水充足的管理条件下，年抽新梢5～6次，即春季1次，夏、秋季3～4次，早冬1次。成年树一年抽梢3～4次。未结果幼龄树，可通过剪除花穗或剪短春梢，促使抽出第一次夏梢；以及在8月份剪短第二次夏梢，促使抽出秋梢，对增加分枝级树和枝条数目，加速幼年树树冠形成极为重要。

三、结果习性

1. 结果母枝与花芽分化

（1）结果母枝。所谓结果母枝，是指着生结果枝的枝梢，龙眼的秋梢是重要的结果母枝。龙眼花穗绝大多数直接从上年末次秋梢的顶芽抽出。在抽花穗初期，先抽出一小段春梢（即为结果枝），多数未展叶或带少量叶片，这段枝梢继续延伸生长成为花穗主轴，然后在其叶腋间出现"蟹眼"，再经过多次分枝，即构成完整的花穗。

（2）花型。龙眼的花穗是混合芽发育而成的圆锥状聚伞花序，每一穗有小花百余朵至数千朵。花蕾和花穗梗的颜色依品种不同而有差异。龙眼花型有雄花、雌花、两性花和各种变态花。

①雄花。数量多（约占总花数的80%），开放次数多，时间长。花呈浅黄白色，有花萼、花瓣。花盘较大，雄蕊发达，花丝长0.6～0.8cm，黄白色，呈放射状。花药黄色，散发花粉时纵裂。雌蕊退化，仅留一个红色的小突起。雄花一般在开放后1～3d即脱落或枯干。

②雌花。外形与雄花相似，但雌蕊发达，深黄色，子房2～3室（多为2室），花柱合生，开放时柱头分叉，子房周围有退化雄蕊7～8枚，花丝很短，花药不散发花粉。雌花开放时间短，通常集中开1～2次。

③两性花。外形与雄花、雌花相似，具有发育正常的雄蕊和雌蕊，花药能散发花粉，子房可发育膨大。

龙眼的花朵盛开时，花盘上的蜜腺分泌大量花蜜，不仅利于昆虫的传粉，也是重要的蜜源树种。

（3）花芽分化。所谓花芽分化，是指由叶芽的生理和组织状态转化为花芽的生理和组织状态的过程。龙眼属于当年花芽分化、当年开花结果的类型。据福建对东壁等品种花芽分化的观察研究，龙眼花芽形态分化主要有3个时期：

①花序主轴分化期。从1月中下旬至2月下旬，在主轴上叶腋间出现紫红色的侧花序原基。

②多级侧花序分化期。从3月上旬花序主轴约12cm，直至4月初整个花序基本形成为止，这段时期主要使各级侧花序充分发育。

③花器官分化期。自3月中旬至5月初。花萼分化期从3月中旬至4月下旬，花瓣分化期自3月下旬至4月下旬，雄蕊分化期从3月下旬至4月下旬，雌蕊分化期从4月上旬至5月初。

龙眼花芽形态分化是一个相互交替、连续演变的过程，整个花序分化过程约需3个月，其最后完成的时间，南北各产区差异较大，如广东高州在3月中下旬即已完成，而福建福州却要到4月下旬至5月初才完成。

（4）开花习性。龙眼抽穗期和开花期的迟早及开花历程的长短，因地区、品种、开花期的气温和空气湿度、植株生长发育情况的差异而有所不同。龙眼初花期在广东高州3月下旬就出现了，在珠江三角洲要到4月上旬才进入初花期。据观察，当气温回升到17℃时，龙眼开始开花，气温20～25℃时盛花。一般一个花穗需要15～30d开完，单株花期则长达30～45d，一个果园整个花期会更长一些。当温度高时开花较集中，花期也相对缩短。龙眼的花蕾在发育过程中，有10%～40%先后自然脱落，只有60%～90%能正常开放。单穗中各类型花朵的开放次序也有先后，通常是先开雄花，再开雌花，最后又以开雄花结束；也有的先开雄花，后以雄花或者雌花及雄花混开结束；还有的先雌花、雄花混开，后以开雄花结束。同一株树上，往往是甲穗开雄花，而乙穗开雌花，各株间雌花、雄花开放次序与时间也不一致，这就保证了雌花有充分接受花粉粒的机会，表现出典型的虫媒花的特色。

龙眼结果母枝的类型不同，雌花的比例也不同，据调查乌龙岭等品种，夏梢雌花占33.4%，夏延秋梢雌花占34.2%。采果枝秋梢雌花占29.6%，短截秋梢雌花占51.9%。树势衰弱的植株，其雌雄花比例为1∶10～17，而肥水管理完善的丰产稳产单株为1∶1。可见增加树体营养积累，可以提高雌花比例，增加产量。

2. 冲梢现象　龙眼的花序原基体由于是小叶和小花枝原始体并存，在生长过程中就存在着生殖生长和营养生长的矛盾。适于小叶生长和小花枝分化的温度不同，高温促使叶的发育，而趋向营养生长；低温则有利于小花枝和花的分化，而趋向生殖生长。所谓"冲梢"，即发育中的龙眼花穗受某种条件的影响长出枝叶、花序发育终止的现象。"冲梢"发生越早，基部已分化的花蕾萎缩脱落越多，严重时甚至完全发育成营养枝。

龙眼"冲梢"有两种类型：一种是叶包花，即一枝花穗上有叶有花的混合花序；另一种是花包叶，即一枝花穗中下部有少量花蕾，上部抽发营养枝梢。叶包花的"冲梢"一般发生较早，从外观看，主花轴上的苞片原基发育成叶片，逐渐由赤褐色变成绿色。由于叶片的迅速生长，影响了花序的发育，使已分化的花蕾逐渐脱落。花苞叶的"冲梢"发生较迟，从外观上可见花序中途停止发育，花序主轴顶端突变成营养枝。龙眼园若出现大量"冲梢"现象，则造成当年减产歉收。

　　导致龙眼花穗"冲梢"的主要原因，首先是受气温的影响，其次是树势等因素。龙眼花芽形态分化及花穗发育过程中，需要较低的温度条件。在日平均温度 14℃ 以下的天数多，有利于花穗正常发育；反之，当日平均气温在 18℃ 以上，则易于抽生枝叶。据多年观察，冬暖春寒歉收年份，龙眼春芽萌动时间普遍推迟 10～15d，春芽萌动推迟使花芽形态分化相应推迟。由于龙眼是混合花芽，温度是决定花穗发育方向的主导因子，冷凉干燥的环境条件促使发育成纯花穗，然而持续 4～6d 温度高于 18℃ 以上，湿度也较大的情况下就产生"冲梢"，所以，温度是"冲梢"的外在主导因子。另一方面，树体的营养状况和树势，也与"冲梢"有关。据对六年生乌龙岭龙眼不同类型花穗养分分析，"冲梢"花穗的全糖、全氮、全磷、全钾含量分别比纯花穗少 0.46、0.58、0.09、0.39 个百分点；"冲梢"花穗的中性花比纯花穗多 18.7 个百分点，雌花少 4.3 个百分点，花朵质量差，影响授粉受精。如果秋梢生长旺盛，冬季进入休眠状态浅，或解除休眠较早，在较高温度作用下，易出现"冲梢"。

　　3. 开花坐果与果实发育　龙眼正常的雌蕊子房 2 室，经授粉受精后，通常只有一个子房能正常发育，另一个萎缩，也有少数两个子房同时发育，膨大成为"并蒂果"。

　　龙眼的着果率大多为 10%～20%，比荔枝高。龙眼谢花后头 1 个月内，纵径增大比横径快，幼果呈长圆形，果皮由厚变薄。谢花后约经过 5 周，果肉由种子基部周围产生，并迅速向上生长，再经 2 周，果肉包满种子，进入果实发育高峰期，此时果肉增长迅速，果实急速膨大，果身逐渐由长圆形变为圆形至扁圆形，果皮进一步变薄，横径大大超过纵径的增长速度。龙眼果实增长最快在中后期，所以要特别加强此期的肥水供应，如果遇干旱，能及时给以灌溉，对果实增大有一定作用。

　　龙眼的果实核果状，扁圆形或圆球形。多数品种果实大小为 2～3cm。果实外皮主色为褐色，因品种不同，又有黄褐、青褐、锈褐、赤褐、红褐等差别，外皮上有明显度不同的龟状文、细小的疣状突及放射线。果皮薄，外表较光滑，外、中、内果皮较难分开。果皮剥开则为可食部的果肉，也称假种皮。假种皮的发育是从果实基部逐渐向果实顶部生长，最后包裹种子，于顶部合生而成果肉。果肉淡白、乳白或灰白色。依肉色不同又可区分为透明、半透明

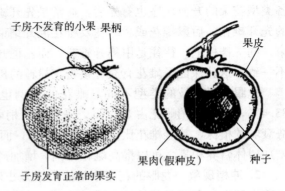

图 6-1　龙眼的果实

或不透明。种核暗黑至红棕色，圆滑而有光泽，横径 1.0～1.6cm，内有种仁，质坚脆，色淡黄褐，由 2 片肥大的子叶及形状很小、带黄色的胚组成（图 6-1）。

四、对生态环境条件的要求

龙眼的生长发育与外界环境条件关系密切，其在系统发育过程中，已形成了对南亚热带地区的适应性，性喜温暖多雨、阳光充足、冬季和初春适当低温，其根系要求微酸性土壤。对丘陵红壤山地的耐瘠、耐旱能力均较强。

（1）温度。龙眼性喜温暖忌冻，年平均温度在 20～22℃ 较为适宜其生长发育，对低温相当敏感，这是限制龙眼地理分布范围不广的主要原因。在年平均温度低于 17.5～18℃，最冷月均温在 10℃ 以下，绝对低温低于 −4℃ 的地区，龙眼不宜作为经济栽培。

龙眼在冬季需要有一段相对低温（最冷月均温 12℃ 左右），才有利于花芽分化，通常以 10～14℃ 为佳。抽穗期及花蕾发育期，气温如在 18～20℃，则不利于花穗正常发育，花蕾停止形成，转变为枝梢生长而出现"冲梢"，直接影响当年产量，因此，冬末春初的温度对当年龙眼产量关系密切。开花期温度逐渐上升，在 20～27℃ 较为有利，气温降低至 15℃ 以下对结果不利，气温升至 22～25℃ 则结果明显增多。

龙眼耐寒能力较差，气温降至 0℃ 或严重霜冻时，幼苗冻伤，甚至树皮裂开枯死。−0.5℃ 时，大树出现不同程度冻害，轻者枝叶枯干，重者整株死亡。果园出现霜冻程度也因地理环境不同而异。通常种植在山坡上的比平地、低地受冻程度轻；北坡、东北坡霜冻较南坡、西南坡严重；附近有大水体的果园受冻较轻。从植株本身而言，幼年树耐低温能力差，受冻害比成年树严重；树势强壮，树冠浓密，冻害较轻，即使受冻害后恢复也较快。

（2）光照。光照是进行光合作用必不可少的条件，龙眼是喜光植物，光照条件好，有利于树体营养积累，枝梢生长充实，病虫害少。结果树花芽分化期光照充足，则花芽质量好；开花期天气晴朗，昆虫活跃，则授粉、授精良好，坐果率高，若开花期遇阴雨天，授粉、授精不良，则会加重生理落果，影响坐果率；在果实发育期间阳光充足，会促进果实品质和产量提高；果实成熟期若阴雨天多，日照不足，则采前落果严重，果肉糖分不足，品质差。在管理水平较低的过园，树体枝叶少，夏季遇强光照射，枝干暴晒，会直接影响树体正常生长；结果树果实直接受强光照射，果皮粗糙、灰褐色，则影响外观质量。所以，果穗适当遮阳，果皮光亮平滑，有利于提高商品档次。

（3）水分。龙眼属于比较耐旱的树种，这与它长期生长于旱、酸、瘠的红壤山地和台风较大的沿海地带所具有的适应性，以及本身植物学结构（菌根和叶片气孔特殊结构等）有关。但并不等于说龙眼对水分要求不高，要获高产，必须有充足的水分供应。与荔枝相比，龙眼对水分的要求更高，故俗话有"千枝湿眼"之说。应根据龙眼不同生育时期来看它对水分的要求。虽然龙眼在年降雨量 1 000～1 700mm 的地区均能生长结果，从降雨总量来看，是可以满足龙眼生长所需的水分，但因年降雨量分布不均，加上丘陵坡地水土流失比较严重，如遇长期干旱季节，常出现缺水现象，特别是在果实发育期间，影响较为显著，若此期水分缺乏，枝叶要从果实中争夺水分，对果实增大有一定影响，降低品质，且又抑制采后秋梢的生长，影响来年产量，严重时会加重落果。所以，在果实发育期保持土壤水分，有利于稳定产量。如夏季久旱骤雨，则因树体代谢失调而导致裂果、落果。秋梢老熟后至冬季，由于树体生长量少，所需水分相应也少，这样可以抑制冬梢萌发，积累足够的营养物质，对来年花芽分化有利。开花期间及果实成熟期，不宜多雨，如花期长时间阴雨将引起烂花或授粉、受精不良而减少着果，以及果实成熟期多雨会降低果实品质和增加落果。此外，在根系和枝梢旺盛生长期，均需要湿润的土壤环境，以利其迅速生长。在大雨、暴雨季节，应防止果园积水，不致使根群处于窒息状态，影响树体生长。龙眼树虽能短期水淹，流动水淹浸3～5d，尚不致死树，但若长期积水，易招致根系腐烂，树势衰退，甚至落叶枯死。龙眼与水分的关系可概括为"耐旱、喜湿、忌浸"。

（4）风。风有促进空气流动、调节气温的作用。龙眼采收期集中在7月下旬至9月上旬，沿海产区夏秋季常有台风登陆，此时正值果实发育和成熟期，常致果实大量脱落。如遇8级以上台风，则树体被吹歪、吹倒，枝断树毁，损失很大，因此搞好防风工作相当重要，建园时应选择园地和设置防风林。此外，龙眼开花期遇高温干燥风，花朵易干枯，对授粉授精不利。

（5）空气污染。空气污染影响果园的程度似乎越来越明显，在砖厂、陶瓷厂、水泥厂和化工厂等附近均存在着不同程度的大气污染问题。如果空气中氟、二氧化硫、臭氧等超过一定含量则会直接影响枝梢正常生长和开花结果，故果园位置的选择应注意避免或尽量减少大气污染对果园的影响。

（6）土壤。龙眼对土壤的要求并不严格，村前屋后、河边坝地、旱坡地、丘陵山地都可种植，以土层深厚肥沃疏松的沙壤土、壤土为最好。近年发展种植的龙眼多分布于缓坡丘陵的红壤和砖红壤间的过渡性土壤，这类土壤具有深度富化特征，由于常年累月的风雨侵袭，植被破坏和酸性岩性的影响。土壤侵蚀严重，因此，土壤表现出相当突出的酸、旱、瘠的特征，但龙眼对此类土壤有广泛的适应性，只要具备比较深厚的土层（1～2m以上），在正常管理条件下，通过果园土壤的改良，一般都能获得一定的产量。在龙眼生产上，不同土壤类型的果园。其树势、产量、品种等都存在明显的差异。也就是说，不同产量类型龙眼园的土壤性质有许多显著差异。凡是高产果园，其土壤熟化特征主要反映在其土层松软湿润，有机质含量超过2%，含氮量最少0.07%，C/N变幅在7～11间，土壤有机质的转化具有平稳特点，有效磷含量25mg/kg以上。土壤的其他性质也有一定的变化，但有时不是显著稳定的。

土壤类型的差异。受生态环境及果园土壤管理措施的影响，从人为因素来看，必须实行合理的农业综合措施，包括水土保持、合理布局及正确的果园土壤管理，才能使龙眼园土壤趋向熟化，并保持相对稳定的熟化水平，具有较高的保水保肥能力。

实 训 内 容

一、布置任务

1. 识别品种，观察龙眼物候期。

2. 通过观察龙眼树冠整体特征及树枝、叶片、果实形态，识别龙眼主要品种，观察龙眼枝梢生长与开花结果，了解龙眼的生物学特性。

二、材料准备

龙眼种植园，不同品种果实实物或标本，生产上主栽品种资料（品种介绍文字资料、图片、多媒体课件等），载果盘，卡尺，水果刀，折光仪，托盘天平，记载表，记录笔。

三、开展活动

（一）识别主要品种　不同种类、品种外部特征（树形、叶片、果实外观）的比较与认识。

1. 树体识别 确定识别项目及标准。

树干：干性，综合判断生长势。

树冠：树姿直立性或开张性，冠内树叶浓密度。

树枝：枝条的密度与粗壮度，新梢颜色。

叶片：叶片大小，形状，厚薄，颜色深浅，叶面平或起波状或扭曲。

花：花序大小，花梗颜色，花朵大小，花瓣颜色。

2. 果实识别 解剖果实、观察果实内部结构，包括外观品质与内质品评。

（1）观察果实形状。大小，纵径，横径，平均单果重；形状圆形、长圆形、椭圆形、长椭圆形、象牙形；果腹沟，果脐。

（2）观察果皮颜色。绿色，灰绿色，黄色，红色，粉红色，花纹。

（3）解剖果实。用水果刀纵向切开果实。

（4）观察果实内部结构与颜色。果肉厚度，果皮厚度，果肉颜色，种子大小。

（5）测定果实。使用手持式折光仪测量果实可溶性固形物。

（6）品尝果实。含纤维度，肉质，甜味，香味，异味。

（二）枝梢生长与开花结果观察

1. 枝梢生长与开花观察

（1）幼年树新梢萌发期的观察。包括春梢、夏梢、秋梢的萌发次数及萌发数量的观察记载。

（2）成年树枝梢生长的观察。正常开花结果树秋梢生长、落花落果树夏梢与秋梢生长、不开花树春夏秋梢生长的观察记载。

（3）开花观察。开花期（抽花序、初花、盛花、谢花期），开花顺序的观察记载。

（4）花型观察。龙眼花有雌花与雄花和两性花 3 种花型。两性花：有子房 1 室，雌蕊 1 枚；雄花：子房退化；雌花：花粉退化。

2. 果实发育观察 幼果发育，小果膨大，果皮着色，果实成熟，落果集中期。

把上述观察结果记录填入表 6-3。

表 6-3 龙眼生长发育观察记载表

地点：　　　　　　　观察时间：　　　年　　月　　日　　　　　　记载人：

项目品种	花芽膨大期	花序抽发期	开花期				落花落果				枝梢生长				果实发育			
			初花期	盛花期	谢花始期	谢花终期	落花始期	落花终期	第一次落果	第二次落果	春梢抽发期	夏梢抽发期	秋梢抽发期	二次秋梢抽发期	幼果开始膨大期	果实迅速膨大期	果实着色期	果实成熟期

【**教学建议**】龙眼的冲梢现象是龙眼结果少或不结果的主要原因，该内容作为教学的

重点与难点，既要掌握其理论知识，又要掌握减轻冲梢现象的实际能力。在龙眼开花季节，到发生冲梢的果园观察，了解冲梢的本质，加深印象。

【思考与练习】全部观察项目完成后，写出观察分析报告。

模块 6－2　　生产技术

【目标任务】掌握龙眼施肥以及水分管理技术，熟悉龙眼的整形修剪技术，学会龙眼的促花技术与果实套袋技术，学完本模块后达到能独立完成龙眼栽培管理的学习目标。

【相关知识】

一、育苗与建园

（一）嫁接育苗　培育龙眼苗木的方法包括有性繁殖和无性繁殖两种方法。有性繁殖是用种子直播培育成苗木，也称实生育苗法或播种育苗法，用这种方法培育成的苗木叫实生苗。由于龙眼的实生苗存在着进入结果期太迟、种性变异大、不能完全保持母树的优良性状等缺点，故现在直接应用于生产上已经很少，一般只作为培养砧木苗时采用。龙眼的无性繁殖包括嫁接、高压（又称圈枝）、扦插等方法，其共同的优点是苗木既能保持原来母树良种的优良性状，又能进入结果期。近30多年来，由于较好地解决了实生苗嫁接技术问题，现在龙眼育苗已普遍采用实生苗嫁接。

1. 砧木的培育

（1）砧木的选择和种子采集。龙眼砧穗亲和力的研究尚缺乏系统完整的试验数据。通常以粒大而饱满的种子发芽率高，播后可速生快长，嫁接成活率亦高。如乌圆、广眼、福眼等品种的种子较大，可用来培育砧木苗。

龙眼种子含淀粉较多，新鲜种子切忌堆闷、暴晒、否则会引起种胚败坏或种子失水，丧失发芽能力。因此，从果实中取出种子后，应立即用清水漂洗，剔除果壳等杂物和种脐上的果肉，经过挑选去劣，就可播种或催芽。如果采种后未能马上播种，可用含水量1％～2％的沙混合储藏于阴凉的地方，但最多只能保存15～20d，时间过长，则发芽率大大下降。

（2）种子催芽。龙眼种子先经催芽后播种，有利于提高种子萌芽率，使幼苗出土整齐。采用细沙催芽，发芽率可达95％，而一般不催芽的，其发芽率仅60％～75％。采用细沙催芽，种子与沙按1：2或1：3的比例混合后，堆积于室内，堆积高度约30cm为宜，细沙含水量保持在5％左右，含水量太高，易引起种子发霉、烂芽。催芽的温度以25℃为宜，30℃以上则发芽率大大降低。当胚根长出0.5cm时即捞出播种，平时应喷水补充沙堆中的水分。

（3）播种及播后管理。龙眼播种方法有点播、条播和撒播3种。点播株行距为21cm×24cm，每667m²需种子50～60kg。撒播每667m²需种子约120kg。种子播后覆土以2～3cm为宜，覆土太浅，种子易受晒干死，太深则幼苗出土困难，生势弱。覆土后用稻草、干草或蔗叶覆盖苗床，并淋水保湿。有条件的可在苗床上搭遮阳棚，防止烈日高温灼伤嫩苗。

（4）间苗与移栽。在播种圃中，采用撒播的龙眼小苗长势强弱明显，应分批间苗，去密留稀，去弱留强，淘汰弱小或弯曲的小苗，将养分集中到强株上，有效地促进苗木苗壮生长。经过间苗后，壮苗还要进行移植，移入嫁接圃中。

2. 嫁接技术

（1）接穗的选取。接穗的质量直接影响嫁接成活及嫁接苗以后的生长与结果。因此，应选择品种纯正、生势健壮、丰产优质的结果树作为采穗母本树，选择树冠外围中上部、充分接受阳光部位的枝条，要求枝条芽眼饱满，皮身嫩滑，粗度与砧木相近或略小，叶片已转绿老熟，用未萌芽或刚萌芽的 1～2 年生充实枝条作接穗。夏秋季龙眼营养生长较旺盛，枝条不易充实，宜通过摘心、抹芽等措施促枝条充实后再取穗。严禁从患有龙眼鬼帚病的植株上采取接穗。

龙眼接穗不耐久，应采下后立即用于嫁接。短期保存，可用新鲜树叶包扎起来，再裹一层湿毛巾，然后用塑料袋或塑料薄膜密封，放在阴凉处，注意检查，防止接穗过干过湿或发热。

（2）嫁接方法。在大部分地区，一年中 2～10 月都可进行龙眼嫁接工作，以春季嫁接成活率最高。春季嫁接应避开低温阴雨天气或吹北风的干燥天气进行。夏秋季嫁接，气温较高，接后愈合快，嫁接苗生长也快，但在嫁接时遇干旱应提前 10d 淋灌水 2～3 次，嫁接后也应注意淋水保湿。嫁接应避开中午烈日高温下操作，大暴雨后土壤过湿也不宜进行嫁接。

龙眼有补片芽接法和枝接法等嫁接方法，枝接又包括切接、合接、靠接、劈接、舌接、嵌接等多种方法。常用的有切接、合接两种方法。

①切接法。此法操作方便，生产上较为常见，具体操作如下：

砧木开接口：在砧木离地面 15～20cm 平直处剪顶，此时注意保留砧木脚叶，用嫁接刀削平剪口，选平直部位沿形成层（皮层和木质部之间）或稍带木质部垂直向下切一刀，切口长 2.5～3cm。

削取接穗：将接穗枝条平直面向下，将枝条下端削成约 45°斜面，然后反转枝条，使平直面向上，再下刀深达形成层或稍入木质部平切一刀，削出一个比砧木切口稍长的平滑切面，并留 2～4 个芽后切断，即为接穗。

砧穗接合：接合时，把接穗的长切面向内，插入砧木切口，使接穗与砧木的形成层互相对准，若砧木和接穗的切面大小不一致，应保证有一侧形成层相对准，才能形成愈合组织，否则难接活。

缚扎密封：用厚 0.01～0.02mm、宽 1.5～2cm 的塑料薄膜带自下而上缠绕，将砧穗接合处缚扎牢固，并包裹接穗，注意在接穗的芽眼部位只包一层薄膜，以便接活后芽能穿破薄膜生长。缚扎完毕最好能用长 8～9cm、宽 3～4cm 的塑料薄膜袋套在顶部，可提高接口温湿度，利于成活，还可防止雨水渗入接口（图 6-2）。

②合接法。此法要求砧木接口与接穗粗度一致，具体操作如下：

切削砧木：在砧木离地面 20cm 左右处断顶，注意保留砧木脚叶，用嫁接刀在断口下选择平直处，由下而上斜削一刀，将砧木削成一个约 3cm 长的斜切面。

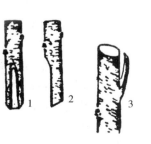

图 6-2 切 接
1、2. 削好接穗的正面与侧面
3. 切砧木 4. 接合密封

切削接穗：取粗度与砧木一致的接穗枝条，在下端平直部位，由上向下斜削一刀，削出一个与砧木斜切面长宽相一致的斜削面，留2~4个芽后切断即成接穗。

接合、缚扎密封：将接穗基部的斜切面与砧木的斜切面相对接合，形成层对准，然后用塑料薄膜袋由下而上缠绕，缚扎固定，并将嫁接部位及接穗全部包裹密封。也可另套上小薄膜袋或薄膜卷筒反缚密封（图6-3）。

3. 嫁接苗的管理 嫁接后的管理对成活率及苗木质量有很大影响，要认真做好以下几项管理工作。

（1）及时补接。嫁接后15d，若接穗仍保持新鲜状态，说明已经接活。否则，应及时补接。

（2）及时抹除砧芽。砧木上萌发的不定芽，应及时抹去，以集中养分，保证接芽的生长。

（3）及时解绑。嫁接时加套薄膜袋或反薄膜筒密封的，在接芽萌发后，要及时剪开薄膜袋顶，暂时保留圆筒状塑料袋，有利于砧穗接合处愈合。缚扎固定接合部或兼起密封作用的薄膜带，应在第一次新梢老熟前后，及时切开解除。

（4）清除病苗。如发现苗圃中出现龙眼患病症状的病苗时，应及时清除出圃，防止病菌传播。

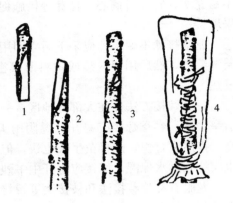

图6-3 合 接
1. 切削接穗 2. 切削砧木
3. 接合 4. 缚扎密封

（5）加强肥水管理及病虫害防治。嫁接苗萌发第一次新梢老熟后，即可开始施水肥，以后每梢期施肥1~2次，旱时淋水，涝时排水，并及时喷药防治为害新梢的病虫害。

（6）圃内整行。圃内整行主要是确定主干高度，培养一定数量的骨干枝。当嫁接苗达到一定高度后，在距地面40~50cm处进行摘心或短截，促使其分枝，保留3~4条分布均匀的壮健侧枝作为骨干枝。

（二）建园 龙眼是当年生长寿果树，结果年限长久，百年老树在各地均不罕见，且能正常开花结果，因此，开发种植一片好的龙眼园，不但当代受益，且造福子孙。为了尽可能地延长龙眼的经济栽培年限，搞好龙眼园的选址和建园工作是栽培管理上的重要环节，必须根据龙眼的生长特点和对外界环境的要求，按龙眼品种生态区划和生产发展规划要求选择主栽品种，对不同类型的园地进行全面规划，合理设置各种田间设施，搞好果园基础建设，为龙眼早结丰产、稳产长寿创造有利条件。

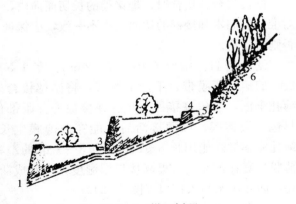

图6-4 梯田剖面
1. 纵排水沟 2. 梯级外侧土埂
3. 梯田内侧排水蓄水沟及土墩
4. 环山沟土埂 5. 环山阻水沟 6. 水源林

龙眼对土壤的适应性较强，适宜在无严重霜冻和风害地区的丘陵缓坡地、水田冲积地及村前屋后等红壤、黄壤、冲积土地栽种。但建设龙眼规模化、商品化生产基地，还是以开发丘陵缓坡地梯田式种植为主（图6-4）。

1. 种植密度 龙眼的种植密度要根据品种特性、立地环境条件、栽培管理条件而定。要综合考虑各种因素对构成产量和效益的影响，以获得最大的经济效益为目的选择种植密度。龙眼早期合理密植，可以充分利用阳光、空间和地力，增加植株的叶面积指数和有效功能叶，提高光合效率和光合产物的积累，提高早期的产量和效益。后期通过疏移或间伐，保留和扩大永久树的结果面积，达到丰产稳产。但并不等于越密越好，如种植过密，又缺乏科学管理，未能取得经济效益，而果园过早封行，对结果不利。所以密植果园更要讲究科学的管理技术，才能获得早结丰产及良好的经济效益，否则，密植是没有意义的。

我国各地龙眼产区采用的栽植密度主要有几种：①3×5（m），每 667m² 植 44 株；②4×4（m），每 667m² 植 42 株；③4×5（m），每 667m² 植 33 株；④5×6（m），每 667m² 植 22 株；⑤6×6（m），每 667m² 植 19 株等。其中以每 667m² 植 22～44 株者为多。每 667m² 植 40～45 株属计划密植较合适的栽植密度，通过加强管理，获得早期产量后，当出现数冠交叉封行，即应有计划地实行回缩修剪，若干年后再疏伐，以保证永久树继续正常生长和获得更高的产量，一般永久树为每 667m² 20 株左右。

目前龙眼生产上多采用类似柑橘等果树宽行密株的长方形种植方式，这种种植方式是否最佳，颇值得研究。龙眼树冠各方向的自然发展较为均衡，结果习性以向阳枝为主，阴枝较少结果，计划密植要求树冠上移的速度放缓。而采用宽行密株法，出现行距宽，封行迟，株距密，株间枝条交叉早，致使交叉部位提早上移，不利于树冠均匀发展。龙眼树体长大后，通常的管理工作除修剪外，都在树冠下进行，与柑橘园的管理，主要在行间操作需要宽行密株有所不同。因此，龙眼园种植的株行距，除受地形、地势等特殊环境条件限制外，没有必要安排宽行密株，而以株行距基本相等，行与行之间植株的位置用梅花点的形式为佳。

2. 品种选择与搭配 品种之间差异大，合理选择品种是丰产丰收的关键。要根据当地的气候、土壤条件与管理水平，选择适宜的品种，并合理搭配。

3. 定植

（1）种植时期。龙眼定植一般宜选择春植和秋植，视种苗准备、土地准备、水源及劳力情况而定。春植在 2～5 月，春梢萌发前或转绿后进行。此时气温逐渐回升，雨水较多，大气湿度较高，种植成活率高，且节省淋水劳力。苗木需远途运输的，可采用起全根不带土及浆根的方法，因细根保存得较完整，种植后恢复生产较好。有寒害及缺少水源的山地，以春植为宜。

秋植在 9～10 月，秋梢萌发前或转绿后进行，此时地温较高，晴天多，夜晚转凉，日夜温差大，植后较易发新根，萌发一次新梢并老熟后过冬，次年春季即可进入正常生长，有利于扩大树冠。但秋季雨水较少，空气湿度低，蒸发量大，应注意淋水和树盘覆盖保湿，提高成活率。秋植不宜种得太迟，要尽量带土起苗，并在水源方便的果园采用秋植为宜。

（2）种植方法。丘陵山地要求植穴深、宽各 0.8～1m，分层压入绿肥、土杂肥等基肥，并整理成略高于地面的土墩。回穴填肥工作最好要在定植前数个月完成，让基肥充分腐熟，穴土沉实后栽植。栽植时要深穴浅种，以利发根，提高栽植的成活率。在水田及冲积土建园则不必开大穴，但同样要求施足基肥并培土墩种植。

龙眼苗种植后的成活率高低、恢复生长快慢与种植工作有密切关系，因此种植时必须注意以下几点：

①根据苗木带土或根系生长情况，适当修剪过多叶片，减少根部吸水与叶片蒸发的不平衡，避免植株过度失水。

②修剪根部，起苗时致粗根折断，伤口不整齐时，应剪平伤口，利于愈合恢复长势。

③起苗后要尽快栽植，若不能当天栽完，可临时放置在荫蔽处，喷水保湿。种植深度与苗木在苗地生长时一致，不能过深或过浅。种得太深，土层通气不良，新根生长受抑制，植株恢复缓慢，甚至有根颈腐烂致死。

④种植时，根系的分布要舒展，特别是不带土起苗的根保留较多，种植时宜分层填土，用手从外围逐渐向内压紧，使土壤与根密切接触。避免为操作方便、将根群随便挤在一起就覆土的做法，同时切勿用脚踩实土墩，否则细根会被压断。植穴内肥料与泥土要均匀混合，避免根系与肥料接触。

⑤淋足定根水，使泥土与根群接触良好。修筑树盘，利于淋水。

⑥在树盘上盖草，保持土壤湿润，秋季种植，树盘覆盖工作显得更为重要。

⑦在沿海风力较大地区，定植后还需立支柱扶持，以避免风吹摇动，影响根部生长。

二、土肥水管理

（一）土壤管理

1. 中耕除草　龙眼菌根好气，土壤疏松透气，有利于根系生长发育。幼年龙眼园中耕除草，一般结合间作物的管理同时进行，主要是铲除树冠下杂草并松土，减少杂草与果树争夺养分，促进根系生长，由于幼年树冠较小，除草后"树盘"受到阳光直接照射，不利于根系生长。因此，树冠下应用草料、绿肥、作物茎叶或垃圾肥覆盖，并在覆盖物上再加一层薄土，可降低夏秋季"树盘"地表温度，秋冬季又有保湿保温作用。

2. 深翻改土　龙眼生长周期长，消耗营养物质量大，生产上应创造良好的立地条件，培养发达的根系，为龙眼的早结丰产奠定物质基础。俗话说："根深叶茂"，要培养健壮的树体、茂盛的枝叶，首先必须培养发达的根群，由于根群生长在地下，其长势与分布状况肉眼难以察觉，因而，土壤缺肥、缺水或根受害等不良因素影响地上部生长时，往往不易被及时发现，待枝叶表现出叶小、黄化、褪色等异常时，才意识到可能是肥料不足、水分失调或根系生长不良，此时已影响或严重影响植株的生长。

龙眼根系的正常生长需要充足的有机质和良好的土壤通透性。丘陵山地龙眼园定植穴通常为 $0.8m^2$ 或 $1m^2$，定植后 $1\sim2$ 年，其垂直根系已达穴底，而水平根系也布满定植穴并向穴外延伸，当根系生至未经改造的坚硬土层，则沿穴壁弯曲生长。这时应及时进行深翻扩穴改土工作，以扩大根系生长范围，促进地上部生长及增强树体抗逆性。

定植后第二年的龙眼园就可以进行深翻扩穴改土工作。扩穴改土时间一年中以 $5\sim10$ 月为好，这段时间气温较高，根系伤口容易愈合，也有利于新根的再生。不宜在冬季低温期及清明前后进行，因低温干旱期新根不易长出，而清明低温阴雨期，根部伤口难愈合。但是，幼年结果树的改土时间以末次秋梢转绿后至立春前进行为宜，既不影响当年果实发育，又可更新部分根系，也有利于控制冬梢的抽生。

丘陵山地龙眼园的深翻扩穴改土工作必须与有机质材料结合，才能达到改土效果。改土材料可就地取材，利用绿肥、树枝落叶、豆秆、花生藤、甘蔗叶、杂草、垃圾土、火烧土、塘泥、禽畜粪肥、蘑菇土等，或把易分解的材料混合在一起，分区埋入。改土材料的质量和数量直接影响改土效果和增加的根量，故如果只用大量劳动力深翻土层，但缺乏足量的绿肥、堆肥和禽畜粪肥等，则改土效果欠佳。

通常采用植穴扩大法和壕沟法。植穴扩大法是在原定植穴外沿，采用挖环状沟或半环妆沟（两年轮一圈），逐年外移。壕沟法是按定植行的走向在定植穴外围，对应两侧挖深壕沟。如丘陵山地果园梯面较窄，扩穴沟应开在株间或梯台的内侧，不可开在靠近梯台的外边，以防梯台崩塌。扩穴沟一般深 50～60cm，宽度及长度视有机质改土材料的数量和劳力而定。开沟时，把表土和底土分开堆放，然后将草料、绿肥及其他有机质材料与土壤分 4～5 层埋入沟内，注意粗料和表土在下，精料和底土在上。分层埋入时最好每层草料（枝叶或绿肥）上都浇施人粪尿或麸水，适量撒些石灰及过磷酸钙，以促进草料发酵分解。一般每立方米改土穴需草料 80～100kg，禽畜粪肥 30～50kg、石灰 0.5～1kg、过磷酸钙 1.5～2kg。

3. 间种 在幼年龙眼园，为充分利用土地和空间，在株行间栽种一些短期经济作物，如蔬菜、花生、黄豆、菠萝等，或播种绿肥，如种花草、白花草等。间种的优点很多，可提高土地利用率，增加果园的生物产量；实现"以短养长"、"以杂养果、以园养园"的良性循环，可增加龙眼园种植前期的收入，更重要的是通过间种，可改善整个果园生态小气候，同时可改良土壤。

幼年龙眼园间种要合理，应主次分明，间种面积应随龙眼树的长大而逐渐缩小。不可只顾间作物的眼前利益，而忽视了对龙眼的管理，影响龙眼幼年树的速生快长。间种的不足之处是：间作物有时会与龙眼争肥、争水、争空间；此外，有些间作物的病虫害对龙眼也会造成危害。

（二）施肥

1. 幼树施肥 幼年龙眼树根系少、浅生，如不注意掌握施肥浓度和施肥量，则易造成伤根或浪费肥料。幼年龙眼园施肥应当掌握"勤施薄施"的原则，采用"一梢两肥"，即在龙眼芽萌动、新梢抽出前施一次梢肥，在新梢转绿时施一次梢肥。

施肥量应当根据肥料性质、土壤性质和树冠大小而定。通常施用 15%～20% 清尿水或 50% 腐熟人粪尿，或经浸沤腐熟的花生麸、鸡粪等液肥。此外，每年秋冬季单独或结合改土，增施腐熟鸡粪或猪粪，每株 10～15kg，依树龄、树冠大小适量施用。

土壤施肥方法，宜在根际范围开浅穴 2～3 个，或挖环状沟（沟深 15～20cm），施后覆土。旱季施肥以液肥为主，或干施后淋水，根系才易吸收。

2. 结果树施肥 结果树由原来的幼年树以营养生长为主转入以生殖生长为主的阶段，养分消耗大，所以需肥量也大，施肥次数也多。

（1）花前肥。在开花前（3月下旬至4月上旬）施用。每株施氯化钾 0.2kg，复合肥 1kg，以促开花和减少落果。

（2）促花肥。在立春前后（2月上旬）施用。以有机肥和磷钾肥为主，每株施腐熟禽畜粪 15～20kg，钙镁磷肥 1～2kg，氯化钾 0.5kg，在树冠下挖 4～6 条放射沟（长 80～100cm，宽 30～40cm，深 15～20cm）施入，以促花芽分化及花穗发育。

（3）采果肥。采果肥的施用根据树势和结果量而定，目的是恢复树势及促秋梢萌发。挂果少的壮旺树宜攻两次梢，7月中旬和9月中旬各施一次，每次每株施尿素1kg、氯化钾0.5kg。树势中等，挂果中等的攻一次梢，9月上旬施肥，用量相同。果多和树势弱的，重施采前、采后肥，采前15d每株施尿素1.5kg、氯化钾0.5kg，采后10d每株施猪粪50kg、花生麸2～3kg、磷肥1～2kg（先与麸肥沤制腐熟），复合肥1.5～2kg，开环状沟施，以恢复树势。

（4）保果壮果肥。在5～6月间施用。以速效氮钾肥为主，每株施尿素1kg，氯化钾0.5kg，复合肥0.4kg。此肥分两次施用，5月初和6月初各施一次，可以结合浇水施用水肥，以促果实膨大及夏梢的抽生。

（三）水分管理　幼年龙眼树根系较少且分布浅，对表土水分变化较敏感，易受干旱影响，尤其是新梢萌发期，遇久旱无雨，新梢抽不出来，或新梢生长缓慢，枝梢短，叶片小，迟迟不转绿。故旱季应及时灌溉、淋水，雨季防止植穴或园地积水，注意检查疏通好果园排水系统。

三、树体管理

（一）整形修剪　整形就是根据龙眼的生长特性，把植株造成一定的树冠形式。修剪是进行整形的一个重要基本操作。

龙眼骨干枝和树冠的培养，要在幼年期进行，在定植后3～4年内快速形成早结丰产的树冠，使主枝和侧枝分布均匀、骨架构造坚固、树冠结构紧凑，既符合龙眼生长特性，又能适应当地的自然环境和栽培条件，并提早进入结果期。

1. 幼年树整形

（1）定主干高度。通常龙眼树的主干高度定在40～60cm较适宜。龙眼苗定植时，如果尚未定好主干高度或主干高度不符合要求时，则要在定植后先定干，在苗木主干50～60cm处短截，待短截口以下侧芽萌发时再安排主枝位置。

（2）培养骨干枝。主干经短截后抽出若干条新梢，由于定植后抽吐的第一次新梢数量较少且生势弱，应尽量保护和保留，个别部位丛生嫩梢可予疏芽，个别新梢呈徒长势头的，可予摘心。当第二次新梢抽出前，在主干不同方位上选留3～4条较粗壮、分布均匀的新梢作为一级主枝。

一级主枝与主干呈45°～60°，当一级主枝生长到25～35cm时，通过摘心或短剪，促使其分枝，新的分枝则成为第二级骨干枝。当第二级骨干枝长到25～35cm时，再通过摘心或短剪，促使其第三次分枝。由于幼年树根系尚不发达，树体营养积累也少，故随着枝条数量增加，枝条之间养分竞争加剧，枝条生长不平衡也表现出来。有些枝条生势较弱，不可能每次抽新梢都能分枝，或有的枝条生长粗壮，顶端优势较强，顶芽继续延伸，也不分枝。所以在必要时还需通过人工调控，使枝条生长平衡，促使继续分枝。植株经一年生长，枝梢总数至少应有10条以上。再经2年8～10次抽梢，末级梢总条数可达60条以上。

2. 结果树修剪　结果树修剪通常也叫秋季修剪。

（1）修剪目的。①剪除衰弱枝等无效枝条，减少养分消耗，使养分集中于留下的枝梢，提高枝梢质量。②调节枝梢长度，防止部分枝梢生长过长；促进分枝，增加枝梢数量。③促使秋梢适时萌发并老熟，避免抽生冬梢，以利于成花。

（2）修剪原则。根据树势、气候条件管理水平，做到"留枝不废、废枝不留"，以利于培养最佳的结果母枝。

（3）修剪方法。包括短截、疏剪、摘心、疏芽等多种方法，可根据需要灵活选用。

短截：①剪短采果后留下的过长结果母枝，一般留 25～30cm 较适宜；②剪短当年抽出的长夏梢，或第一次秋梢太长，如在 35cm 以上，可适当剪短。所谓适当，即应视枝梢下部的分枝情况，若枝梢下部无分枝，周围空隙较大，则剪口位置可低些，促使分枝填补空隙；若下部分枝较多或距离分枝较近，则只将枝梢顶部密节处剪除即可。

疏剪：一般在中、老年树上使用疏剪方法较多，即从枝条基部，剪除枯枝、衰弱枝、交叉枝、不定芽、严重的病虫害枝等，使留下的枝梢有更大的生长空间，通风透光。

摘心：为保证第二次秋梢有充分的生长时间，对抽得较迟的第一次秋梢，应及时摘心，使其停止继续伸长，转为增粗和增加营养积累，利于培养健壮末次秋梢。若第二次秋梢抽得太迟，为使其停止伸长，促进及时老熟，也可采用摘心。在新梢抽出长约 5cm 时，摘除顶部约 2cm 或 2～3 节，有促进分枝作用。

疏芽：新梢抽出 3～4cm 或展叶时进行疏梢，通常只选留分布均匀的枝梢 1～2 条，特别粗壮的基枝可留 3 条，其余嫩梢应及时疏除，使养分集中，提高梢质。

（二）结果母枝的培养

1. 采果后的修剪 采果后修剪应根据树体实际情况安排修剪时间，可在采果后秋梢萌发前，或在第一次秋梢老熟后至第二次秋梢萌发前进行修剪。若树势较衰弱或生势一般，宜先施肥，待枝梢芽眼较饱满时才进行修剪。

2. 采果前后施肥 采果后施肥的作用一是促使结果树及时恢复树势；二是提高秋梢结果母枝的质量。

（1）施促梢肥时间。①采果前施有机质肥及少量化肥；②采果后较大量施入化肥或经沤熟的有机质肥；③9 月份再追施复合肥，以壮第一次秋梢，并促第二次秋梢抽出；也有在末次梢转绿时追施磷钾肥，促进枝梢充实。

（2）施肥量。由于受树龄、树势、产量、土质、肥料种类等多种因素的影响，施肥量的确定也较复杂，应结合果园生产实际情况，力争做到适时足量供应。

龙眼幼年结果树（6 年生）通常在秋梢期每株的施肥量是：鸡粪 15～20kg，尿素 0.5～1.0kg，过磷酸钙 0.4kg。但各地丰产稳产龙眼园的施肥标准比上述标准要高。

（三）催花技术 龙眼催花主要在于控制冬梢，提高秋梢质量，促进花芽分化。控冬梢主要是通过调节枝梢生长期和在冬季抑制数体营养生长二者相结合，通常末次秋梢老熟时间合适，而又不抽发冬梢，枝条停止生长时间较长，营养积累高，则较易成花，纯花穗多；末次梢老熟时间太迟或抽发冬梢，则较难成花。

促进枝梢老熟和控制冬梢，通常可采用下列方法：

1. 根外追肥 对 10 月下旬抽出的晚秋梢或 11 月初抽出的早冬梢，宜喷 0.1％硫酸镁和 0.2％～0.3％磷酸二氢钾混合液 2～3 次，促进嫩梢老熟。

2. 摘心 为缩短嫩梢伸长时间，对末次梢通过摘心，可停止其继续伸长提早转绿老熟，增加营养积累时间。

3. 人工摘除冬梢或绿叶 当幼年结果树冬梢长 3～5cm 时，从基部摘除，也可保留少量弱小枝条不摘，以减弱树势，或将冬梢上嫩叶摘除，使果园冬季不见红叶。

4. 控制氮肥，减少水分供应　末次梢抽出后，原则上不再对土壤施入氮肥，必要时可喷根外肥补充，或施入氯化钾。此外，除个别年份久旱影响枝梢正常生长外，末次梢老熟后应暂停供水。

5. 松土断根　末次梢老熟后，在树冠下松土，深 15～20cm，内浅外深，切断部分表土层细根，减少吸水能力。但对老弱树伤根不能过重，以免影响树势或造成黄叶、落叶。也可结合扩穴改土，在树冠滴水线外围挖沟深 30～50cm，宽度视改土材料多少而定，让其露晒1～2 周，再埋入垃圾、绿肥或粪肥等有机改土材料。

6. 环割控梢　末次梢老熟后，于 11 月中，对长势壮旺、水肥条件好的树在主枝或副主枝上进行环割。环割的作用在于短时间内（通常 20～30d）阻止地上部光合产物向根部运输，减少根系的营养供应，从而抑制根群吸水吸肥，达到抑制枝梢生长和控制冬梢的效果，由于龙眼树比荔枝树对环割的反应较敏感，恢复功能相对较差，尤其是低温或久旱，反应更为敏感，易造成叶片黄化或落叶，故弱树或久旱、低温时应慎用此法。

7. 缚扎铁线　末次梢老熟后，于 12 月份用 16 号铁线缚扎主枝 1～2 圈，并收紧铁线至树皮略微下陷为度。至见"蟹眼"后解缚。此方法近似环割法，对树体更加安全可靠。

8. 药物控梢　目前使用较多的药物有乙烯利、丁酰肼和各种控梢素。在大面积生产中，乙烯利和丁酰肼的使用方法如下：①新梢萌发前，叶面喷丁酰肼溶液，每 50kg 水加丁酰肼 75～110g，壮旺树 20～25d 后可再喷一次。②冬梢萌发前或嫩梢抽出时用 50kg 水加入40％乙烯利 38mL，再加丁酰肼 50g 混合液喷雾。③单独使用乙烯利控梢，每 50kg 水加入 40％乙烯利 38mL，分别于 11 月中下旬及 12 月中下旬各喷一次，据高州龙眼产区使用，效果良好。

由于龙眼对乙烯利的反应比较敏感，当使用溶度提高到每 50kg 水加入 40％乙烯利50mL 或更多的浓度时，易致叶片变黄或落叶。故推广乙烯利控制时，要特别注意喷药浓度和控制喷药量，才能获得良好的效果。市场上各种控梢药物，应按其使用说明书上浓度使用。

幼龄壮旺树控制冬梢的较好办法是通过制水制肥加喷乙烯利，再加骨干枝环割。

（四）保花保果

1. 促进春芽萌动　龙眼花芽分化是在春芽萌动的基础上进行，从花芽形态分化开始至花穗发育完成，距离早春气温回升的时间较短。如果由于久旱或控梢药物长时间抑制，在花芽形态分化时间已到，而秋梢顶芽休眠仍未解除时，延迟的时间越长，影响花芽形态分化的程度就越大。所以，遇到冬春久旱不雨的年份，花芽分化期的龙眼园要适当灌水，促使树体解除休眠，使春芽萌动并进入花芽形态分化期。此外，也应注意防止因施用控梢药物残效期过长的影响，妨碍春芽的萌动，变成能控冬梢而不能促花，故喷施控梢药物应注意使用的浓度和时间，做到控梢促花两不误。

2. 防止龙眼"冲梢"　由于"冲梢"严重影响产量，因此，当出现"冲梢"现象时，必须积极采取措施补救。

（1）遇暖冬要控制水、肥。可在 12 月通过松土，断细根，减少水分吸收。松土时，树冠滴水线内浅锄；树冠滴水线外深锄。冬季和早春少施或不施氮肥。

（2）春芽抽出 2～3cm 时喷多效唑控梢，控穗每 50kg 水加入多效唑 166g（即 500mg/kg）。

（3）花穗主轴5～6cm时，喷细胞分裂素，每50kg水加入细胞分裂素1～1.5g，可促进花穗发育，防止"冲梢"。

（4）对幼年结果树，在花穗主轴长5～6cm时，可对径粗6～10cm的主干或骨干枝进行环割或环扎，加速花穗发育，并有提高着果率作用。

（5）人工摘除叶片，每3～5d一次，直至花穗完整抽出为止。

（6）当花序已抽出长达10cm以上，叶腋已出现"蟹眼"，遇气温上升有可能发生"冲梢"时，应及时摘除顶芽。

（7）药物杀叶，用每50kg水加入40%乙烯利10～13mL喷杀花穗上的小嫩叶，注意气温高时用低浓度，喷药时浓度和方法要掌握好，喷至叶片湿润不滴药液为宜。

3. 施壮花肥　施壮花肥的目的在于提高花质，补充开花期树体的营养消耗，施肥时间在花穗抽出后至4月上旬进行，此次肥不宜太早施，以免造成花穗徒长。肥料以氮钾并重，配合磷肥。

以6年生幼年结果树为例，每株施用尿素0.3～0.6kg，氯化钾0.25～0.4kg，过磷酸钙0.25kg，鸡粪15～20kg。

4. 施壮果肥　壮果肥是为了保证果实生长所需营养，减少第二次生理落果，提高产量和果实品质，并使植株在挂果期保持强壮的树势，促进夏梢生长，防止树势衰退。壮果肥的施用量视树体挂果量而定，挂果多的应多施，挂果少的可少施。6年生树施肥量，通常为每株施复合肥0.5～1kg，氯化钾0.5～0.8kg。

5. 喷施叶面肥　春季（2～4月）是一年中日照时数最少的季节，春季光合作用受到影响，光合产物积累减少。另一方面，春季大气湿度较高，气温回暖，有利于叶片对叶面肥的吸收。在树体因花穗发育、开花坐果消耗多，而光合产物积累少的情况下，喷施叶面肥的效果更为显著。叶面肥可选用各种有机、无机营养液，还宜配合喷施0.003%的复合核苷酸；或喷施经充分腐熟的0.4%花生麸浸提液效果也很好。

6. 做好授粉工作　龙眼雌花只有顺利完成受精过程才能发育成果实，不良的外界环境条件会影响授粉受精过程，如过于高温、干旱，会引起柱头枯萎；低温阴雨天气更影响花粉囊的正常开裂散粉等，所以同样需要做好授粉工作，提高坐果率。花期果园放蜂传粉，有利于进一步提高坐果率。

7. 旱天喷水　雌花期遇高温（超过30℃）、干旱或干热风天气，上午10时至下午4时，果园喷水1～2次，提高大气湿度和降低温度，利于提高坐果率。

8. 喷硼砂　开花期喷0.005%～0.01%硼砂浓液，可提高花粉萌芽率和增加花粉管长度，以提高授粉效果。

9. 药物保果　在加强常规管理的基础上，药物保果能发挥较好的保果作用，并提高好果率和果实质量。

①广东省华南农业大学园艺系研制的"龙眼保果素"，能促进提高果实营养水平和提高坐果率。在龙眼谢花后5～15d喷一次，隔15d后再喷一次。

②广东省农科院果树研究所龙眼研究室配制的"营养丰产素"，在谢花后10d开始喷第一次，以后每隔20d左右喷一次，共喷3～4次，均匀喷湿叶片即可。该药剂含有植物生长所需的多种元素和生长调节剂，能增加叶片叶绿素含量，促进光合作用，提高树体营养水平，促进龙眼的果实发育，提高坐果率和果实含糖量。

③在龙眼生理落果期（5～6月），每50kg水加入"920" 0.5g和"2.4-滴 0.25g混合液喷1次（粉剂药物需用少量酒精溶解）。

④在幼果出现果肉时，每50kg水加入"920" 0.25～0.5g，再加入150g尿素、200g磷酸二氢钾混合液喷一次。

以上各种保果药物可根据果园实际情况试用。

10. 环割环扎保果 盛花期结束后，对径粗3～5cm的骨干枝环割1～2圈，深达木质部，树势特别壮旺的可在第二次生理落果前再环割一次。或用16号铁线环扎一圈，至生理落果期后可解缚。

11. 淋水防旱 龙眼果实发育期间，需水量较多，特别在果实增大最快的中后期，充足的水分有助于当年产量的增加。据考察，泰国龙眼生产，有喷灌条件的龙眼园，在果实出现果肉之后，每天清晨喷水一次，以满足树体对水分的要求。

12. 果穗套袋护果 有条件的龙眼园应推行果穗套袋护果，在第二次生理落果结束后，用长35cm、宽30cm的塑料纱网套袋护果，套袋前进行疏果、清理病果及烂果，并喷一次防病药剂，如瑞毒霉锰锌1 200倍液或10%灭百可（兴棉宝）1 500倍＋58%瑞毒霉锰锌1 000倍液。据广东省深圳市农科中心果树所1993—1994年试验研究，认为龙眼果穗套塑料纱网袋护果，有利于调节龙眼果实生长发育所需的温度、水分、光照强度等环境条件，减少食果害虫为害，是提高结果率和果实商品价值的有效措施。经测定，在1994年"小暑"和"大暑"当天下午2～3时，套塑料纱网袋内的气温比网袋外的气温分别低1.5℃和0.2℃，袋内通风半透光，有利于果实发育，果皮较平滑、鲜黄褐色，色泽一致，而对照果则果皮较粗糙、色泽暗淡、有灼伤灰斑。套塑料纱网袋的果穗落果比对照减少65.7%，裂果比对照减少39.2%。

13. 适时防止病虫害 龙眼开花期遇高温湿天气，易感染霜疫霉病，而且蔓延快，危害大，应及时喷药防止。但有些农药可能会影响花粉发芽。据研究（曾建华等，1993），甲酸灵—锰锌、三乙膦酸铝、甲基托布津、瑞毒霉锰锌、多菌灵等农药对荔枝、龙眼等花粉发芽均有不同程度的影响，经喷施后，表现为花粉管粗短、先端破裂、扭曲等损伤，极大地影响荔枝、龙眼花粉的发芽及生长，故应尽量在开花前做好病虫防治工作，开花期暂停使用农药。

（五）疏花疏果 龙眼定植后，一般第三年开始结果，但如树冠达不到要求的，需将全部花穗剪除，以保证树体继续扩大营养生长。至第四、第五年正式投产后，在正常管理条件下，龙眼花量大，坐果率高，较易早结丰产。但结果量过多，不仅消耗树体大量养分，而且果实相对小，品质降低，并导致秋梢萌发推迟，树体早衰。因此，龙眼产区有经验的果农极重视春夏季龙眼的疏花疏果工作。

1. 疏花

（1）疏折花穗原则。"树顶多疏，下层多留；外围多疏，内部多留；去龙留虎，鸳鸯枝去一留一"。"龙"即指树冠外围飘长枝，花穗长25cm以上，花穗分枝级数多，大穗花量多，开花期较早，坐果率低的花穗，这类花穗要折去。"虎"即指短壮花穗，只有二级分枝，花穗较小，花量较少，开花期较迟，雌花比率较高，坐果率也高，这些花穗应保留。疏花时应疏去叶片少的弱花枝、密生穗、徒长枝及花穗顶端带叶的"冲梢"穗。

（2）疏折花穗时间。疏花穗时间在"清明"前后，花穗长12～18cm、花蕾显露但又未开放时进行，过早疏折花穗，不易识别花穗的好坏，并且也容易抽发二次花穗；过迟疏折花穗，则消耗养分多，影响抽夏梢。疏花穗工作一般要求在立夏前完成。

（3）疏花方法。疏折花穗的时间不同，疏折花穗的部位也有所不同。"清明"前后可在新旧梢交界点以下1～2处疏折；"谷雨"前后可在新旧梢交界处疏折；立夏前进行疏花，则可在新旧梢交界点以上2节处疏折。若疏折花穗部位太深（即太重），则新梢萌发无力，仅抽生弱小夏梢；若疏折部位过浅，则容易再抽生二次花穗。树势强旺的植株，因其抽梢能力强，可疏折深些，树势弱的，疏折浅些。

（4）疏折花穗的数量。要掌握既能使当年有相当的结果量，又能为翌年结果培养出优良的结果母枝。要根据树势、树龄、品种和管理水平而定。树势旺、肥水管理等水平高的，可疏去总花穗的30％～50％；早熟品种可少些，掌握在20％～30％；树势弱、迟熟品种以及管理水平低的，应多疏，可疏去总花穗的50％～70％。广西三山园艺场6～8年生幼年结果树每年"清明"前后，每株疏去30～40条花穗。东莞市黄旗林场4年生石硖龙眼在4月上旬截去1/3花穗，只留下花穗长20cm。

（5）花穗剪顶及侧穗短截。当花穗生长至10～13cm时，在花穗主轴顶端0.5～1cm处剪顶，或剪去花穗主轴的1/3；经过一个半月再短截侧穗。方法是把整个花穗用手轻轻合拢，用剪刀把所有的侧穗顶端短截1/5。由于龙眼是无限花序，当营养和气候条件适宜时，花穗无限生长，随着花穗的伸长，养分消耗，越靠近末端雄花的比例就越大，靠近基部的则花穗受到抑制。经剪顶短截侧穗后，侧穗营养较充足，雌花数量多，坐果率提高。

2. 疏果 因龙眼花期有时遇低温阴雨天气，疏花难以确保当年产量，因而有些果农少疏花而着重于疏果，使果粒较大而均匀，产量较稳定，但疏果必须做到适时适量。①适时。就是幼果开始形成种核、种子迅速膨大之前，即在"小满"前后进行，"芒种"前完成。我国部分产区，考虑到自然灾害的影响，疏果分2次进行，第一次在果实并粒后，第二次在果实黄豆大时再疏一次。②适量。就是根据树势强弱、结果量及果园栽培管理水平等具体情况决定疏果量。一般大果穗每穗留果60～70粒，小果穗每穗留果20～30粒；根据果穗的长短粗细每枝穗留果2～3粒或6～7粒。广西五星场（梁昌盛，1997）对7年生储良龙眼疏果观察认为，结果母枝直径大于1cm，挂果量不超过30粒；直径在0.5～1cm之间的，每穗挂果不超过25粒；直径小于0.5cm的，挂果量相应减少。

（1）疏果原则。壮旺树少疏，弱树多疏；丰产年多疏，小年少疏；树冠顶部平的部分多疏，圆锥形的少疏，外围飘枝必疏，内部少疏。丰产年重疏折主穗，小年少疏折侧穗，先疏果穗，后疏果粒，使果穗分布均匀，果粒大小一致。

（2）疏果方法。不同的龙眼品种其开花坐果特性有差异，疏花疏果可根据其结果特性灵活掌握。如石硖龙眼丰产稳产性强，可先在花穗发育前期疏花，剪除过密和弱小花穗，疏剪量占总花穗30％～40％；在果实黄豆大时再进行疏果，疏除果穗上过密小穗、小果和畸形果，每穗保留发育正常的幼果40～50粒。储良龙眼单穗结果量比石硖龙眼少，可在开花后进行疏穗，把空花枝及坐果量少的果穗及早剪除，5月下旬至6月上旬疏去过密及发育较差的小果。

疏果后要求所留下的果穗分布均匀；折穗的基部或剪口要整齐；折穗深浅要适度，一般掌握在新旧枝梢的交界处。

实 训 内 容

一、布置任务

1. 龙眼药物催花技术应用。

2. 观察果树形态，确定需要催花的果树；熟记目前龙眼催花有效果的药物名称；掌握药液配制方法；掌握药物喷洒时期，喷洒方法；观察记载处理效果。

二、材料准备

确定开展活动的果园，药物丁酰肼、乙烯利，量筒，水桶，喷雾器，口罩，肥皂。

三、开展活动

1. 确定催花果树及催花时期　11月上旬，观察果树，生长势旺、叶色浓绿有可能长出冬梢的树用丁酰肼、乙烯利等药物进行处理；在11月中、下旬及12月中、下旬，再次进果园观察龙眼枝梢生长情况，如发现叶色浓绿、芽眼瘦小、叶片开张角度小等状况，为龙眼无花芽分化迹象。有此迹象的树为需要再次用药物进行催花的果树。通过观察确定要用药处理的果树，喷施药液1～2次，隔1～2周一次。

2. 配制药液　用水桶或用喷雾器为容器配制药液，先确定水桶或喷雾器的每桶水量，按比例用量筒量出原药，倒进水桶或喷雾器中，搅和均匀即可喷雾。叶面喷丁酰肼溶液，每50kg水加丁酰肼75～110g，壮旺树20～25d后可再喷一次。冬梢萌发前或嫩梢抽出时用50kg水加入40％乙烯利38ml，再加丁酰肼50g混合液喷雾。

3. 喷洒药液　要求均匀喷洒到叶片上，叶面及叶背均要喷洒均匀，以叶面及叶背湿润无滴水为宜。喷雾时戴上口罩，防止药物入口，喷药后用肥皂洗手。

4. 观察记载处理效果　为了对照用药效果，可以选两三棵龙眼树不喷药液。抽穗时观察记载抽花穗情况，观察结果记入表6-4，并分析处理效果。

表6-4　龙眼药物催花处理效果记录表

观察时间：　　　年　　月　　日　　　　　　　　　　　　　　记录者：

项　目	用药时间	抽穗时间	抽穗数	未抽穗数	抽穗率	备　注
丁酰肼						
乙烯利						
对照树						

【**教学建议**】克服龙眼"冲梢"现象是丰产的关键之一，在教学中利用学校实训果园或到当地果园进行实地观察与处理，并记录处理结果，让学生在实践中认识到该项技术的关键性、重要性。

【**思考与练习**】

1. 培养龙眼良好结果母枝的技术措施。

2. 写出用药物对龙眼进行控制冬梢促花的活动报告。

模块 6—3　龙眼周年生产技术

【目标任务】通过了解龙眼周年生产技术，掌握龙眼周年栽培管理知识，熟悉龙眼不同季节物候期的生产管理技术，学完本模块后达到能独立完成龙眼秋季培养优良结果母梢、冬季控制冬梢促花、春季壮花提高坐果率、夏季保果的栽培管理的学习目标。

【相关知识】

一、春季管理（2～4 月）

春季影响龙眼成花及坐果，枝条顶芽通常在 1 月中旬开始萌动，2 月上旬至 3 月中旬抽出花穗，3 月下旬以后逐渐发育成完全的花穗。开花期在 3 月底、4 月初至 5 月上旬。春季管理具体内容见表 6-5。

表 6-5　2～4 月主要管理措施

月份	物候期	主要工作内容提要
2 月份	①未结果树春梢萌发期； ②结果树花序形态分化期和抽穗期； ③发生"冲梢"危险期	①久旱天气，淋水促秋梢顶芽萌动，一般每株淋水 50～150kg，每 5～7d 一次，连续 2～3 次； ②幼年树施促梢壮梢肥； ③幼年树末次梢超过 30cm 以上，宜剪短或摘心，促使分枝条； ④喷根外肥，可用 0.3%～0.4%磷酸二氢钾，1.0%～3.0%草木灰浸出液等喷雾； ⑤摘叶或喷药防止"冲梢"，如每 50kg 水加入 40%乙烯利 13mL
3 月份	①抽出花穗，花器官形态分化，或花蕾期； ②幼树春梢萌发； ③发生"冲梢"危险期	①幼树喷根外肥，促使新梢及早转绿，可用 0.1%绿旺—N 等； ②摘叶或喷药防止"冲梢"； ③结果树施花前肥，幼年期结果树以 P、K 为主，N 配合，成年结果树以 N、K 为主，磷配合； ④花穗抽出长 10～13cm 时进行疏花； ⑤开花前做好防治病虫害工作，可用 25%杀虫双 500 倍＋90%敌百虫 500～800 倍混合液喷杀荔蝽等害虫； ⑥幼年树果园进行作物或绿肥间种
4 月份	①没有开花结果的树春梢生长期； ②花穗发育及落蕾、落花期； ③开花及幼果脱落期	①进行疏花，并于谷雨前后完成； ②继续做好防治病虫喷药，可用 90%疫霜灵 500 倍液，或 64%杀毒矾 500 倍液防治霜霉病； ③组织放蜂，蜜蜂进入龙眼园后禁止喷杀虫药； ④开花期高温干燥，果园灌水或喷水； ⑤及时剪除病枝病穗，杜绝传播； ⑥幼年树果园继续完成间作； ⑦防止龙眼园积水伤根

二、夏季管理（5～7 月）

夏季是龙眼果实生长期，龙眼整个生长发育期约为 110d，一般可以分为两个阶段。第一个阶段是果皮和种皮生长阶段，约 50d，第二阶段是假种皮（果肉）和子叶生长以及果实成熟阶段，约 60d。夏季管理内容见表 6-6。

表 6-6　5～7 月份主要管理技术

月份	物候期	主要工作内容提要
5 月份	①春梢成熟期； ②迟花开放期； ③幼果发育期； ④第一次生理落果期	①花期结束后喷药防病虫； ②疏花穗：没有疏花穗的龙眼园，要根据树势和果穗生长情况，疏除过密穗、弱穗或生长不良果粒； ③喷叶面肥保果：可用 0.1%绿旺 K 等喷雾； ④喷龙眼保果素或环割枝条保果； ⑤疏果后施壮果肥，以钾肥为主，氮磷配合； ⑥幼年树施促夏梢肥
6 月份	①种子迅速生长发育； ②果肉出现并包满种子，果实纵径增长较快； ③第二次生理落果期； ④夏梢萌发生长期	①芒种前完成疏果工作； ②继续喷施叶面肥，如喷沤浸 90d 的花生麸水肥； ③喷药保果，注意使用高效低毒农药，如可用 10%灭百可 2 000 倍液，90%敌百虫 800 倍液杀虫； ④喷水或淋水防旱保湿，促进果实正常发育； ⑤幼年果园 6～8 月，高温季节，保留良性杂草或间作物； ⑥套塑料网袋保果，提高好果率及果实质量
7 月份	①果实继续发育，横径增长较快，果肉饱满； ②开始采收早熟品种； ③夏梢成熟期	①7 月中、下旬，开始采收早熟品种； ②如果果穗无套袋，在采前约 20d，应视病虫发生情况，喷雾低毒、残效期短的农药，如敌敌畏、乐果、杀虫双、杀毒矾等； ③采果前 15～20d，施入采前肥，以氮为主，促使树势恢复和抽出壮健秋梢，施肥量一般比采果后少； ④继续做好防旱、保湿，大雨暴雨及时排除积水； ⑤没有挂果的大树应在秋梢萌发前进行修剪，以利于集中营养抽出秋梢； ⑥幼年树夏梢的长度超过 35cm 时，宜进行剪顶，促使分枝

三、秋季管理（8～10 月）

秋季龙眼园的中心工作主要是围绕如何培养粗壮优质的结果母枝。粗壮的优质结果母枝是来年龙眼产量的基础，秋梢萌发时间及其质量对植株明年能否开花和结果，有直接的影响，秋季龙眼园最重要的工作，也就是培养高质量的秋梢，使其成为明年开花结果的良好结果母枝，保证龙眼年年丰产的关键。秋季管理内容见表 6-7。

表 6-7　8～10 月份主要管理技术

月份	物候期	主要工作内容提要
8 月份	①采果期； ②采果后树体处于一年中营养水平最低时期； ③结果树树势恢复期； ④第一次秋梢萌发期	①适时采收，折果穗时，做好短枝采果，伤口整齐，保留"葫芦节"（果穗及结果母枝交界的膨大部位），应轻采轻放； ②采果后以施入有机质肥为主，化肥配合，最好用经腐熟的禽畜粪肥或花生麸及尿素、氯化钾或复合肥配合使用； ③采果后进行修剪，剪除枯枝、弱枝及结果母枝超长部分； ④清除枯枝落叶、残果并烧毁，减少病虫源； ⑤成年树全园浅中耕，深 15～20cm，促进吸收根生长； ⑥喷药防虫保梢，害虫发生严重的龙眼园宜在喷第一次药后 7～10d 再喷第二次

（续）

月份	物候期	主要工作内容提要
9月份	①第一次秋梢老熟期，枝梢营养积累增加； ②9月下旬部分抽出第二次秋梢	①施肥促进第二次秋梢生长健壮，最好施入经沤浸腐熟的禽畜粪水肥，氮钾并重； ②对第一次秋梢长度超过25cm的宜摘心或短截，促使分枝； ③新梢萌发期若久旱，应淋水促梢
10月份	①第二次秋梢萌发期，树体处于营养消耗阶段； ②上月抽出的秋梢处于老熟阶段	①末次秋梢萌发期间，应重视害虫防治，及时喷药保叶； ②新梢展叶后喷根外肥，用0.2%～0.3%磷酸二氢钾、0.1%硫酸镁、0.1%绿旺钾，或其他叶面肥，促使转绿老熟； ③末次秋梢生长特别旺盛，停止生长太晚时，应减少肥水供应，并进行摘心，抑制枝梢伸长，转入营养积累

四、冬季管理（11月至翌年1月）

龙眼在冬季进行花芽分化，包括生理分化和形态分化。生理分化是枝条的生长点内部由叶芽的生理状态转向形成花芽的生理状态过程，这一过程出现在形态分化之前，而花芽的形态分化是花芽的形成。龙眼冬季的管理主要工作是控制冬梢的生长，促进树体进行有效的营养积累和进入花芽的分化。冬季管理内容见表6-8。

表6-8 11月至翌年1月份主要管理技术

月份	物候期	主要工作内容提要
11月份	①第二次秋梢老熟期，枝梢营养积累的有利时机； ②早抽出的成熟秋梢，条件适宜时可能抽出冬梢	①未结果幼年树抽出早冬梢，可喷根外肥及土壤灌水施薄肥，促使老熟； ②幼年树注意进行地面覆盖，减少氮肥供应，做好防寒工作； ③全园锄除杂草，中耕或深锄20～25cm，促使土层通气，利于次年新根生长； ④11月中、下旬以后，芽饱满的枝梢，可能会萌发冬梢，可进行环割、环扎、喷龙眼控梢促花素，或每50kg水加入40%乙烯利37.5mL进行控梢促花
12月份	①树体营养积累增加； ②结果树进入花芽生理分化； ③壮旺树抽冬梢； ④幼年树易遭冻害	①新植树注意淋水抗旱； ②继续做好全园除草、松土和防寒工作； ③通过喷药、环割、环扎或摘冬梢等工作控冬梢促花； ④弱树应喷根外肥、淋水、覆盖树盘保温保湿，做好保叶工作，延长功能叶寿命； ⑤树干刷白，可用波尔多液，即硫酸铜1kg、生石灰1.5～3kg，加水12～15kg，用3/4水溶解硫酸铜，1/4水溶解生石灰，然后将硫酸铜液慢慢倒入石灰液中，并迅速搅拌，使成天蓝色溶液
1月份	①花芽生理分化； ②花穗（花序原基）开始形态分化； ③秋梢营养积累，达到一年中营养水平最高峰期	①继续完成冬季修剪、清园工作； ②继续完成果园松土、培土或深翻改土； ③消灭越冬害虫，气温10℃以下时，摇树震落荔枝椿象，捕杀成虫； ④摘叶或喷药，控制晚冬梢； ⑤沤浸花生麸，供幼果期土壤施肥或喷雾叶面

实 训 内 容

一、布置任务

1. 龙眼疏花疏果。

2. 选择实训果园，确定需要进行疏花疏果的果树；掌握龙眼疏花疏果的各项技术措施；观察记载处理效果。

二、材料准备

1. 疏果剪。

2. 确定疏花疏果的果树。

三、开展活动

1. 确定进行疏花疏果的龙眼树 在花穗抽出后，选定花穗发育较好、花量较大的龙眼树作为实验树，并选择邻近相当的树体作为对照树。

2. 疏折花穗 根据树势、树龄、品种和管理状况，确定疏折花穗的数量，掌握好既能使当年有相当的结果量，又能为第二年结果培养出优良的结果母枝，并做好记录。

3. 花穗剪顶及侧穗短截 当花穗生长至 10～13cm 时，在花穗主轴顶端 0.5～1cm 处剪顶或剪去花穗主轴的 1/3。过一个半月后再短截侧穗，用剪刀把侧穗顶端短截 1/5。

4. 疏果 视树势强弱、结果量的多少及外界影响因素，确定好疏果量。一般大果穗每穗留果 60～70 粒，小果穗每穗留果 20～30 粒。

5. 观察记载处理效果（表 6-9）

表 6-9 龙眼疏花疏果处理效果记录表

观察时间： 年 月 日 记录者：

项 目	总花量	疏花量	疏果量	单果重	备 注
实验树 1					
实验树 2					
实验树 3					
对照树					

【教学建议】 龙眼的周年生产安排，实践性、综合性较强，各地气候、立地条件不同会有一定的差异，品种不同也有不同，在学习制定龙眼周年生产工作历时，坚持因地制宜的原则，紧紧与当地龙眼的实际生产安排结合起来，达到学以致用的目的。

【思考与练习】

1. 冬季促进龙眼成花的技术措施。

2. 写出控制冬梢的活动报告。

模块七　荔　　枝

◆ **模块摘要**：本模块观察荔枝主要品种树形、树冠及果实的形态，识别不同的品种；观察荔枝的生物学特性，掌握主要生长结果习性以及对环境条件的要求；学习荔枝的土肥水管理、树体管理等主要生产技术；掌握荔枝周年生产技术。

◆ **核心技能**：荔枝主要品种的识别；疏花与疏果技术；保花保果技术；促进花芽分化技术；荔枝周年生产技术。

模块 7－1　主要种类品种识别与生物学特性观察

【**目标任务**】熟悉生产上常见的栽培品种的果实性状与栽培性状，识别当地栽培的主要品种，了解荔枝生物学特性的一般规律，为进行荔枝科学管理提供依据。

【**相关知识**】

荔枝属无患子科植物，又名离枝。是原产于我国南方的特产名果，被誉为中国岭南佳果，色、香、味皆美，驰名中外，有"果中之王"之称。

荔枝是南亚热带果树，常绿乔木，高可达20m，偶数羽状复叶，为大型聚伞状圆锥形花序，花小，无花瓣，绿白或淡黄色，有芳香。果皮多数鳞斑状突起，鲜红，紫红。果肉鲜时为半透明凝脂状，味香美。

荔枝栽培历史悠久，种质资源非常丰富。荔枝果实外观美，果肉鲜嫩，果汁甜美，营养丰富，鲜食风味浓郁，亦可制成干果或加工成罐头。荔枝树形美观，四季常绿，遮阴性能好，为南方优良的绿化树种。

一、主要优良品种

现有的栽培品种种类丰富多样，仅广东一省经整理取得的实物标本就有67个品种或优稀单株。目前，我国各地主栽品种和优良品种主要有：

1. 三月红　是比较早熟的品种，主产于广东珠江三角洲水乡，该品种树势壮旺，树冠扩散，枝条粗壮而疏长，木质较脆；叶片薄而软，长椭圆或披针形，花序大而粗，小花密集，花枝及花蕾表面密生黑褐色茸毛；果大，单果重26～42g，心脏形或歪心形；果顶尖圆，稍歪斜，果肩特大，微耸，果梗大；果皮较厚脆，皮色鲜红，龟裂片大而平，排列不规则，缝合线不明显，果肉白蜡色，多汁，甜中带微酸，肉质较粗韧；种子大，多不饱满；品质中等，5月中旬成熟，少数年份5月下旬才成熟。

2. 妃子笑　树势壮旺，树冠疏散，树皮灰褐色；叶片较大，长椭圆披针形；果大，单果重23.5～32.5g；近圆形或卵圆形，果形整齐美观，果顶浑圆，果梗粗直；果皮薄，色淡红，龟裂片凸起，裂片峰细密，缝合线不太明显；果肉白蜡色，爽脆多汁，清甜有香味；多数种子不饱满；品质优良，6月上、中旬成熟。

3. 糯米糍　品质最优，也是我国沿海地区近年发展最快的品种。该品种树势壮旺，树冠半球形，枝条细密且柔软下垂；叶片披针形，叶缘波浪状，先端渐尖；花枝较细，花序较长；单果重 20.1～27.6g，扁心形，果顶浑圆；果皮鲜红色，龟裂片明显隆起，裂片峰平滑，缝合线明显；果肉软滑多汁，味浓甜微带香气；种子小，多退化；品质极优，6 月下旬至 7 月上旬成熟。

4. 新兴香荔　分布于新兴、郁南等地。该品种树体高大，树冠半球形，树皮深褐色，枝条密而细；叶片浓绿，披针形或圆形，先端渐尖；花序较长，花枝细弱；果实较小，长卵形，平均单果重 10.6g，果顶钝，果肩平；果皮薄，深红色；龟裂片隆起，较密，裂片峰钝，大小较均匀，缝合线不明显；果肉白蜡色，质爽脆，清甜有浓香味；种子小，常退化；品质上等，2 月下旬至 3 月开花，6 月下旬果熟。

5. 桂味　是最佳鲜食品种之一。该品种枝条疏细而硬，趋于向上生长；叶片较疏，长椭圆形，淡绿色，边缘稍向内卷，先端短尖；花穗长，花枝细，很容易形成带叶花枝；果近圆形，中等大，单果重 15～22g，果顶浑圆，果肩平，果梗细，龟裂片凸起，呈不规则圆锥形，裂片峰尖锐刺手，裂纹和缝合线明显；果肉乳白色，肉厚质实，爽脆，清甜，汁多，有桂花香味；种子以焦核为多；品质极优，6 月下旬至 7 月上旬成熟。

6. 怀枝　是我国栽培最普遍的晚熟品种。该品种树形紧凑，枝条短而密；叶片短小，厚硬，叶片浓绿；花枝较粗，花序短密；果中等大，单果重 15.4～28.3g，近圆形或圆球形，果浑圆，果肩平，果梗粗长；果皮厚韧，色暗红；龟裂片大而平，排列不规则，裂片峰平滑，裂纹浅阔，缝合线明显；果肉白蜡色，软滑多汁，味甜；种子多数大而饱满；品质中等，7 月上旬成熟。

二、生长特性

荔枝在分类学上属于无患子科荔枝属植物，是南亚热带常绿果树，树体高大，树冠圆头形或半圆形，生长茂密，浓郁。树体由地下和地上两大部分组成，包括根系、根颈、主干、茎、芽、花、果、种子等主要器官。

1. 根系　荔枝根系由主根、侧根、须根及根毛组成。须根是根系最活跃的部位，由吸收根、瘤状根及输导根组成。主要分布于疏松肥沃的土壤耕作层。瘤状根着生于输导根上，形成不规则肿瘤状的节，起着贮藏营养的作用，瘤状根的多少与荔枝的丰产性成正相关。输导根在吸收根之上，由吸收根演化而成，海绵层脱落，黄褐色，木质化程度逐渐增强，主要起输导水分养分的作用。荔枝根与真菌共生，形成内生菌根，富含单宁。

荔枝根系分布的深度和广度，与植株的繁殖方法、立地条件和农业技术密切相关。用实生及嫁接繁殖的植株，具有发达的主根；而用高压（圈枝）繁殖的植株缺乏主根，侧根和须根则很发达，也能形成庞大的根群。一般来说，荔枝的根系分布较浅，不论丘陵山地、平原旱地、水乡堤岸、河边坝地，根群多垂直分布在 60cm 以上的土层中；而水平分布的根系通常比树冠大 1～2 倍，且以树冠外缘垂直处附近根量最多。另外，施肥区比非施肥区根量显著增加，健壮树的总根量比衰弱树多达数倍。

在一年中，根系生长随地上物候季节变化有快有慢，呈现一定的生长规律，称为根系年周期活动。荔枝树地上部和地下部是一个统一的整体，彼此之间相互联系，相互影响，经常保持着一种相对平衡关系。当地上部某一部分遭到破坏时，则常表现出新器官的再生，以恢复他们的平衡；反之，根系遭到损伤，必然影响地上部枝叶生长，严重时导致死亡。这种平衡关系还表现在矛盾的自动调节方面，地上部的枝叶与地下部的根群在年周期的生长中，都需要营养物质，树体本身就有自动调节的能力。每次新梢萌发之前的 15～20d，生长 1 次新根。幼年树比成年树梢次多，故发根次数也多。总的来说，一年中根群和新梢生长的具体时间，受土壤水分、温度和树体强弱的影响略有迟早，但彼此的生长高峰，相互的消长关系却是有节奏性地进行。

2. 枝梢 荔枝为常绿乔木，树体高大，树皮平滑，灰褐或黑褐色。木质纹理密致而呈棕红色，老树木纹呈波浪状。不同品种之间树干表皮的色泽和粗滑程度也有差异，如水东、妃子笑等品种树干灰褐，表皮较平；黑叶、糯米糍等品种树干黑褐色，表皮稍粗。树冠繁茂多呈半圆形，主枝粗壮，分枝多，枝条扩展宽阔，树姿依品种而异。如糯米糍较开张；桂味、黑叶较直立；怀枝枝条密而短，树冠紧凑；水东、三月红等枝条疏而长。桂味的枝条硬而脆；尚书怀的枝条软而韧。

荔枝的新梢多从枝梢的顶端及其以下 2～3 个芽抽出，落花落果枝从残留的花枝果枝基部抽出，采果枝及修剪枝从剪口端腋芽抽出，而衰弱树会从树干或老枝的不定芽萌发新梢。

一年中新梢发生的次数，因树龄、树势、品种和各界条件而定。幼年树在肥水充足、树体壮旺的条件下，每年抽新梢 4～5 次或更多；青壮年树当年采果后抽梢 1～2 次，少树可抽 3 次，无结果年份，抽梢 3～4 次；老年树一般在采果后抽 1 次梢。

不同季节荔枝梢期长短和叶色变化均有差异。11 月至次年 4 月，由于冬春季温度较低，新梢萌发后嫩叶红铜色或紫红色，经过 20～30d，叶片才逐步转为黄铜色，再转为青绿色或浓绿色，梢期长约两个月。晚冬梢甚至要待到春梢萌发前才完全转绿。5～10 月气温较高，芽萌发后随着新梢的伸长和展叶，叶片在增大的同时，逐渐转绿，至浓绿色需要 30～40d，故梢期较短，抽梢次数也可多次。幼年树的放梢应充分利用 5～10 月，加速枝梢生长，扩大树冠。

荔枝叶片寿命一般为一年至一年半，春梢及秋梢萌发期是大量新、老叶子更新期。青壮年树营养生长旺盛，能保持延续萌发 6～7 次新梢，而其老叶仍生长正常而不脱落，绿叶多有利于树体营养的制造和积累。老弱树常在新梢抽出后，上一次枝梢的叶片脱落，树上的叶子相对较少。

荔枝成年树常出现一株树上不同主枝的发梢期和开花期均有差异的现象，即一株树上有些主枝开花结果，另一些主枝却进行着营养生长；也有一些主枝正在开雄花，另一些主枝却在开雌花等，表现出枝条之间的相对独立性。

在年周期中，因物候期不同，枝梢的生长发育有春、夏、秋、冬之分：

（1）春梢。一般于春分至清明抽出，萌发时间随树势强弱、气温高低而变化。树势壮旺，上一年只有秋梢而无冬梢的树，至 12 月上旬，顶芽及其下数侧芽较饱满，则春梢多于 1 月中、下旬有雨水之后萌发；树势较弱、上一年抽出晚秋梢或遇冬春季温度较低的情况下，则春梢多于 2～3 月才萌发，少数甚至于 4 月才抽出，梢期 60～70d。当年开花结果的树，如果有大量春梢发生，则影响花量和花质，甚至加重幼果脱落。

（2）夏梢。抽梢期在 5 月上旬至 7 月底。幼年或青壮年无挂果的树，先后可有 2～3 次夏梢。第一次在春梢老熟后 5 月上、中旬萌发；第二次于 6 月中、下旬；植株生长旺盛的于 7 月下旬可再次萌发第三次梢，生长期跨入下一个季度。有时第一次夏梢尚未充分老熟，紧接着顶芽萌动，第二次夏梢抽出，由于连续生长，这时若养分供应不足，则第二次新梢生长量少而弱。有些结果树的落花、落果枝，会从花、果枝的基部抽出夏梢。成年荔枝树即使无开花，春梢老熟后通常少有夏梢抽出。

（3）秋梢。自 8～10 月抽出，粤西地区也有提早于 7 月下旬抽出的。秋梢是结果树次年开花结果的重要枝梢，萌发适时将形成良好的结果母枝。青壮年壮旺树，可萌发抽梢 2～3 次；成年结果树一般萌发一次秋梢。在栽培措施上，培养适时壮健的秋梢结果母枝，是管理工作的重要内容。

（4）冬梢。11 月后抽出的称为冬梢。早冬梢通过加强施肥壮梢，有时还可形成晚花穗，但花质一般较弱，结果不可靠。冬梢抽出后常遇低温霜冻，叶片细小且不能正常转绿，甚至嫩叶干枯，成为光棍枝。部分植株在光棍枝上能进行花芽分化，花枝主轴及侧轴较长而成为花穗。

三、结果习性

1. 结果母枝与花芽分化　荔枝的秋梢是明年开花结果的基础，秋梢萌发时间及其重量的优劣对第二年能否开花和结果，有着直接的影响。因此，秋梢是荔枝重要的结果母枝，培养高质量的秋梢，使之成为明年开花结果的良好结果母枝尤为重要。

荔枝的花穗着生于上年的秋梢之上，由枝梢顶芽及其下 2～3 个腋芽抽出，有也少数品种如黑叶，在顶芽以下多个腋芽都能抽出花序，花序着生于老枝或树干上的情况较少出现。

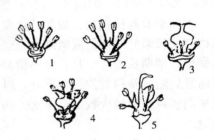

图 7-1　荔枝花型
1、2. 雄花　3. 雌花
4. 两性花　5. 变态花

荔枝花序顶生或侧生，为大型的复合或单独的聚伞状圆锥花序，由主轴、侧轴、支轴及小穗组成。每个小穗又由 3 朵花组成，且顶生的那朵花首先发育开放；一个或数个小穗着生于支轴或侧轴上构成侧穗，若干个侧穗着生于主轴上而形成圆锥花序。

荔枝花朵较小，横径只有 4～5mm，淡黄绿色，多数无花瓣；偶有之，如绿荷包和桂味品种中约有 15％以上的花具有花瓣，但多数只有 1～2 片。花瓣与花萼互生，白色匙形，密生绒毛。花萼形状和花盘显露程度因品种而异。雌蕊及雄蕊着生花盘上。荔枝多为雌雄异花，少数是完全花，通常雄花比雌花略小，着生在同一花穗上。也有全穗都是雄花或雌花的，但为数不多（图 7-1）。

荔枝的花芽形态分化可分为 3 个时期：

（1）花序原基形成期（分化开始期）。花芽分化开始前的生长锥呈宽圆锥形，体积较小，母枝顶部芽萌动后，在合适条件下生长锥变得更加肥大宽圆，近似半球形，这时即为花序原基形成期。

（2）花序各级枝梗分化期。花序原基伸长为圆锥花序的主轴，并由下而上分化出雏形复叶，叶腋间产生肥大的第一级枝梗（侧轴）原基，肉眼渐见嫩梢叶腋出现越来越明显的“白点”，一般称为“抽穗”。第一级枝梗伸长并产生数枚苞片，各苞片腋间产生第二级枝梗（支轴）原基；第二级枝梗再产生苞片及第三级枝梗（小穗轴）；三月红大型花序的中下部枝梗还可有第四级分枝。

（3）花器分化期。花序主轴及各级分枝末端形成3朵花，但在主轴及第一、二级分枝的顶端，往往只有中央一朵能完成发育，两朵侧花常在中途败育，而呈单花状。花器的分化是由外到内，依次分化为萼片、雄蕊、雌蕊，多数不见花瓣分化。

荔枝从花芽分化开始到整个花序花分化完成，大型花序需3~4个月的时间。从花芽分化到开花是连续进行的，中间没有休眠期。

2. 开花坐果与果实发育

（1）花穗发育和小花开放。

①花穗的发育。在广东地区，早熟品种如三月红、水东、黑叶，一般于小雪前后可见花穗抽出，立春前后开花；中、迟熟品种，如糯米糍、怀枝等，则在大寒后至立春前后抽出花穗。清明前后开花。

荔枝花穗的长短受品种、结果母枝抽生早晚、生长强弱等影响。长短花穗的坐果率与天气较为密切，如开花期间天气晴朗、暖和，则短花穗的坐果率较高；但若花期遇阴雨天气，则生于树冠外部的长花穗上的雨水易被风吹干，坐果率较高，而着生于靠近树冠叶层的短花穗上的雨水不易风干，甚至造成烂花，坐果率较低。

②荔枝开花。荔枝每个花穗一般都有100~200朵雌花，雌花所占比例在30%左右，有时可达50%，只要能满足其受粉受精条件，通常雌花量是足以达到丰产需要的。

（2）荔枝果实。果实由果柄、果蒂、果皮、果肉（假种皮）及种子等部分组成（图7-2）。

果实的形状、果皮的颜色，龟裂片粗细、缝合线深浅因品种而异。果形有心脏形、椭圆形、卵圆形及圆球形等。

果实成熟时果皮颜色有鲜红、紫红、淡红、黄绿、黄蜡、青绿色等。果皮有平滑或突出的龟裂片，龟裂片之间的交接处称裂纹，龟裂片中央凸起处称裂片峰。一般龟裂片大者，龟裂中央稍平，果身较滑；龟裂片小者，龟裂中央较凸起，果身稍粗。

果皮由对称的两边合成，其连接处有一小沟状的分界线称缝合线，明显或不明显。果肩有耸起、平、斜或一高一低。果顶浑圆、钝或尖。果蒂部稍突或微凹。

果实内部为半透明状如凝蜡的果肉（假种皮），果肉外面有一层薄膜状的内果皮，果成

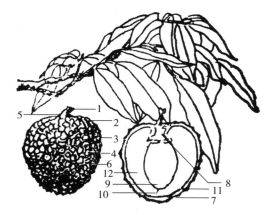

图7-2 荔枝的枝叶、果实
1. 果梗 2. 果肩 3. 裂片峰 4. 龟裂片
5. 果蒂 6. 缝合线 7. 内果皮 8. 果柄
9. 种子 10. 种皮 11. 果皮 12. 假种皮

熟时内果皮稍带红色或白蜡色。果肉内有种子一枚。发育正常的种子种皮棕褐色，滑而有光泽，呈长圆形。有子叶两片，不易分开，内有淡黄色的半月形小胚芽。败育的种子内半空或空，果熟时种子皱缩或焦核。

荔枝果实发育进程一般分为3个阶段：胚、果皮和种皮发育阶段，子叶迅速生长阶段，果肉迅速生长和果实成熟阶段。

四、对生态环境条件的要求

1. 荔枝经济栽培最适宜的生态指标 在系统发育中，荔枝对气候因子的适应范围有一个明显的幅度，经济栽培有一定的区域性。据广东省各荔枝主产区的气象资料分析，荔枝经济栽培最适宜的生态指标是：年平均气温 21～23℃，1 月平均气温 13～17℃，冬季绝对低温－1℃，>10℃的年积温 7 500～8 300℃，12 月至翌年 2 月>10℃积温 2 500～2 800℃，平均霜日少于 5d，年降雨量 1 500～1 800mm，年日照时数 1 800～2 100h，12 至翌年 1 月日照时数 240h 以上，降雨量 70mm 以下，以红壤、沙壤或黏壤土为佳，pH5～6，有机质含量 2% 以上。总的要求是营养生长期需要日照充足，高温多雨，花芽分化期需要低温干燥，果实发育期天气晴朗，数天一雨为佳。

2. 温度 温度是荔枝营养生长和生殖生长的主要影响因素之一。荔枝生长在年平均气温 21～25℃ 的地区，反应良好。迟熟品种在 0℃、早熟品种在 4℃ 时，营养生长基本停止。8～10℃ 时生长开始恢复，10～12℃ 时生长缓慢，13～18℃ 时生长增加。21℃ 以上生长良好，23～26℃ 时，生长最旺盛。温度降至 0℃ 时不至于冷害，降至－1.5℃ 时，两天之内荔枝老树不致损伤，－2℃ 时枝梢叶层受冻害，－2.6℃ 时，秋梢受严重冻害。荔枝冻害的临界温度是－2℃，持续时间愈长，损害愈严重。

3. 光照 俗话有说"当日荔枝，背日荔枝"。年日照时数在 1 800h 以上较为适宜，充足阳光有助于促进同化作用，增加有机物的积累，利于花芽分化。增进果实色泽，提高品质。枝叶过密阳光不足，养分积累少，难于成花。故花期日照时数宜多，而日照不宜强。日照过强，大气干燥，蒸发量大，花药易枯干，花蜜浓度大，影响授粉授精。花期阴雨连绵，光合效能低，营养失去平衡，会导致大量落果。

4. 水分 荔枝性喜温湿，雨量充足与否，是荔枝生长及花芽分化、开花结果的另一主要影响因素。广东省荔枝产区年降雨量多在 1 500mm 以上，夏季营养生长期雨量分布较多，冬春季雨量分布较少。冬季降雨量少，土壤干燥，空气湿度低，抑制了根系和枝梢的生长，提高树液浓度，有利于花芽分化。相反，冬季降雨多，易萌发冬梢，不利于花芽分化，花质差。花芽分化期降水因素对花性有所影响。

花期忌雨，雨多影响授粉授精。幼果期阴雨天多，光合作用效能低，易致落果。早熟品种三月红和白蜡等，通常在阴雨季来前的 1～2 月开花，故授粉授精良好，坐果率较高。谢花后小果期需要适量的降水，宜数天一阵雨，如遇少雨干旱，会妨碍果实生长发育，引起大量落果。果实成熟期如久旱骤雨，水分过多，则会出现大量裂果。雨水过多造成土壤水分多，通气不良，则影响根系活动。

5. 土壤 荔枝对土壤的适应性较强。广东省丘陵山地、旱坡地的红壤土、黄壤土、紫色土、沙壤土、跞石土、玄母岩、平地的黏壤土、冲积土、河边砂质土等都能正常生长和结果。其中山地、丘陵地、旱坡地由于地势高、土层厚、排水良好，但普遍缺乏有机质，肥力较低。通过深翻改土，可改善土壤结构，提高肥力，使荔枝根群分布深而广，植株保持中等生长势，与平地荔枝园相比，树龄长，果实皮较厚，色泽鲜红，品质较佳。平地、水田等地势低水位相对较高，有机质较丰富，水分足，植株生长快，生势旺盛，根群分布浅而广，树龄不及山地荔枝长，相对来说，果实水分较多，风味一般较淡。荔枝根与菌根菌共生，喜微酸性土壤。

土壤的各种理化性状如排水、通气、保水保肥、pH 和有机质含量等，对荔枝的产量和品质相当重要。因此，无论是种植前还是建园后，都必须重视改善果园的植地条件。

实　训　内　容

一、布置任务

1. 识别品种，观察荔枝物候期。

2. 通过观察荔枝树冠整体特征及树枝、叶片、果实形态识别荔枝主要品种，观察荔枝枝梢生长与开花结果，了解荔枝的生物学特性。

二、材料准备

荔枝种植园，不同品种果实实物或标本，生产上主栽品种资料（品种介绍文字资料、图片、多媒体课件等），载果盘，卡尺，水果刀，折光仪，托盘天平，记载表，记录笔。

三、开展活动

（一）识别主要品种　不同种类、品种外部特征（树形、叶片、果实外观）的比较与认识。

1. 树体识别　确定识别项目及标准。

树干：干性，综合判断生长势。

树冠：树姿直立性或开张性，冠内树叶浓密度。

树枝：枝条的密度与粗壮度，新梢颜色。

叶片：叶片大小，形状，厚薄，颜色深浅，叶面平或起波状或扭曲。

花：花序大小，花梗颜色，花朵大小，花瓣颜色。

2. 果实识别　解剖果实、观察果实内部结构，包括外观品质与内质品评。

（1）观察果实形状。大小（纵径，横径，平均单果重），形状（圆形、长圆形、椭圆形、长椭圆形、象牙形），果腹沟，果脐。

（2）观察果皮颜色。绿色，灰绿色，黄色，红色，粉红色，花纹。

（3）解剖果实。用水果刀纵向切开果实。

（4）观察果实内部结构与颜色。果肉厚度，果皮厚度，果肉颜色，种子大小。

（5）果实测定。使用手持式折光仪测量果实可溶性固形物。

（6）品尝果实。含纤维度，肉质，甜味，香味，异味。

（二）枝梢生长与开花结果观察

1. 枝梢生长与开花观察

（1）幼年树新梢萌发期的观察。包括春梢、夏梢、秋梢的萌发次数，萌发数量的观察记载。

（2）成年树枝梢生长的观察。正常开花结果树秋梢生长、落花落果树夏梢与秋梢生长、不开花树春夏秋梢生长的观察记载。

（3）开花观察。开花期（抽花序、初花、盛花、谢花期），开花顺序的观察记载。

（4）花型观察。荔枝花有雌花与雄花和两性 3 种花型。两性花：有子房一室，雌蕊一枚；雄花：子房退化；雌花：花粉退化。

2. 果实发育观察　幼果发育，小果膨大，果皮着色，果实成熟，落果集中期。

把上述观察结果记录填入表7-1。

【教学建议】教学方式可灵活多样，教学内容可以互相穿插，以提高授课效率与防止沉闷，如在品种观察识别时介绍主要品种。实训内容可分多次进行，其中品种识别一次性完成，并结合利用图片，多媒体课件，加深学生对品种的认识。可结合果实成熟期在果园内对果树树体观察，叶片观察、树形观察、果实外观观察等一次性完成。

表7-1　荔枝生长发育观察记载表

地点：　　　　　　　　观察时间：　　　年　　月　　日　　　　　记载人：

项目品种	花芽膨大期	花序抽发期	开花期				落花落果				枝梢生长				果实发育			
			初花期	盛花期	谢花始期	谢花终期	落花始期	落花终期	第一次落果	第二次落果	春梢抽发期	夏梢抽发期	秋梢抽发期	二次秋梢抽发期	幼果开始膨大期	果实迅速膨大期	果实着色期	果实成熟期

【思考与练习】全部观察项目完成后，写出观察分析报告。

模块 7-2　生产技术

【目标任务】掌握荔枝施肥以及水分管理技术，熟悉荔枝的整形修剪技术，学会荔枝的促花技术与果实套袋技术，学完本模块后达到能独立完成荔枝栽培管理的学习目标。

【相关知识】

一、育苗与建园

（一）荔枝的育苗技术　荔枝的繁殖有播种、嫁接、压条和扦插等方法。荔枝的实生苗投产迟，变异大，不能完全保持母树的优良性状，一般只作为培养砧木时采用。压条（又称圈枝）繁殖是广东传统的方法，其育苗时间短，种植后结果早，但对母树的损耗较大，抗风和抗旱能力不及嫁接苗。用嫁接方法育苗，既能保持优良品种的特性，又可节省繁殖材料，目前这种育苗方法已得到普遍推广应用，但在一些产区也出现砧穗不亲和的问题，急需认真研究解决。

荔枝的扦插育苗法，因成活率较低且苗木生长比较缓慢，目前处于试验研究中，生产上应用较少。

1. 嫁接繁殖法

（1）培育砧木。

①苗地的选择。荔枝幼苗不耐低温，苗根脆嫩易断，断根后再生新根能力不强。苗地宜选在交通方便、灌溉排水条件好、冬季无低温寒害的地方，同时应避免冬季容易沉积冷空气的低洼地或冬季风大温度低的北坡。

荔枝播种期正值夏天，尤其是迟熟品种的播种期正值盛夏，在露天育苗条件下，含沙偏多的土壤或日照偏强的坡地，晴日近午土壤温度上升很高，对幼苗出土和生长极为不利，选择苗地时尽量选择夏日日照不甚强的地方。

②苗地准备。苗圃地应提早犁翻晒白，再反复犁耙。每 667m² 可撒施 500kg 以上的腐熟粪肥、火烧土、适量花生麸粉等作基肥，再施适量的磷肥、石灰等，犁翻并耙平耙匀后起畦。地下害虫多的地方，则再施入呋喃丹等杀虫药。一般畦面宽 0.8～1m，畦床高 30cm。

③砧木的选择和种子采集、催芽。荔枝砧穗亲和力的研究尚缺乏全面系统的实验依据。一般认为山枝（实生荔枝）及子粒大而饱满、发芽率高的荔枝品种均可采种培育砧木。

荔枝种子在果实未成熟，而种皮开始变褐色时，已具有发芽能力，虽可提早采收，提早播种，以利于避过高温期播种带来的伤害，但从充分利用经济价值高的果肉，及获得更高发芽率考虑，采种用的果实，应在充分成熟时才采收。取出种子后，在清水中洗净，去掉残肉，随采随播或即作催芽处理。一般常用沙藏催芽法，即将种子与细沙（含水量约 5％）按 1∶3 的比例均匀混合，层堆 40cm 左右高，表明用塑料薄膜封盖保湿，约 4d 后，种子露出胚根，即可取出播于苗圃地。

④播种及播后管理。播种密度视种子大小、管理条件及移植时间迟早等而不同，夏季播种，翌年春天 3～4 月移植的，播种行株距可以 10～15cm×5～8cm，每 667m² 播种子 125～200kg，5 万～8 万粒；若提早在幼苗第一次新梢老熟时移植，则可以播得更密些。

播种时，先按行距挖好播种沟，沟深 2～3cm，按原定株距将种子放于播种沟中，然后覆土。也可将种子按行株距平放在畦面上，稍加压实后盖上碎土或充分腐熟的土杂肥，最后抹平土面，盖草淋水。覆土厚度一般 1.5～2cm 为宜。太浅种子容易失水而丧失生命力；过深则土壤阻力大，幼苗出土困难，深于 6cm 几乎不能发芽出土。

夏季播种要切实做好遮阴降温工作，坚持早晚淋水，特别是早上应充分淋透，以降低土温。为保证幼苗速生快长，要及早除去一子多茎苗，选留健壮苗。荔枝播种后的管理重点在保持土壤湿润，若淋水不足，畦面过干，易导致种子迅速干燥死亡。幼苗出土后可逐渐揭去盖草，并在苗床上搭遮阴棚，遮光率约 70％，以防止烈日高温灼伤嫩苗。但幼苗真叶转绿后，可将阴棚拆除，并开始薄施水肥，每月 1 次，浓度逐渐提高。秋末施入土杂肥，停施水肥，防止抽发冬梢，并做好冬季防寒工作。冬季低温期间，最好用塑料薄膜搭小拱棚覆盖苗床，提高床内温度，防止冻害发生，并为幼年苗争取更多生长时间，缩短苗期。

⑤分床移栽。幼苗在播种圃生长至一定时间，便需要分床移栽。一般移栽时间在播种后第二年春季，即 3～4 月间，气温逐步回升，而又尚较凉爽，日照不太强烈，雨水多湿度大，移栽较易成活，管理也较省工。但春季分床也有不足之处，因生长时间较长，苗株较大，移栽时，往往需剪去部分枝叶，且经移栽后，苗木根系吸收功能尚未恢复正常之前，有个生长停带期，影响苗木生长；若此时管理稍有不周，则成活率明显降低，据有关试验报道，提早分床可有更佳效果。早期分床以播种后 50d 为分床临界期。临界期前，掌握在幼苗第一次梢老熟后移植，这时苗与核还连接在一起，种皮有光泽，种核内营养丰富，能供应幼苗生长所需，可弥补苗根暂时吸收差的缺陷，移栽成活率高，移植后很快正常生长，基本没有生长停滞期。若至临界过后才移植，则效果大不一样，虽然还有部分苗核相连接，但核中的营养消耗过多，已部分或全部丧失提供养分的能力，成活率明显下降。

移栽株行距一般 15～20cm，每 667m² 约植 1 万株。植后即淋足定根水，并注意保持土壤湿度，保证成活率。移栽后萌发第一次新梢老熟，即可开始施肥，以后保持勤施薄施。苗木主干 15cm 以下萌发的侧芽要及时抹除，集中养分增粗苗干，并使苗干平直光滑，利于嫁接。当苗干直径达到 0.8cm 以上时，便可进行嫁接。嫁接之前 1 个月左右，最好再施一次肥，促进苗木生长，提高嫁接成活率。

（2）接穗的选取、贮藏。选择品种纯正、生势健壮、丰产优质的结果树作为采穗母本树，选择树冠外围中上部、充分接受阳光部位的枝条，要求芽眼饱满，皮身嫩滑，粗度与砧木相近或略小，顶梢叶片已转绿老熟，末萌芽或刚萌芽不就久的 1～2 年生枝条，剪下后立即剪除叶片，用湿布包好，便可供嫁接。

荔枝接穗不耐久贮，最好采下后立即用于嫁接。短期保存，可将接穗用湿润细沙或木糠、苔藓等埋藏，上盖薄膜。短途运输可用浸湿后扭干的草纸包裹或湿润木糠（椰糠）埋藏，外面再包以塑料薄膜，途中注意检查，防止过干过湿和发热。

（3）嫁接方法。在广东周年可进行嫁接，而最适的时间枝接为春季 2～4 月及秋季 9～10，芽接宜在 4～10 月。荔枝芽接常用的是补片芽接法，枝接主要有合接、劈接、切接、舌接、嵌接等多种方法。在此选择常用的补片芽接、合接和切接方法，分别介绍如下。

①补片芽接。又称贴片芽接或芽片腹接法，具有节省接穗、成活容易、有利于补接等优点，不足处是嫁接苗初期生长较慢。此法一定要在生长季节，树液流动、砧木和接穗都容易剥皮时进行。具体操作如下：

开芽接位：嫁接时砧木暂不剪断顶部，用刀在砧木主干上，离地 10～20cm 的平直光滑部位，自下而上平行直切两刀，深度仅达木质部，长约 3cm，宽度视穗、砧粗度酌定，顶端横切一刀，成长方形接口，也可在顶端作弧形相交成盾形接口，挑开皮层向下拉开，并立即贴回原处，以免伤口暴露过久，影响接活。

削取芽片：用刀在接穗芽的上方约 1.5cm 处，将芽稍带木质削出，长约 3cm，小心剥去木质部，适当修整上下及两侧，成为芽眼位于中间，大小比砧木芽接位略小的长方形或盾形芽片。

安放芽片及缚扎：先将砧木开接芽位上的砧皮上部切去约 2/3，再将芽片安放在芽接位中央，下端插入留下的砧皮内，使芽片与芽接位顶端及两侧稍有空隙，然后用宽约 1.5cm 的薄膜带，自下而上均匀地作覆瓦状缚扎密封（图 7-3）。

注意缚扎时一定要压紧芽片，特别注意使芽眼及其上下部位贴紧砧木，使芽眼背后没有空隙。

接后 30～40d 解缚检查成活情况，芽片新鲜保持原色，轻刮表皮现出绿色皮层的即为成活，再经 7～10d，便可从嫁接部位以上 3cm 左右处剪断砧顶，促进接芽及早萌发。如为秋季嫁接，适合生长时间已过，宜留待来年春季萌芽前才断砧。接不活的要及时抓紧补接。

②合接。砧木与接穗粗细一致时适用此法（图 7-4）。

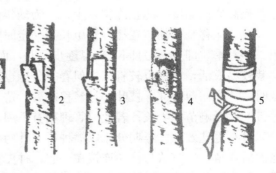

图 7-3　补片芽接
1. 削好的芽片　2、3. 开好芽接位、切短砧皮
4. 安放芽片　5. 缚扎密封

切削砧木：嫁接时，在砧木离地面约 20cm 处切断，用嫁接刀在断口下平直部位由下而上斜削一刀，削成一个 3～4cm 长贯穿砧茎横面的斜切面。

削接穗：取粗度与砧木一致的接穗枝条，在下端平直部位，由上向下斜削一刀，削出一个与砧木斜削切面的长、宽相一致、贯穿枝条横面的斜切面，留 2～4 个芽切断即成。

接合、缚扎及密封：将接穗基部的斜切面与砧木斜切面相对接合，形成层对准，然后用薄膜带缚扎固定，并将嫁接位及接穗全部包裹密封；也可另套小薄膜袋或薄膜卷筒反缚密封。若在薄膜袋或卷筒内加一层纸，或在袋外加套稻草束遮光则更好。

③切接。荔枝以多芽切接居多，方法如下（图 7-5）：

开接口：砧木离地 10～20cm 断顶，于平直部位沿形成层或稍带木质部垂直下切一刀，切口长 3～4cm。

削取接穗：接穗枝条平直面向下，将枝条下端削成约 45°斜面，然后反转枝条，使平直面向上，下刀深达形成层或稍入木质部，平切一刀，削出一个比砧木切口稍长些的平滑长切面，留 2～4 芽切断。

接合、密封：把接穗的长切面向内，插入砧木切口内，使接穗与在砧木的形成层互相对准，若砧木切面比接穗的切面大，应保证有一侧形成层相对准。最后缚扎、密封即成。

（4）嫁接后管理。

①检查成活、补接。嫁接后 30～40d，要检查是否成活，不活的及时补接。

②及时剪除砧顶。补片芽接和腹部枝接等接法，嫁接时砧木未剪去顶部，在检查成活后 7～10d，接芽仍然活着的，便可剪断砧木顶部，去掉顶端优势的抑制，加速接穗的萌芽生长。如砧苗较小，尤其接位以下无保留叶片的，最好分两次断砧，第一次在接口 1～2cm 处将砧木横断约 2/3，保留 1/3 与下部相连，并将横切处上部分砧木向下压，使其弯倒在畦面上，叶片继续制造养分供应砧根和接穗萌芽生长，接芽新梢叶片绿后才将砧木从接口上方彻底剪断。

③解缚。嫁接时加套膜袋或用薄膜筒密封的，在接穗萌发后，要剪穿袋顶，使新梢顺利生长。缠缚固定接合部或兼起密封作用的薄膜带，则在新梢老熟后，从侧边切开解除。

④抹除砧芽。剪顶后的砧木，常有砧芽萌发，与接穗抢夺养分，应随时抹除，使养分集中供应接穗生长。

⑤肥水及其他管理。接穗萌发的第一次新梢老熟后，即可开始施肥，以后每次梢期施 1～2 次肥。旱时灌水，涝时排水，防止过干过湿。如有虫害，应及时灭虫。

⑥整形。苗高 30～40cm 时进行修剪，摘顶，促进中上部多分枝，然后选留 3～4 条分布均匀的壮枝培养为主枝。

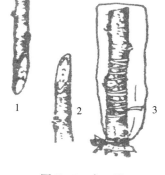

图 7-4 合 接
1. 削好的接穗
2. 砧木切削面 3. 接合密封

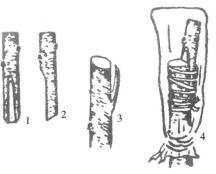

图 7-5 切 接
1、2. 削好接穗的正面与侧面
3. 切砧木 4. 接合密封

2. 空中压条繁殖法（圈枝育苗法）　也称压枝、驳枝等，是无性繁殖的一种方法。该方法简易，成苗快，结果早，并能保持母树优良性状，为荔枝主产区常用的育苗方法。但是母树消耗大，繁殖系数低，对母树数量不多的优稀品种或单株而言，不宜采用此法。

（1）圈枝育苗的原理。圈枝育苗是将计划与母树分离的枝条，进行环状剥皮，沿外周包生根基质，枝条通过木质部，仍能继续获得母树根系运来的水分和养分，而环状剥皮，切断了有机养分下运的通道，使叶片合成的碳水化合物和生长素，积累在环剥口上方，并使呼吸作用加强，增强了过氧化氢酶的活动，促进细胞根裂和根原体的形成，长出不定根，再将它锯离母枝，即得一株完整的苗木。

（2）圈枝育苗方法。

①时间。我国荔枝主产区，几乎全年四季均可进行，通常以 2～4 月进行较好。气温逐渐回升，雨水渐多，荔枝渐入旺盛生长活动期，剥皮操作容易，圈枝后发根、成苗均快，在盛暑前落树假植，成活率较高。在采果以后的秋季圈枝也可以，高温多湿有利于发根，至落树时，气温已渐降低，台风较少，假植成活率也较高。

②枝条选择。圈枝育苗的枝条，应选自果实品质优良，丰产稳产，生势壮旺，具有该品种特征特性的壮年母树，枝龄 2～3 年生，环状剥皮部径粗 1.5～3cm，枝身较平直，生长健旺，皮光滑无损伤，无寄生物附着，能接受到阳光的斜生或水平枝。选用枝条时，还要注意一株母树不能一下子圈得太多，以不影响母树树冠完整和生长结果为度。

③操作方法。

环状剥皮：在入选枝条上，距离下部分枝 7～8cm，适宜包泥团部位，环割两刀，深度仅达木质部，两道割口相距约 3cm，在其间纵切一刀，将两割口之间的皮剥除。也可用特制的圈枝嵌。把环割部位的树皮嵌紧转扭剥下，刮净附在木质部表面的形成层或任其裸露数日，使残留的形成层细胞死亡。

生根基质的制备：凡能通气、保湿的材料都可用作生根基质。常用的有稻草泥条（俗称"泥蛇"）、椰糠（椰衣碎屑）、木糠（锯木碎屑）、苔藓、牛粪干等混合肥泥，也有用疏松泥土加入牛粪或磷钾肥等。

包泥团，裹薄膜：如用稻草泥条为主生根基质，包时以上圈口为中心，拉紧泥条缠绕，使泥条紧贴枝条不松动，最后绕成一个椭圆形泥团，注意使环状剥皮部上圈口生根部位位于泥团近中部或上方 1/3 处，抹平泥团表面。包好泥团后，最好让泥团风干一段时间，等到下雨以后，趁泥团湿润时，在泥团外裹上塑料薄膜保湿。多雨季节，若见薄膜内泥团积水，应于下侧打孔放水，以防烂根。

用椰糠等疏松材料混合泥土作生根基质的，则先将薄膜一端扎紧于圈口之下，成喇叭状，填入生根基质，边填边压实，最后把薄膜包成筒形，扎紧上端即成（图 7 - 6）。

为了促进圈枝的枝条早发根、多发根，包泥团之前，可在上圈口及其附近涂上 0.5% 的引哚丁酸，也可涂 0.05%～0.1% 的引哚乙酸或萘乙酸。

④剪离母树（落树、落苗）。圈枝后，用薄膜

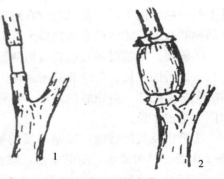

图 7 - 6　圈枝育苗
1. 枝条环状剥皮　2. 包泥裹薄膜

包裹生根基质者，经 60～80d，长出第三次根后，细根密布可见，即可把苗从母树上剪下。不用薄膜包裹的，因不能控制湿度，发根迟早受气候影响，通常需 100d 后或更长的时间才能落苗。

落苗时，用枝剪或小锯贴近泥团下方，把枝条连泥团剪下。落树后，随即剪去大部分枝叶，只留数条主枝及少量叶片。解开薄膜，将泥团充分淋湿，再包好付运。或蘸上泥浆，直立排放于树荫下，再用湿稻草遮盖泥团，注意保湿，催发新根，经 7～10d 长出多量新根，即及时假植或定植大田。

⑤假植。圈枝苗虽可直接定植大田，但因面积大，护理难于周到，常有部分苗在抽第一次新梢期间，嫩梢枯萎，进而整株干枯死亡，称做"固枯"（回水）。其原因是根系过弱，地上、地下部分水分、养分严重失调所致。为了提高定植成活率，最好先经过假植，为圈枝苗脆弱的根系创造优良生长环境，养成较强根系，待苗木抽出两次梢并老熟后才植于大田。

最理想的是把刚锯离母树的圈枝苗，假植在特制的小竹筐中，每筐 1 株，可避免出圃时挖苗伤根，定植成活率高。假植筐的营养土以肥沃圆土为主，加 20％腐熟堆肥、过磷酸钙和草木灰各 1％，均匀混合而成。场地土中蚯蚓过多或有其他地下害虫时，会钻入筐内危害苗根，可在筐底先装入 3～4cm 河沙或红壤土，接着才再装营养土。摆放筐苗的场地地面，铺上 7～10cm 山地红壤土，可减少苗根危害。假植期间要搭棚遮阳，晴天淋水，第一次梢老熟后薄施腐熟人尿 1～2 次，至第二次梢老熟后，即可随时植到大田（图 7-7）。

图 7-7　竹筐假植圈枝苗

（二）荔枝的建园　荔枝是多年生长寿果树，搞好建圆工作是荔枝栽培的重要环节。必须根据荔枝的生长特点和对外界环境的要求，即按荔枝品种区划生产发展规划要求选择品种，对不同类型的园地进行全面规划，合理设置各种田间设施，搞好果园基础建设，为荔枝正常生长、结果创造有利条件。

荔枝对土壤的适应性较强，无论山地丘陵、水田冲积地、河流岸边，还是村前屋后、塘边等均可栽种。但作为荔枝的规模化商品生产，则应以开发山地、丘陵地和旱坡地为主。

1. 山地丘陵地的建园

我国大多数荔枝种植地区山地及丘陵地比较瘦瘠，土质差；地下水位低，水利条件差。坡度越大，雨后径流对地面的冲刷就越严重，即水土流失较重；由于肥沃表土被冲走，则地表土层薄，保水保肥能力降低。因此，在山地及丘陵地建立荔枝园的重点：一是切实解决雨后径流所引起的水土流失，保持水土；二是深翻土地，引根深生。

（1）园地选择。开发山地及丘陵地种荔枝，最好选择山坳谷地或西北向有高山屏障的山地；在冬季气候寒冷、霜冻较为严重的山区，则应选择向南或向东的坡地；最好选择 20°以下的缓坡地或是旱地，大于 25°的山地不宜建园。山地土壤最好是土层深厚，土质疏松、保水保肥性能良好的壤土或沙壤土；如果园地土壤条件差，应先行改土工作。选择园地还要注意靠近有水源处，遇旱可方便灌溉；同时果园交通条件也要考虑，以利生产资料和产品运输。

（2）园地规划。建设大面积荔枝园，首先要做好分区、道路、排灌系统、肥料基地、防护林及田间辅助建筑等方面的统一规划，实行山、水、林、路因地制宜，综合治理。

①划分小区。分区的原则是各区内的土壤条件、坡度、坡向宜相对一致；应与排灌系统相结合，道路所谓设置应有利于交通运输和提高工作效率。

②道路。荔枝园的主道宽5～7m，连通办公室、仓库、肥料基地及公路。小区之间修建支路，宽3～4m；区内修建小道，宽1～2m。

③排灌系统。山地荔枝园的排灌系统主要有环山防洪沟、纵向排水沟、横向排（灌）水沟及蓄水、引水系统。

④肥料基地。山地丘陵地荔枝园，需要大量的有机质肥料作深翻改土之用，宜提倡果园种养结合，综合利用，在果园间种绿肥及配套禽牧业，解决果园有机质肥料来源。

⑤林带的建立。山地果园要建立防护林，以改善果园的生态环境，保护果树正常生长和开花结果。防护林主要有水源林和防风林。水源林种在荔枝园防洪沟以上的地带，以保水保土。防风林分主林带和副林带。主林带设在迎风方向的园地边或山坡分水岭上，与水源林相连；副林带设在园中道路或排灌沟边沿。主林带应种4行树以上，副林带种1～2行树即可。

⑥建筑物的安排。果园的房舍、仓库、农具间都应建立在果园中心近主道路处；粪池、水池等可以每小区建1个，设在各小区的靠近主道路处，容积一般8～10m³。

（3）园地开垦。在坡度较大的山地、坡地种荔枝，要强调修筑等高水平梯田，以缩小坡度，切断坡面上的径流，蓄水拦泥，保水保土保肥，同时也便于管理操作，是山地种荔枝的好形式。山坡地修成的一级级梯田由梯壁和梯面构成，梯面的宽度根据山地坡度大小而定，坡度大的，梯面窄些；坡度小的，梯面可宽些。

修好梯田后，根据预定的株行距在梯面挖深、宽各80～100cm的植穴。在植穴内分层压入绿肥、青草、土杂肥等改土材料，并分层撒入适量石灰，表层混入较为肥沃的腐熟土杂肥、堆肥等肥料，最后把植穴培成高30cm的土墩即可植苗。

倾斜度不大的平缓坡地，种荔枝虽然可以不开梯田，但要注意按等高线开垦种植，最好还采用宽行密株种植方式，以增强水土保持效果。

还有一种方法称鱼鳞坑种植法，在劳动力缺乏，又赶季节急于要种植、或植地坡度较大时可采用此法。其作用是将水土保留在坑内，供植株生长，也可减慢地面的径流速度。先按株行距定点，在点上挖80cm×80cm×80cm的种植穴。分层压绿埋穴。埋穴时把表土填回穴内，底土用以修筑坑下的土埂，埂高20cm，形成直径1.5m左右的树盘。种植后，在植株的上坡方向开一浅沟，以防雨水冲入树盘。以后随着荔枝树的生长，逐渐扩大树盘的范围，或改筑成梯田。

2. 平地水田的建园　平地水田和冲积地，土层深厚肥沃，水分充足，有利于荔枝早生快长。但有些地区地下水位较高，生根土层浅，限制根群向下发展，对荔枝正常生长有一定影响。一些沿海地区的荔枝园，每年台风季节，易遭风害影响。因此，在平原水田和冲积地建立荔枝园，应充分利用园地的优点，克服其缺点，建园工作必须重视排灌系统的修建，降低地下水位，增厚生根土层，设置防风林。

（1）田间基本设施的建设。大面积的荔枝园，可以6.7hm²左右为一大区，再用排灌沟和道路将大小区划分为若干个小区。中小型荔枝园的分区则可灵活掌握。

荔枝园应修建可通行汽车的主道路，在主道路两旁修建排灌总渠，总渠与可以排出积水的小渠或河流相连通；种植畦之间的 3 级排灌渠相连通。水位过高的围田区或水田，还要在总排灌渠出口处修建动力排灌站，以保证荔枝园的排灌畅通。

果园的房舍、仓库等设施应建在果园中心靠近主道路处；每个小区近路边可配建 1 个 10m³ 的沤肥池和水池。

（2）果园开垦。平原建立荔枝园，主要考虑地下水位的高低。围田地区，荔枝多种于围堤、围堤内的高畦上，或种在地势较高的园地上，主要有下列几种种植形式。

①筑墩培畦旱沟式。地下水位较低、土层肥沃的园地可采用这种形式。按计划的株行距定点后，把肥沃的表土堆在定点处，筑成直径 1.2～1.5m、高 40～50cm 的圆形土墩，土墩上可开浅穴定植荔枝。荔枝种植后在行间挖 30～50cm 的旱沟，将沟泥培上畦面，以加大龟背形畦面。这种形式的种植畦，土层深厚，土壤结构好，有较强的保水保肥能力和通透性，有利于荔枝生长。

②低畦旱沟式。在地下水位较低、土质疏松易灌水的水田或河流冲积地建园常采用这种形式。先按预定种植的行距修成龟背形低畦；再在畦面按预定株距定点种植。在两畦之间开深沟和浅沟各 1 条，深沟深 50cm 左右，浅沟深 20～30cm。平时沟中不蓄水，只作排灌水之用。

③深沟高畦式。在地上水位较高的地区建园多采用这种形式。先按预定的种植行距开沟成畦；然后按株距在畦面起直径 1m 左右、高 30～40cm 的种植土墩。以后通过加深畦沟及修沟培土，形成深沟高畦式园地。沟深一般为 80～100cm，与小区周围的排灌沟相连通，以利于排水和灌溉。

3. 定植

（1）定植时期。荔枝定植一般宜选择春植和秋植，视种苗准备、土地准备、水源及劳力情况而定。

春植在 2～5 月进行，此时雨水较多，气温回升，种植成活率高，特别适宜山地种植。

秋植在秋梢老熟的 9～10 月进行，此时天气转凉，日夜温差较大，可萌发一次新根后过冬，次年春季即可进入正常生长，有利于迅速扩大树冠。但秋季为旱季，要注意淋水保湿，促使尽早恢复生势。同时也不宜种植太迟，因干旱低温较难成活。因此，寒冷来得早的地区宜行春植。如果是用营养袋里培育的苗木，则可不受季节限制，周年都可定植。

（2）种植密度。荔枝的种植密度要根据品种特性、立地环境条件、栽培管理条件而定。要综合考虑各种因素对产量构成和效益的影响，以获得最大的经济效益为目的选择种植密度。荔枝合理密植，可以充分利用阳光、空间的地力，迅速提高叶面积指数，增加植株光合效率和光合产物的积累，提高早期的产量和效益。但不等于越密越好，种植过密，树冠过早封闭，对结果反而不利。所以密植更要讲究科学的管理技术，才能获得早结丰产的效果。

①永久性栽植。株行距一般为 6m×7m，每 667m² 植 16 株，这种定植方式管理较费工，前期单产低，影响经济效益，应充分利用株行空间种植其他中、短期经济作物，增加早期效益。

②计划密植。株行距一般为 4m×4m 或更密些，每 667m² 植 40～50 株。这种方式定植时株数为永久性栽植的 2～3 倍，较易获得前期产量。但当枝条交叉封行后，即应有计划地实行回缩修剪，若干年后再伐或疏移，以保证永久树继续正常生长和获得更高的产量。计划

密植必须注意两个问题：一是前期的技术措施应能保证植株早结丰产，否则投资大收入少，得不偿失；二是当植株封行影响光合效能、树势和产量时，要切实间疏，否则于长远效益不利。

（3）定植方法。丘陵山地要求植穴深、宽各 80～100cm，分层压入绿肥、土杂肥等基肥，并整理成略高于地面的土墩。在水田及冲积土园则不必开大穴，但同样要求施足基肥并培土墩种植。

种植时填土小心，用手从四周向根部轻轻压实，忌大力踩踏造成断根。植后即淋足定根水。也有定植后在苗木头部浇些泥浆，或将植穴加水拌成泥浆，苗木植于泥浆中。荔枝定植深度是否适当直接影响其成活和生长，定植过深则生长缓慢；定植太浅，抗旱力弱，易受风害，成活率低。所以苗木入土深度一般掌握与苗期相同。刚从母树锯下的高压苗，一般覆土深度较原来泥头高 10cm 左右。种植后将植株周围泥土筑成碟形土墩，利于淋水、施肥，上面覆盖稻草或芒萁草保湿。风力较大地区，种植后应立支柱扶持，避免因风吹苗木摇动而伤根。以后适当淋水保湿。种后 1 个月可检查成活率，缺苗时及时补种，待抽发二次新梢后，成活才较有保证。

（4）配置授粉树。种植荔枝需要品种搭配，这是因为荔枝的雌花需要雄花的花粉进行授粉受精才能结果，而荔枝为雌雄异花果树，又存在着雌雄异熟、雌雄花不同时开放的现象。在单一品种的荔枝园，有可能出现雌花开放期没有雄花或太少雄花开放，花粉量不足，雌花得不到充分授粉；或因雌雄花开放相遇的时间短；或碰上不良天气雄花散粉困难，或蜂、虫、风等传粉媒介太少等情况时，使雌花错过授粉机会而少结果或不能结果。种植荔枝时以一个品种为主，配植 2～3 个花期相近的不同品种作授粉树时，增加雌雄花相遇的机会，有利于提高坐果率。授粉品种一般占主栽品种的 10%左右，并按一定距离均匀分布，才有利于授粉。例如，以黑叶为主栽品种，可混栽 10%的三月红、大造；以糯米糍为主栽品种，可混栽 10%的黑叶、早红。而糯米糍、桂味、怀枝、尚书怀、黑叶等品种混合栽种，也可以提高相互授粉的效果。

二、土肥水管理

（一）土壤管理

1. 中耕除草　俗有"荔枝犁基"之说，意思是荔枝园必须犁耕松土，荔枝菌根好气，土壤疏松通气，有利于促进根系生长发育。松土除草有消灭杂草、通气保湿，防止土壤板结，加速有机肥料分解，切断细根，促发新根，更新根系及增强共生菌根吸收能力的作用。

荔枝园的中耕松土在采果前或采果后结合施肥进行。结果树由于开花和果实消耗大量养分，根的负担重，树体较弱。采果后中耕可加速树势恢复、促进萌发壮健秋梢。松土深度视过去有否犁耕习惯或根系分布深浅情况而定，一般宜浅，10～15cm，避免伤根多，影响树势。

成年荔枝园常见树干附近土面，根群密生，甚至联结成块，状如圆盘，俗称"根盘"。其形成是由于以往中耕松土时，树干附近表土没有同时进行，以致表层细根逐年增粗外露，最终形成盘壮，影响下层根系的生长和吸收。所以树冠滴水线以外宜深耕，滴水线内也要中耕松土，但只能进行从里到外、由浅到深的浅耕，以防深耕伤根过多。

2. 深翻改土　我国荔枝园多建立在丘陵山地，其土壤类型各种各样，以红壤土为多，未经改良的山地荔枝园土壤有机质含量低，影响土壤的微生物活动、有效养分供应、团粒作用及透水性等，在大雨、暴雨情况下易导致严重水土流失，同时立地条件不良，根系生长差，直接影响树体的丰产性和稳产性。因此，如果建园前未能进行土壤改良，则建园后仍需继续进行土壤改良，以适应根系不断扩展，为其生长创造良好条件。

荔枝园的土壤改良主要内容包括深翻熟化，加厚土层，增加有机质。其目的是改善土壤理化性状，提高肥力，为根群生长创造良好条件。

荔枝苗定植后一年，其垂直根系可达穴底。肥水充足的荔枝园，新根的生长量一年可达100cm以上。水平根系也逐渐向穴外延伸，但根系生至未经改造的坚硬土层，则沿坑壁弯曲生长。故进行深翻改土，引根深生，扩大根系生长范围，壮大根群，对促进地上部生长及增强树体抗逆性很有必要。

丘陵山地荔枝园的改土，宜行深翻，而深翻必须与施入有机质材料结合，才能达到改土效果。深翻后埋入绿肥或堆肥的数量和质量，以及肥料的分布状况等，对根的增长、根群的分布有决定性的影响。绿肥或堆肥等有机肥多，施入时分布均匀，则根量也多，分布也均匀，新生的细根、须根穿插生长在分解后含有机质多的土层或植物残体中。只深翻不埋如绿肥、堆肥，根量增加少且根群浅生，效果欠佳。

深翻改土方式有深翻扩穴、隔行深翻等。一般在定植后数年内，分年度于定植穴外围扩穴，沿原植穴外围开环状沟或2～4条长方形改土沟，深50～60cm，长及宽则视有机质及劳力而定，有机质材料多、劳力充足，则改土范围大。杂树枝叶、作物茎秆、草料、垃圾均可分层埋入沟内，粗料在下，细料在上。如果缺乏有机质材料，则深翻改土效果欠佳。有时虽伤及部分细根，但过一段时间后能发生更大量的吸收根，则效果更好。

3. 间种 荔枝园寿命长，树冠大，通常株行距离较宽，幼龄果园有较大的空间和地面。充分利用土地间种、套种有利于达到以园养园、以短养长、长短结合增加收益的目的。并可通过对间种物的管理，防止水土流失，抑制杂草，防热保湿，促进微生物活动，加速土壤理化性质的改良。

荔枝园的间种必须坚持有主有次、主次分明的原则。间作物及其耕作活动不仅不能影响主作荔枝的生长发育，而且应该有利于荔枝树的生长，因此应选择不与荔枝争光的低秆和非攀缘性作物。进行间种的荔枝园应加强间作物的管理，间作前应施入足量基施，翻耕土壤，并加强对间作物生长期的追肥工作，避免过分消耗地力。荔枝树生长需水临界期，要保证水分供应，此外，还要避免间作物的病虫害对主作物的影响。

间作物宜实行轮作，忌选择生长慢、结果晚、树龄长的果树间种。随着主作荔枝树冠及根群的生长扩大，间作物面积应逐渐缩小。

较为理想的间作物有花生、豇豆、黄豆、绿豆等，或姜、芋、大蒜等蔬菜；也有不少以果间果，种植生长快、结果早、周期短的果树。广东省平地荔枝园多间种短期作物如花生、绿豆、红豆、甘薯、蔬菜、番木瓜等，山地荔枝园则多间种菠萝、桃、李等果树。

（二）施肥

1. 幼年树施肥

（1）土壤施肥。幼年荔枝树施肥应贯彻勤施薄施的原则，尤其是对定植后一年的幼年树或砂质土的荔枝园，更应注意勤施薄施，施用化肥宁少勿多。

①施肥期。荔枝苗定植后1个月即可以开始施肥。2～3年内，以增加根量、促梢、壮

梢为主。宜掌握"一梢二肥"或"一梢三肥"，即在枝梢顶芽萌动时施入以氮肥为主的速效肥，促使新梢迅速生长和展叶；当新梢伸长基本停止，叶色由红转绿时，施入第二次肥，促使枝梢迅速转绿，提高光合效能，由营养生长的消耗尽快转为营养物质的积累，增粗枝条。也有在新梢转绿之后施第三次肥者，以加速新梢老熟，增加叶片的厚度和有机物质的积累，缩短梢期，利于多次萌发新梢。

②施肥量。施肥量多少依肥料的种类、土壤性质、幼树树冠大小而定。化肥宜少，腐熟土杂肥宜多；冲积土较肥沃，宜少，砂质土及瘦瘠山地宜多。一般定植后第一年树小根少，每株每次可施复合肥25～30g，尿素20～25g，氯化钾15～20g，过磷酸钙50～75g，单独施或配合施。配合施时，上述分量应酌情减少。农家肥通常用15%～20%清尿水或50%腐熟人粪尿，每次每株3～4kg，也可在稀释人粪尿中每50kg加入尿素200～250g或适量复合肥。基肥足，管理周到的幼龄树，定植后一周年垂直根生长深可达80～100cm，水平根距主干50cm，开始形成骨干根并有一定根量。因此第二年起施肥量要相应增加，在前一年的基础上增加40%～60%。

③施肥方法。幼树根系少，分布范围小且不均匀，若肥料施用不当，不能及时发挥肥效，且易流失而浪费，故宜在根际开浅穴2～3个，施后覆土。旱季，山地丘陵果园土壤较干燥，以液施或干施后淋水效果更佳。

（2）根外追肥。除根际施肥外，荔枝的枝、叶、果等都具有不同程度吸收肥料的能力，对树冠喷施液肥，有利于满足树体生长特别是对某些元素的需要。

常用的根外施肥肥料种类有：尿素、磷酸二氢钾、硫酸镁、硫酸锌以及市场上常见的各种有机或无机叶面肥。

喷施0.3%～0.5%的尿素溶液，对缺氮植株反应较快，3～4d叶片即可转绿。但如喷施缩二脲含量高的尿素，则应在尿素溶液中加入少许石灰或蔗糖，以减轻对叶片的毒害。此外，微量元素的使用量及浓度均应严格掌握，防止引起叶片或枝梢中毒。肥液浓度过高或浓度虽合适但用量过多时，均会导致叶片特别是嫩叶灼伤，尤以多种元素合用的情况下更易发生，因此，根外追肥的浓度应依据具体情况而定。

2. 结果树施肥　进入结果的荔枝树无论是在秋梢生长的营养生长期还是在开花结果的生殖生长时期均需大量的树体营养，适时供应给树体充足的矿质营养，如氮、磷、钾、钙、硼、锌、铜等对提高树体的结果能力非常重要，这些营养必须通过土壤施肥、根外追肥的办法，适时适量供给，通常结果树一般每年需施2～3次肥。

（1）采果肥（促梢肥）。采果肥在采果前后施，是最重要的一次施肥，作用是及时恢复树势，促发夏秋梢，培育壮健秋梢结果母枝。老弱树、果多树宜采前7～10d施肥，及时补充养分，加快恢复树势。反之可在采果后施。施肥量应视结果量、树势、树龄、土壤条件及施肥种类而定。挂果多、树势弱、树龄幼宜多施，反之少施。幼树除开花结果外，还保持较旺的营养生长，根系和树冠每年都有较大幅度的扩大，因此需肥量相对较大。施用鸡粪、猪粪、麸肥等有机肥，结合施复合肥和尿素。一般按结果100kg的树，施鸡粪40～50kg，复合肥2.5～3.5kg，尿素1～1.5kg，或是肥效相当的其他有机肥或化肥。

（2）促花肥。作用是增强树体抗逆能力，使花穗壮健，提高坐果率。在见花蕾时施复合肥为主，配合施些尿素。一般按结果100kg的树体，施复合肥2～3kg，尿素0.5～1kg，或施尿素1kg，过磷酸钙2kg，氯化钾1kg。树势弱、抽穗多的树可多施，反之可少施。叶色较为浓绿的可以少施氮肥或不施，多施磷、钾肥。

（3）壮果肥。目的是及时补充开花时消耗的养分，保证果实生长发育所需要的养分，减少生理落果，促进果实增大，提高当年产量。老弱树、花果多的树，要重视施壮果肥。在谢花后至第一次生理落果期（幼果绿豆大）施用。花果量大的树宜早施，花果量少的树宜迟施。如树体壮旺而花果量少的也可以不施壮果肥，或加强根外追肥来代替土壤施肥。施肥量和施肥方法与促花肥基本相同。生长壮旺的结果树，切忌施入过量的氮素肥料，以免引起大量落果。施肥的位置应与采果肥、促花肥轮换，以扩大施肥面积，不宜同一个地方或同个方向多次施肥。

（三）水分管理 水分是荔枝树体的重要组成部分，充分老熟的荔枝叶片含水量占45％～55％之多。荔枝在年周期生长发育过程中，不同时期对水分的要求不同。荔枝园的水分管理，基本上应掌握几个关键物候期：花芽分化前土壤要相对干燥，花芽分化时遇久旱要适当淋水，开花期宜少雨多晴，果实生长发育期遇旱要灌溉，成熟期天旱要提早做好防骤雨的准备，要平整园面，疏通沟渠，及时排除积水。秋梢萌发期要保证水分供应，促使及时抽出新梢。

幼年荔枝树根少且浅，受表土水分变化的影响大，在土壤干旱、大气干燥的条件下，树体水分的供求易表现入不敷出，重者导致植株枯死，轻者影响枝梢萌发生长，在一年生荔枝苗常发生"回枯"现象，尤以定植后已发生1～2次新梢、放松水分管理的圈枝苗更为常见。所以，幼年树的水分管理极为重要，旱季应注意淋水保湿，若结合施薄液肥更佳。

结果树在雨多的年份不用淋水，但遇到干旱天气要淋水。秋梢萌发期要求灌水保湿，促使及时抽发新梢。花芽分化期要求土壤适度干旱，但遇久旱时要适当淋水，以利于营养的转化，促进花芽分化和花穗的发育。果实发育生长期遇干旱要淋水，以利于果实发育过程中均衡供应水分，以免久旱遇骤雨根系吸水不均衡造成大量裂果。

三、树冠管理

树冠管理工作主要是整形修剪、枝梢的培养和防治病虫害。

（一）整形修剪 对荔枝树进行合理的整形修剪能使树体枝梢分布均匀，通风透光，提高叶片的光合效能，集中养分，促进新梢萌发或开花结果，减少病虫害。

1. 幼年树整形 整形就是根据荔枝的生长特性，把植株造成一定的树冠形式。修剪是进行整形的一个重要基本操作。整形修剪的目的，在于使主枝和侧枝分布均匀，骨架构造坚固，既能符合荔枝生长特性，又能适应于当地的自然环境和栽培条件，从而为丰产稳产打好基础。

荔枝一般采用自然圆头形或圆锥形。在主干高30～50cm处分生主枝3～4条，主枝之间彼此着生的距离较近，与主干构成的角度较大，多为45°～70°。主枝自然延伸，并在其上先后继续分生侧枝，称为二级侧枝，以后以此类推。主枝和许多大侧枝构成树冠的骨架，故又称骨干枝。现在大面积生产的青年或壮年树，不少骨干枝分布不均，上下重叠、交叉，致使树冠枝梢疏密不匀。因此，骨干枝的培养必须在幼年树做好，否则对树体的机构、树势的发育结果都有一定的影响。

幼年荔枝树整形修剪工作着重于培养3～4条主枝，使其着生。角度合适，分布均匀。因此修剪的对象是：交叉枝、过密枝、弯曲枝、弱小枝，以及不让其结果的花穗，使养分有效地用于扩大树冠，有些品种如三月红、黑叶等，枝条疏而长，宜在新梢生长达到20～25cm时摘顶，促使分枝，增加枝量及枝数，利于早结丰产。

修剪按"宜轻不宜重、宜少不宜多"原则，可剪可不剪的枝条暂时保留。修剪时间宜选在新梢萌发前进行。整形修剪方法有剪枝、摘心、拉枝、吊枝、撑开等方法。

2. 结果树修剪

（1）修剪的作用。修剪对于调整新梢形成的数量、质量起着关键性的作用。通过修剪可以改变植株的生理和生态状况，提高有效叶面积指数，改善光照条件，提高光合效能，避免光照条件、水分供应恶化而出现平面结果现象；协调个体生长和结果的动态平衡，调整群体内植株间彼此的关系，有效减少营养的无效消耗，使养分相对集中，减少病虫害发生。

（2）修剪时期。结果树修剪时期分为秋剪、冬剪或春剪。秋剪在采果后1个月内或第一次秋梢老熟后、第二次秋梢萌发前进行。冬剪在"冬至"后至花穗抽出前进行。暖冬年份修剪时间宜推迟，在冬末春初见花蕾时进行，以避免因修剪促发冬梢。

（3）修剪原则。成年结果树已进入生命周期的结果盛期，树体消耗多，因此修剪宜重，使养分集中于留下的枝条，促进秋梢萌发，确保次年开花结果，一般可以剪除枝梢的20%～30%。

（4）修剪的对象。修剪的对象主要是剪除过密枝、阴枝、弱枝、重叠枝、下垂枝、病虫枝、落花落果枝及枝干不定芽长出的"贼枝"、枯枝等。只有在遭受严重自然灾害如台风、霜冻、天牛危害，或其他影响因素导致骨干枝已失去利用价值时，才锯掉大枝。

（5）修剪的方法。修剪方法主要是采用短截和疏剪。短截又称为剪短、短剪或回缩，即是剪除枝梢一部分。其作用是缩短根叶距离，水分养分上下交流加快，有利于枝条间生长的平衡，利于枝条的更新复壮，同时短截后新梢密度增加，光线变弱。

疏剪即是将枝条从基部疏除。其作用是减少分枝，增强光照。重剪会削弱整株树体的生长量，轻剪反而会增加生长量。

成年果树修剪时宜从树冠内部的大枝开始，先大枝再小枝，由里往外，向树冠外围进行。剪完后保持树冠周围枝条分布均匀，有较厚绿叶层，阳光透入树冠下，现出"金钱眼"为度（即是树冠下有分布均匀的光斑）。经修剪后，会促进大枝剪口附近不定芽萌发，扰乱树形，消耗养分，必须及时去除。

（二）结果母枝培养的重要性

1. 秋梢萌发时间及其质量与开花结果的关系

（1）荔枝花量花期与梢期有关。根据研究结果，荔枝总花量多，雌花比率不一定高；反之，雌花比率随总花量的增加而下降。总花量多，花期较长；反之，总花量少，则花期短。总花量多，开花期相对较早；反之，总花量少，花期较晚。雌花期早或晚与总花量有关，而与雌花量无关。花量适中，养分集中，雌花质素较高，利于提高坐果率。

（2）秋梢萌发至成熟的时间长短。与当年气候条件、肥水供应状况和树体壮旺程度密切相关。栽培上必须根据具体情况及品种特性，确定秋梢结果母枝最佳放期，并采取相应的栽培管理措施，促使枝梢在花芽形态分化前达到成熟。

2. 结果母枝质量与成花坐果的关系　结果母枝的质量高或低可从枝梢的生长状态及其营养积累情况进行判断。在花芽形态分化之前，不同植株其所处的生长进程有所不同。有些植株枝叶浓绿，顶芽未萌动；有些其顶芽正在萌动；有些新梢伸长，嫩叶红色、黄色或青绿色；也有些不带叶片而成短光棍枝等，各种各样的生长状态，其营养积累不同，成花结果也有显著的差异。

3. 优质结果母枝必须具备的基本条件 荔枝结果母枝的最佳萌发时期，依不同地区的自然条件而异，但不论何时萌发，结果母枝的生长状态，包括长度、粗度、叶量和厚度等，与开花结果关系均极为密切。因而能否培养优质的结果母枝是夺取丰产稳产的关键环节之一。

优质结果母枝必须具备以下系列条件：

（1）长度适中，依品种、梢次、树势而异。早熟品种或枝条疏而长的品种。如三月红、白蜡、黑叶等，一次梢以 15～22cm，二次梢总长 25～35cm 为佳。中、迟熟品种，如怀枝、糯米糍等一次梢以 12～18cm，二次梢总长 18～22cm 为佳。老弱树枝梢偏短，青、壮年树梢偏长，在一定范围内枝梢长的比短的好，过短时叶片数量少，但枝梢过长则消耗营养多，成花难，且枝条数量少，不利于提高总花穗数。

（2）结果母枝的粗度与开花结果可靠性成正比。秋梢越粗壮，表明营养积累越多，则开花结果越可靠。早熟品种，如三月红，白蜡、白糖罂，妃子笑等，末次秋梢中部粗度达 0.45cm 以上为佳；中、迟熟品种如糯米糍、桂味、怀枝、末次秋梢中部粗度达 0.4cm 以上为佳。有些纤弱的枝梢，虽能成花，但落花落果很严重。

（3）秋梢叶片生长正常，数量多，并充分老熟。在一定范围内结果母枝叶片面积与结果量成正相关，早熟品种秋梢有 60～70 片叶为佳，中迟熟品种放一次梢有 25～30 片叶子，放二次梢共 50～60 片叶为佳。若以叶果比为 4.5：1 计，一般平均每穗可结果 5～15 粒。秋梢叶片充分成熟的感官标识是单叶厚、叶色浓绿有光泽。花芽分化之前壮旺树叶色减褪，呈橄榄绿色为佳。

（4）秋梢老熟后不再萌发冬梢。

（5）丰产稳产树要求保持两次以上枝梢的叶片同时正常生长，并尽量延长功能叶的寿命。

实 训 内 容

一、布置任务

1. 培养优良的结果母枝。

2. 采取培养优良结果母枝的措施，有针对性地对选定的果树进行秋梢的培养；结合结果母枝生长状况采取相应措施；掌握施肥、修剪、排灌的操作方法；观察记载处理效果。

二、材料准备

确定开展活动的果园，肥料（复合肥、尿素、磷酸二氢钾等），枝剪，手锯，人字梯，锄头，水桶，喷雾器，口罩。

三、开展活动

1. 确定果树及其秋梢生长时期 7月上旬，确定采果后的树体，进行记录树体的树龄、树势、立地环境条件及当年的挂果情况；结合当地实际气候条件，确定结果母枝的生长次数及抽生时间、老熟时间，并制作记录表。

2. 进行采果后修剪　在 7 月中下旬，用枝剪、手据、人字梯等工具对树体进行采果后修剪，以回缩修剪为主，达到修剪后使树形树冠成圆头形，枝条分布均匀，在阳光的照射下在树冠下形成"金钱眼"。

3. 施促梢壮梢肥　进行土壤施肥，以复合肥加尿素为主，在树冠的滴水线处施入，施入比例为 1∶0.11∶0.55，施入量多少根据树龄、树势、立地环境条件及当年的挂果情况来确定。每次秋梢生长过程中，分 1～3 次施入。进行叶面施肥，在结果母枝转绿时进行 1 次，喷尿素水肥，每 50kg 水加 150g 尿素配制，力求均匀喷洒到叶片上，叶面及叶背均要喷洒均匀，以叶面及叶背湿润无滴水为宜。喷雾时戴上口罩，防止肥料入口，喷雾后用肥皂洗手。记录好每次施肥的时间及施肥量。

4. 水分管理　结合当地气候、放梢时间及枝梢生长速度，对树体进行合理的灌水、排水，记录好排水灌水情况。

5. 观察记载处理效果　为了对照结果母枝的培养效果，可以选 3～5 棵荔枝树不采取措施，对比秋梢生长情况。观察记录每次秋梢生长的长度、粗度、叶片数、充实程度，观察结果记入表 7‐2，并分析处理效果。

表 7‐2　荔枝结果母枝培养效果记录表

观察时间：　　　年　　　月　　　日　　　　　　　　　　　　　　　　记录者：

项　　目	第一次结果母枝萌发时间	第一次结果母枝老熟时间	第二次结果母枝萌发时间	第二次结果母枝老熟时间	枝条长度	粗度	叶片数	充实程度	备注
处理树									
对照树									

【教学建议】

1. 荔枝生产上要达到高产与稳产，主要是在当年结果的同时，培养出健壮的结果母枝，而培养结果母枝是一项综合技术，包括水肥管理、修剪、化学药物的应用等。在教学时学生要学习综合运用各项技术解决生产实际问题。

2. 龙眼与荔枝生产技术有类似之处，在学习时融会贯通掌握。

【思考与练习】

1. 调控荔枝结果母枝适时生长的技术措施。

2. 写出培养荔枝优良结果母枝的实践报告。

模块 7‐3　荔枝周年生产技术

【目标任务】通过了解荔枝周年生产技术，掌握荔枝园周年栽培技术，熟悉荔枝在不同季节的生产管理要点，学完本模块后达到能独立完成荔枝秋季培养优良结果母梢、冬季控制冬梢促花、春季壮花提高坐果率、夏季保果的栽培技术的学习目标。

【相关知识】

一、春季管理（2～4 月）

春季主要是荔枝的花序发育、开花和授粉期。早熟品种通常在上年 11 月中下旬进行花芽分化，1 月进入花蕾期或开花期。中晚熟品种通常在 1 月进行花芽分化期，2 月上旬至 3 月中旬抽出花穗，3 月下旬以后逐渐发育成完全的花穗。开花期在 3 月底至 4 月上中旬。

春季管理具体内容见表 7-3。

表 7-3 2～4 月主要管理措施

月份	物候期	主要工作内容提要
2 月份（立春—雨水）	①春梢萌发期，早熟品种三月红进入盛花期 ②中、晚熟品种花蕾期，部分花芽继续分化	①早熟种果园放蜜蜂，做好授粉工作，放蜂期间果园禁止喷药 ②中、迟熟种施花前肥，促花、壮花 ③长花穗打顶，减少养分消耗，提高结果率。继续做好控制冬梢工作 ④继续消灭漏网过冬椽象成虫，确保春梢和花蕾的生长发育 ⑤弱树可配合土壤施肥，进行根外追肥，用 0.4%尿素（注意要缩二脲含量低的），0.3%磷酸二氢钾混合使用 ⑥幼年树施促梢壮肥，一年生树每株施尿素 50～100g
3 月份（惊蛰—春分）	①春梢萌发期早熟种如三月红末花期 ②部分中熟种在下旬开始开花 ③中、晚熟种花蕾继续发育 ④嫁接的最佳时机	①早熟种花期结束，中晚熟种花蕾发育，注意喷药防治病虫（如霜疫霉病、毛蜘蛛、椿蟓、尺蠖、金龟子）保花保果。防止蜜蜂中毒 ②开花前或谢花后进行根外追肥、喷 0.3%尿素，0.3%磷酸二氢钾混合液，每周一次，可喷多次 ③做好中、晚熟种果园放养蜜蜂工作 ④如遇春旱，幼年树和结果树均需灌水 ⑤春植。荔枝园雨前浅松土，新园地间种 ⑥实生砧分床移植，嫁接或圈枝育苗
4 月份（清明—谷雨）	①早熟品种幼果发育期 ②中、晚熟品种盛花期 ③春植好时机	①施壮果肥。早熟种于上旬以前施入，中、晚熟种于下旬谢花后施入 ②继续做好放养蜜蜂工作，蜂群撤离果园后，应注意喷药防治病虫如荔枝椿象 ③盛花期若天气干热，吹西南风，需喷水增加大气湿度，并防止"烧花"，若连绵阴雨，雨晴宜摇树枝抖落花穗积水 ④喷根外肥 2～3 次（可单独喷或结合防治病虫进行），用 0.2%尿素，0.3%磷酸二氢钾，0.1%硫酸镁混合液 ⑤继续进行嫁接或圈枝育苗。嫁接成活的可行解绑除砧芽等工作。未接活的及时补接 ⑥继续定植，定植成活的可开始施薄肥 ⑦2～3 年生幼年树施肥，促使春梢生长充实

二、夏季管理（5～7 月）

夏季是荔枝果实生长发育期。荔枝雌花受精后子房开始发育，至果实成熟采收，一般约需要 80d。荔枝果实发育进程中，有 3 个主要落果期：①幼果期落果，当幼果绿豆大小时大量脱落，其后直至第二次生理落果之前也有零星落果。②中期落果，这个时期种子迅速增大，果肉包至种子的一半。③采果前落果，此时果实营养物质已大量积累和迅速转化，糖分提高，尤其在采果前约 10d 内，不良天气会加重第三次落果高峰。夏季管理具体内容见表7-4。

表 7-4　5～7月主要管理措施

月份	物候期	主要工作内容提要
5月（立夏至小满）	①早熟种果实成熟采收期 ②中、晚熟种果幼果发育及生理落果期 ③夏梢萌发期	①早熟种如三月红品种果实成熟采收期 ②中、晚熟品种未施壮果肥的树，尤其是果多树弱的应尽早施肥 ③防治病虫害（霜疫霉病、椿蟓若虫、蒂蛀虫、卷叶虫）结合喷根外施 ④疏通排水沟、平整园地，排除积水，以减轻裂果落果。旱天灌水，促使果实正常发育，减少落果 ⑤2～3 年幼树施肥、促使夏梢萌发 ⑥已接活的嫁接苗解绑，除砧芽，施薄肥 ⑦早熟种施果后肥，修剪和松土，准备中晚熟采果前、后施用的肥料
6月（芒种至夏至）	①果实膨大期 ②中熟种果实成熟采收，迟熟种果皮转红，开始成熟 ③采果后树体恢复，积累营养	①大雨天及时排除积水、防止裂果、落果 ②要注意及时喷药防治霜疫霉病、蒂蛀虫 ③捕捉天牛成虫，毒杀幼虫刮除卵粒 ④中熟品种，部分迟熟品种采收，注意安全采果 ⑤弱树和准备抽发二次秋梢的树宜于采果前施肥 ⑥实生砧木苗培育，此时应注意采集种子，及时播种。圈枝苗根系生长良好的，可锯离母树假植或定植 ⑦做好嫁接苗圃地的松土除草、施肥等管理工作
7月（小暑至大暑）	①迟熟品种果实成熟、采收期 ②结果树树势恢复，积累营养，无结果壮树萌发新梢	①采收果实。尽量做到短枝采果一折果枝不带叶或少带叶片 ②采果后修剪，除去枯枝、弱枝、阴枝、病虫害枝等无效枝，清除地面落叶、落果 ③浅松土并结合施肥，对上月未施肥的树，本月应施肥料 ④继续收集种子播种，已萌发生长的实生苗适当遮阳防晒。生根的圈枝苗继续锯离母树，假植的圈枝苗要经常淋水保湿，防止枯死 ⑤新种和2～3 年生幼树松土除草和施肥，促使抽出壮健秋梢 ⑥注意防治病虫害，尤其是捕杀天牛虫卵和幼虫

三、秋季管理（8～10月）

培养适时健壮的优质结果母枝是连年荔枝丰产关键。秋梢萌发时间及其质量对荔枝明年能否开花和挂果有直接的影响，所以秋季荔枝园最重要的工作，也就是培养高质量的秋梢，使其成为明年开花结果的良好结果母枝，克服荔枝大小年结果现象。秋季管理具体内容见表 7-5。

表 7-5　8～10月主要管理措施

月份	物候期	主要工作内容提要
8月（立秋至处暑）	①早熟品种秋梢萌发生长期 ②下旬部分中、迟熟种开始萌发秋梢	①上月未修剪的树体需继续做好修剪工作 ②计划放二次秋梢的青壮年树，应促使在立秋前后萌发第一次秋梢 ③幼年树、青壮年树要促使第二次秋梢，丰产树、弱树枝顶芽瘦弱未有抽秋梢的象征，应施入以速效氮肥为主的肥料，促使及时萌发秋梢 ④新梢生长要注意防治尺蠖、卷叶虫、毛蜘蛛 ⑤第一次秋梢萌发过早的壮旺树，可通过深耕园土，或剪顶芽延迟第二次秋梢的萌发 ⑥继续做好实生苗、圈枝假植苗护理工作，做好嫁接苗圃的施肥、松土、除草等工作

（续）

月份	物候期	主要工作内容提要
9月（白露至秋分）	①早熟品种结果母枝老熟期 ②中、晚熟品种秋梢萌发期	①计划抽第二次秋梢但上旬基枝顶芽及其下几个腋芽仍不饱满的，应补施促梢肥及根外肥，促使第二次秋梢在10月初以前抽出 ②弱树抽出第一次秋梢，壮树抽第二次秋梢后，可喷0.4%尿素和0.3%磷酸二氢钾根外追肥，促进老熟 ③秋梢老熟后，可行深翻压绿改土工作。在株、行间开深沟，分层埋入草料或垃圾肥等 ④幼树果园施肥，进行地面覆盖，防旱保湿 ⑤做好秋植准备工作或者进行秋种 ⑥拆除苗圃阴棚，施肥、灌水，加速种苗生长
10月（寒露至霜降）	①早熟品种秋梢老熟，顶芽开始萌动 ②中晚熟品种结果母枝老熟期，养分继续积累时期，壮旺树萌发冬梢	①秋梢老熟后，继续进行深翻改土工作 ②全园深松土，深度达15～20cm，土壤疏松有犁耕习惯者可耕深些 ③晚秋梢抽出后遇旱，应淋水促梢加速其生长 ④晚秋梢未老熟者，应多次喷根外肥 ⑤进行秋季嫁接，新播幼苗注意防旱 ⑥秋植，做好地面覆盖，设扶柱和淋水保湿

四、冬季管理（11月至翌年1月）

进入冬季荔枝枝梢成熟后，有了较充分的营养积累，在较低温度和较旱的气候条件下，芽的内部发生生理和形态变化，由原来的抽生枝叶转为抽生花穗。冬季荔枝园的主要管理工作是控制冬梢的生长，促进树体进行有效的营养积累，促进树体进入花芽的分化。冬季管理具体内容见表7-6。

表7-6　11月至翌年1月主要管理措施

月份	物候期	主要工作内容提要
11月份（立冬—小雪）	①早熟品种花芽分化并抽生花穗 ②中、晚熟品种老熟秋梢处于相对休眠状态 ③养分积累时期或萌发冬梢	①早熟品种抽出花穗，施促花壮花肥，提高抗寒力 ②壮旺树可行断细根，深锄约20cm，起抑制冬梢生长作用 ③青壮树可在骨干枝进行环割促花，深达木质部 ④控冬梢，可用50～70gB$_9$+40%乙烯利40～50ml兑水50kg，或控梢促花素控制冬梢 ⑤幼年树、苗木要淋水保湿 ⑥丘陵山地修整梯田，培土、客土 ⑦堆积土杂肥，准备开花前施用
12月份（大雪—冬至）	①早熟品种花芽继续分化，花蕾发育 ②中、晚熟品种相对休眠或开始花芽分化	①早熟品种喷药防治病虫害，旱天可行淋水 ②中、晚熟品种要继续控制冬梢 ③进行冬季清园，修剪枯枝、弱枝、过密枝、病虫枝等无效枝，树干刷白。清除地面杂草 ④继续准备来年春天用肥 ⑤苗木及幼树防寒、防旱
1月份（小寒—大寒）	①早熟品种花蕾期或开始开花 ②早、晚熟品种花芽分化盛期，树体营养积累	①早熟品种施壮花肥。大花穗可剪除花量的1/3～1/2 ②备足中、晚熟品种所需的肥料 ③青壮年旺树一月上旬环割促花 ④消灭越冬害虫，10℃以下低温，人工摇树捕杀椿蟓成虫 ⑤继续完成冬季修剪、整形、清园工作 ⑥继续完成果园深翻改土、松土、培土、客土工作

实 训 内 容

一、布置任务

1. 荔枝控制冬梢生长。

2. 选择实训果园，确定需要控制冬梢生长的果树；掌握荔枝冬季控制冬梢生长的各项技术措施；掌握化学药物控制的药物的使用浓度和配制方法；掌握药物喷洒时期、喷洒方法；观察记载处理效果。

二、材料准备

确定开展活动的果园，锄头，环割刀，药物丁酰肼、乙烯利，量筒，水桶，喷雾器，口罩，肥皂。

三、开展活动

1. 确定控制冬梢的果树及控梢的时期 在末次秋梢老熟后，如叶色浓绿、芽饱满、有可能长出冬梢的树体，选定作为实验处理树，并选定对比树。

2. 环割或环剥、松土断根、药物控制冬梢 生长势旺、有可能长出冬梢的树进行分组，分别对每组树体进行环割或环剥、松土断根、喷用丁酰肼＋乙烯利进行处理。对处理过的树体二周后仍然有可能长出冬梢的，交叉使用环割或环剥、松土断根、喷用丁酰肼＋乙烯利再次进行处理。

3. 配制药液 用水桶或喷雾器为容器配制药液，先确定每个水桶或喷雾器的水量，按比例用量筒量出原药，倒进水桶或喷雾器中，搅和均匀即可喷雾。使用丁酰肼浓度为 0.1%～0.12%，乙烯利浓度为 0.04%～0.05%。

4. 喷洒药液 要求均匀喷洒到叶片上，叶面及叶背均要喷洒均匀，以叶面及叶背湿润无水滴为宜。喷雾时戴上口罩，防止药物入口，喷药后用肥皂洗手。

5. 观察记载处理效果 对处理树和对照树体进行对比，观察其冬梢抽生状况。观察记录结果填入表 7-7，并分析处理效果。

表 7-7 荔枝控制冬梢处理效果记录表

观察时间：　　　年　　月　　日　　　　　　　　　　　　　　　　记录者：

项目	环割或环剥时间	松土断根时间	丁酰肼＋乙烯利时间	冬梢抽生状况	备注
实验树1					
实验树2					
实验树3					
对照树					

【教学建议】

1. 荔枝的品种之间的差异较大，在制定周年生产技术时要密切注意品种特性，可针对不同的品种制定不同的生产历。

2. 在具体开展教学时，教师可指导学生调查当地优质高产荔枝园的周年生产技术环节，总结分析制定出一份可作为当地生产参考的荔枝周年生产技术方案。

【思考与练习】

1. 冬季促进荔枝成花的技术措施。

2. 写出控制冬梢的活动报告。

模块八　芒　果

◆ **模块摘要**：本模块观察芒果主要品种树冠及果实的形态，识别不同的品种；观察芒果的生物学特性，掌握主要生长结果习性以及对环境条件的要求；学习芒果的土肥水管理、树体管理等主要生产技术。

◆ **核心技能**：芒果主要品种的识别；疏花与疏果技术；保花保果技术；促进花芽分化技术。

模块 8－1　主要种类品种识别与生物学特性观察

【**目标任务**】熟悉生产上常见栽培品种的果实性状与栽培性状，识别当地栽培的主要品种，了解芒果生物学特性的一般规律，为进行芒果科学管理提供依据。

【**相关知识**】芒果是热带常绿果树，素有"热带果王"之美称。芒果果实外观美，香味浓，肉厚多汁，味道甜，营养丰富，可以直接鲜食与榨鲜果汁，也可以加工成各种产品。芒果树树形美观，四季常绿，遮阴性能好，为南方优良的绿化树种。

一、主要优良品种

芒果在植物学分类上属于漆树科芒果属。原产于亚洲东南部热带地区，印度是目前全球芒果生产大国。作为栽培的种类按其种胚的特性可分为单胚与多胚两个种群，按生态型可分为印度品种群、印尼品种群、印度支那品种群3个种群。生产上栽培的主要品种有：

1. 金煌芒　中国台湾选育的品种。该品种树势强壮，叶大而长。在开花结果习性上，易成花，花穗长，花朵大，易结果，丰产稳产性好。果实大，单果重600～1 500g，果实长椭圆形，成熟果实皮和肉呈黄色，果肉纤维少，品质上等，4月开花，于7月成熟。

2. 台农1号　中国台湾凤山热带园艺研究所选育的品种。该品种枝条节间短，叶片窄小，树冠矮，适宜矮化栽培。花序再生能力强，较稳产。单果重200～250g，成熟果实果肩粉红色，其他部位果皮黄色；果肉黄色，肉细嫩多汁纤维少，味甜香浓郁，品质上等，耐贮藏。开花期在3月，果实成熟期在6月中下旬至7月上旬。

3. 紫花芒　广西农学院从泰国芒的实生后代中选育而成的品种。该品种树势中等强壮，枝条中等粗细，叶中大，可密植栽培，丰产稳产。单果重200～300g，成熟果实果皮灰绿色，向阳面红黄色，贮藏后转鲜黄色，果肉黄色，纤维少，果肉嫩，耐贮藏，品质中上。4月开花，果实8月成熟。

4. 象牙芒　该品种有白象牙、红象牙、黄象牙3个类型。白象牙原产于泰国与马来西亚，果实成熟时果皮呈乳白色或奶黄色；红象牙由广西农学院选育，果实彭大后期果皮呈粉红色；黄象牙果实呈浅黄色，易裂果。象牙芒单果重300～500g，果实长形，呈象牙状，果肉细嫩，纤维少，白象牙和黄象牙品质上等，红象牙味较淡，品质中等。象牙芒丰产稳产，

3～4月开花，7月中下旬至8月成熟。

5. 青皮芒　原产泰国，又称泰国芒。树势中等，可密植栽培，开花较早，春季多雨地区不稳产。单果重200～250g，果实肾形或长椭圆形，有明显腹沟，成熟果实果皮青黄色或灰绿色，果肉浅黄色，肉质细嫩，纤维少，味甜清香，品质上等。3月开花，6月中旬成熟。

6. 田阳香芒　广西田阳县选育。树势中等，耐旱，肥水要求不高，耐修剪，可密植栽培，开花较早，在春季干旱地区丰产稳产。单果重200～300g，果实椭圆形，皮薄光滑，成熟后果皮黄色，肉黄色，纤维少，果肉厚而细嫩香甜，品质上等。3月开花，6月中旬至7月上旬成熟。

此外，国内栽培较多的品种还有金穗芒、桂热芒、秋芒、爱文芒、凯特芒、桂香芒、粤西1号、红芒6号、攀西红芒、斯里兰卡811、白玉芒、椰香芒等。

二、生长特性

1. 根系　芒果的根系发达，成年树主根粗大，深长；侧根浅生，分布在土层0.2～0.4m范围内较多，根系分布可超过树冠范围。芒果的根系在热带地区只要土壤水分充足，全年均可生长，没有休眠期；在亚热带地区如遇土壤干旱和冬季的低温时会暂时停止生长。华南地区成年结果树的根系生长高峰期一般在果实采收后到秋梢萌发时及到秋梢停止生长成熟后两个时期，但是生长量与土壤水分有关。春季虽然温度回升，雨量充足，但由于开花结果、枝叶生长等因素影响，根系的生长受到抑制。

2. 枝梢　芒果为高大乔木，干性强，树势强壮，受命长。芒果枝条层次明显，同一枝条各次梢有明显的界线，老熟枝条顶芽或上端附近的侧芽萌发抽生新梢，全年抽生新梢的次数与质量因气候、树龄、栽培管理水平而异。在华南地区，肥水充足的情况下，未结果的幼年树一年可抽生4～6次新梢，即同一枝条可延长生长2～4次；成年结果树因开花结果的制约，一般不抽春梢与夏梢，只有在采收果实后抽1～3次梢。不论是何时抽的梢，春梢、夏梢、秋梢与冬梢，只要是老熟后的枝条在花芽分化前不再抽发新梢，都可以成为次年的结果母枝。

三、结果习性

1. 花芽分化　芒果的花芽分化期一般在11月至翌年的3月。青皮芒等早中熟品种在11～12月花芽分化，而紫花芒、秋芒等晚熟品种在1～3月花芽分化。

芒果花芽分化的外界条件主要是适度的低温和干旱，一般在10～15℃有利于花芽分化，但低温并不是芒果花芽分化的必要条件，在我国南方生产区，虽然冬季温度高，但仍结果良好。可见只要冬季干旱就能诱导芒果花芽分化。当花芽进入形态分化时，则要适当的高温才有利于两性花的形成，当温度高于20℃时则形成混合花芽，出现花序夹带新叶的现象，甚至长出新梢。而温度低于5℃时，则容易形成雄花。如遇冬季多雨与温度偏高的年份，芒果花芽分化受影响，不利于芒果开花。如秋冬干旱，湿度偏高，则容易开早花，易造成坐果率低。

光照强度与枝条的粗细也对芒果的花芽形成有较大的影响。光照充足，花芽分化率奇高，开花提早，坐果率也高；枝条生长过弱过旺都不利于花芽分化，枝条直径在0.8cm左右的结果母枝容易成花且坐果率高，过粗的枝条不易成花，过弱的枝条可以成花但不易坐果。

　　芒果大部分是在末级枝条的顶芽和近枝条顶端的腋芽分化成花芽，如顶芽受损死亡会促进近顶端的腋芽进行花芽分化，腋生花芽一般在顶生花芽摘除后 10～15d 出现，生产上有时通过摘除顶生花序延迟开花，达到避免开早花而推迟开花提高坐果率的目的。

　　2. 花与开花　芒果抽生的花序是顶生或是腋生的圆锥状花序，每个花序着生成百上千朵小花。小花的花型有两性花与雄花两种，两性花才能结果。

　　芒果的开花期早中熟品种一般在 11 月至翌年 3 月，晚熟品种栽培管理得当正常开花在3～4 月，一个花序的花期 15～20d，一般是在花序基部的花先开，花序顶部的花最后开。开花期低温阴雨连绵的天气对芒果的授粉产生严重影响，造成果实幼胚发育受阻，影响轻的造成无胚小果增多，影响大的落花落果严重，甚至没有产量。开花早容易碰上低温阴雨连绵的天气，这是华南地区早中熟品种开花早、花量大但结果少甚至不结果的重要原因，而一般开花较晚的晚熟品种则较稳产。

　　3. 坐果与果实发育　芒果开花到果实成熟，一般要100～150d。受精后 30d 开始迅速膨大，成熟前 15d 体积基本不再增大（图 8-1）。果实在整个生长过程中有两次相对的落果高峰期，第一次果实发育到黄豆大小时，落果量多，主要是受精不育引起。第二次是小果直径有 2～3cm 时，此次落果的主要原因是肥水不足或胚发育不良引起。少数品种在成熟前也有明显的落果现象。

图 8-1　芒果结果状态

　　四、对生态环境条件的要求

　　1. 温度　芒果是热带果树，喜温畏寒，经济栽培区要求平均温度高于 21℃，≥10℃的年活动积温 6 500～7 000℃，最冷月平均温不低于 15℃，全年无霜或霜期少于 3d。温度较高地区所产芒果成熟期早，味甜品质好。芒果在气温 20～30℃时生长良好，气温降低到 18℃时生长缓慢，10℃以下停止生长。当温度下降到 5℃时，幼树的新叶和成年树的嫩梢开始受害。开花期与幼果发育期的气温以 20℃以上为宜，低于此温度授粉受精不良，坐果率低；如温度高于 37℃，加上干燥，小花与幼果会受日灼而落花落果。

　　2. 光照　芒果喜光照充足。充足的光照枝条生长良好，花芽分化与开花坐果好。光照不足枝条生长纤弱，花芽分化迟，果实发育慢，果皮着色差，果肉含糖量低，但在挂果期日照太强，也会灼伤果实。

　　3. 水分　芒果较耐旱，但在湿润的土壤环境中也不至于导致树体死亡。花芽分化期尤其需要适当干旱，否则不利于成花。芒果在开花期出现连绵阴雨天气或弥天大雾，常常使花序霉烂枯死。果实生长期如干旱则会导致大量落果，湿度过大时则外观差，在果实生长后期如久旱骤雨易造成裂果。

　　4. 土壤　芒果树对土壤的要求不严，但要开花结果良好，以土层深厚、地下水位低、排水良好、有机质丰富、土壤 pH5.5～7.5 的园地种植为宜。若在排水不良、土层过浅的土壤中种植，则生长不良。但在水肥过于丰富处种植，植株易徒长，不利于开花结果。

实 训 内 容

一、布置任务

识别品种，观察芒果物候期：通过观察树冠整体特征及树枝、叶片、果实形态识别芒果主要品种，观察芒果枝梢生长与开花结果，了解芒果的生物学特性。

二、材料准备

芒果种植园，不同品种果实实物或标本，生产上主栽品种资料（品种介绍文字资料、图片、多媒体课件等），载果盘，卡尺，水果刀，折光仪，托盘天平，记载表，记录笔。

三、开展活动

（一）识别主要品种

1. 树体识别　确定识别项目及标准。

树干：干性，综合判断生长势。

树冠：树姿直立性或开张性，冠内树叶浓密度。

树枝：枝条的密度与粗壮度，新梢颜色。

叶片：叶片大小，形状，厚薄，颜色深浅，叶面平或起波状或扭曲。

花：花序大小，花梗颜色，花朵大小，花瓣颜色。

2. 果实识别　包括外观品质与内质品评。

（1）观察果实形状。大小，纵径，横径，平均单果重；形状（圆形、长圆形、椭圆形，长椭圆形、象牙形），果腹沟，果脐。

（2）观察果皮颜色。绿色，灰绿色，黄色，红色，粉红色，花纹。

（3）解剖果实。用水果刀纵向切开果实。

（4）观察果实内部结构与颜色。果肉厚度，果皮厚度，果肉颜色，种子大小。

（5）测定果实。可使用手持式折光仪测量果实可溶性固形物。

（6）品尝果实。含纤维度，肉质，甜味，香味，异味。

（二）枝梢生长与开花结果观察

1. 枝梢生长与开花观察

（1）幼年树观察。一年四季新梢萌发期，包括春梢、夏梢、秋梢的萌发次数及萌发数量的观察记载。

（2）成年树枝梢生长的观察。正常开花结果树秋梢生长，落花落果树夏梢与秋梢生长，不开花树春、夏、秋梢生长的观察记载。

（3）开花观察。开花期（抽花序、初花、盛花、谢花期）与开花顺序的观察记载。

（4）花型观察。芒果花有两性花与雄花两种花型。两性花：有子房1室，雌蕊1枚；雄花：子房退化。

2. 果实发育观察　幼果发育，小果膨大，果皮着色，果实成熟，落果集中期。

把上述观察结果记录填入表 8-1。

【教学建议】教学方式可灵活多样，有的内容可采取理实一体化教学方法，在相关知识的传授中可结合实训内容进行，如在品种识别时介绍主要品种。实训内容可分多次进行，其中品种识别一次性完成，并结合利用图片，多媒体课件，加深学生对品种的认识。可结合果实成熟期在果园内对果树个体观察、叶片观察、树形观察、果实外观观察等一次性完成。

表 8-1　芒果生长发育观察记载表

地点：　　　　　　　观察时间：　　　年　　月　　日　　　　　　　记载人：

项目品种	花芽膨大期	花序抽发期	开花期				落花落果				枝梢生长				果实发育			
			初花期	盛花期	谢花始期	谢花终期	落花始期	落花终期	第一次落果	第二次落果	春梢抽发期	夏梢抽发期	秋梢抽发期	二次秋梢抽发期	幼果开始膨大期	果实迅速膨大期	果实着色期	果实成熟期

【思考与练习】全部观察项目完成后，写出观察分析报告。

模块 8-2　生产技术

【目标任务】掌握芒果施肥以及水分管理技术，熟悉芒果的整形修剪技术，学会芒果的促花技术与果实套袋技术，学完本模块后达到能独立完成芒果栽培管理的学习目标。

【相关知识】

一、育苗与建园

（一）嫁接育苗　芒果育苗主要是用嫁接法育苗。

1. 种子处理与播种　芒果的砧木一般是用当地生长的本地芒（亦称土芒）。一般在每年的 6～8 月播种，要求种子饱满，这样的苗木才粗壮。种子播种前要洗净果肉，种子不能暴晒，洗种后略晾干或直接剥开种子取出果仁立即播种。在育苗床或育苗容器中播种，播种时种子的种脐朝下，盖土厚度约 2cm，株距 20cm，行距 25cm 左右。也可以在沙床中催芽后再移植，方法是把种子密集播于洁净的有一定湿度的沙床中，待出苗后嫩叶尚未完全展开时就移植到苗圃中。对刚播种或刚移植的幼苗，要盖上遮阳网降温保湿，提高成苗率。出苗后加强淋水与施肥，促进苗木快速生长，能及早达到粗度进行嫁接。

2. 嫁接　常规育苗是当苗木长到粗度 1cm 左右时嫁接。春、夏、秋季嫁接成活率高，嫁接高度离地面一般 20～25cm，嫁接方法采用单芽切接、枝腹接、芽片腹接、舌接等。切接法与舌接法嫁接的，嫁接下部最好留有 2～3 片叶，有利于成活。

芒果可以用胚芽嫁接和高空靠接方法培育嫁接苗，可以快速培育嫁接苗（见模块 2－6 苗木的快速培育技术）

（二）建园

1. 种植密度 一般芒果的种植密度是株距 3～4m，行距 4～5m。果园也可以进行计划密植，株距 2m，行距 3m。

2. 品种选择与搭配 根据不同的地区选择适宜的品种，在早春干旱地区可选择优质早熟的品种，而春雨多的地区以开花晚的晚熟品种为宜。芒果的品种较多，一个果园以几个适应当地栽培的品种为宜，早晚熟品种合理搭配。

3. 定植 山地果园要开垦成梯田，定植前要进行土壤改良，挖好定植坑，放足有机肥。芒果一年四季都可定植，以春季萌芽前定植为好。苗床苗要带土起苗，裸根起苗成活率低，定植后树盘内用干草覆盖，淋足定根水。

二、土肥水管理

（一）土壤管理 芒果幼年树可进行果园全园覆盖，也可以进行间种。定植第 2～4 年结合施有机肥进行扩穴改土。成年果园，每年在 5 月、9 月对树盘各中耕一次，中耕后树盘内覆盖地膜或干草。实行株行间生草覆盖的，生草的高度控制在 40cm 以下，以免影响芒果的生长。

（二）施肥 芒果年生长量大，产量高，要求肥料充足才能生长结果良好。具体施肥量、施肥时期与施肥次数根据芒果当年的生长结果与果园土壤肥力情况而定。

1. 幼年树施肥 定植恢复生长后，结合淋水开始施肥，肥料以尿素、粪水等氮肥为主，以促进幼树的生长。每 40～60d 施一次，全年施 6～7 次，每次每株放尿素 0.15～0.2kg 加钾肥 0.1～0.2kg，或淋粪水 25～50kg。

2. 结果树施肥 芒果结果树每年施肥 3～4 次，结合物候期进行施用。

（1）采果肥。根据不同的品种和树的长势在采果前或采果后施肥，这次肥料用量多，以优质有机肥为主，配合施用无机肥料。在每年的 7 月下旬至 9 月中旬，每株施尿素、复合肥、钙镁磷各 1kg，麸饼肥 3～5kg 或农家肥 40～50kg。对迟熟品种或结果多的树，培养晚秋梢作为结果母枝的，于 10 上旬结合淋水再每株施尿素 0.4～0.5kg，促进枝梢的萌发与生长。

（2）催花肥。在每年的 11～12 月，每株施钾肥 0.5kg，加尿素至少 0.3kg。

（3）壮花肥。2 月中旬放肥，每株施复合肥 0.5kg，尿素与钾肥各 0.3kg，挖浅沟施，施后淋水。

（4）壮果肥。4 月施，肥料种类与施肥量同壮花肥。花果量少的只放钾肥即可。

（三）水分管理 芒果园除了冬季外，在春、夏、秋季如遇干旱，要及时灌水，以促进果实与枝梢的生长发育；雨水季节及时疏通排水沟，及时排水防止园地积水；冬季要适当控制水分，促进芒果花芽分化。

三、树体管理

（一）整形修剪

1. 幼年树整形 芒果嫁接树在自然条件下也能形成良好的圆头形树冠。但有些品种干性强，分枝角度小，必须对幼树进行整形。当幼树长到一定高度时，于离地面50～60cm处剪顶，剪顶后的萌芽留3～4个位置合适的培养为主枝，其余的摘去；主枝长到30cm左右时又剪顶，每主枝培养侧枝2～3个。在芒果生长的头两三年，要随时注意控制树冠中直立向上生长的枝条的生长势，使各个枝条平衡生长，就能形成良好的圆头形树冠（图8-2）。

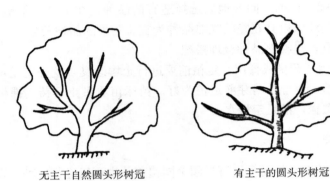

无主干自然圆头形树冠　　　　　　　有主干的圆头形树冠

图8-2　芒果的主要树冠形状

2. 结果树的修剪　结果树在采果后修剪，根据芒果树的长势与培养秋梢的次数决定修剪完成时间。如结果多、树势中等，只培养一次秋梢作为结果母枝的，通常在9月下旬前完成修剪；如果树势旺，培养两批秋梢的，要在9月上旬前完成修剪。修剪时首先是要回缩过长的枝条，使树冠控制在2.5m左右的高度；然后是回缩树冠与树冠之间的交叉枝，保持果园的通风透光；最后是疏剪树冠上部和外围衰弱枝、下垂树、病虫枝、过密枝、枯枝。修剪后每批新梢长到5cm长时，要进行疏梢，保证每个剪口有1～2条新梢即可。夏季疏果时同时疏剪影响果实通风透光的枝条，主要是把果实上下方生长弱的枝条剪去，同时把不结果的部分枝条及萌发的夏梢剪去。

（二）培养结果母枝与促进花芽分化

1. 培养健壮结果母枝　芒果一般以秋梢作为结果母枝，秋梢萌发成熟的迟早与翌年开花的迟早有关，一般秋梢萌发与生长期推迟，第二年开花也迟，开花延迟容易避过低温阴雨对开花结果的不良影响。如果秋梢抽生早成熟早，则花芽分化也早，分化率高开花多，但开花也相对早，容易碰上低温阴雨天气，不利坐果。广西百色在8月修剪抽生的秋梢如没有抽生二次梢，往往会出现早花，而在10月中下旬抽发的二次秋梢作为结果母枝则第二年开花延迟。为了培养良好的秋梢作为结果母梢，采果前后要及时施速效肥与灌水，采果后1～2周内要及时修剪，修剪后萌发的新梢在长到长约10cm时及时疏芽定枝，去弱留强，每个枝条留1～2个新梢，保证新梢生长健壮。生长势良好的树，通常培养两次秋梢为好，要加强施肥，促使第二次梢在10月中、下旬萌发，12月中旬前老熟。

2. 促进花芽分化技术

（1）控水。当秋梢老熟后，加强排水，控制果园土壤湿度，造成一定程度的干旱状态，利于花芽分化。

（2）环割或环剥。12月对生长旺盛的大枝进行环割或环剥，可促进花芽分化。

（3）喷施叶面肥。1～2月用0.8%～1.0%的磷酸二氢钾或硫酸钾水溶液喷洒树冠共2～3次。

（4）应用植物生长调节剂。1月下旬到2月上旬喷施15%多效唑600～800mg/L溶液，连续喷施2～3次，间隔7～10d一次，能提高花穗抽生率与延迟抽花穗；或在11～12月在每株树的树盘土壤施多效唑30g，促进翌年开花结果，土壤施用一次药效3年。12月到翌年的1月喷施丁酰肼1 000～1 500mg/L溶液2～3次，间隔15d一次，也可推迟10d开花。在11月中旬开始，喷施2～3次200～250mg/L乙烯利溶液，间隔15d一次，可提高花穗抽生率；在1月至2月初观察果树，如果树表现为叶色浓绿、芽眼瘦小、叶片开张角度小等无花芽分化迹象时，可再用乙烯利1 000～1 500倍与多效唑500～1 000倍混合液喷施叶面，间隔15～20d再喷一次，可促进花芽分化。

（三）保花保果

1. 喷施叶面肥 在芒果开花期叶面喷施0.2%～0.3%的磷酸二氢钾加0.3%的硼砂混合液，能提高芒果坐果率。

2. 生长调节剂的应用 在芒果盛花期和幼果有黄豆大小时各喷施一次浓度为40～50mg/L的赤霉素，可减少落果。或各喷施一次80～100mg/L的防落素溶液，防止落果也有效果。

3. 促进昆虫帮助授粉 芒果是虫媒花，主要传粉媒介是各种蝇类及少数蚂蚁。在芒果开花期每隔10～15m放置少量的能吸引蝇类的物质如死鱼腐肉等，吸引蝇类在花间活动，可以提高授粉率。另外，开花时喷布1%的蔗糖溶液，也能吸引蝇类来果园活动。

4. 疏果 芒果有的品种坐果率高，如坐果过多时要进行疏果，以保证每个果实生长正常。疏果是在果实长到直径约3cm时进行，每一穗果一般留发育好的2～3个果即可，串芒等品种能成串结果，可多留，而金煌芒等大果型品种，一穗只留一个即可。

5. 果实套袋 为了保证芒果果实外观光滑，防止机械损伤和减少病虫害，提高果实外观品质，疏果后于4月底5月初果实有鸡蛋大小时，对果实进行套袋处理。果袋最好选用芒果专用袋，有双层或单层纸袋，单层果袋颜色有白色与浅黄色，也有外黄内黑与外黄内红单层复合纸袋，双层袋有外黄内黑与外黄内红两种。根据不同芒果品种选择不同的果袋，金煌芒用外黄内黑双层专用袋，规格为38cm×22cm；紫花芒可选用黄色或白色单层专用袋或外黄内黑双层专用袋，规格为27cm×18cm；台农1号用外黄内黑双层或外黄内红双层专用袋，规格为26cm×18cm；桂热10号用外黄内黑双层专用袋，规格为32cm×18cm；其他品种根据具体情况定。套袋前喷药，可用1∶1∶100波尔多液或800倍施保克等杀菌剂喷施，果面干后套袋，要求当天喷药当天套袋结束。芒果套袋改善了外观品质，但不同程度降低可溶性固形物的含量；红皮芒果品种，套袋后还会影响着色，应在采收前15d去袋，可促进着色。

四、采收

芒果果肩圆满、果蒂凹陷、果皮颜色由绿变淡、果肉颜色由白转黄，标志果实成熟可以采收。鲜售的果实在采收时要保留果柄2～4cm剪断，刚摘下的果实要果柄朝下或平放果实1～2h再装箱，防止果柄断口流出的白色汁液污染果实表面引起果实腐烂，乳汁污染的果实用1%醋酸水擦洗干净。

实 训 内 容

一、布置任务

芒果药物催花技术应用：观察果树形态，确定需要催花的果树；熟记目前芒果催花有效果的药物名称；掌握药液配制方法；掌握药物喷洒时期，喷洒方法；观察记载处理效果。

二、材料准备

确定开展活动的果园，药物：15％多效唑、丁酰肼、乙烯利，量筒，水桶，喷雾器，口罩，肥皂。

三、开展活动

1. 确定催花果树及催花时期　11月下旬，观察果树，如叶色浓绿，生长势旺的树用多效唑、丁酰肼、乙烯利等药物进行处理，在1月至2月初，再次进果园观察芒果枝梢生长情况，如发现叶色浓绿、芽眼瘦小、叶片开张角度小等状况，为芒果无花芽分化迹象。有这种无花芽迹象的树为需要再次用药物进行催花的果树。通过观察确定要用药处理的果树，喷施药液2～3次，隔1～2周一次。

2. 配制药液　用水桶或用喷雾器配制药液，先确定每桶或每个喷雾器水量，按比例用量筒量出原药，倒进水桶或喷雾器中，搅和均匀即可喷雾。多效唑浓度为15％多效唑600～800mg/L，丁酰肼浓度为1 000～1 500mg/L，乙烯利为200～250mg/L。

3. 喷洒药液　要求均匀喷洒到叶片上，叶面及叶背均要喷洒均匀，以叶面及叶背湿润无水滴为宜。喷雾时戴上口罩，防止药物入口，喷药后用肥皂洗手。

4. 观察记载处理效果　为了对照用药效果，可以选2～3棵芒果树不喷药液。抽穗时观察记载抽花穗情况，观察结果记入表8-2，并分析处理效果。

表8-2　芒果药物催花处理效果记录表

观察时间：　　　　年　　　月　　　日　　　　　　　　　　　　　　　　记录者：

处理＼项目	用药时间	抽穗时间	抽穗数	未抽穗数	抽穗率	备　注
多效唑						
丁酰肼						
乙烯利						
对照树						

【教学建议】本模块只设一项实训内容，各校在实际教学中可结合当地的实际情况采用理实一体化教学方式，如修剪、施肥、保花保果、疏果及套袋等内容，结合实际操作完成相关知识的传授。

【思考与练习】

1. 培养芒果良好结果母枝的技术措施。

2. 写出用药物对芒果进行催花的活动报告。

模块九　香　　蕉

◆ **模块摘要：** 本模块观察香蕉主要品种树形枝叶及果实的形态，识别不同的品种；观察香蕉的生物学特性，掌握主要生长结果习性以及对环境条件的要求；学习香蕉的水肥管理、树体管理等主要生产技术。

◆ **核心技能：** 香蕉主要品种的识别；水肥管理技术；花果管理技术；保果催熟技术。

模块 9-1　主要种类品种识别与生物学特性观察

【目标任务】 熟悉生产上常见的栽培品种形态特性，识别当地栽培的主要品种，掌握香蕉生物学特性的一般规律，为香蕉的科学管理提供依据。

【相关知识】 香蕉为芭蕉科植物甘蕉的果实，是热带代表性水果之一。因它能解除忧郁而称它为"快乐水果"，而且香蕉还是女孩子们钟爱的减肥佳果。香蕉又被称为"智慧之果"，传说是因为佛祖释迦牟尼吃了香蕉而获得智慧。

世界香蕉起源于马来西亚地区，在我国南亚热带地区如海南、台湾、广东、广西、福建、四川、云南、贵州可作为经济栽培，以台湾、海南、广西、广东最多，是我国南方四大名果之一。

香蕉具有产量高、投产早、用途广、栽培易、供应期长的特点，其味清甜、肉嫩，有悦人的风味和芳香，营养价值高，极受人们的喜爱。

甘蕉果形短而稍圆，粉蕉果形小而微弯。其果肉香甜，除供生食外，还可制作多种加工品。

一、主要优良品种

香蕉在分类上属芭蕉科芭蕉属的多年生大型草本果树。香蕉在长期栽培中因杂交变异和受环境条件的影响，形成繁多的种类。按一般性状分，食用蕉归纳为香蕉、大蕉和粉蕉（龙牙蕉）三大类型，每个类型都有不少优良的地方品种。

（一）香蕉类　香蕉原产我国南部，是蕉类中品质最佳、经济价值最高的一个种类，故华南许多蕉产区皆已为香蕉主要栽培地。

香蕉干高 2～4m，假茎黄绿而带紫褐色斑，也较阔大，先端圆钝，叶柄短而粗，叶柄槽开张，有叶翼（反向外开张），叶基部对称而斜向上，叶柄及叶底有白粉。果弯曲向上生长，幼果起棱，成熟时近圆形，在 21℃左右催熟，果皮有梅花点（实为炭疽病斑），皮薄，外果皮与中果皮不易分离，果肉黄白色，柔软嫩滑，味香甜，无种子，品质极佳。幼芽紫红色，抗香蕉枯萎病，但易感束顶病，抗风力弱，不耐寒，对肥水和气候条件要求较高。根据香蕉株高矮分为高型、中型、矮型 3 种。

1. 大种高把（又称青身高把、高把香牙蕉）　是东莞主要优良品种，植株粗壮，假茎高 2.5～3m，叶长且阔厚，青绿色、先端较尖，稍直立，叶背主脉有白粉，叶柄粗长，叶距疏。果轴粗大，果穗长。蕉门宽，梳数较多，单果长且充实。丰产稳产性能好。正造蕉一般单株产 20～25kg，高产的达 60kg，雪蕉 15～20kg，该品种根系发达，耐肥、耐旱、抗寒力较强。不易发生萎缩病，但易受风害。

2. 威廉斯　是澳大利亚当家栽培品种，广东省 1986 年引进，并用组织培养技术进行繁殖推广，是近年来发展较多的品种之一。

该品种植株较高大，假茎 2.5～3m（新植试管蕉干高 2～2.5m），叶片稍开张，叶柄较短，叶距较密，果穗较长，一般有 8～10 梳，产量较高，一般单株产 20～30kg，高者可达 45kg。威廉斯试管蕉，由于具有果穗较大且整齐，小果较长，外观好，丰产等优点，深受蕉农欢迎，但抗性较国内品种差，苗期易感花叶心腐病，且变异率稍高。

3. 大种矮把　是东莞优良品种，植株较矮、茎高 2.1～2.5m，茎干粗壮，色青绿色而有褐斑，叶片较短、宽且较开张，叶尖和叶基较钝，叶背、叶柄披白粉，叶柄粗短，叶距密，果轴较粗短，果梳较密，每梳果数稍少，小果较长，较丰产，一般单株产 15～23kg，高产的达 50kg，品质较好，耐肥，抗风力较强，但根系分布较少而浅，抗旱、抗寒力较弱。

4. 油蕉　是东莞优良品种，植株较矮、茎干粗壮，假茎高 2.5m 左右，黄绿色，带黄褐斑，叶片宽而长，叶柄较粗短，叶柄和叶脉淡红色，幼苗更明显，叶色呈油绿有光泽，果穗较短，果梳距较密，小果较短小，但果数较多，排列整齐，产量中等，一般单株产 15～20kg，果皮较厚，深绿色带蜡质，催熟后有光泽，品质较好，味较甜，较耐贮运。该品种抗逆性与抗风力较强，较耐寒，很少出现束顶病。

5. 广东香蕉 2 号（原 63—1）　是广东省果树所 1963 年从越南引种，通过营养系选种，1982 年选出优良单株，1992 年通过品种审定。

该品种株型较矮小，茎干较粗，假茎高 2～2.6m，叶片较直立，较短、叶距小，果穗长中等，一般 8～10 梳，高者达 11～12 梳，小果较长，较丰产，一般单株产 17～33kg，品质中上，耐贮性较好，抗风力较强，适应性较广。近年来种植面积不断扩大。

（二）大蕉类　植株高大粗壮，假茎绿色，一般干高 3～4m，叶片宽大而厚，深绿色，叶先端较尖，基部近心脏形，对称或不对称，叶背及叶鞘微披白粉或无，叶柄长、闭合，无叶翼，单果较大，果形直，棱角明显，果皮厚且韧，外中果皮易分离，果肉柔软，味甜或微有酸味，无香味，偶有种子。一般单株产 10～20kg。大蕉对环境适应力较强，抗寒、抗病、抗风力均较强，吸芽青绿色。

大蕉　（别名鼓槌、月蕉、饭蕉、牛角蕉、板蕉）。植株高大粗壮。一般假茎高 3～4m，叶长而大，深绿色，叶基部呈心脏形，对称，叶柄闭合成圆筒形，无叶翼，叶背无白粉，果实大而直，棱角明显，呈 3～5 棱。果皮厚韧，熟时橙黄色。果肉淡黄色、柔软、味甜而带微酸，无香味，偶有种子。大蕉是我国食用蕉中抗寒力最强的一种，适应性较强，抗风、抗病虫力亦强，但近来亦有感染花叶心腐病、束顶病。在广东大蕉又分为高型、矮型两个品系，以矮型的产量较高。

（三）粉蕉类（包括龙牙蕉）　植株高瘦，假茎高 3～5m，色泽淡黄色且有紫红色斑纹，叶片狭长而薄，淡绿色，先端稍尖，叶基部不对称，叶柄狭长，一般闭合，无叶翼，叶柄和叶基部的边缘有红色条纹，叶背、叶鞘披白粉。吸芽黄绿色。果形较短小，小果圆筒形，果身圆而直，稍弯、微起棱。催熟后果皮鲜黄色，皮薄易开裂，果肉乳白色，柔软甜滑，少香味，产量低，一般单株产 15kg 左右。抗寒力比香蕉强，抗风力、对土壤的适应性均比大蕉弱。

1. 粉蕉（别名糯米蕉、金蕉）　假茎和叶片很似龙牙蕉，但叶基部对称而易于区别，果形偏直，中间微弯、两端钝尖、果柄短。成熟时棱角不明显，果皮薄，果肉乳白色，紧实柔滑、味较甜，有苹果味，产量中等。长势强壮，比香蕉耐寒，抗风力较强，对土壤适应性很强。一般较少集中栽培。

2. 龙牙蕉（又称过山香）　假茎高 3.4m，淡黄绿色，具少数褐色斑点及紫色条纹。叶片狭长，基部两侧呈不对称的楔形，叶柄沟深，叶、叶背及假茎有白粉。花苞表面紫红色披白粉。果近圆形肥满，直或微弯，熟后果皮金黄色，无斑点，皮薄易裂，果肉软滑，味甜，有特殊香味。产量不及香蕉、大蕉。不耐贮运。该品种根系较粗壮，对土壤适应性广，抗寒力比香蕉稍强，很少发生束顶病。但抗风力稍差。易受象鼻虫为害，集中栽培，易感染巴拿马枯萎病，故栽培较少。

二、生长特性

香蕉是热带常绿性多年生大型草本果树。香蕉的地下茎为多年生粗大球茎，地上部包括假茎（叶鞘）、叶柄、叶片。假茎由一层层的叶鞘包裹而成。新叶从假茎中心抽出，然后在假茎顶部展开。当植株形成花序时，地下茎顶端分生组织向地面伸长，从假茎中心抽出花蕾。香蕉每株只能开花结果一次，结果后母株逐渐枯萎，由地下茎抽出吸芽延续后代。

蕉园寿命很长，栽培蕉园一般有 10～15 年，广东东莞有长达百余年仍丰产的。认识香蕉的生物学特性，掌握和运用其生长发育规律，及对环境条件的要求，是实现香蕉园高产稳产栽培的重要前提。

（一）根系和球茎

1. 根系　香蕉没有主根只有须根。香蕉的根是由多年生肥大的地下球茎从侧边长出，可分为横生的水平根和向下生的垂直根两种。香蕉的根肉质、细长，质脆易折，缺乏形成层组织。分生的幼根，其上长有吸收作用的根毛。若土壤疏松，地下水位低，垂直根可深达 1～1.5m 以上。横向生的水平根，自球茎中上部长出，密集分布在 10～30cm，深达 60cm，宽出冠幅之外达 2～3m。新根白色，老根淡黄色。

根系一般在每年立春以后、温湿度适宜时开始生长。5～8 月根系生长达到高峰期；9 月以后根系生长又逐渐缓慢；12 月～翌年 1 月根系几乎停止生长。

由于香蕉根系由肉质须根组成，浅生而质脆，对于支持高大而沉重的地上部是不相称的，特别是抽蕾挂果的植株，极易受风害。因此必须及早做好防风工作。

2. 球茎（地下茎）　地下茎是整个植株积累和贮藏养料的重要器官。在组织上有几种维管束都集中在球茎内，是生根、长叶、抽蕾、萌发吸芽的地方。地下球茎的生长发育与茎叶生长发育是相对应的。当地上部开始抽生大叶时，地下球茎也加速生长，地上部生长最旺盛期，也是地下球茎生长最迅速期。因此，加强肥水管理、促使地下球茎的生长发育良好、积累更多的营养物质，是促进花芽分化、提高产量的基础。吸芽着生在地下球茎上，一般在中部或中上部为多，其抽生次序一般是下部先抽生，越后抽生的越接近地面。因此，新生吸芽的地上茎会逐年向上升，其上升快慢则与环境、栽培技术有关。吸芽在生长发育早期依靠母株地下球茎的营养，以后逐渐形成自己的地下茎和根。

（二）假茎、茎和叶

1. 假茎　地上部茎干，是由一层层紧压的覆瓦状叶鞘重叠而成，称为假茎，它起着支持地上部和运输养分、水分的作用。新叶从假茎中心部分抽出，把老叶及其叶挤向外围。假茎一般随着地下茎增粗而增粗，其大小主要决定叶片的大小和多少。肥水管理水平较高、叶片多而大的，假茎就粗壮。假茎的高矮、质地、颜色因品种而异。

2. 地上茎　包裹在假茎中央，由地下茎的顶生分生组织的生长点，在植株转入花芽形成阶段时迅速向上生长，在假茎中心伸出，其上着生顶生花序，呈白色圆棒状。

3. 叶　香蕉的叶由叶鞘、叶柄、叶翼、叶片组成。叶片长且宽呈长椭圆形，有粗厚的中脉和两侧羽状平行侧脉。叶脉有浅槽。叶的排列为螺旋式互生。吸芽初长出的叶是无叶身的"鞘叶"，接着长出叶身狭长的"剑叶"，以后再长出正常的大叶，直到花芽分化开始，叶片达到最大，以后再抽生的叶片便逐渐变小，到花序抽出前的两片叶最小。着生在花轴上，先出一片叶（即倒数第二片叶），先端钝平，广东蕉农称之为"葵扇叶"，最后抽出的一片叶最短，叶面很小，并直生，称"护叶"。香蕉叶片逐渐变小，叶柄变短而密集，是花芽分化的标志。香蕉叶的生长发育与花芽分化、结果的关系极为密切，叶片总面积大小与果实的数量、重量、品质成正相关，与面积发育所需时间成负相关。故保持的青叶数越多、叶片越大、叶色越浓绿、枯叶越少，丰产越有保证（图9-1）。

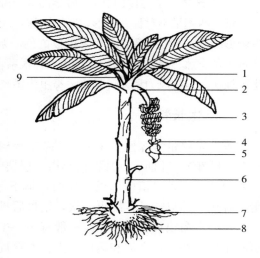

图9-1　香蕉植株形态
1. 叶片　2. 果柄　3. 果穗　4. 花　5. 花苞
6. 假茎　7. 地下茎　8. 根　9. 叶柄

三、开花和果实习性

1. 花　香蕉的花序是顶生穗状无限花序。香蕉的花芽分化受品种、叶数、叶面积、植株营养和光照温度综合因素的影响。一般新植蕉吸芽苗在抽出20～24片叶后即开始花芽分化；而新植的试管苗香蕉要抽出32～36片叶才开始花芽分化。蕉农经验认为香蕉植株顶端叶片逐渐变小，叶距越来越密，出现"密叶层"（即把头）时，花芽分化开始。

香蕉从花芽分化到现蕾，一般需要2～3个月。因此，为了增加雌花数量，在花芽分化前重施肥是增产的关键措施。台湾的经验认为，在花芽分化时应施完全年肥料的70%～80%。

香蕉植株生长达到一定叶片数，即开始花芽分化，因此，香蕉周年都可抽蕾开始结果。抽蕾后，花蕾受重力作用向下倒挂，花序逐渐伸长，花苞逐渐展开而脱落，露出许多段小花，每段小花有10～20朵，呈双行排列，称为花梳。香蕉花有雌花、中性花、雄花3种。其排列和开花顺序是：果穗基部雌花先开，接着开中部的中性花，最后开先端雄花。香蕉花黄白色，子房下位，3室，有退化胚珠多颗。各种花都具有一个合生管状被瓣（由3片大裂片，2片小裂片联合拼成），一个离生被瓣及一组5枚雄蕊组成的雄器和一个雌蕊。3种花的最大差别是雌花子房发达，占全花长2/3，可发育成果实，雄蕊退化；中性花和雄花均不能发育成果实。香蕉一个花序中3种花，可随营养等条件而相互转化，如花芽分化前营养充足则雌花多，反之则少（图9-2）。

2. 果实　香蕉属单性结果。由雌花子房发育而成。果实为浆果。栽培种香蕉是三倍体，胚珠很早退化，一般无种子，但大蕉和粉蕉偶有种子，特别在寒冷地区。种子硬质黑色。果肉未成熟时，富含淀粉，催熟后转化为糖。果皮与果肉未成熟前含有单宁，熟后转化。香蕉果穗上每一段雌花所结成的果实称为一梳（果梳或果段），每梳蕉果有 10～20 个果指（小果），分两层排列，果梳在果轴上作螺旋排列，每果穗一般有 7～10 梳，多的达 11～16 梳（图 9-3）。

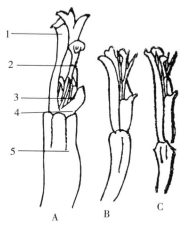

图 9-2　香蕉的小花
A. 雌花　B. 中性花　C. 雄花
1. 花瓣　2. 雌蕊　3. 雄蕊
4. 萼片　5. 花把

图 9-3　香蕉的果实
1. 果梳　2. 单果　3. 果实横剖面

香蕉栽培因选吸芽苗先后不同，其开花结果、收获期早迟也不同。果实发育与品种、气候、环境条件、肥水管理有密切关系。一般在夏秋高温多雨季节，果实生长快，发育均匀，色泽好，成熟早，从抽蕾到采收需 85～105d，而在低温干旱季节，果实细小，发育慢，从抽蕾到采收需要 120～160d。

四、对环境条件的要求

香蕉的分布，受到气候条件的严格限制，香蕉生长发育也受气候的影响，这种影响是很复杂的。香蕉的一生，从器官的形成到植株的生长、开花结果，以致产量的形成、品质的优劣，都与气候条件有密切关系。

1. 温度　香蕉是热带果树，性喜高温，怕低温，忌霜冻。在整个长发育过程要求高温多湿，不能有重霜。香蕉生长适宜温度为 24～32℃，当气温达到 29～31℃时，叶片生长最快，每日生长超过 16cm，气温超过 38℃时，叶片生长受到抑制，出现日灼现象。最高温度不宜高于 40.5℃，气温在 10℃时生长缓慢。当气温降至 4～5℃时，叶片开始受冻害。据华南农业大学实验结果，在人工模拟温度条件下，香蕉植株在 10℃时，生理活动受影响，5℃时冷害症状出现，1℃时叶片冻死。由此可见，绝对低温越低或持续的时间越长，香蕉的受冻越严重。

香蕉受冻的程度与地理和品种的耐寒性有关。从地理环境讲，一般向西北方向的蕉园受冻害较严重，但受霜害较轻。地势较低洼或背风的地方，受霜害较严重。靠近河流、水库边，地势开朗通风的地方，受霜害较轻。从品种来讲，大蕉耐寒性比其他品种强，粉蕉次之，香蕉较差。香蕉中以大种高把、高脚和矮脚顿地雷的抗寒性较强，而普通矮把，抗寒性较差。同一品种不同器官中，地下球茎较耐寒，刚脱落苞片的幼果易受霜冻；未开大叶的吸芽最耐寒，抽蕾前后的植株最易受冻害。一般来说，叶片比果实稍耐寒，地下部比地上部耐寒。同一温度时，肥水足，生势壮旺，地势开阔通风的受害轻；而瘦旱、生势差、地势差、地势低洼、背风的受害重。因此，香蕉应选在最低月平均温度 15℃ 以上、最高月平均温度 35℃ 以下、全年平均温度接近 24℃ 的地方种植。

2. 水分　香蕉根系肉质浅生，株高叶大，生长快、生长量大、产量高，所以对水分要求的特点是需要充足的水分，但又忌积水。因此，要求周年均衡供应水分，最理想的是每月有 150～200mm 雨量，最少有 100mm 雨量，年降雨量要求在 1 500～2 500mm，且均匀分布。一般雨季在 5～8 月，雨量多而集中，应做好排水工作。而在旱季要及时灌水，以保证香蕉的正常生长发育。

水对香蕉的生长发育与产量品质有密切关系。如果香蕉受旱，则生长迅速、生长量显著下降；花芽分化时受旱，果穗小，梳数果数减少。香蕉积水会烂根，叶片变黄，时间太长，会烂头甚至会窒息死亡。香蕉一般在高温多雨季所结的果实，产量高，但品质差、不耐贮运；而在低温干旱季节结的果实，产量低，但品质好且耐贮运。

3. 光照　香蕉除喜高温多湿外，还需要充足的光照。在高温光照充足的条件下，对香蕉生长和结果有利，果实发育齐整，果大成熟快。但是过强的光照，特别是夏秋季高温阳光猛烈，易引起干旱和日灼伤。而过于密植或被林木遮蔽、光照不足，则香蕉生长速度慢且衰弱，产量低，果小无光泽，不耐贮运。根据香蕉具有丛生性和香蕉自身对阳光有适应机能，强光时叶下垂，弱光时叶展开。植株间适当荫蔽有利其生长。

4. 土壤　香蕉对土壤要求不很严格，除碱田、冷底田、积水田、过沙和过黏土外，不论山地、平原，各种类型的土壤都能生长。但所获得的产量则明显不同。对土壤的适应能力，品种间也差异很大。一般大蕉、粉蕉根群粗壮，适应性强，稍差的土壤均能适应，如砾土、瓦片、石块颇多的土壤也可以生长。而香蕉要求比较严格，因香蕉根群细嫩，浅生肉质，重黏土、石砾土、沙土等不宜种植。因此要获得高产，就要选择较好的土壤，最好选择土层深厚、肥沃疏松，有机质丰富，保水保肥力强，物理性状良好，地下水位低的壤土、冲积土、腐殖质土壤最为适宜。水田地区地下水位要低于 70cm，最好在 1m 以下。pH4.5～7.5 香蕉都能生长，最适宜是 pH6～6.5。

山坡地种植香蕉宜选择有灌溉条件的向南、东或东南坡为好。香蕉植地的环境对蕉果品质影响很大，种在地下水位稍高的水田区，所产的蕉果含水分较多，果身肥短饱满，肉厚、皮厚、色暗，果梗粗大，肉质软，味较淡，不耐贮运。而地势稍高的蕉园，所产的蕉果果形较瘦长，果肉较紧实，果梗略细，果皮较薄，色绿而有光泽，味较好，水分较少，较耐贮运。

5. 风　香蕉是大型草本果树，组织疏松，株高叶大，且根系肉质浅生，极易受风害，一般 5～6 级风会撕裂叶片，吹断叶柄；7～8 级风会吹折植株，9 级以上台风会吹倒整株香蕉或连根拔起，造成严重损失和失败，因此，台风对香蕉生产威胁很大，必须在植前植后注意做好防风工作。但微风可调节蕉园温、湿度，促进光合作用，对香蕉生长有利。

实 训 内 容

一、布置任务

1. 识别香蕉主要种类品种。

2. 通过观察香蕉树地上部假茎（叶鞘）、叶柄、叶片、果实形态，识别香蕉主要品种，了解香蕉的生物学特性。

二、材料准备

选择香蕉种植园，不同品种果实实物，生产上主栽品种资料（品种介绍文字资料、图片、多媒体课件等），载果盘，卡尺，水果刀，折光仪，托盘天平，记载表，记录笔。

三、开展活动

识别主要品种　不同种类、品种外部特征（叶鞘、叶柄、叶片外观）的比较与认识。

1. 树体识别　确定识别项目及标准。

假茎：叶片，综合判断生长势。

叶柄：叶柄粗壮度，颜色。

叶片：叶片大小，形状，厚薄，颜色深浅，叶面平或起波状或扭曲。

花：花序大小，花梗颜色，花朵大小，花瓣颜色。

2. 果实识别　解剖果实、观察果实内部结构，包括外观品质与内质品评。

（1）观察果实形状。大小，纵径，横径，平均单果重；形状长椭圆形、象牙形、梳形。

（2）观察果皮颜色。黄绿色，黄色，淡黄色，花纹。

（3）解剖果实。用水果刀纵向切开果实。

（4）观察果实内部结构与颜色。果肉厚度，果皮厚度，果肉颜色，种子大小。

（5）测定果实。可使用手持式折光仪测量果实可溶性固形物。

（6）品尝果实。含纤维度，肉质，甜味，香味，异味。

把上述观察结果记录填入表9-1。

【教学建议】 可采取形式多样的教学方法，根据学校的实际条件，对相关知识的传授可结合实训内容进行，如在品种识别时介绍当地的主栽品种。本实训内容可结合果实成熟期在果园内对香蕉个体观察、叶片观察、果实识别评价等一次性完成。

表9-1　香蕉品种观察记载表

地点：　　　　　　　　　观察时间：　　　年　　月　　日　　　　　　　记载人：

项目品品种	假茎				叶柄		叶片				花				果实		
	长度	粗度	质地	颜色	粗度	颜色	大小	形状	厚度	颜色	花序大小	花梗颜色	花瓣颜色	花梳数	形状	单果重	颜色

【思考与练习】全部观察项目完成后，写出观察分析报告。

模块 9－2　生产技术

【目标任务】掌握香蕉园管理的施肥技术以及水分管理技术，熟悉香蕉的促花技术与果实套袋技术，学完本模块后达到能独立完成香蕉栽培管理的学习目标。

【相关知识】

一、种苗繁殖

1. 吸芽分株繁殖　这是蕉区传统的繁殖方法。当吸芽高达 40cm 以上时，即可进行分株定植。挖苗时在吸芽与母株相接处切下，把苗挖起，要求做到不伤母株地下球茎，而挖出的吸芽地下球茎伤口要小，以利植后成活，但不宜选用大叶芽或隔山飞作种苗。一般春植选用 45～70cm 高的剑芽，秋植选用 100～150cm 高的老壮吸芽。

2. 组织培养繁殖　用香蕉茎尖或花序分生组织，经过脱毒处理，先接种于试管培养成幼苗，再将幼苗移入阴棚营养杯进行培育，至长出 8～10 片叶时移植大田定植，这是香蕉种苗工厂化生产的开始。它具有种性纯、不带病虫害、生长整齐、方便管理、早生快发、提早成熟、生产不受季节限制等优点，因而有利于香蕉良种化、集约化、商品化生产。但香蕉试管苗的组织较嫩，蚜虫等传病的害虫喜欢在其上取食，加上苗期的抗病能力较弱，因而幼龄蕉树很容易发病，生产上混种于旧蕉园中的组织苗较易发病，因此，必须注意做好防病工作。

二、蕉园的建立和种植

1. 建园　香蕉忌霜冻、怕台风、不耐旱、怕积水，建立香蕉园首先要考虑当地的气候、土壤和水源等条件。建园应在霜冻不严重、空气流通、地势开阔的地段，避免选用冷空气聚集的谷地、低洼地；沿海地区还要选择台风为害不严重或有天然屏障的地方或营造防风林；若在山地丘陵旱坡地建园，还要考虑解决干旱、瘦瘠的问题，应选择山的下段，阴凉、湿润、肥沃、有水源的地方，坡度宜在 15°以下；若在平原、水田低洼的地方建园，宜选择地下水位低于 70cm、排水良好的地方。土壤则以土层深厚、疏松肥沃、富含有机质、含钾量较高的壤土、冲积土、腐殖质壤土为宜。

园地选好后，应搞好排灌系统、道路系统及其他果园的规划建设工作。若是山地丘陵要建造水平梯田，减少水土流失；台风大的地区先营造防风林等。植前全园进行深翻 30～45cm，最好经过晒白，犁耙细碎，然后施足基肥，每 667m² 施猪牛粪或优质有机质肥 1 000～2 000kg，磷肥 75～100kg，石灰 25～50kg，基肥可在深翻时撒于蕉地翻入土中，或按定植株行距挖穴把基肥与表土混合后填入穴中，植穴宜在种植前一个月挖好，长宽各 80cm，深 60cm。

2. 定植　选好种苗后，用小刀将种苗头部芽眼挖掉，以免种后发芽过早，影响母株生长，并剪去种苗过长的根和部分开展的大叶，以利新根早生快发，减少水分蒸发，提高成活率。

（1）定植时期。香蕉定植的季节，春、夏、秋三季都可。春植一般从春分开始，直至清明节前后。夏植可在夏至前后。秋植宜在秋分前后栽植。10月份以后不宜种植，因冬季寒冷，幼苗易受冻害。

（2）定植密度和方式。合理密植，发挥群体优势是香蕉夺高产的重要一环。根据香蕉具有丛生性的特点，适当密植，可以充分利用光能，造成香蕉彼此间适当荫蔽环境，促进香蕉生长，从而发挥群体栽植优势。

一般可按株行距2.5m×3m、每666.7m²种植110株左右的密度适当调整。肥沃地种高把蕉，单株植，可放宽到2.7m×2.7m，2.7m×3m，每666.7m²种85～95株。岗地种矮蕉，单株植，株行距从2m×2.3m至1.7m×2m，即每666.7m²种145～200株。一般平地蕉园以2m×2.7m至2.3m×2.7m，每666.7m²种植105～125株较为普遍。如采取双株植或留部分双芽，则株行距要求较宽。

（3）种植方法。

①吸芽苗种植。吸芽苗种植前，应按蕉苗大小分级种植。种植时吸芽的伤口应朝向一致，如广东高州蕉农种植时习惯将蕉苗切口向东，将来抽蕾则在相反方向（向西），方便管理和减轻台风的影响。丛植的每丛苗必须大小一致，否则生长参差不齐，强苗抑制弱苗生长。

种植深度以覆过蕉头4～7cm便可，过深时生长有抑制作用，过浅易露头。但也要根据具体情况灵活掌握，一般山地丘陵、旱地宜比平地稍深，大蕉比香蕉可深些，秋植可略深些。同时种植时注意蕉头不要与浓肥接触，覆土后踏实，然后整成树盘。

定植后注意检查，如有缺株应及时补植。

②试管苗种植。种植前先将袋苗淋透水，种植最好选择阴天或晴天下午进行，种植时先慢慢撕开培养袋，尽量做到袋土不松散，不伤根，然后把苗放到穴中心，回细土并用手轻轻压实。注意不要种得太深，以免影响生长，一般深度比原袋土高1cm为宜，种后马上淋足定根水，用草进行穴面覆盖，并用树枝进行遮阳。

定植以后经常检查，若发现有劣变株，应及时清除并补植。

三、蕉园肥水管理

1. 土壤管理 在冬天，寒冷季节过后早春回暖、新根发生前，宜进行一次深耕，增加土壤的通透性，为香蕉地下部分根系创造良好的土壤条件。

（1）间作和轮作。在新植蕉园初期植株尚小时，及冬春香蕉生长缓慢时，可在行间空地上间种绿肥或经济作物，如花生、黄豆、豆科绿肥等短期浅根作物，以充分利用地力，增加蕉园收入。茎秆回田可增加蕉园有机质和加强新植蕉冬季的肥水管理。但注意不要间种甘蔗、木茨和高秆作物，特别忌间种葫芦科、茄科的作物，以防引起香蕉花叶心腐病。

香蕉是宿根性耗肥量大的果树，在原地连作年限太长，土壤肥力下降，病虫积累多，株行距混乱，加上蕉头逐年上浮，使产量明显下降。所以香蕉栽培了一定的年限，应进行轮作，以恢复地力，减少病虫害，提高产量。轮作以水旱轮作为好。近年用试管苗香蕉，年年新植，虽花劳动力多些，但与水稻轮作能显著地提高水稻和香蕉的产量，且减少香蕉病虫害。

（2）中耕除草。中耕、除草一般是结合进行的，一年要进行几次应根据具体情况而定。香蕉根系浅生、多分布在土壤表层。杂草丛生影响香蕉生长。中耕除草可创造一个疏松、透气性良好的土壤环境，促进形成强大的根系。但耕作不当，容易伤根，中耕除草要根据根系生长规律和气候条件而进行。如广东在5～8月是高温多雨季节，杂草生长茂盛，中耕除草应进行多次，但该季节根系浮生，宜浅中耕 3～6cm，或不中耕、只拔草，并选晴天进行。

在春初（一般在 2 月至 3 月上旬），新根发生前进行一次深中耕，深度 13～20cm，离蕉头 50cm 进行，并注意不要过早，过早植株容易受冻害。过迟新根已长出，造成伤根，影响生长。有条件的可用小型拖拉机等机械进行中耕除草或除草剂灭草。但注意使用除草剂时，不要把药喷到香蕉的茎叶上，以免影响香蕉生长。

2. 施肥　香蕉是常绿的大型草本果树，具株高叶大、生长快、生长量大、产量高的特点，同时其对肥料敏感，易在叶片的色泽、大小、厚薄、生势上迅速反映出来，对钾的需求量特别大。要夺取香蕉高产稳产，必须重视 N、P、K 的配合和增施钾肥。

（1）新植蕉园施肥。有经验的蕉农认为"香蕉好坏看年头"。因为香蕉后期生长、下一年的生长、开花结果及果实发育，都是以前期和前一年的生长为基础的。所以要重视第一年，特别是前期的施肥管理。前期若肥料充足，营养丰富，地上部和地下部生长迅速，植株壮旺，根系吸收能力和叶片光合作用能力强，具有最大限度的叶面积，制造并贮存于球茎、叶片上的营养物质多，形成的花穗大，梳数多，果数多，吸芽早发生，生长壮，一般认为前期肥应占全年肥料的 60%～80%。但后期施肥不足，则植株早衰，产量和品质也会下降。香蕉整个施肥应根据具体栽植情况，如土壤肥力对产量水平、香蕉营养特点和香蕉各个生育期对肥料的要求而决定。

根据各地的气候特点，提倡施肥应以勤施薄施和重点多施为原则。定植前施基肥，在抽出两片新叶时结合灌水施薄肥，一般每 667m² 施腐熟人粪尿 150～240kg，加水 3～4 倍。或用硫酸铵 3～4kg，配成 1%～2% 液肥施用，随后逐渐加浓，数量亦渐增多。上半年约施水肥 4 次，在抽出比较壮旺的大叶后，施重肥，每株施人粪尿 25kg。在 12～翌年 2 月抽蕾有霜冻为害的地区，则在 7～9 月少施或不施，以抑制其生长，免遭霜冻的危害。

（2）宿根蕉施肥。因各地具体情况不同，施肥经验亦有所不同，总的来说，主要掌握花芽分化前重施肥，促进多分化雌花，为丰产打下基础。果实发育期及时补充供应养分，使蕉果充实饱满。以提高单产和增进品质。同时促进吸芽健壮，为下一造丰收打好基础。

根据各地经验，宿根蕉施肥一年可施 5 次：

第一次：在新根发生前，宜在立春前后施下，以粪尿为主，加少量化肥，每株施灰粪 15kg，或人粪尿 20kg 加硫酸铵 100g。

第二次：施肥在植株旺盛生长期，即在谷雨前后，每株施粪尿 25kg 及草木灰 10kg 左右。

第三次：在植株形成"把头"、花序开始分化时，及时施速效肥，每株施硫酸铵 200～250g，并酌情加施磷肥。

第四次：在主株收获前，每株用草木灰 15kg，或粪尿 20kg，另加草木灰 5～10kg。

第五次：在冬季施过寒肥，可在立冬前后施用有机质肥，如垃圾肥、堆肥、草皮泥及农家土杂肥等，并加少量磷、钾肥，以增加吸芽的抗寒能力。

（3）"一种一收"蕉园施肥。"一种一收"是指蕉园当年种植当年采收，第二年挖除旧蕉头，重新再种植新蕉苗的种植方法。采取"一种一收"栽培的蕉园，前期宜（种植后 1～3 个月）勤施薄施，促进植株速生快长，占全年施肥量 25%，每 10d 左右淋水肥一次，以尿素为主；中期（种植后 3.5～6 个月）施重肥，促进花芽分化，占全年施肥量 55%，以尿素、复合肥、氯化钾为主；后期（香蕉抽蕾后）适时追肥，保持青叶数，促进果实发育，占全年施肥量 20%，每 15～20d 施肥一次，以复合肥、氯化钾为主。要求香蕉种植后 6 个月应施完全年肥料的 80%。肥料以有机质肥为主，化学肥料配合。肥水要结合。

施肥量以株产 25kg 香蕉计，每株每年施入禽畜粪肥 10kg、花生麸饼 1.5kg、氯化钾 1kg、复合肥 0.75kg、尿素 0.25kg、磷肥 0.5kg。

各生长阶段的施肥比例：种植后 1～1.5 个月，占全年施肥量 10%；种植后 2～3 个月，施 15%；种植后 3.5～4.5 个月，施 25%；种植后 5～6 个月，施 30%；香蕉抽蕾后，施 20%。这里介绍的施肥量、施肥时期及施肥方法仅供参考，各地可根据土壤肥力、肥料种类及施肥习惯因地制宜，合理施用，提高肥料的利用率。

增施有机肥和生物菌肥。在前期、中期、后期均施用腐熟花生麸水的香蕉植株粗壮，叶片深绿、寿命长，绿叶数多，商品性状和品质好。在前期和中期施用 NEB（恩益碧）菌剂 2～3 次，能增加根系营养吸收面积，增强吸肥力，提高肥料利用率，提高产量 10%～15%。

3. 水分管理 香蕉是常绿大型草本果树，叶大蒸发量大，生长快，产量高，根系肉质浅生，组织娇嫩，含水量高。据分析：香蕉假茎含水 92.4%，叶片含水 82.6%，果实含水 80%。所以香蕉对水的要求特点是：需要充足的水分，又怕积水，对干旱非常敏感。因此，蕉地要水分充足，大气湿度稍大，土壤湿度稳定，才能丰产稳产。水分过多过少都不能正常生长，积水会使叶变黄，严重时根群窒死、腐烂。缺水香蕉生长不良，器官早衰，造成减产，所以香蕉整个生长过程要求水分是润—湿—润。苗期需水不多，要求土壤保持湿润则可，旺盛生长期要求水分较多，土壤要湿，后期果实成熟，要求土壤湿润则可。我国大部分香蕉种植区，虽然降雨量充沛，但分布不匀，雨季、旱季明显。因此，蕉园雨季时要注意排水，防止积水。旱季要及时做好灌溉工作，但不宜进行漫灌，因漫灌易使土壤板结，应细水沟灌，让水慢慢渗入畦中。

四、植株管理

蕉园栽培管理工作是否科学，能否抓好蕉园植株管理工作，对提高蕉园的产量至关重要。蕉园管理工作包括选留吸芽、花果管理、防晒防倒伏、防寒、果实采收催熟等工作。

（一）吸芽的选留 蕉树每年萌生的吸芽很多，消耗母树大量养分，故宜及时除芽留芽。生产上只选留 1～2 个芽，其余的芽要及时除去。有经验的老蕉农认为，"留头芽长瘦蕉，留二芽长肥蕉"。在留定接替母株的吸芽后，如见新芽浮出土面时，及时除去。可在 3～7 月每隔半个月除一次，8 月以后隔 1 个月检查一次。除芽以切断芽的生长点而又少伤母株地下茎和附近的根群为宜。

（二）花果管理

1. 校蕾 香蕉抽蕾时，有时蕉蕾刚好落在叶柄上，任其继续下去，随着蕉蕾的伸长，会压断叶柄，蕉蕾也因骤然失去支持而折断。如有叶片及叶柄妨碍花蕾及幼果生长时，可把它移除，及早在蕉蕾抽出初期，轻轻将叶柄移开，使蕉蕾自然下垂，避免造成损失。

2. 断蕾 香蕉只有雌花能结果，中性花和雄花不结果，所以在蕉蕾雌花开展，中性花开 1～3 梳处割断，减少养分消耗，促进幼果发育。但断蕾不宜在雨天、雾水未干时进行，以免引起蕉轴腐烂，影响蕉果发育。

3. 疏果 香蕉结果一般为 8～10 梳，高达 13～16 梳，为了保证蕉果质量，使果实大小较一致，应进行合理疏果。疏果应根据香蕉开花的季节，植株大、青叶数量、植株的营养状况来决定。一般每株只留 8～10 梳，其余的疏去。

4. 果实套袋　在香蕉抽蕾开花 3～4 梳，花苞脱落时，应喷一次甲基托布津或多菌灵等防病护果药物，谢花后结合疏果断蕾，再喷一次防病护果药物，喷药后立即套袋。夏季高温季节宜套浅蓝色有孔聚乙烯袋，袋底要打开。冬季气温低，宜采用无孔蓝色聚乙烯袋，袋底可扎紧，两角只留一小孔。套袋的果穗能增产 13.5%～9%，提早成熟 8～12d，且蕉身光鲜，病虫害少，防止农药残留。

（三）防晒防倒伏　每年在盛夏秋初（7～9 月），特别是立秋前后，高温烈日容易晒伤果轴、果柄，尤其向西的果实，易发生日灼伤，影响果实发育。可把护叶拉下覆盖果轴，用干蕉叶稻草包裹果穗，并套上蓝色聚乙烯袋，袋的下端打开。这样可防晒、防病和减少果实机械伤。另外，习惯秋植的地区，注意选用老壮大苗和植后用稻草、干蕉叶等遮盖蕉心，以提高成活率。

香蕉易受台风吹折、吹倒，尤以结果植株受害更甚。应在台风季节（沿海一带在 5～7 月）来临前，每株立支柱（杉木或竹）1～2 条防风，抽蕾后更应立支柱固缚轴及把头，承受植株和果穗重量，增强抗风力。多风地区可选种矮生品种，同时营造防风林或选择有天然屏障的地方建园。在栽培上也可通过调节植期和留芽期。避免台风为害蕉果的方法是：5～6 月定植或 3～4 月留芽，次年在台风季节前收完蕉果；还应增施钾肥，提高植株抗风能力，注意培土，防止露头。

（四）防寒冻害　低温霜冻会造成蕉园减产甚至失败。要及时做好防寒工作。

1. 培育抗寒品种　以野生蕉类抗逆性强或抗寒性强的品种与高产优质品种进行无性杂交，选育高产优质抗寒性强的新品种，取代原当家品种，这是最终解决抗寒问题的办法。目前可选用较耐寒的矮生香蕉品种。

2. 合理留芽，控制抽蕾期　通过留芽、施肥等管理控制香蕉在霜冻来临前收获完毕，避免冬季抽蕾开花。增施钾肥，施好过冬肥，增强植株抗寒能力。在霜冻来临前，用稻草、枯蕉叶等遮盖植株顶部，幼苗可束起顶叶，或用草木灰填塞蕉顶丫口，防止冰水流入蕉心造成生长点腐烂死亡。

3. 越冬幼果　在断蕾后用稻草、枯蕉叶等包裹越冬，同时套上薄膜袋，袋的下端要封口，只留袋角小孔，以提高保温能力。在蕉园风头多点薰烟防寒，或霜冻前蕉园灌水等进行防寒。

4. 香蕉受冻后的抢救措施　①回暖后，及时割除被冻叶片、叶鞘，特别是未展开的嫩叶，以控制腐烂部分向下蔓延。②及时追施速效肥，促进植株恢复生机。③孕蕾的母株，因低温霜冻，花蕾抽不出时，可用小刀在假茎中上部纵割长 15～20cm、深 3～4cm 的口子，使蕉蕾从割口抽出。④根据母株受冻害程度，采用相应的留芽措施。如母株冻死或受冻严重，估计母株收获不大的，应立即除去母株，促进上年预留的秋芽生长，并加强管理，争取年底收获；若母株受冻不严重，估计母株尚可抽出 6～7 片叶才抽蕾，即除去预留的秋芽（头路芽），集中养分供母株生长，以后改留二路或三路芽。并加强肥水管理。

（五）果实采收与催熟

1. 采收标准和方法

（1）采收标准。适时采收是香蕉栽培管理最后一项重要的工作。香蕉不同于其他水果，可以凭皮色来决定采收期，而主要靠果指的饱满度来决定。不同的饱满度又直接影响香蕉的产量、品质和耐贮性能。一般来说，果实达到七成熟时即可采收（最低限），但往往要根据具体要求、运输远近、季节等来决定。如夏季果实不耐贮运，可在7~8成熟时采收，冬季果实较耐贮运，可在8~9成熟时采收。远销的可在7~8成熟时采收，近销的可在9成以上采收。

香蕉采收成熟度的掌握，可根据下列几种方法确定：

①根据果面棱角变化确定成熟度。香蕉果实发育初期棱角明显，果面凹陷，果实完全成熟时，果实饱满无棱角。习惯上是观察果穗中部的小果棱角状态来判断，一般果面未丰满，棱角明显突出时，成熟度在7成以下，果面接近平面，棱角尚较明显，成熟度为7成，果面圆满，但尚现棱角时，成熟度为8成；果面圆满，无棱角时，成熟度为9成以上。

②根据断蕾后的生长天数来确定。香蕉由断蕾至果实成熟采收，不同季节所需的时间不同，一般在夏季6~7月断蕾的，需经70~80d；3~5月和8~9月断蕾的，需经80~100d；10~2月断蕾的，需经120~150d。如台湾果农在断蕾后套上浅蓝色聚乙烯袋，然后用不同颜色的绳，这样可按绳的颜色预知采收期，并结合饱满度确定采收期。

③根据果实横断面比率来确定。果实发育初期横断面为扁长形，随着果实成长而渐近圆形。测定果实中部横断面的长短径比率，如达75％即达采收最低标准。

④根据果实横断面比率来确定。果实发育期横断面为扁长形，随着果实成长，转为果肉较重，若果肉重量为果皮的1.5倍时，即达7成熟以上，此时采收，适于远运。

有些国家还根据"饱满指数"来确定香蕉的采收期，但目前我国还未确立一个统一的采收标准，多凭经验进行采收。香蕉果实不耐贮藏，而且容易腐烂，因此，采收的成熟度要根据产品供销的远近、季节、气候条件灵活掌握。

（2）采收方法。我国蕉区采收，多为一人操作。采收时先选一片完整的蕉叶，割下平铺于地面上，以备放果穗，然后一手抓住果轴，另一只手用刀把果穗割下，把果穗放到蕉叶上。如果是高秆香蕉，先在假茎高150cm处，用刀砍一凹槽，让果穗和上部假茎一同慢慢垂下，然后把果穗割下。再进行开梳、清洗、包装外运。在采收过程中，要轻收轻拿轻放，尽量避免机械伤，以免增加腐烂率和果皮变黑，降低商品率和质量。在国外，企业性蕉园的采收运输均用空中吊绳，即使需由人工搬运，也有海绵肩垫承托整个果穗，最大限度减少机械损伤，为提高耐贮性创造十分有利的条件。

2. 催熟 香蕉果实在植株上成熟或采收后自然成熟的，其风味远不及人工催熟的好，且成熟需要的时间长，成熟度也不一致。因为香蕉未成熟的果实含有大量淀粉，肉质粗硬，味涩，需经人工催熟处理，促进酶的活动，促进淀粉转化为糖，以及芳香物质的生成，使果肉变软、变甜，气味香醇，果皮叶绿素消失，颜色变黄。

（1）温、湿度要求。香蕉催熟，最适宜温度为20~25℃，在这个温度下催熟的蕉果品质最好，香味浓，皮色鲜黄美观。当温度在30℃以上时，蕉果成熟快，容易发生青皮熟，即果皮尚青而果肉已软化，香味淡，品质差。而温度在16℃左右，催熟时间长，温度在12℃以下，蕉果难以催熟，甚至会变坏。催熟的湿度，在初期要求相对湿度保持在90％为宜，因此在炎热或干旱季节催熟时，应在催熟室内洒水或在蕉果上喷水，以增加周围环境的湿度。在催熟的中后期，相对湿度保持在75％~80％为宜。

（2）催熟方法。

①烟催熟法。这种方法是国内蕉农传统的催熟方法。具体方法是将香蕉放置在密室内或大的密封瓦缸内，然后点燃线香（不含农药的专用香），并控制好温湿度，利用线香产生的气体，促使香蕉成熟，一般经24h（冬季稍长些），可打开密室或缸盖，取出蕉果，晾放2~

3d 即可食用。

②乙烯利催熟法。利用乙烯利催熟蕉果，其浓度因室温不同而异，处理方法可浸果，也可喷雾。一般室温在 17～19℃；乙烯利浓度为 0.2%～0.3%，经 3d 便可黄熟；室温在 20～25℃时，乙烯利浓度为 0.15%～0.20%，经 2.5d 可黄熟；室温在 25℃以上时，乙烯利浓度为 0.07%～0.1%，经 2d 可黄熟。利用乙烯利催熟香蕉，当浓度超过 0.3%时，容易降低蕉果质量。如果出现果肉迅速软化的情况，蕉果就会失去特有的风味。所以，在气温较低的情况下，应使用较低的浓度，并结合加温的方法，催熟的效果更好。

③乙烯催熟法。将香蕉放在不通风的密室或大的塑料罩内，然后通入乙烯催熟。乙烯的用量按 1:1 000 的容积比计算。室内温度保持在 20～25℃，效果很好。室内温度过高、过低会影响催熟效果。

实　训　内　容

一、布置任务

1. 香蕉防风防寒措施。

2. 选定蕉园，确定需要防风防寒蕉树；了解当地台风及冬季寒潮发生规律；掌握香蕉防风防寒措施；观察记载处理效果。

二、材料准备

确定开展活动的蕉树，包装绳，杉木或竹子，刀具，锄头，禾草蕉叶，塑料膜。

三、开展活动

1. 确定防风防寒时期　在台风或寒潮来临前，准备好防风防寒相关材料，对有可能受台风或寒潮影响的蕉树，采取防风防寒的措施。

2. 防风措施　对选定的蕉树用杉木或竹子立支柱 1～2 条，连同蕉树绑扎固定，另一端固定于土畦，注意支撑方向，杉木或竹子应对正风向口。抽蕾后的蕉树同时把果穗及把头固缚在支柱上，以提高抗风力。

3. 防寒措施　在霜冻来临前，用禾草或塑料膜等遮盖植株顶部。如是幼苗，束起顶叶，用禾草或蕉叶包扎，包至果轴上端，再用塑料膜包裹。根据天气预测，在寒潮来临前，用禾草或用锄头铲草皮堆积点火熏烟。有条件的果园，还可在霜冻前对实验树进行灌水防寒。

4. 观察记载处理效果　同一蕉园选择条件相同的部分蕉树不作处理，进行对照，并观察防风防寒效果，观察结果记入表 9-2，并分析处理效果。

表 9-2　蕉园防风防寒处理效果记录样表

观察时间：　　　年　　月　　日　　　　　　　　　　　　　　　　　记录者：

项目处理	防风措施		防寒措施				备注
	假茎固定	果穗或把头固定	植株顶部遮盖	束顶叶包塑料膜	熏烟	灌水	
实验树1							
实验树2							
对照树							

【教学建议】

1. 有条件的学校（设有组培实训室的学校）应以香蕉组织培养育苗为例开展相关组培育苗的教学工作，教师要增加香蕉组织培养育苗的相关知识材料给学生，并带领学生一起完成。

2. 冻害是香蕉生产上的重大威胁，选择适宜蕉地是防止冻害的根本办法。在香蕉发性冻害的年份，让学生观察不同冻害程度的地形地势，教师分析原因（背风向阳不容易发生冻害，而低洼地冻害相对严重）。

【思考与练习】

1. 香蕉施肥应如何掌握？

2. 如何对香蕉果实进行催熟？

3. 写出香蕉防风防寒实训的活动报告。

模块十　菠　　萝

◆ **模块摘要**：本模块观察菠萝主要品种植株及果实的形态，识别不同的品种；观察菠萝的生物学特性，掌握主要生长结果习性以及对环境条件的要求；学习菠萝的育苗建园、施肥、水分管理、植株管理等主要生产技术。

◆ **核心技能**：菠萝主要品种的识别；菠萝催花技术；除芽与留芽技术。

模块 10—1　主要种类品种识别与生物学特性观察

【**目标任务**】熟悉生产上常见的栽培菠萝品种的果实性状与栽培性状，识别当地栽培的主要品种，了解菠萝的生物学特性，为进行菠萝科学管理提供依据。

【**相关知识**】

一、主要品种

菠萝属于凤梨科凤梨属，共有 8 个种，其中供栽培食用只有 1 个种，全球栽培的菠萝品种有 60～70 个，在我国菠萝常分为"卡因"、"皇后"和"西班牙"等 3 类。

1. 无刺卡因　又名夏威夷、意大利、美国种，是全球栽培面积最大的品种。植株直立健壮，叶片硬直，叶缘无刺或叶尖有少许刺，较巴厘等有刺品种方便管理；叶面光滑，中间有一条紫红彩带，叶背披白粉；果重 1.5～2.5kg，果长圆柱形，便于机械去皮，适于加工制罐且成品率高；小果大且扁平，果眼浅，果肉淡黄、多汁，纤维软韧，香气浓，风味偏淡；果皮薄易受日灼；要求较高的肥水条件才能获得丰产。

2. 巴厘　原产于菲律宾，又称菲律宾，同等水肥条件下植株较无刺卡因矮；叶缘微波浪型，有细密且排列整齐的刺，叶片中央有紫红彩带，叶面两侧有两条明显的狗牙状粉线，叶背有白粉；果重 0.8～1.0kg，果形短圆或圆锥形，小果棱状突起，果眼较深，果肉金黄、脆甜、纤维少，香气和风味浓，品质上等；耐旱耐瘠，耐贮运，但由于果实圆形、眼较深，不得机械去皮，制罐成品率低。

3. 神湾　又称新加坡、台湾种等。植株较巴厘更矮小，叶细软而厚，呈赤紫色，叶缘多刺；果型小，果重 0.5～1.0kg，果圆筒形，果眼小而突出，果肉黄色，纤维少，肉脆，香味浓，品质优，最宜鲜食，只是单产较低。

4. 台农 4 号　又名剥粒菠萝、甜蜜梨，是台湾菠萝鲜果主要外销品种。植株较直立、矮小而开张，叶缘带刺；单果重 1.0～1.5kg，果眼深，圆柱果形，果肉金黄，肉质细密，脆嫩清甜，纤维少，香气浓，是鲜食良种。果实纵切后可直接剥取小果食用，无需削皮。该品种要求高积温、重肥水才能生长结果良好。

5. 台农 6 号　又名苹果凤梨，台湾培育。要求在高积温地区栽培才能生长结果良好。平均单果重 1.3～2kg，成熟时皮肉均显浅黄色，肉质细致，纤维少，多汁，清脆可口，具苹果风味。

　　此外，生产上栽培的品种还有本地种、57 - 236、台农 11 号（香水）、台农 13 号（冬蜜）、台农 16 号（甜蜜蜜）、台农 17（金钻凤梨）、台农 18 号（金桂花）、台农 19 号（蜜宝）等品种。

二、生长特性

　　1. 根系　菠萝的根系由茎节的根点发生，初期为气生根，入土后成为地下根，地下根与真菌共生形成菌根。菠萝根系好气浅生，90％以上根系分布在地下 10～20cm 土层，水平分布可远离茎部约 1m，但主要在距植株 40cm 的范围内。疏松肥沃园土有利菠萝根生长，园土积水或过于黏重及苗木种植过深会导致根系生长不良。温度升至 15℃根系开始生长，最适宜生长温度是 29～31℃。

　　2. 茎　菠萝茎是呈圆柱形的肉质体，分为地下茎和地上茎。地上茎被叶片包裹，花芽分化前其顶端的生长点不断抽生叶片。茎粗的植株生长强壮，叶大果大。

　　3. 芽　菠萝的芽根据着生在茎干的部位不同分为冠芽、托芽、吸芽、蘗芽 4 种，所有的芽体都可作为生产种苗，但因蘗芽弱小且量少，故很少用作种苗（图 10 - 2）。冠芽随植株抽蕾和果实发育而生长，芽体小，一般是单芽，少数果实有 2～3 个冠芽；托芽着生在果实基部和果柄，每株抽生 2～6个，托芽的数量因品种和季节而异。吸芽着生在地上茎叶腋，生产上选留做母株接替株，作为下一作收果植株。蘗芽由地下茎的芽体萌发形成（图 10 -1）。

图 10 - 1　菠萝植株形态

　　4. 叶片　菠萝叶片为革质的狭长剑形叶，叶长 40～150cm、宽 4～7cm，具有抗旱性强的结构，气孔少，表皮覆盖蜡质和毛状体，以减少体内水分散失。28～31℃高温高湿的夏季菠萝叶片抽生速度快，每月抽生叶片 5～6 张；低温干旱季节叶片生长缓慢甚至停

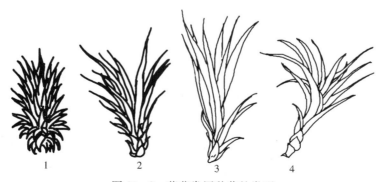

图 10 - 2　菠萝常用种苗的类型
1. 冠芽苗　2. 托芽苗　3. 吸芽苗　4. 蘗芽

止生长。菠萝叶片的数量和叶面积大小与果实大小有密切关系，叶片数多、叶面积大则果实的单果重大。据分析，植株每1.2kg鲜叶可生产约1kg的果实。供应充足肥水促进菠萝叶片旺盛生长、扩大叶面积，是菠萝丰产的营养基础。

三、生长结果习性

1. 花芽分化　菠萝属于能不定期花芽分化的植物，自然条件下当抽生足量的叶片后就能花芽分化而开化。如"无刺卡因"青叶数达35～50片（叶面积1.5～2.5m²）开始花芽分化，"巴厘"和"神湾"的青叶数分别达40～50片、20～30片开始花芽分化。高温季节比低温季节完成花芽分化需要的时间短，在广西南宁，5～6月用乙烯利人工催花后花芽分化历时约30d，而10月处理则需历时50d以上。

2. 开花　菠萝花序属于头状聚合花序，花轴周围聚合50～200朵无柄的小花。小花有红色苞片1片、3片三角形的萼片及雄蕊和雌蕊，子房下位，花瓣紫红色。通常基部小花先开放，逐渐向上开放，整个花序的花期15～30d，自花不孕，单性结实。

3. 坐果　菠萝果实是由众多的小果构成松果形状的聚合果。高温高湿的气候植株健壮，小花多、果大、产量高，营养不良植株或低温则果少，而且整个果实小而低产。开花到果实成熟需要100～180d，高温季节果实生长发育所需时间短，夏、秋成熟的果实色、香、味比冬、春季成熟的果实好。因为单性结实，故绝大多数菠萝没有种子。

菠萝幼果呈紫红色，随着果实发育逐渐变为绿色，成熟果皮呈黄色；鲜果重、纵横径增长都呈单S形，生长速度以花谢后20d内最快，蔗糖在成熟前约40d起积累量急剧增加，甜度不断增加；蛋白酶含量和活性随果实成熟度的提高而增加。

四、对生态环境条件的要求

1. 温度　菠萝原产热带地区，经济栽培区的年平均气温24～27℃，最冷月平均温度不低于15℃，极端低温高于−1℃。菠萝在15～40℃都能生长，28～32℃最适宜，10℃生长缓慢甚至停止生长，低于8℃并持续3d以上的冷雨天气会使植株烂心；低于5℃且持续较长时间叶色变黄、叶尖干枯；0℃气温持续1d以上植株受寒害严重，果实和心叶腐烂，根系冻死。日均温高于16℃时开花，高于37℃的气温伴随强日照时极易灼伤果实。

2. 光照　菠萝喜欢半阴的环境，漫射光比直射光更有利菠萝生长结果，当光照不足时植株生长慢、小果、低产劣质、风味差；但过强光照极易灼伤果实，叶片退绿变红黄色。

3. 水分　菠萝耐干旱、忌潮湿。菠萝虽然耐干旱，但如果水分不足，表现为叶色浅黄或红色，叶缘反卷，也影响抽蕾开花和吸芽抽生。土壤渍水1d以上就导致根系大量死亡，根茎腐烂。

4. 土壤　菠萝根系有好气性，以pH4.5～6.0、疏松透气、有机质丰富的土壤为好，红黄壤、砖红壤、高岭土及黏土都能正常生长结果，其中在肥力中等的红黄壤园土中菠萝果实风味品质最好，果皮鲜艳，果肉深黄。我国南亚热带地区的丘陵地和缓坡地很多都适宜种植菠萝。菠萝园土壤过黏时，雨天易烂根，晴天则因园土龟裂易断根。

实　训　内　容

一、布置任务

观察菠萝生长状态，认识菠萝的生长特征；根据菠萝的叶片、果实的特征识别菠萝种类。

二、材料准备

不同品种的菠萝植株及菠萝果实（无刺卡因、巴厘、台农 4 号或 6 号等 3 个品种以上）、解剖刀（水果刀）、天平、卡尺、尺子、果盘。

三、开展活动

1. 菠萝植株的认识　观察植株的形态（根系、茎干、叶片、芽），认识植株的特征，认识植株的冠芽、托芽、吸芽、蘖芽。位于果实顶部着生的为冠芽，果实基部果柄处着生的为托芽，在地上茎叶腋处着生的为吸芽，在地下茎处抽生的为蘖芽。

2. 种类品种特征的认识　观察植株的生长状态（直立、开张、植株生长强弱、叶色、叶缘有无刺、芽数），测量叶片长短、果重、果实纵横径；解剖果实，观察果肉颜色、纤维多少，测量果眼深度。

3. 品尝果实　品尝果实，体验不同品种的果肉的脆度、纤维多少、甜度、香味之间的差别。

4. 列表记录　观察、测量，品尝结果（表 10 - 1）。

表 10 - 1　不同菠萝品种形态特征观察记录表

观察时间：　　　年　　月　　日　　　　　　　　　　　　　　　　　记载人：

品种＼项目	植株长势	叶片长度	叶色	叶缘（刺）	果实形状	果眼深度	果肉颜色	果实甜度	果实香味

【教学建议】本模块主要是掌握菠萝的生态环境、了解菠萝的生长结果习性以及菠萝的品种特征，为了达到教学目的，加深学生对学习内容的理解，可结合当地的生产情况到菠萝场进行现场教学。在品种识别时，所提供的品种要尽可能有代表性，是当地的主栽品种。对各种芽的认识，既要认识着生的部位，也在认识不同芽的形态（叶片着生密度，叶片大小、长短）。

【思考与练习】

1. 以鲜食为主要消费方式和以加工为主要目的应该选择栽培的菠萝品种各有哪些？

2. 适合菠萝生长的环境条件与土壤条件是什么？

模块 10—2 生产技术

【**目标任务**】学习掌握菠萝的育苗技术、整地定植等建园技术、土肥水管理技术以及除芽留芽、人工催花等植株管理技术。

【**相关知识**】

一、育苗

我国菠萝商品栽培的种苗目前主要是利用良种丰产园的冠芽、托芽、吸芽 3 类芽体，蘖芽芽体瘦小，种后生长慢结果小，不宜做种苗。冠芽和托芽种苗高度以 20～40cm 为宜，吸芽要有 30～50cm。

由于自然生长的冠芽或吸芽数量少，吸芽还是丰产园母株的代替苗，所以往往仅自然生长的芽苗有时满足不了生产上的需要。组织培养育苗的方式也是菠萝重要的育苗方法，可以大批量获得种苗。有时也用整形素处理已被乙烯利处理过的植株，将处于花芽分化状态的植株逆转为营养生长，使已形成的穗状花序的小花变为叶芽，成为"果叶芽"，基部发生"果瘤芽"，顶部出现许多小冠芽，从而获得较多的可作种苗的芽体。而土埋或沙埋老熟茎，刺激其上潜伏芽萌发小苗也是可以获取种苗的一种方法。

二、建园

（**一**）**园地选择** 选择排水良好、疏松、肥力充足的土壤容易获得丰产；在容易出现冻害的地区还要选择不容易产生霜冻的空旷、背风向阳地段种植。

（**二**）**园地开垦** 山坡地要修筑梯田；菠萝要求土壤疏松，建园时要深耕，耕深 30cm 以上；耕耙时不要将土块过度耙碎，保留较大的土粒，使土壤通气良好，利于菠萝的生长。

（**三**）**定植**

1. 定植时期 菠萝除了在寒冷的冬季，一般在 3～9 月都可定植，因采果后种苗充足，所以新园大多在 8～9 月种植。3～4 月春植冠芽和托芽，13～14 个月后可催花，18 个月果实成熟；8～10 月秋植菠萝整个生育期相应延长 4～6 个月。沿海产区在 3 月定植有 15 片叶、茎粗 5cm 的大吸芽苗，加强肥水管理，在 9 月催花，一般能够在翌年 4 月收果；8～10 月定植大吸芽，肥水充足条件下翌年 6～7 月也可收果。

2. 种植方式和密度 菠萝园作畦方式有平畦、高畦和浅沟畦 3 种。高畦畦面宽度 0.8～0.9m，畦沟宽 0.5～0.6m、深 0.2～0.3m。目前常用双行品字定植，畦内行距 50cm、株距 25～30cm，每 1hm^2 种植约 5.4 万株。不易保水的沙地可开宽 1.2m、深 0.3m 的浅沟畦种植。

3. 定植方法 先剥除种苗基部 2～3 片叶，露出气生根后再定植。宜浅植，埋过根茎即可，种植过深生长不良。

（**四**）**种植制度与轮作** "一种多收"菠萝园地，种植一次生产周期可达 8 年以上，但后期随着吸芽位置逐年升高，植株易倒伏，劳力和管理成本加大，产量和优质果率下降。目前，生产上常采用"一种一收"模式和"一种两收"模式，生产周期分别为 1～2 年和 3～4 年，丰产和优质果率高。种植菠萝的园地最好 4～5 年后轮种豆类等作物。

三、土肥水管理

（一）土壤管理

1. 覆盖　平整畦面后覆盖地膜，四周用泥土压住，保水保肥，抑制杂草生长，尤其用黑色塑料地膜覆盖对栽植后菠萝园畦面杂草生长的抑制效果更好。覆盖地膜前畦面施足基肥，覆盖地膜后按株行距打直径 10cm 圆孔或用刀划"十"字后定植种苗。

2. 除草　园地在定植前要深翻除草，未覆盖膜的园地定植后，可用五氯酚钠、草甘膦等除草剂地面喷施，抵制杂草生长，但不能喷到菠萝植株；小行间和株间的杂草要及时人工铲除。在杂草萌发前或杂草幼苗期，每公顷用五氯酚钠 15～20kg，加水 2 200～2 500kg 喷洒。菠萝园常用的除草剂还有阿特拉津，每公顷原液用量为 3～4L，稀释浓度为 250 倍。

3. 培土　菠萝采果后由吸芽代替原来的植株，吸芽从叶脉处抽出，位置逐年上升，所以要培土，以增加根系营养面积，并防止倒伏。暴雨后未覆膜的园地也要及时培土，防止因雨水冲刷使根系裸露，导致植株早衰和倒伏。

（二）施肥　菠萝生长快，结果早，充足的肥水才能获得丰产优质的果品。

1. 促蕾肥　菠萝花芽分化前需氮量较多，在 12 月至翌年 1 月施入，每公顷施复合肥 600kg，促进花芽分化。

2. 壮果与催芽肥　壮果催芽肥在 4～5 月施入，每公顷施复合肥 300kg，促进果实增大和吸芽及时抽生。如果是"一种多收"的菠萝园，则在采果后每公顷施尿素 300kg、复合肥 300kg 作壮芽肥（即下一茬果的基肥），促进选留的吸芽生长健壮。第二茬果追肥按上述施肥时间和 70% 施肥量进行。

3. 壮芽肥　在 7～8 月间施入，正值果实采收完毕，又处在吸芽生长期，植株需要大量养分恢复生长，施肥同时促进吸芽生长。肥料以速效氮肥为主，每公顷施用尿素 300～450kg，株施 10g 左右。另施腐熟人粪尿促进植株生长。

4. 过冬肥　在 9～10 月于大行间挖 10～15cm 深的沟施入有机与无机混合的肥料，用量多，作为一年的基肥施入。每公顷用猪牛粪、垃圾肥、草木灰等与过磷酸钙 150～200kg、硫酸钾 200～250kg 充分混合后施入。

菠萝封行后，土壤追肥不方便可叶面追肥，20～30d 追肥一次，每公顷使用浓度为 0.8%～1.0% 尿素、0.8%～1.0% 硫酸钾、0.3%～0.5% 硫酸镁、0.1% 硫酸锌和 0.08%～0.1% 硫酸亚铁 5 种化肥混合液 3t，高温的 7～8 月将肥水浓度减半，入冬前和果实成熟采收前 1 个月，所用的肥液增加 1 倍钾肥用量。

（三）水分管理　菠萝园积水会导致烂根，建园整地时要修整好排水沟。种苗定植时要淋定根水，月降雨量少于 500mm 时必须供水灌溉，保持畦面土壤湿润。畦面盖地膜时种植保水效果好，有条件的可采用喷灌或软管滴灌系统节水灌溉。

四、植株管理

（一）吸芽的选留与除芽

1. 冠芽处理　目前，鲜果销售的菠萝通常要带冠芽，以增强果实新鲜感等外观品质。高温季节不除冠芽也能减少果实受日灼。如果要摘除冠芽，在冠芽长到 5～6cm 时进行，一手扶果，另一手将果实顶部的小顶芽推断，减少冠芽对养分的消耗，增大果实。如要用冠芽作种苗，可延迟到冠芽长约15cm时再除芽。

2. 托芽处理　由于托芽的生长要消耗营养而影响果实的膨大，当托芽长到3～4cm时分批摘除，每次摘除1～2个，否则因伤口多引起果柄干缩，影响果实发育，导致减产。

3. 吸芽选留　"一种一收"的菠萝园不留吸芽，要及时去除抽生的吸芽，减少养分消耗。"一种多收"的果园在采果后按"除弱留壮"的原则，选留低位的吸芽作下一茬的结果植株，每个母株在其两侧选留1～2个吸芽作接替株，多余的吸芽全部去除。菠萝植株的蘖芽全部去除。

（二）人工催花　菠萝自然花芽分化前都能用生长调节剂促进植株成花，因此可人为控制抽蕾期和果实成熟收获期，且药剂催花后花期整齐，抽蕾率高。催花的药剂主要有乙烯利、电石（碳化钙）、萘乙酸和萘乙酸钠，其中乙烯利最为常用，其催花效果最好，使用方便，无药害，安全可靠。催花的植株须达到足够的生长量才能生长成大果，如"无刺卡因"品种需有长40cm、宽约5.5cm的叶片35张以上催花才能获得约1.5kg的果实，"巴厘"品种需有长35cm、宽约4.5cm的叶片30张以上才能用药剂催花。

1. 乙烯利催花　一般如是在5～7月进行催花的，用40%乙烯利1 000～1 500倍液加入尿素0.4%～0.5%；如是在9月或2～3月进行催花的，可用40%乙烯利600～1 000倍液加入尿素0.2%～0.3%。不管是何时催花，上述浓度药液每株往芯部灌注20～30mL。

2. 电石催花或萘乙酸催花　菠萝催花也可用1%的电石溶液或0.002%萘乙酸溶液，每个单株灌心30～50mL，但不如乙烯利催花效果好。

（三）促进果实膨大　菠萝抽蕾后应用赤霉素、萘乙酸配合叶面追肥喷施，可提高单果重和产量。抽蕾后1个月即开花的中后期起每15d处理一次，连续3次，每公顷使用3t激素和化肥混合溶液，喷雾时以果实湿润不滴水为度。第一次所用的溶液中赤霉素浓度为0.001 5%～0.002 0%、萘乙酸0.002 5%～0.003 0%、尿素0.8%～1.0%，第二至第三次喷雾的溶液增加硫酸钾（浓度0.8%～1.0%）和硫酸镁（0.8%～1.0%）。但经过萘乙酸及尿素处理过的果实，会推迟成熟7～10d。

（四）护果　夏秋季气温高、日照强时要注意护果，否则果实极易被灼伤，可用果袋套果或报纸包扎果实，也可用稻草覆盖果实，有时也可制作圆形的纸板，纸板中间打孔，将纸板套入果实顶部的冠芽，纸板起到防日灼的作用。

易受寒害的产区种植菠萝挂果过冬的，在冬季要用纸袋或塑料袋套住菠萝果实，袋口扎紧果柄为宜。及时了解天气变化情况，低于6～8℃强寒流来临前用塑料膜或蔗叶、稻草覆盖菠萝园整畦的植株，防止冻害，提高袋内温度，促进果实生长。低温过后揭除覆盖物，但果袋不需除掉。

（五）果实催熟　菠萝用浓度为0.06%～0.1%乙烯利溶液喷果，果实提早成熟。在植株抽蕾后100～110d、果实颜色由深绿转为浅绿时喷果，夏季处理后7～12d果皮转黄，冬季需15～20d才转黄。菠萝果实经过乙烯利处理后，能提早成熟，成熟期较为一致，但会降低果实贮藏性与含糖量。

（六）采收　菠萝成熟的果实果皮由绿转黄，肉色由白变黄，肉质由硬变软，果汁增多，含糖量提高，香味日益变浓。采收成熟度确定因果实用途不同而异，近地销售的果实整果50%的小果变黄时采收。远销的果实或加工原料果以整果约10%的小果呈黄色时采收。鲜售果采收时保留果柄长度2～3cm用利刀割断，冠芽是否保留则根据销售商的要求而定，采收时果实要小心轻放，避免机械伤，尽可能在晴天采收，雨天采收果实容易腐烂。加工原料果采收时直接折断果柄去掉冠芽。

实 训 内 容

一、布置任务

分别使用乙烯利、电石不同浓度对菠萝进行人工催花，观察记载催花效果并进行比较。

二、工具材料准备

药物乙烯利、电石、天平、量筒、水桶、记录标签、笔、记录表。

三、开展活动

1. 确定适合催花的植株 测量植株高度、叶片长度、宽度，数植株总叶片数。选择"无刺卡因"品种长 40cm、宽约 5.5cm 的叶片有 35 片以上的植株催花，选择"巴厘"品种有长 35cm、宽约 4.5cm 的叶片有 30 片以上植株用药剂催花。

2. 配制催花剂 配制 40％乙烯利 600 倍、1 000 倍、1 500 倍水溶液；配制 0.5％、1.0％、1.5％电石水溶液。

3. 处理植株 用上述不同浓度的乙烯利水溶液 30mL 左右灌植株，用不同浓度的电石水溶液 50mL 左右灌菠萝植株，并插上标签。

4. 催花结果观察记载 把处理方法与观察结果记录入表 10 - 2。

表 10 - 2 不同浓度乙烯利、电石处理菠萝植株催花效果记录表

记录员：

处理 结果	乙烯利 600 倍液	乙烯利 1 000 倍液	乙烯利 1 500 倍液	0.5％电石	1.0％电石	1.5％电石
处理日期						
开花日期						
处理株数						
开花株数						
抽花率						

5. 观察结果比较分析 对不同药物、同一药物不同浓度的催花效果（喷药后开花所需要天数、抽花率）进行比较。

【教学建议】本教学分模块主要学习掌握菠萝的生产技术，在教学中应与当地生产相结合，在每个生产环节都应该到生产场去开展观察或实际操作。特别是整地种植环节、施肥环节等教材中没有设置实训内容，但学生必须要到实地观察，有条件地进行操作。

菠萝园的选择方面，对在冬季过后发生的冻害现场进行观察，找出不同冻害程度的菠萝园，并进行选地分析，指出在建园选址时要在背风向阳处、避免低洼处（霜穴）建园以减少冻害的重要性。

菠萝的催花技术实训环节可分组进行，各组进行不同浓度的药物处理，各组的结果不一

样，这样学生对处理结果的差异性认识更深刻。

【思考与练习】

1. 观察当地菠萝园的选址以及品种结构情况，提出选址的改进以及品种调整的意见。

2. 根据当地菠萝园管理存在的问题，提出改进意见。

模块十一　枇　　杷

◆ **模块摘要：** 本模块主要观察枇杷主要品种的树冠及果实的形态（抽梢、开花、结果）；掌握主要生长结果习性以及对环境条件的要求；学习枇杷的育苗建园、施肥、水分管理、树体管理等主要生产技术。

◆ **核心技能：** 枇杷的嫁接育苗技术；整形修剪技术；疏花疏果与果实套袋技术。

模块 11－1　主要种类品种识别与生物学特性观察

【目标任务】 观察枇杷的生物学特性，了解枇杷不同品种的性状，掌握嫁接育苗技术、土肥管理技术、修剪与花果管理技术。

【相关知识】

一、主要品种介绍

枇杷是蔷薇科枇杷属植物。枇杷属植物目前已知的有 30 个种，我国有 11 个种，其中最重要的是普通枇杷、栎叶枇杷、大花枇杷、云南枇杷、台湾枇杷。

枇杷栽培品种很多。依生态条件分热带型和温带型；依果肉色泽分红肉类和白肉类。主要品种有：

1. 白梨　福建品种。肉白色，质地细嫩，风味如雪梨，故名。果实圆形，单果重约 30g，皮薄易剥，汁多，味浓清香，可溶性无形物 12.0%～14.0%，可食率达 71%，无渣。入口即化，品质极优。最适鲜食，但不耐贮运。成熟期 4 月下旬。树势中等，抗性强，丰产性较好。

2. 大五星　四川良种。果大，均果重 79g，最大果重 194g；果皮色泽金黄，商品性好，果核小，肉厚，可溶性固形物 13.5%，5 月上、中旬成熟。丰产性好。

3. 解放钟　福建良种。果实呈倒卵形或梨形，单果重 70～80g，最大果重 172g；果皮橙红色，果粉多，果锈少，易剥皮；果肉厚，橙红色，质地细致，甜酸可口，风味浓。可溶性固形物含量 8.5%～12%，可食率 71.46%。耐贮运，丰产。果实 5 月上、中旬成熟。

4. 大红袍　浙江余杭主栽品种。果圆形，平均果重 37g，皮色浓橙红，表面被细薄茸毛，阳面有白色、紫色斑点。果皮强韧易剥，肉厚、橙黄色，质地粗，味浓甜，汁液中等，品质上等。6 月上旬成熟，耐贮运。适于鲜食和制罐。

5. 早钟 6 号　福建良种。平均单果重 52.7g，果面色泽鲜艳，外观美，不易裂果、皱皮和日灼，可溶性固形物含量 11.9%，汁多，味甜，品质优良。特早熟，成熟期在 3 月下旬至 4 月上旬。抗性强，结果早，丰产性好。

6. 洛阳青　浙江黄岩主栽品种，又名清肚脐。果近圆形，果均重 30～40g，果皮橙红色，成熟时果顶萼基尚留部分青色，果粉薄，皮厚韧易剥，肉质致密，较硬实，汁液中等，甜酸适口。5月下旬至6月上旬成熟，耐贮运。适宜鲜食和制罐。适应性强，抗寒、抗病力较强，丰产。

二、生长特性

（一）根系生长　作为木本果树，枇杷根系分布较浅，扩展也弱，因此枇杷抗风和抗旱力相对于其他木本植物弱。根系一年有3～4次生长高峰期，与地上部的枝梢生长呈交替生长（地上抽生新梢时则是地下根系生长量少时）。第一次根系生长高峰在1月下旬至2月下旬，是全年根系生长量最多的一次；第二次在5月上旬至6月中旬；第三次在8月中旬至9月中旬；第四次在10月下旬至11月下旬。

（二）枝梢生长　枇杷枝条顶芽与顶芽附近的几个侧芽都可以发萌发成枝，枇杷主枝顶芽抽生的延长枝，生长缓慢，短而粗，而顶芽之下的几个邻近侧芽，所抽的枝条生长快而细长，成为扩大树冠的主要枝条。枇杷的芽萌发率较低，成枝力较强，因而树冠有明显的层性。

1. 春梢　每年于3月中下旬或4月初抽出，抽发整齐，可成为结果母枝。

2. 夏梢　在6月抽发，结果少的树抽发多，可成为枇杷的主要结果母枝。

3. 秋梢　在8～9月抽发，青年树抽发多，而老年树抽发少或不抽发。

4. 冬梢　在12月抽发，在冬季高温的年份青壮树会抽发。

三、结果习性

（一）结果母枝　枇杷当年抽生的枝条只要不继续萌发伸长，都可以分化花芽成为结果母枝。枇杷的结果母枝种类主要有春夏梢（春梢成熟后顶芽继续萌发生长成为春夏梢）、夏梢、春梢等。一般以春夏梢和一次夏梢结果最好，花穗大，花数多，坐果率高。夏梢是枇杷主要的结果母枝，一般夏梢径粗0.6cm以上才能成为优良的结果母枝。因此，采取有效的综合措施，促进夏梢抽发和发育充实，是枇杷获得丰产的重要途径。

根据抽生部位不同，结果母枝分为顶芽枝结果母枝和侧芽枝结果母枝。顶芽枝结果母枝梢短而粗壮，花穗形成早而大，开花也早；侧芽枝结果母枝枝长、节间长、叶片小，花穗形成迟，开花迟。

（二）花芽分化　枇杷是当年抽梢、当年形成花芽、当年开花结果的果树。花芽分化属于夏秋连续分化型，一般分化期在7～8月分化形成。花芽为混合芽，且多为顶生。

（三）开花　枇杷花芽分化后，自花穗能识别，约经1个月开始开花。枇杷的花穗是圆锥状花序，小穗为聚伞花序。

枇杷分批开花，且花期特长，一般为10月至翌年2月。每穗花期0.5～2个月，整株花期2～3个月。根据开花的迟早，一般分为头花、二花、三花。头花10～11月开放，由于果实生长期长，果大，品质好，但易受冻；二花11～12月开放，较头花受冻害少，品质次之；三花翌年1～2月开放，受冻少，但果实生长期短，果小而品质差。以中期花坐果率最高，早、晚期的花坐果率较低（图11-1）。

（四）果实发育　枇杷果实是假果（食用部分为花托，不是子房），整个果实由子房、萼片及花托发育而成。枇杷果实在冬季发育，树上越冬。果实发育前期因受气温限制幼果发育

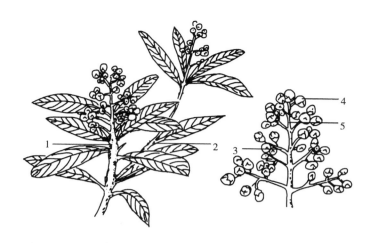

图 11 - 1　枇杷结果母枝与花穗

1. 顶生结果母枝　2. 侧生结果母枝　3. 花序支轴　4. 花序主轴　5. 花序上的花

缓慢，中期生长迅速，4月中旬达到最高峰，然后逐渐变缓慢。因此，加强春季管理，多施速效性肥料，对当年产量的提高有显著的效果。

四、对生态环境条件的要求

1. 温度　枇杷为亚热带常绿果树，由于新梢、叶和花穗密被茸毛，因此比柑橘等热带亚热带果树耐寒。一般在年平均温度 12℃ 以上就能生长，以年平均温度 15℃ 以上的地区为栽培最宜区。一般以花蕾最耐寒，花其次，幼果最不耐寒，幼果在 −3℃ 时就受冻，花器在 −6℃ 时严重受害。枇杷也不耐高温，夏季气温 35℃ 以上时，根系生长停滞，幼苗生长不良，果实易被阳光灼伤。

2. 光照　枇杷有一定的耐阴性，幼苗喜散射光，适当密植有利于生长。成年树过度荫蔽对生长不利，日照充足有利于花芽分化和果实发育。但夏季如遇烈日直射，则易引起日烧病，尤以雨后天晴时日烧病更为严重，因而果实套袋是很重要的一项生产措施。

3. 水分　枇杷喜温暖湿润的气候，年降雨量在 1 000mm 以上生长结果良好。过分干燥的土壤和空气不利于新梢生长、果实发育和花芽分化。但雨量过多、排水不良的园地积水，容易引起烂根与早期落叶，影响花芽分化。果实成熟期多雨，果实着色差、味淡、易裂果。

4. 土壤　枇杷适应性强，对土壤的要求不严，不论平地、丘陵和低山地带都能栽培。枇杷对土壤的适应性很广，红黄壤土、砂质土、江河冲积土均可栽培，但枇杷根系忌水渍，以疏松透气、排水良好的土壤为最好。土壤 pH6～6.5 为宜。

实 训 内 容

一、布置任务

观察枇杷的物候期，并把观察结果记入记录表中。

二、材料准备

当地的枇杷生产园、记录表、记录笔。

三、开展活动

1. 抽梢的观察　平时每 15d 观察一次，在抽梢时每周观察一次，观察枇杷抽梢情况，记录抽梢始期、抽梢部位（顶芽或腋芽）、枝梢伸长期、枝梢成熟期。

2. 开花的观察　观察枇杷的开花状况，主要观察开花部位，记录开花日期、花期天数。

3. 结果的观察　观察记载枇杷小果期、果实迅速膨大期、果实成熟期。

4. 观察记录　把观察结果记入记录表中（表 11 - 1）。

表 11 - 1　枇杷生长结果习性观察记录表

观察时间：　　　　年　　月　　日　　　　　　　　　　　　　　　　记录者：

项目\品种	枝梢生长观察			开花观察			结果观察		
	萌发部位	萌发期	成熟期	抽蕾期	始花期	谢花期	小果期	膨大期	成熟期

【教学建议】通过对枇杷的生长结果习性的实地观察，了解枇杷的生长结果性状，这是教学上不可缺少的教学环节，建议为了提高教学效果，在观察时边观察边讲解，把枇杷的习性在观察时作一一介绍。

【思考与练习】写出对枇杷生长结果习性观察的报告。

模块 11－2　生产技术

【目标任务】学习掌握枇杷的育苗建园技术，土肥水管理技术，整形修剪以及疏花疏果、果实套袋等花果管理技术。

【相关知识】

一、育苗与建园

（一）嫁接育苗

1. 砧木　枇杷主要用嫁接方法育苗，主要以普通本地枇杷和石楠等作砧木。其中普通枇杷是最常见的砧木。枇杷种子无休眠期，从果中取出、洗净晾干后即可播种，切忌暴晒。枇杷因幼芽拱土能力弱，容易发生弯曲现象，故种子宜浅播，以盖没种子为度。枇杷幼苗喜阴，故播种后宜搭遮阳网遮阴。当砧木粗度达到 0.6cm 以上时可以嫁接。

2. 嫁接　嫁接方法主要有枝接法、芽片接，小砧木常用切接或枝腹接法，大砧木用劈接法。嫁接时期以春梢萌动前后为最适宜，成活率最高。为提高嫁接成活率，需注意三点：①砧木保留一部分叶片，或留提水枝；②枇杷树液中含有单宁较多，要求嫁接技术熟练，速度要特别快；③早春和晚秋嫁接，应在暖和、无大风的晴天进行，避免在早晚温度太低时进行。夏、秋季节气温高，应避免中午阳光强烈时进行嫁接；雨天、雨后土壤太湿、有浓雾或有强风的天气，均不宜进行枇杷嫁接，以免降低成活率。

（二）建园

1. 种植密度 枇杷树冠较为直立，不甚开张，种植密度可以比一般木本果树加大。通常可以采用 3m×4m 的密度种植。

2. 品种选择与搭配

3. 定植 枇杷的栽植时期分为春植和秋植，春植在 2～3 月，秋植在 9～10 月。定植前注意土壤的深翻熟化。以带土定植成活率高。

二、土肥水管理

（一）土壤管理 枇杷生长直立，幼年树树冠占地不多，可利用行间空地间作蔬菜类和豆科作物或绿肥，既可以增加收入又可以改良土壤，提高土壤肥力。成年后，树冠覆盖整个果园，此时果园不宜间作，每年宜浅耕和中耕除草数次，使土壤疏松，增加土壤的透水性、保水性。在 9 月开花前，结合施有机肥进行深翻，促进根系深入土壤，提高根系的吸收和抗旱能力。

（二）施肥

1. 幼年树施肥 枇杷幼树根系不甚发达，较幼嫩，对肥料的吸收能力较低，要勤施、薄施肥料。枇杷一年内有多次抽梢的特性，施肥结合每次抽梢进行，每年施肥 5～6 次，以氮肥为主，次年要结果的，增施磷钾肥，通过施肥加速树冠的成形，促进枝梢的整齐抽发和健壮充实，提早结果。

2. 成年树施肥 成年枇杷由于结果的需要，需肥量大，每年施肥 2～4 次。

（1）抽蕾肥。9～10 月施，枇杷抽穗后至开花前结合土壤深翻，施入堆肥、饼肥、厩肥、人畜肥等为主，辅以复合肥等化学肥料。目的是促进花穗壮大和提高坐果率，增强防冻能力。占全年施肥量的 20%。

（2）春梢肥。2～3 月疏果后施，即在春梢抽发前的幼果增大期施入速效性肥料如尿素、复合肥等，目的是促进幼果膨大，减少落果并促进春梢的抽发和生长充实。施肥量占全年施肥量的 20%～30%。

（3）壮果肥。3 月底至 4 月初，在果实迅速膨大期施入。通常在疏果后立即施入，以促进果实膨大，提高产量和品质。要控制氮肥的施用量，增加施磷、钾肥的用量，施肥量占全年施肥量的 10% 左右。在幼果膨大期也可进行根外追肥 1～2 次，可用 0.5% 尿素，加 0.2% 磷酸二氢钾，对果实膨大有显著效果。

（4）采果肥。5～6 月施入，即采果前后至夏梢抽发前施，是全年最重要的一次肥，施肥量占全年的 40%～50%，以迟效性肥和速效性肥相结合，如堆肥、厩肥、麸饼肥、人畜粪肥以及尿素、过磷酸钙、氯化钾、复合肥等。主要作用是恢复树势，促进夏梢抽发，培养健壮结果母枝，为翌年丰产打下基础。

（三）水分管理 枇杷在木本果树中是较耐旱的果树，最怕积水，积水时间超过 1d，果树就受影响。长江流域及南方各省 4～6 月雨水季节必须及时疏通排水沟排除积水。秋季适当干旱有利于花芽分化，但若秋季长期连续干旱则对花芽分化不利，应及时适当灌水。果实成熟采收期遇到旱后大雨，会引起严重裂果，应注意给水与排水，保持土壤温度的相对稳定。

三、树体管理

（一）整形修剪

1. 整形 枇杷干性强，枝条分层生长，一般多采用主干分层形树形，主干高度 40～60cm，2～3 层，层间距 50～80cm，每层留主干 3～4 个，经 3～4 年即可以成形。当苗木高度达到 50～80cm 时，进行剪顶定干。侧芽萌发后，选留生长强健、方向不同、分布均匀的分枝 3～4 个，作为第一层主枝；选留一个相对较直立的侧枝作中心干延长枝。随中心干继续生长，在距第一层的上方 70～90cm 处再留 3～4 个枝，作为第二层主枝。以后按此方法再继续选留第三层主枝。3～4 年即可以成形。

2. 修剪 枇杷隐芽萌发后成枝力也较弱，因此修剪以轻剪为主，一般少用重剪。主要在采果后疏除病虫枝、密生枝、纤细枝、枯枝、徒长枝，使树冠通风透光，避免内膛萌蔽，枝条光秃，结果部位外移，保持立体结果和年年丰产稳产。对结果母枝、结果枝的更新，生长势弱的从基部剪去，强壮的留 3～4 片叶短剪，使抽发新梢，翌年结果；对在主枝或侧枝上发生强旺枝梢，可采用"去强留弱"或"上抬下压回缩"方法，即强枝留下方位枝，使树冠骨架从属分明，平衡树势。

（二）疏花疏果与果实套袋

1. 疏花疏果 枇杷花穗多，开花多，在丰产的年份，几乎每个枝条顶芽都能分化花芽成花。因而疏除部分花穗，对减少养分的消耗、促进开花与坐果有作用。同样，由于开花多，坐果多，如果没有及时疏除部分幼果，则果实小，品质差。疏去部分果后，留下的果实生长发育良好，使果实增大而品质优良。

2. 果实套袋 枇杷果实套袋可防止吸果夜蛾及鸟类为害，并可以防止灰斑病等病害，减少果实日灼以及减少雨后暴晴裂果，使果实发育良好，保持果面茸毛完整，色泽鲜艳，提高果实品质。

四、采收

枇杷花期长，开花有先后，同一株或同一穗的果实，成熟期不一致，应分期分批采收。枇杷从开始上色到全面着色需 15d，糖分迅速增加，酸度迅速降低。所以，一般要在果实全面着色时才能采收，采收过早影响品质。采收时，宜手拿果穗或果梗，小心剪下，不要擦伤果面茸毛和果粉，并轻放在垫有草或布的篮中，切不可用手握果实拉下果实，这样易拉伤果皮，造成腐烂。在采收过程中避免碰伤果实，果实套袋的，连同果袋一起收下。

实 训 内 容

一、布置任务

枇杷的疏花疏果与果实套袋。

二、材料的准备

适合进行疏花、疏果、果实套袋作业的枇杷园，疏果剪、枇杷果袋、绳子、手持折光仪、防治枇杷病虫的农药、喷雾器。

三、开展活动

1. 确定疏花疏果时期 疏花于 10～11 月花蕾期进行，宜早不宜迟。疏果于 2～3 月下旬进行。在无冻害的地区，幼果发育过程中就可以进行疏果。在有冻害地区，必须在寒害后并且能辨认受冻果时进行。

2. 疏花 主要是疏花穗，疏去树冠密生花穗，如果结果母枝上有 3～4 个穗的疏去 1穗，4～5 穗的疏去 2 穗，树冠顶部要多疏，中下部应尽量多留。疏去的花穗量占总花穗量的 20％左右。生长势强，栽培措施有力的，可多留花穗，反之，则少留。对刚进入结果期的幼树，则疏除侧生结果母枝上的花穗，以保证结果和扩大树冠。

3. 疏果 留果的标准是一般大果型品种每穗留 2～3 个果，中果型留 3～5 个果，小果型留 5～8 个果。另外，大年多疏，小年少疏；强壮果枝多留；树冠顶部多疏，中下部少疏多留；同一果穗疏上下留中间。按上述留果标准疏去小果、发育不良果、受冻伤果。受冻伤的幼果，颜色发青褐色，果面无光泽，果较小，横切幼果，其种胚发褐。

4. 疏果后的处理 具体处理方法是在疏果后进行一次全园病虫病防治，药物主要是防治枇杷病虫的药物，具体选用当地生产上常用的农药。

5. 套袋 一般用专用果袋，也可用牛皮纸做袋，规格 27cm×35cm。在喷药 2～3d 后便可进行套袋。

6. 套袋效果观察 在进行套袋时，选留少量的果实不套袋作为对照，待果实成熟后，比较套袋与不套袋果实外观色泽、茸毛的完好度、有无病虫害、有无机械损伤的差别，用手持折光仪测量果实可溶性固形物，并品尝果实，比较甜度与风味。

7. 记载观察结果 把观察结果记入表 11-2。

表 11-2 枇杷套袋结果观察表

观察时间： 年 月 日 观察者：

项目 处理	色泽	茸毛	病害	虫害	机械损伤	可溶性 固形物	风味
套袋果实							
对照果实							

【教学建议】

枇杷施肥是管理的一个重要环节，结合学校枇杷园或当地枇杷园的生产要求进行现场教学，传授操作技能。

【思考与练习】 观察果园内枇杷的树形，并将枇杷的树形与柑橘、龙眼、荔枝等果树的树形相比较，指出其不同点。

模块十二 梨

◆ **模块摘要**：本模块观察梨树主要品种树冠及果实的形态，识别不同的品种；观察梨树的生物学特性，掌握生长结果习性以及对环境条件的要求；学习梨树高产栽培技术。

◆ **核心技能**：梨树主要品种的识别；梨树高产栽培技术；疏花与疏果技术；保花保果技术；促进花芽分化技术。

模块 12－1　主要种类品种识别与生物学特性观察

【目标任务】了解梨树的主要种类，熟悉生产上常见的栽培品种的果实性状与栽培性状，识别当地栽培的主要品种，掌握梨树生物学特性的一般规律，为进行梨树科学管理提供依据。

【相关知识】

一、主要种类

梨树种类繁多，生产上栽培的主要是秋子梨、白梨、砂梨和西洋梨等四大类。

1. 秋子梨　树冠宽阔，发枝力强，嫩梢无毛或微具毛，二年生枝多黄褐色；叶比白梨、砂梨小，叶缘具刺芒状锐锯齿；果实近球形，果柄短，果皮黄绿色，萼片宿存多数反卷；果肉石细胞多，具香气。一般须后熟方可食用，贮藏后果肉变软或发绵。适栽于干燥冷凉气候，南方无栽培价值。

秋子梨系统的优良品种有京白梨、南果梨、鸭广梨等。

2. 白梨　树冠开张，一年生枝多紫褐色；叶片大，卵圆形，基部广楔形或近圆形，先端渐尖，叶缘齿芒微向内倾，幼叶多呈紫红色；果倒卵形、圆形或椭圆形，果柄长，萼片脱落或半脱落；肉脆汁多，石细胞少，具微香。果实较耐贮藏，不需后熟即可食用。适宜冷凉干燥气候，在南方高温地区多数品种表现不适应。

白梨系统的优良地方品种很多，如河北鸭梨、辽宁秋白梨、安徽砀山酥梨等。

3. 砂梨　树较直立，分枝少而粗壮；叶较大，多卵圆形，先端尖长，基部圆形或近心脏形，叶缘具刺芒锯齿并向内倾；果多扁圆形，果面大多黄褐色，少数绿色，萼片多脱落；果肉脆、汁多，石细胞较多，一般无香气。果实不需后熟即可食用，但耐贮力较差。适宜温暖湿润气候。

砂梨系统的优良地方品种有四川苍溪梨、浙江义乌早三花梨、广西灌阳雪梨等。

此外，日本梨系统均由砂梨选育而成，主要品种有新世纪、菊水、二宫白、晚三吉等。

4. 西洋梨　树势旺盛，枝条直立；叶小，革质有光泽，椭圆形，叶柄短，先端急尖或短尖，基部心脏形、圆形或楔形，叶缘钝锯齿或全缘；果多坛形或倒卵形，果皮黄或绿色，有锈斑，萼片宿存内卷，果柄粗短，果实须经后熟方可食用，后熟后味甜带酸，肉质细软，具香气，不耐贮藏。

西洋梨及其杂种的优良品种有巴梨、茄梨、开菲等。

二、主要优良品种

1. 翠冠 生长势强，萌芽率高，成枝力强。易形成花芽，结果早，以长果枝和短果枝结果为主，丰产。果实近圆形，果大，平均单果重 230g，最大单果重 400g，果实为绿色，套袋果为黄色，果面光滑。果皮薄，果心小，果肉白色，肉质细嫩，汁液多，味甜，品质上等，可溶性固形物含量 12%～13%。7 月下旬果实成熟。

2. 金水 2 号 树势较强，树姿半开张，枝梢粗壮，节间较短，以短果枝结果为主，丰产稳产，果较大，均重 190g 左右，皮黄绿色、有光泽，肉白色，质嫩，松脆多汁，味甜微香，果心小，品质上等，耐贮、抗旱，较抗病，在瘠薄地栽培有裂果。7 月中下旬采收。

3. 台农 2 号蜜梨 树姿较直立，树势强，枝梢粗壮，嫩枝绿色，成熟枝暗绿色，芽位处扁平，上方凸起。叶片广卵圆形，宽厚浓绿，叶面平滑有光泽。叶芽小，三角状。萌芽率高，成枝力强。适应性广，结果早，丰产稳产，果型较大，品质佳，但果实耐贮性较差，果实成熟期 7 月中旬。

4. 西子绿 树势开张。生长势中庸。萌芽率和成枝力中等。以中短果枝结果为主。定植第三年结果。本品种花期迟，花不易受早春霜冻。花期长，有利于配置授粉品种。果实中大。平均单果重 190g，大果达 300g。果实扁圆形。果皮黄绿色，果点小而少，果面平滑，有光泽，有蜡质，外观极美。果肉白色，肉质细嫩，疏脆，石细胞少，汁多，味甜，品质上。含可溶性固形物 12%。较耐贮运。最适食用期 7 月中旬。果实 7 月中旬成熟。

5. 丰水梨 树冠中大，幼树期生长旺，结果后树势中庸，萌芽力高，成枝力弱，成花容易，结果早，以短果枝结果为主，坐果率极高，适应性、抗病力强，易管理，稳产、丰产。丰水梨糖度高，可溶性糖达 16°左右，味甜；果肉黄白、细嫩、多汁，口感好；产量高，果形大，外形美观，单果重达 500g 以上；果肉耐贮藏，品质上等，平均单果重 240g，最大单果重 750g，果实扁圆形，有 2～3 条缝合线，含糖量高达 16%，多汁，口感极佳，成熟颜色为红褐色，套袋果金黄色，半透明状（为出口创汇最理想产品），成熟期为 8 月份。

6. 二十世纪梨 成枝力弱，始果期早。以短果枝结果为主。果实近圆形，平均果重 136g。果皮绿色。果肉白色，肉质细脆。汁多，可溶性固形物 11%～14%，味甜。品质优。适应性强，丰产。果实 7 月下旬至 8 月上旬成熟。

7. 黄花梨 树势强健，树冠开张。易形成短果枝，丰产稳产。花期较迟而长，果实较大、均匀一致，皮黄褐色，较厚，果心小，肉白嫩脆，汁多味甜，品质上等。抗病虫、耐贮运、耐瘠薄。江西在 7 月中下旬至 8 月上中旬成熟。

8. 幸水梨 树势稍强，树冠直立，果扁圆形，淡黄褐色，平均果重 165g 左右。果面粗糙，果点多，萼片脱落。果肉白色，细嫩、脆、多汁，汁浓甜，有香气，较耐贮，品质上等。8 月上中旬采收。

9. 早蜜梨 树势强健，树冠椭圆形，枝条较直立。萌芽力较强，成枝力中等。叶片椭圆形、叶背茸毛多，叶缘锯齿较粗。幼树以长果枝结果为主。成龄树以短、中果枝结果为主，结果力强。果实倒卵圆形、较大，单果平均重 289g，大的达 350g。果皮黄褐色、有光泽，果点小、圆、密，果肉乳白色，细脆化渣，味浓甜，汁多，具微香。品质优，可溶性固形物 11％～12.8％，丰产、稳产，成花多，坐果率较高。在成都、绵阳平坝地区，果实 7 月 10 日左右成熟。抗梨黑斑病能力强。

10. 黄金梨　幼树生长势强，结果后树势中庸，树冠开张，萌芽率低，成枝力弱。以短果枝结果为主，花量大，腋花芽结果能力强。坐果率高，丰产。极易成花，早实性强，定植后 2 年结果，花粉量极少，需配置授粉树。适应性强，抗黑斑病、黑星病。果实近圆形或稍扁，平均单果重 250g，大果重 500g。不套袋果果皮黄绿色，贮藏后变为金黄色。套袋果果皮淡黄色，果面洁净，果点小而稀。果肉白色，肉质脆嫩，多汁，石细胞少，果心极小，可食率达 95％以上，不套袋果可溶性固形物含量 14％～16％，套袋果 12％～15％，风味甜。果实 9 月中下旬成熟，较耐贮藏。

三、生长特性

（一）根系生长

1. 根系分布　梨树的根系发达，但须根较少。根系分布较深，呈成层分布，但第二层常少而较弱。垂直根生长到一定程度，即不再延伸，有时甚至死亡，而由侧生骨干根中开张角度小的和水平骨干根上向下生长的副侧根，与垂直骨干根共同形成下层土中的根系。根系主要有主根、侧根、须根、根毛 4 部分组成。根毛是直接从土壤中吸收水分和养分的器官，侧根又分为垂直根和水平根。一般情况下垂直根分布的深度为 2～3m，水平根分布一般为冠幅的 2 倍左右，少数可达 4～5 倍。根系分布的深度、广度和疏密状况，受砧木种类、品种、土壤理化性质、土层深浅和结构、地下水位、地势、栽培管理等因素影响较大。据日本川口研究，27 年生的长十郎的水平根，距离主干 1m 以内的根占总根数的 57.4％，距离 1～2m 的占 36.7％，距离 2～3m 的占 5.9％，距离 3m 以外根很少。垂直根深为 2.1m，第一层分布于地下 30cm，占 26.1％，第二层根分布于地面下 120～150cm 土层中占 20.5％。综上所述，梨树根系在一般情况下，多分布于肥沃的上层土中，在 20～60cm 之间土层中根的分布最多最密，80cm 以下根量少，150cm 以下的根更少。水平根愈接近主干，根系愈密，愈远则愈稀，树冠外一般根渐少，并且大多为细长少分叉的根。

2. 根系生长　梨树根系生长与温度有密切的关系，当土温达到 0.5℃时根系开始活动，土壤温度达到 7～8℃时，根系开始加快生长，13～27℃是根系生长的最适温度。达到 30℃时根系生长不良，达到 31～35℃时根系生长则完全停止，超过 35℃时根系就会死亡。

江西省成年梨树根系在周年中的活动表现出二次生长高峰，第一次生长高峰在新梢停止生长、叶面积大部分形成后至高温来临之前，即 5 月下旬至 6 月中下旬，以后生长逐渐缓慢。第二次高峰约在采果后至土温不低于 20℃之前，即 9～10 月间，以后逐渐缓慢，至落叶后进入相对休眠期。在这两段时间内，因地上部养分供应充足，同时土温又处于 20℃左右，适宜根系生长。因此，根系活动旺盛，发的新根多，尤其以第一次高峰时期根系生长最快，发根量较多。幼年梨树根系生长高峰，除上述两次外，在春季，当土温上升，芽萌动时（即 3 月中下旬至 4 月中旬）还有一次生长高峰。幼树根系以这一次生长高峰延续时间最长，根系生长量最大。

（二）芽　梨芽为单芽。依其性质分为叶芽和花芽。叶芽瘦小，有顶生、腋生两种。花芽肥大，为混合芽，也有顶花芽与腋花芽，大多数花芽都着生在枝条的尖端，但也有些品种如长十郎的中、长果枝的上部腋芽也能形成混合芽，称为腋花芽。

梨芽具有晚熟性。在形成的当年不易萌发，每年只有上一年的芽抽生一次新梢。

梨芽的萌发率高，成枝力低。除基部盲节外，几乎所有明显的芽都能萌发生长，萌发率一般在 80％以上，但抽生成长枝的数量不多。因此，梨的绝大多数枝梢停止生长较早，枝与果争夺养分的矛盾较少，花芽比较容易形成，坐果率较高。如管理得当，可以年年丰产，不会出现大小年现象。

梨隐芽寿命长。上年形成的芽，第二年不萌发的称隐芽，当受到刺激后，它可萌发抽枝。故隐芽对梨树的更新复壮有重要作用。

（三）枝梢　未结果的发育枝称营养枝。依枝龄分为新梢、1 年生枝；2 年生枝和多年生枝。

1. 新梢　春季叶芽萌发的新枝，叶片脱落以前称新梢。

2. 1 年生枝　新梢落叶后至第二年萌发前称 1 年生枝。按枝条长度分为短枝、中枝和长枝。长度在 5cm 以下为短枝；5～30cm 为中枝；30cm 以上为长枝。

3. 2 年生枝　1 年生枝萌发后至下年萌发前称 2 年生枝。可培养成中、小型结果枝组。

4. 多年生枝　3 年生以上的枝均称为多年生枝。可改造成大型结果枝组。

营养枝中按修剪中的作用不同又分成发育枝、徒长枝和竞争枝。

5. 发育枝　生长健壮的长枝，常用作扩大树冠，培养骨干枝的延长枝。

6. 徒长枝　受某种刺激，由隐芽萌发出、生长旺盛的枝条为徒长枝。常表现节间较长，组织不充实，芽不饱满。徒长枝影响树体光照，消耗营养，多被疏除掉，少数用于培养结果枝组和更新老树。

7. 竞争枝　与骨干枝生长势相竞争的枝为竞争枝。一般骨干枝的延长枝短截后发出的第二枝为竞争枝。多被疏除，少数用来转主换头，即将原骨干枝延长枝去掉，用竞争枝代替原骨干枝的延长枝。个别重剪或控制改造后可结果。

新梢的生长，集中在生长季节前期，展叶后，新梢即进入旺盛生长时期。一般在 3 月下旬萌芽，3 月底至 4 月初展叶，4 月中旬至 5 月上旬为旺长期。叶丛枝生长期最短，延长枝较长，到 6 月上旬基本停止生长。

四、结果习性

（一）花芽分化　梨是易形成花芽的树种，不仅结果早且坐果率较高。新梢在迅速生长之后或停止生长后不久，芽的生长点即处于活跃状态。梨的大部分品种，花芽分化属于夏秋间歇分化型，分化开始期在 6 月中旬至 7 月。以短果枝最早，中、长果枝较迟。休眠前，花器基本形成，到次年春季当气温回升后再继续分化直至开花。

花芽分化的时期及数量，与品种、树龄、枝梢类型、修剪程度、大小年有密切关系。树体贮藏养分水平是影响花芽质量的重要因素，所以加强秋季管理，保证正常落叶，增加贮藏养分的积累是提高花芽质量的关键。

（二）结果枝　梨的结果枝根据其长度分为以下 5 种类型（图 12-1）：

1. 短果枝　枝条在 5cm 以下，顶部着生花芽为短果枝。为梨树主要结果部位，应注意培养粗壮的、花芽饱满的短果枝。

2. 中果枝　长度在 5～15cm，顶部着生花芽的枝为中果枝。在初结果树和小年树上多保留中果枝结果。

3. 长果枝 1 年生长枝，长度在 15cm 以上，顶端着生花芽的为长果枝。有些品种长果枝上的侧芽为腋花芽。长果枝在幼树、旺树或小年树上多留作结果，而在弱树和大年树上多短截留作预备枝。

4. 果台副梢 梨结果枝结果后留下的膨大部分为果台，果台上侧生分枝为果台副梢。

5. 短果枝群 果台上连续形成较短的果台枝，几年后多个短果枝聚生成枝群，称为短果枝群。由于不同品种抽生果台枝的能力不同，形成两种短果枝群。果台上抽生 1 个果台枝的品种，连续单轴结果，形成姜形枝，称为姜形枝群。果台左右两侧抽生 2 个果台枝，由于多年连续结果形成鸡爪状枝，称鸡爪状枝群。短果枝群在修剪中主要应注意更新复壮。

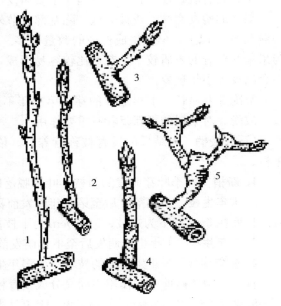

图 12-1 梨的各种果枝
1. 长果枝 2. 中果枝 3. 短果枝
4. 由叶丛枝形成的短果枝 5. 短果枝群

（三）开花坐果 梨花为伞形或伞房花序，在一个花序中外围花先开，中心花后开，一花序着生 5～9 朵，每朵花有花瓣 5～6 个，间有重瓣花，雄蕊 20～30 枚，心室 56 个，柱头分裂 4～5 条。梨开花需在 10℃ 以上气温。气温低，湿度大，开花慢，花期长。而气温干燥，阳光充足，则开花快，花期短。气温升至 15℃ 以上，开花正常，整齐一致。梨花一般在春季开放，由于管理不善，夏季干旱，病虫危害，提早落叶，秋季也会开花，俗称"秋花"，出现这种情况，将影响来年的产量、质量的提高，生产上应尽量避免"秋花"出现。

梨开花的迟早及花期长短，与品种、气候、土壤、管理不同而异，同一品种因年份不同，花期迟早差异较大，但不同年份、不同品种的花期迟早仍相对一致，如翠冠、脆绿、清香为早花类型，新世纪、西子绿、玉冠为中花类型。

梨树是自花不孕的树种，自己的花粉不能形成果实，栽培时需要适当配置授粉树，才能达到受精坐果。在生产实践中常看到受精后梨果实形状、色泽、品质上有一定的变化，这种变化称为花粉直感现象，可见正确选择授粉树和辅助授粉十分重要。

梨的落花落果是一种正常的自疏现象，在年周期中，一般有 3 次生理落果，第一次出现在落花后，第二次在第一次落果后 1 周左右，这次落果多在 5 月上旬发生。引起落果的原因，第一、第二次主要是授粉受精不完全而产生落果，第三次落果虽与前者有关，但主要是营养和水分不足，土壤管理不善或氮肥过多，夏梢过量，引起梢果争夺养分，造成大量落果。

五、对生态环境条件的要求

1. 温度 秋子梨和白梨系统的品种，喜干燥冷凉的气候，抗寒力较强。秋子梨系统各品种能耐 -37℃ 的低温，白梨系统可耐 -23～-25℃ 低温。我国不同系统梨产区，其生长期和休眠期所需温度大体为：秋子梨系统 14.7～18℃ 和 -4.9～-13.3℃；白梨系统和西洋梨系统 18.1～22.2℃和－2～3.5℃；砂梨系统大多在 23℃以上和 10℃以上。不同品种间对温度的要求也不相同。

2. 光 梨树发枝力弱，枝条稀疏，其上布满短果枝，是喜光性强的果树。在光照充足的条件下，梨的产量高、质量好。这种喜光习性与系统发育是分不开的。在密植条件下，有效果枝的分布范围，多在相对光强 25％～46％之间，光强低于 30％时，即影响光合速率，低于 10％时，即处于光补偿点以下。

3. 水分 砂梨系统品种对水分要求较高，我国南方梨区年降水量多在 1 000mm 以上；白梨和西洋梨系统对水分要求较低，主产区年降水量多在 650mm 左右；秋子梨系统比较耐旱，主要产区年降水量一般在 350mm 左右。不同砧木对旱、涝的反应不同，杜梨砧木嫁接树根系深，耐干旱，而且耐涝性特别强。

4. 土壤 梨树对土壤条件要求不甚严格，而且耐盐碱和耐涝能力很强。含盐量不超过 0.2％的土壤均可正常生长。pH5.4～8.5 均能生长结果，以 pH5.6～7.2 最为适宜。梨树虽然对土壤条件要求较低，但土壤质地对果实品质影响极大。通常以土质疏松，排水好，地下水位较低的轻质壤土结果最好。砂质土地栽培的鸭梨、茌梨等，果心小，肉质细，含糖量高；而在黏土地里栽植时，表现为肉质粗，果心大，味淡且较酸，品质下降。

实 训 内 容

一、布置任务

通过观察、调查当地主要梨树优良品种的生物学特性，学会识别梨树的不同品种，要求学员通过实践能识别梨的品种 3～5 个，根据梨的叶片、果实的特征识别梨的品种，并能描述其主要特征。

二、材料准备

选择当地种植的梨主栽与授粉的若干品种、调查表、铅笔、切果刀等。

三、开展活动

梨树品种识别可从树体形态、芽、叶、花、果、枝等方面识别，学员可根据实际情况灵活选择调查时间和调查内容。

1. 休眠期观察

①树姿。直立、半开张、开展。

②树皮及枝的密度。树皮颜色、枝条密度（萌芽率、成枝率）。

③一年生枝。颜色、皮孔（大小、密度、颜色）、枝条曲度（大、小）。

④叶芽花芽特征。形状、颜色、芽的着生状态。

2. 生长期观察

①叶片。大小、形状（卵圆形、阔卵圆形）、叶尖（急尖、渐尖、长急尖、长渐尖）、叶基（圆形、楔形）、叶缘锯齿（全缘、叶缘锯齿向内弯曲或向外弯曲）、叶色（深浅、新叶颜色）、叶片厚薄、蜡质多少、叶背茸毛多少。

②花。大小、颜色（初花期花色）、花梗（长、短）、花瓣形状、厚薄、授粉品种，观察花粉多少。

③果实。形状（圆形、卵圆形、圆锥形、长圆形、瓢形）、果皮（底色、彩色、厚薄、光滑度、有无果锈、蜡质厚薄、果点）、果梗和梗洼（果梗长短、粗细、角质、基部有无肉质、梗洼深广度、附着物）、萼洼（深浅、宽窄、附着物、萼片脱落或宿存）、果肉（色泽、肉质、汁液多少、风味）、后熟（是否需要后熟）。

【教学建议】本实习在指导教师的指导下，选择当地主要梨树品种，从树形、生长结果习性、果实等方面来区别不同的种类品种；根据具体的实习条件来选择观察的时间，本实习可分 2 次进行。一次在果实成熟期，从树体和果实上识别不同品种，一次为果实室内解剖识别；室外观察应在实习前选定具有品种代表性的植株，并注明品种名称。先由实习指导教师说明观察要点，然后由学生分小组，按实习指导内容要求进行。室内观察应在实习前准备好各个品种果实，2～3 人为一小组，先观察果实外部形态，再解剖观察果实内部构造，最后品尝果实，写出实习报告。

【思考与练习】

1. 正确描述不同品种的主要特征。
2. 从叶和果两方面来区别梨树不同品种。

模块 12－2　生产技术

【目标任务】掌握梨树生产的主要典型技术，包括：梨树育苗、果园建立、授粉品种的选择、梨树高产栽培方式、梨树丰产树冠结构等主要技术。

【相关知识】

一、梨的高产栽培方式

（一）矮化密植栽培　梨树矮化密植栽培具有投产早、品质优、产量高、效益好的显著特点。近年来，随着新品种的引进、新技术的推广，梨树矮化密植栽培技术越来越受到梨农的欢迎。

1. 重施基肥　山地土质差、瘠薄、有机质含量低。种植前挖好栽植穴，长 1m、宽 1m、深 0.8m，株施有机肥 25～100kg，加入磷、钾肥 1～1.5kg，生石灰 2.5～1kg，混土分层施下。以后每年 9～10 月结合施基肥，扩大定植穴，深翻改土，增加肥力。旺果期，在施基肥时加入适量速效氮肥，以利恢复树势。

2. 适时追肥　幼树以速效性氮肥为主，薄肥勤施。从发芽前到 6 月，每月 1 次，每次每株施 0.1～0.2kg。成年树每年追肥 3 次，时间在芽前、幼果、壮果 3 期；以壮果肥为重点，6 月中、下旬施，每株氮肥 0.25～0.5kg，加入 0.5～1kg 的磷钾肥。壮果肥能有效提高梨果的产量和品质，同时促进花芽分化，为下年梨果丰产创造条件。

3. 合理修剪　梨树矮化密植栽培在整形上采取"小骨架篱壁形"。该整形方法既矮化树形，有利于节省劳力，又能充分利用空间早结果，结果面大。主干距地面 30～40cm，留 2～3 个主枝，伸向两边行间。中心主枝上部无主枝，直接着生大侧枝。株间大侧枝相互拉枝，

60cm 以上留第二层侧枝，再拉枝形成绿篱。在修剪上多留枝，增加叶面积，加速生长同时及早多形成花芽，早果、多果、以果压树、控制高度。

4. 疏花疏果　商品生产，质量第一，水果也如此。具备味美、色艳、果大，才有竞争力。生产大型果，除了各项管理工作外，疏花疏果也是一个重要措施。一般情况下，一个花芽留 1～2 幼果大部分都能发育成标准大果。不疏的则大部分都是小果，很少有大果。同时疏果的梨树在结大果的同时还能形成较多的花芽。比不疏果的梨树花芽一般多 54.7%，这就是下年丰产的物质基础。

5. 保叶养树　梨树产量高低和果型大小与前一年梨叶脱落早晚关系密切。正常落叶在 11 月底，叶芽大、花芽饱满、质优。果实的大小源于果肉细胞的多少和每个果肉细胞的大小。落叶提早，果肉细胞少，迟则多，因而保证正常落叶时间，就成为翌年产量高、果形大的关键。

6. 防旱抗旱　梨果实中含水分 85% 以上，每平方米面积制造 1g 物质需水 400g 以上。而果实成熟前 1 个月是果实迅速膨大期，在 6 月下旬至 7 月中旬需水最多。此时正值夏季高温干旱季节，如水分不足严重影响当年产量、质量和果实的大小。因此，梨园在 6 月底以前进行铺草防旱。用杂草、稿秆、绿肥等在树冠下地面覆盖 20～30cm，及时喷灌或浇水抗旱。

7. 病虫防治　梨黑星病、黑斑病和军配虫是为害梨园的大敌。梨黑星病、黑斑病的防治方法是发芽前喷施 5 波美度石硫合剂，落花 2/3 和幼果期各喷一次 50% 多菌灵粉剂 700 倍或 52% 托布津 1 000 倍液。军配虫的防治方法是 5～10 月特别是 8～9 月在若虫初期药剂防治，农药有 20% 杀灭菊酯 3 000～5 000 倍液，50% 杀灭螟松 1 500 倍液等。

（二）棚架栽培　棚架梨树体的生育寿命长达 40～50 年，投产后每平方米棚面上仅承担果实的重量达 5～6kg，加上枝叶重量棚面承受的压力更大，因此要重视棚架安装质量。梨园棚架一般为长方形，面积 3 335～4 669m² 为宜，高度多在 1.75～1.85m 之间，具体可根据劳动力情况适当调整，当棚架园管理以男劳动力为主时，棚架高度可改计为 1.8m 左右，当棚架园管理以妇女为或老人为主时，棚面高度以 1.75m 左右为宜。根据经验，最好请具有建筑和供电架线工作经验的技术工人进行施工。棚架主要由支柱和棚面两部分组成。

1. 支柱　支柱由角柱、侧柱和吊柱组成。角柱位于棚架的四角，对维持棚架的结构起主导作用。角柱柱高 2.8～3m，当角柱为钢盘水泥柱时，其截面为 10cm×12cm，如采用钢管做角柱，外径需为 60mm，壁厚 2～3mm 以上。角柱埋入土中的深度至少需 1m，并应与地面成 50°左右的夹角，放入角柱的坑内用混凝土浇注，每根柱需在对应受力方向上配置 2 根斜拉索。

侧柱位于棚架的四边，间距 3～5m，侧柱柱高 2.5～2.7m，侧柱为钢筋水泥柱时，其横截面为 9cm×9cm 以上，如钢管做侧柱，钢管外径为 48mm，壁厚 2.4mm 以上。侧柱埋没深度 70～80cm，并与角柱相同，应与地面成 50°左右的夹角，放入角柱的坑内用混凝土浇注，每根柱需在对应受力方向上配置一根斜拉索。

吊柱位于棚架园内，吊柱上端高出棚架 3～4m，其上用铁丝式钢丝与棚面相连，其用途为防止树体大量挂果后引起的棚面下沉，吊柱采用钢管柱高 5～6m，外径 75mm，壁厚 3.5mm 以上。吊柱一般配置在棚架园的中部，只需直立安装。

2. 棚面　棚面由不同规格的铁丝或钢丝围成。可分为周围线、干线、子线、吊线。①

周围线：连接角柱和侧柱的棚线，位于棚的四周，用7根2mm的钢丝制成的钢缆。在架设周围线时可在4条周围线的终端安装紧线器，调节松紧度。②干线：连接棚面两长边和两短边对应侧柱之间并与周围成相连的棚线，与周围线成平行式垂直的关系，干线的规格是8号铁丝或10号钢丝。周围线安装好后，再架设干线，先安装长面干线，后架设短面干线。③子线：连接棚面两长边或短边上的棚线，与周围线和干线平行或垂直，在周围线上间隔50cm配一根，使用10号或12号钢丝。干线架设后，在周围线上以30～50cm的间隔安装子线，架设方法同干线。④吊线：连接吊柱上端和棚面的棚线，每根吊柱可配置8～12根吊线，规格同干线。

二、梨树丰产树冠结构

整形修剪，培养树体，改善树冠结构梨萌芽率高，极性强，成枝力弱，枝条直立，树冠不开张，通过合理的整形修剪，造成丰产型群体结构，是确保梨树早结果、丰产和优质大果的关键措施。

1. 整形、定杆 树形疏散分层形，树高控制在2.5m，有利于操作。梨栽植时，即60cm处定杆，剪口芽不要留饱满的，而整形带3～4芽要饱满，避免独干生长。当独杆生长趋势明显，待剪口芽梢长20cm以上时，应及时摘心，促发分枝，改变独杆生长面貌，有利于冬季整形培养树冠骨架。如果苗素质差，苗细弱，秋梢多，达不到定杆高度，芽眼不饱满，宜短截留2～3芽，次年再定杆。

2. 骨杆枝培育 培养树体骨架，配备生长均衡的枝组，促使枝叶增长和扩大树冠，修剪以短截为主，促生健壮分枝，弱枝长放增强生长势。

（1）三大主枝培育。栽植当年，7月将幼苗发出的枝条，以45°拉开，待冬季修剪时，选择角度适宜，发育健壮，生长势一致的枝条适当重剪，主杆顶端抽生的新梢留10～15cm短截。第二年选择第一层主枝，选分布均匀的3个生长枝作主枝，方位角120°，在正芽处短截2/3～1/2，用拉撑方法开张基角45°，中心主枝50cm短截，其他生长枝留5cm短截，翌年生长期用摘心和扭稍芽方法缓和生长势，使其成为辅养枝。如当年没有足够的生长枝作主枝，中心主枝延长到50cm重短截，促发强枝。翌年继续选留主枝，第一层主枝最好是3个。第三年用上控下放的方法，培养好第一层主枝。第一层主枝上抽生的2级枝，作为行间枝拉缚，中心主枝弯曲换头，延长到50～60cm处短截。干上的密枝，生长中庸的，可缓放不动，生长势过强的适当短截，促其分生枝条，充实内膛。第四年在培养第一层主枝的基础上，进行株间拉缚。第一层主枝用疏散长放、回缩等方法培养各类大、小结果枝组，中心主枝继续去强留弱，弯曲换头，对中长枝用摘心、剪稍芽方法控制中心主枝。第五年上控下放，去强留弱，弯曲换头，继续控制中心主枝和树冠的高度，加强第一层主枝生长，培养结果枝。经以上5年的整形，培养成树高2.5m、厚2～3m的树墙，树墙间留有一线光路的丰产型群体。

（2）冬、夏剪。

①冬季主枝下部的枝条，生长中庸的可不剪或轻剪，作辅养枝利于早结果；生长过旺的拉大角度，缓和树势，过密的应从基部疏除。新培养的枝条，如角度不开张，采取拉的方法使其开张。主枝选留的侧枝，要求平侧。梨结果以后，侧枝迅速下垂，又无适当的平侧枝可利用，剪口芽应保上芽，要尽量多留长放，促其结果。竞争枝要加以控制，辅养枝适当回缩

或拉枝，控制过旺的长势，有利于坐果。已结果的枝条，按需决定回缩、长放。若促其发枝，培养结果枝，采取回缩。若结果部位外移，应予回缩或疏掉。此外，生产中若发现中心主枝过密、过高，应在树高 2.5m 时落头。

②南方果树年生长量大，因此在冬剪外，需重视夏季修剪。为培养树体，幼年树应采用撑拉，令骨干枝的开张角度达到 70°～80°，辅养枝拉成水平面。影响光照的直立枝，主枝上徒长枝，要拉倒或疏除，确保内膛空间。盛果期的果树，树体高大，枝间交叉，要控制树的高度，让枝条向外围延伸。影响光照及行间作业的枝条，应予回缩。背上的直立枝、竞争枝和斜生枝，要在初夏时控制，或在基部未木质化时，及时进行扭稍或拉枝，利用废枝形成花芽。

实　训　内　容

一、布置任务

通过实习，学会全面了解梨的综合生产技术应用，掌握梨生产中的关键性技术。

二、工具、材料准备

材料：幼年梨树、成年梨树。

工具：修枝剪、皮尺、锄头、纸袋、尿素、过磷酸钙、硫酸钾、硼砂、灌水工具、稻草等。

三、开展活动

（一）育苗

1. 砧木培养　用于嫩枝嫁接的砧木：①最好选用上一年育成的棠梨实生苗。这种砧木在 5 月份如果进行嫩枝嫁接的话，可当年培育出高度 1.3m 以上的成苗。②早春扦插苗。结合早春硬枝嫁接，将棠梨苗剪截成 15～20cm 长的插穗进行扦插。③当年生播种苗。要加强肥水管理，早培早发，争取早日达到嫁接用砧标准。

2. 嫁接

（1）嫁接时间。5 月上旬至 9 月中旬均可，避免雨天进行。在具体操作时，要根据接穗和砧木发育程度来安排。标准是：砧木粗度应达到 0.5cm 以上，发育健壮；接穗为当年新发的未木质化或半木质化的枝条。

（2）接穗的采集。剪下的接穗立即去叶，包裹于湿布中，及时嫁接。如接穗当天用不完，可将其裹于湿布或湿麻袋中，置室内阴凉处。

（3）嫁接方法。一般采用切接与劈接两种。①切接法。剪切砧木：在近地面 5～10cm 处剪截，在断面一侧稍带一部分木质部处，用刀垂直下切，深度比接穗的长斜面略短 1mm 左右。削接穗：为节省接穗，以一芽一接穗为宜。因此接穗长度因两芽间的节间长而定，长斜面削于芽的侧方，再在此斜面的背面，削一短斜面，使接穗下端成扁楔形。插接穗：将削好的接穗（长斜面向内）迅速插入砧木的切口内，使砧木切口与接穗切口完全吻合，二者形成层对齐。如砧穗粗细不同，形成层必须有一侧对齐。包扎：用薄膜把砧木横断面、接穗露白处以及接穗顶端的剪口紧密封盖，但不能太紧，否则砧穗枝嫩易被折断。②劈接法。劈接法同切接法基本相同，所不同的是从砧木横断面中央垂直纵切，接穗下端两侧各削一个等长的斜面。其他操作步骤和切接相同。

（4）接后管理。接后1周即可检查成活率，手碰叶柄一触即落或芽新鲜饱满，说明已成活。由于在生长季节嫁接，10～15d便可萌芽，且生长速度很快。因此，要适时拆膜松绑，同时，兼顾抹除砧芽和补接工作，做好肥水管理、病虫害防治工作。

（二）建园

1. 园地的选择

（1）丘陵、山地建园。根据坡度的大小并按等高线做好修筑梯田、撩壕和作埂、挖沟等水土保持工程。

①修水平梯田。是山地建园中最好的水土保持方法，是增厚土层、提高肥力、防止冲刷的最有力措施。修建梯田的最基本要求是等高水平和能蓄能排。一般水平梯面靠内侧稍斜，防雨水冲刷。梯面宽度3.5～4m，不宜过窄，内侧挖排、灌水小沟。梯田高度依坡度大小而定，一般高1m以内即可，过高不利农事操作。在梯面外沿作一条土埂踏实。果树立植在距梯面外沿1/3处，以利梨的根系生长和枝梢伸展及以后的园内操作。

②撩壕。是在缓坡上与坡向垂直，每隔一定距离作等高沟与土堤。梨树栽在土堤的顶部或外侧。因其土层深厚，养分相对较多，对枝叶生长和根系的伸长有利。壕距与果树行间距离一致，每行撩壕一般自壕顶到沟心间宽为1～1.5m，壕外坡层1～1.2m，壕高30cm，沟宽一般40～50cm，深30～40cm，山顶建涵养树林，涵养林下面设拦水坝。

③开挖定植沟、穴。沟一般规格为深、宽各1m。也可挖定植穴，穴规格为长、宽、深各1m。在定植沟、穴内，分3～4层填入粗有机质肥料等改良土壤。然后作垄准备定植梨苗。

（2）平地建园。平地建园必须做好以下几个方面的工作。

①挖排水沟排水。首先果园四周要挖宽60～80cm、深1m的排水沟，整个园地的主排水渠相通。另外在小区间必须有副排水沟，宽、深各50～60cm。而在每种植行间必须有畦沟，宽、深各20～30cm，用于排除面上积水。

②开挖定植沟、穴。按计划定植的行株距挖定植沟或定植穴。定植沟规格为深80cm、宽为100cm。定植沟规格为深80cm、长、宽各100cm。在定植沟或定植穴内分3～4层填入粗有机质肥料等改良土壤。然后作垄，准备定植梨苗。

2. 品种选择及授粉树的配置

（1）品种的选择。早熟梨的品种很多，因原产地不同，各品种对气候土壤适应性差异很大，建园时，宜选择优质、丰产和适应性强的品种，一般1个果园选1～2个主栽品种，不宜过多。应选择品质优良，丰产稳产，对当地气候条件适应，无检疫性病虫害的品种。长江流域及以南地区可选择砂梨系中翠冠、清香、金水2号、黄花、脆绿、西子绿、新世纪等良种，并且使早、中熟品种配套。如果发展外向型出口农业，应选择果实中等大小，果重200～250g，果形圆或扁圆，黄绿或黄褐，皮薄、汁多、肉脆的品种，像翠冠、清香、西子绿、丰水、脆绿、黄花、杭青、新世纪等。

（2）授粉树的配置。早熟梨除极少数品种自花授粉结实力稍强外，绝大多数品种需配置授粉品种方可正常结果。因此在建园时，必须同时考虑授粉品种的栽植，这是提高梨产量的重要措施。授粉品种要求花量大、花粉多，与主栽品种授粉亲和力强，并能互相授粉，花期与主栽品种一致，其本身具有较高的经济价值，能丰产稳产，抗性强（表12-1）。

表 12 - 1　授粉树的配置

主栽品种	授粉品种
翠冠	脆绿、清香、新世纪、杭青、新雅、黄花
金水 2 号	黄花、幸水、二宫白
黄花	金水 2 号、新雅、雪青、雪英、杭青、新世纪
丰水	新世纪、幸水、金水 2 号、七月酥
早翠	翠冠、黄花、金水 2 号
幸水	丰水、新世纪、金水 2 号、七月酥
杭青	黄花、雅青
西子绿	幸水、丰水、绿云、脆绿
桂冠	杭青、新世纪、黄花、雪青
脆绿	玉水、金水 2 号
雪青	新世纪、黄花、新雅
新雅	金水 2 号、雪青、桂冠
金水 1 号（2 个授粉品种）	二宫白、雅青、安农 1 号
杭青	黄花
绿云	幸水、长十郎
新世纪	黄花、新世纪、桂冠、二十世纪、金水 2 号
青魁	黄花、金水 2 号
金水 3 号	柠檬黄、金水酥、黄花
金水酥	玉水、二宫白、金水 2 号

3. 植树　梨树栽植的好坏，直接关系到梨苗的成活及以后的开花结果。

（1）密度、行向及栽植方向。根据南方诸省的气候特点和为了提前获得经济效益，早熟梨宜计划密植，密度一般 3m×4～5m，或 2～3m×4m，每 667m² 可植 33～111 株，各地视具体情况而定。平地、丘陵果园的行向以南北向、长方形栽植最好，阳光照射全面。坡地果园则按等高线栽植，与坡向垂直，便于耕作和其他管理。栽植方式多采用单行栽植，通风透光及田间管理均方便。山地亦可采用三角形栽植，使各行植株之间互相错开，有利通风透光。

（2）栽植时期。南方冬末春初，气温回升快，较适栽植，一般落叶后至春季萌芽前（2 月下旬到 3 月上旬）都可栽植，但以冬栽（10 月上旬到 12 月上旬）为好。春季栽植由于易伤根，有蹲苗期，生长不正常。

（3）栽植方法。栽植时，要先将苗木根系进行修剪、整理，剪去根部受伤部位，然后挖一深 30cm 左右的穴，一人持苗，放在穴的中心，摆平根系。另一人将肥土填埋在根系上，边埋边拉动苗木，使根系与细土密接，再用脚踏紧，覆土盖平。最后做好直径 1m 的树盘，及时浇足定根水，待水完全渗入土层后再盖上一层细土。立上支柱，绑缚好苗木。

（三）土肥水管理

1. 土壤管理

（1）扩穴深翻。深翻时期以秋季最为适宜，深度为 0.6～1m（并非越深越好），深翻时要注意保护根系，少伤根，尤其注意保护粗 1cm 以上的主、侧根。深翻时要注意避免根系暴露太久，最好随翻随填，及时灌足水。低凹地或水田果园不宜深翻，应采取逐年培土。

（2）果园间套作。一般果园的间作物有豆科作物、蔬菜类、药用作物、草莓、马铃薯等，间套作物亦可种植绿肥，夏季绿肥于 4～5 月份播种，宜选用的品种有大豆、印度豇豆、印度绿豆、竹豆和饭豆等。冬季绿肥于 10 月份播种，宜选用的品种有箭舌豌豆、肥田萝卜、苕子、紫云英等。果园行间禁止种植玉米、油菜等高秆作物。

（3）果园覆盖。对山地、旱地、盐碱地等处的梨园，可采用此法。幼龄梨园不宜采用覆盖法，需在栽种后 4～5 年开始覆盖。用植物秸秆、塑料薄膜或其他材料，对树盘、树条带或全园实行覆盖。常用覆盖植物材料有：山青、野草、绿肥和玉米、小麦、稻子、油菜、花生、大豆、蚕豆等作物的秸秆，以及稻、麦的糠壳、锯末等。覆盖厚度以 30cm 为宜。在覆盖植物材料上面，要再盖一层薄细土。覆盖后，于当年或次年，将覆盖的植物材料翻入土中，改良土壤。

2. 施肥

（1）基肥。通常以果实采收后至落叶前的秋季施用最好，基肥以有机肥料即农家肥为主，按照"斤果斤肥"的原则，其用量相当于梨园全年用的 60%～70%。施肥方法有：在树冠外 20～30cm 处挖深 30～40cm 的环状沟，在沟内施肥，逐年外移，达到全面改善土壤结构的目的；

（2）追肥。又称补肥，在施基肥的基础上，根据果树各物候期的需肥特点补给肥料。

①幼树追肥。一般在 3～9 月份进行，一个月追施一次。肥料以腐熟的稀薄人、畜粪尿或枯饼粪水为主，适当加入 0.5% 的尿素。在 4～8 月份结合防治病虫害，每半个月对叶面喷施一次 0.3% 尿素加 0.2% 磷酸二氢钾混合液，以促进新梢成熟和花芽分化，让其及早进入幼年结果期。

②结果树追肥。

花前追肥：在萌芽前 10～15d，即 2 月下旬至 3 月上中旬施入，以氮肥为主。

花后追肥：在新梢停止生长前即 5 月中旬施入。此期是营养转换和养分竞争期，追肥可为幼果发育提供必要的营养，防止因养分不足而造成落果。此次仍以氮肥为主，同时叶面应喷布 0.2% 磷酸二氢钾和 2% 的过磷酸钙浸出液各 2～3 次。可促进新梢生长，叶长大，叶色变深，有利于坐果。

果实膨大期追肥：同时也是花芽分化期，一般在 6 月中下旬施入，需氮磷钾配合施用，促进花芽分化和果实增大，此期施肥不但可保障当年的产量，又为翌年梨果优质丰产打下基础。此期需要一定的磷钾，尤其对钾肥需求高。应对叶面喷施 0.2% 磷酸二氢钾加 0.3% 尿素的混合肥液 2～3 次。

采果后追肥：称营养贮藏期追肥，在采果后至落叶前，结合施基肥进行，在施肥沟内施入速效氮肥和一定比例的磷、钾肥。同时叶面喷布 0.4% 尿素加 0.3% 磷酸二氢钾混合液 1～2 次。追肥时一般采用条状、环状、沟施穴施，深度为 15cm 左右。

根外追肥：在展叶后到落叶前进行。叶面喷肥用量少，肥效快，一般喷后 15～20min 就可吸收，叶面喷施时避开高温和降雨，以免引起肥害或降低肥效。夏、秋季节应在上午

10 时前或下午 4 时后，蒸发量小，温度在 18～25℃时进行。在肥液中最好加入展着剂，可增加吸收量，提高施肥效果。喷肥时，要细致周到，尤其叶片背面要喷匀，因为叶片背面气孔多，比叶片正面吸收快，吸收率高。通常氮肥用 0.3％～0.5％的尿素和 0.1％～0.3％的硝酸铵或硫酸铵；磷肥用 1％～3％的过磷酸钙和 0.2％～0.3％的磷酸二氢钾；钾肥用 3％的氯化钾或 0.5％～1％的硫酸钾。

3. 水分管理　梨树在不同时期对水分的需求不同，一般周年灌水时期可分为以下几个：

（1）花前灌水。萌芽前至开花前灌水，可促进萌芽、开花及新梢生长，提高坐果率。

（2）花后灌水。落花后幼果开始生长，新梢生长迅速，叶片增多，蒸腾作用加大，对水分的需要量很大，此时正值北方春旱，如果水分缺乏，势必影响坐果和新梢生长。

（3）果实膨大期灌水。果实膨大期正值花芽分化期，同时此时气温升高，同化作用强，叶片蒸腾量大，如果缺水会影响果实膨大和花芽分化，甚至引起早期落叶。但此时正值雨季，如雨量正常，雨水基本上能满足梨树的需要，则不需浇水，遇到干旱年份应及时浇水。

（4）采果后及封冻前灌水。果实采收后结合施基肥灌水，有助于肥料的分解，增加树体营养物质的累积。土壤封冻前及时灌封冻水，能提高树体的抗旱越冬能力，并对第二年萌芽、开花坐果及新梢生长等均有良好的作用。

（四）树体管理

1. 整形修剪

（1）整形。

①疏散分层形。主干高度（第一主枝距地面的树干高度）60～70cm。全树高 3m 以内，主枝第一层 3 个，第二层 2～3 个，一般不留第三层。层间距约 80cm 左右，如留第三层，第二层与第三层距离为 60～70cm。第一层每主枝留 3 个侧枝（均匀分布在空间内），第二层每主枝留 2 个侧枝（均匀分布在空间内），每主枝上侧枝间的距离在 50cm 左右，分两侧分生，主枝的开张角度为 70°左右，侧枝与主枝的角度为 45°左右。

②自然开心形。定干高度 40cm 左右，定植成活后，在 40cm 处拉弯与地面平行，待其萌发新梢后，到冬季放开拉绳，选 3 个不同方向的枝条作为主枝，3 个主枝之间的角度为 120°，每个主枝的开张角度为 45°～50°，主枝上再配置侧枝和结果枝组。侧枝间距 50～60cm，每个主枝可选留 2～3 个侧枝。

③幼年树整形修剪的要点。

定干：一年生的苗木在定植后要立即定干。生长势弱的品种主干宜矮，树势开张的品种主干宜高，但不要超过 80cm。剪口下的第一芽要饱满、健壮，其下的整形带内要有 5～8 个饱满芽。在其抽枝后，选留 3～4 个枝培养成主枝。

骨干枝的选留和培养：定干后的第二年冬季修剪时，选顶端直立旺长的枝作中央主干，并在离地 60～80cm 处剪切，促使第一层主枝抽生整齐。在培养成第一层主枝后，中心主干的延长头要轻剪。剪口芽的方向要在第一层主枝剪口芽的反位。其抽生的强旺枝，除留一强枝作主干外，应将其余两个枝开张角度，用作第二层主枝，二层主枝距离为 0.8～1m。主枝位置要相互错开。第一层主枝上在离主干 50cm 处选留一长枝作第一副主枝。各主枝的第一副主枝，方向也要相互错开，填补空间。主枝和副主枝在长到 50cm 长时短截，促使枝条生长充实、粗壮，其他的枝可不剪的尽量不剪。截后的第四年冬季，在中心主干延长枝上，选留一个主枝（距第二层 60cm）作为第三层。此时在第一层上培养第二副主枝，距第一副主枝 40cm，方向相反。在第二层的主枝上，选择一个距主干 45～50cm 的大枝作第一副主枝。各枝的延长枝在 45cm 时短截。最后中央主干在长至 50cm 左右时，尽早摘心短截或拉平，控制树冠的整体高度。

（2）修剪。

①冬季修剪。在 11 月至翌年 2 月进行。主要剪去徒长枝、交叉枝、重叠枝、病虫害枝，幼树在此期修剪量很小。骨干延长枝修剪以促发短枝，形成结果枝组为主，通常 50cm 内的轻剪 1/3～1/4，超过了的如果长势强可剪 30～40cm。要维持结果枝组和结果枝的全量分布，生长健壮。以短果枝结果为主的品种，要少短截、多疏剪，去弱留强，去远留近，去直留斜。

②夏季修剪。又称生长期修剪，在 3～10 月进行。主要以抹芽、摘心、除萌、拉枝为主。抹去轮生部位的芽或过密的竞争位置上的芽，要重复多次抹，尽早抹，以减少营养的无效消耗；在枝梢长到 15cm 左右长时，进行摘心处理，促进花芽分化形成。拉枝是在生长季节，利用绳索或铁丝，将其一端绑于枝梢中部，另一端固定于地上木桩，而将枝条拉到所需角度的办法，使枝条保持开张，加快树冠面积增大。

2. 保花保果

（1）前一年树体的健壮生长是当年保花保果的基础。梨树花芽于前一年的 6 月中旬就开始分化，花器逐步发育形成。花芽质量的好坏取决于前一年 6 月至落叶前的管理。如管理好，养分供给充足，落叶迟，则花芽分化好，花器质量高，容易坐果并结好果；反之，管理差、病虫害严重、落叶早，花芽质量就差；更甚者，秋季开花、长新叶，发生二次生长的现象，则树体贮藏养分不足，花芽发育差，则开花不良，着果不好。即使着果，幼果发育差，不易形成优质大果。所以保花保果的关键是前一年以保叶为中心的精细管理。在此基础上，采取人工授粉、增施养分等措施，有利于结好果、结大果。

（2）人工授粉。人工授粉不但可提高坐果率，还可有效提高大果率，增进品质。

①采集花粉。实际生产中，采集花粉常与疏花相结合。花粉一般采自适宜作授粉品种、开花较早的树。黄花梨开花较早且花粉量多，与其他品种授粉着果率高，是较优良的授粉品种。当花蕾含苞待放时，最好是在呈气球状或花瓣刚张开时采集下来。双手揉搓花朵，使花药与花丝分离，用细孔筛子筛下花药。如雨后采花或花瓣沾有露水，采后可先晾干再揉搓花朵。花药采取后，平摊于盘内或纸上，用红外线灯泡或普通灯泡，调整灯泡与花药间的距离，使温度保持在 20～25℃，有条件时亦可用恒温箱。待花药开裂，花粉散出，收集待用。如需短期存放，可将花粉置于干燥瓶内，或在黑暗条件下，保持干燥。

②授粉时间。梨开花后 5～7d 内授粉均有效，以 3d 内为宜。上午 8 时至下午 4 时均可授粉，其适宜时间依花期气候而异。气温低于 10℃ 时，授粉效果差，花期遇低温时，应选中午前后气温回升至 12℃ 以上时进行。如遇高温，日最高温度达 30℃ 时，应在早晨或傍晚进行授粉，否则柱头枯焦，无效果。授粉适宜气温为 15～20℃。花期气候不良时，最好授粉两次。

③授粉工具。可用毛笔、软橡皮、绵羊绒毛。也可用 12～14 号铅丝 7～8cm，一端套入 1～1.5cm 气门橡皮。花粉盛于洗净干燥的小瓶内，一次沾满花粉可授 10 朵花。

④授粉方法。为了节约花粉，授粉前可在花粉里加上松树花粉、奶粉、藕粉、淀粉等填充物加以稀释，稀释量可为花粉量的 2 倍左右。如采用人工授粉器，可稀释 10～20 倍拌匀。如花粉发芽率低于 30% 进行人工授粉时，不必加入填充剂。授粉时，对树高 25m 以下的花朵按留果标准，每花序授两朵刚开的新鲜花，每 667m² 授 1 万朵花左右。也可以把稀释的

花粉装在纱布袋里，绑在竹竿上，然后用木棍轻轻敲打竹竿，使花粉洒在花朵上，用这种方法每 $667m^2$ 约需花粉 50g。还可把花粉混入 15% 的蔗糖溶液中，然后用喷雾器喷在花的柱头上，用这种方法每 $667m^2$ 约需花粉 $80\sim100g$。

（3）挂花枝或高接授粉品种。单一品种的梨园为解决授粉，可将花蕾初放用于授粉的花枝插入水罐中或塑料袋内，挂于树上，一般一株大树需挂 $4\sim5$ 只罐。此外，可采用高接授粉品种的办法，接穗可用一年生的生长枝，也可用带花芽的中长果枝，于 $9\sim10$ 月嫁接，也可于春季嫁接。

（4）花期放蜂。花期放蜂有利于授粉受精，可明显提高坐果率。中国蜜蜂在 6℃ 时，即外出活动。意大利蜂需在 15℃ 以上时才开始活动。一般每 $6\,667m^2$ 梨园放置 $2\sim3$ 箱蜂。

（5）其他措施。花期喷施 $0.2\%\sim0.3\%$ 硼酸、0.3% 尿素、0.2% 磷酸二氢钾、$15mg/kg$ 萘乙酸或其他有机营养液肥能提高坐果率。

（6）花期防霜。花期易遇晚霜危害的梨园，特别是海拔较高的山地梨园，要注意花期防霜害。主要方法有增施肥料、加强树势、花前灌水、熏烟防霜等。

3. 疏花疏果

（1）留果标准。树势壮，管理好的可适当多留，反之应少留。平均 $2\sim2.5$ 个果枝留 1 个果。

（2）疏果。以早疏为好，一般分两次进行，第一次在落花后 $15\sim20d$ 内完成，主要疏去畸形果、小果和过密果；第二次在第一次疏果后的 $15\sim20d$ 进行。

（3）留果方式及选留条件。先端少留果，近主枝多留果。

4. 果实套袋　套袋可减少果面农药残留量和病虫为害，改善果实外观，增加果品的商品性，在定果后用专用果袋进行套袋，一般每个花序只套一个果，1 果 1 袋。套袋时，先将纸袋撑开，使全袋膨起，一手托纸袋，一手抓住果柄，把幼果轻轻套入袋内中部，再把袋口两边向果柄处挤折，最后用袋上的铁丝轻轻弯绕在果柄上，套完后用手托起袋底，使果袋鼓起，利于底角的出气孔开张。如果袋需要再次利用，须用杀菌类农药（如多菌灵、百菌清、甲基托布津等）浸泡 $20\sim30min$，晾干备用。

（五）采收果实

1. 摘袋　根据品种不同，在采前 $5\sim15d$ 摘袋，摘袋应在晴天的上午 10 时到下午 4 时进行。上午摘除东、北面果袋，下午摘除西、南面果袋。摘袋后着色不均匀的果要进行转果处理，让其能着色均匀。

2. 采收　通常在完全成熟前 15d 左右采摘，有利于果实贮运，减少果实腐烂。采收时用一只手托住果实，另一只手的拇指和食指捏住果柄的上端，轻轻一抬，即可摘下。

3. 分级包装　根据果实横径大小、果面、果形、损伤等进行不同程度的分开包装。装时可用竹筐、木箱、塑料果箱及纸箱等，箱内要壁面光滑，箱内要垫上柔软干净、无杂质的草或棉布等。长途运输的最好用无害的、可透气的瓦楞纸箱，装好后合缝处用纸胶带粘紧。每箱果重 $10\sim15kg$。

【教学建议】在实习指导教师的指导下，选择当地栽培的幼年梨树和成年结果树，实习前将预定疏花疏果的梨树进行编号，并把树分树到实习小组。以小组为单位，逐株进行疏花疏果，其中留出几株不疏作对照树，便于在果实采收后验证疏花疏果的作用。套袋实习时，可选用一种果树，疏果、套袋一次完成。进行土壤施肥和根外追肥实习时，先对该果园的树种、树龄、物候期、土壤性质、根系分布、肥料种类等进行全面分析，确定施肥方法和用量后，再进行施肥。

【思考与练习】

1. 配置梨树授粉树怎样做到科学合理。
2. 总结梨树保花保果技术。
3. 总结梨树幼树整形技术。
4. 说明梨树幼树管理要点。

模块十三 葡 萄

◆ **模块摘要**：本模块观察葡萄主要品种的树冠及果实的形态，识别不同的品种；观察葡萄的生物学特性，掌握主要生长结果习性以及对环境条件的要求；学习葡萄的施肥、水分管理、树体管理等主要生产技术。

◆ **核心技能**：葡萄主要品种的识别；疏花与疏果技术；保花保果技术；促进花芽分化技术，二次结果技术。

模块 13—1 主要种类品种识别与生物学特性观察

【**目标任务**】熟悉生产上葡萄常见栽培品种的果实性状与栽培性状，识别当地栽培的主要品种，了解葡萄生物学特性的一般规律，为进行葡萄科学管理提供依据。

【**相关知识**】葡萄属于葡萄科葡萄属。本属用于栽培的有 20 多个种，根据地理分布和生态特点，分为欧亚种群、东亚种群、北美种群 3 个种群。

一、主要种类

1. 欧亚种群 仅有 1 种，即通称的"欧洲种"葡萄，在所有栽培种中价值最高。现栽培类型中，鲜食及加工品质最好的品种多属此种。该种起源于黑海、里海、地中海沿岸，现已广泛分布于世界各地，包括我国的大部分地区。该种果穗、果粒都较大，具有各种不同的外形和色泽，雌雄同株，具有完全花或雌性花。抗寒性弱，抗旱性很强，喜光，对真菌病害抵抗力较弱，不抗根瘤蚜，抗石灰能力较强。

2. 北美种群 有 28 个种，仅有几种在生产上和育种上加以利用，多为强健藤木，生长在北美东部的森林、河谷中。作为果实利用的主要是美洲种。用作砧木的有河岸葡萄、沙地葡萄、冬葡萄等。美洲种葡萄耐寒性强，可耐－30℃，抗病力中等，较抗真菌病害，栽培较易。浆果有狐味，有肉囊。适应性强，耐潮湿。利用该种与欧洲种杂交培育出了大量优良品种，如巨峰、白香蕉等。

3. 东亚种群 有 40 多个种，源于我国的有十几个种，多为野生类型，其中利用价值较高的有山葡萄和毛葡萄。其浆果、穗粒均小，可鲜食，亦可酿酒。用山葡萄酿制的葡萄酒在国际上独树一帜，颇受欢迎。山葡萄是葡萄属中最抗寒的一种，能耐－40℃以下低温，是培育抗寒葡萄品种最好的种质资源。

二、南方主要栽培品种

1. 巨峰 欧美杂交种，属中熟品种，桂林 7 月中旬成熟。果穗圆锥形，平均穗重约400g，果粒近圆形，平均粒重 10～12g，果皮厚，紫黑色，果肉肥厚而多汁，有草莓香味，可溶性固形物含量 14％～16％，品质中上等。树势强，抗寒，适应性强，但抗寒力较弱，易落花落果。适合在温暖湿润的南方地区栽培。

2. 黑奥林　又名黑奥林匹亚，欧美杂交种，为中熟品种，与巨峰相近。果穗圆锥形，有副穗，平均穗重约 500g；果粒近椭圆形，平均粒重 12～13g，最大粒重 16g，紫黑色，皮厚，肉较脆，汁多，味甜，有草莓香味，可溶性固形物含量 16％，品质中上等。树势较强，抗病、抗湿，不裂果，无日灼，耐运输。与巨峰相比，坐果好，成熟稍晚。

3. 矢富罗莎　又名亚都蜜、粉红亚都蜜、罗莎、兴华 1 号、早红提，欧亚种，早熟品种。果穗大，果穗圆锥形，平均穗重 500～600g，单果重 12g 左右，果形为长圆形，果色深红，果肉脆硬味甜，可溶性固形物 18％，特耐运输。树势中庸偏旺，结实力强，早果性状好，丰产，抗病性较强，适于露地及保护地栽培。

4. 藤稔　欧美杂交种，果穗圆锥形，平均穗重 500g，果粒椭圆形，极大，平均粒重 15g，疏果后为 22～30g，最大 35g 左右。果皮厚，暗紫红色，肉质致密，有淡草莓香味，可溶性固形物含量 18％，品质中上。产量高于巨峰，成熟期比巨峰稍早。树势强，结果早，但成熟后易落粒，不耐贮运。

5. 希姆劳特　欧美杂交种，成熟期早，6 月下旬果实成熟，果穗紧凑，平均穗重 450g，最大 600g。果粒近圆形，平均粒重 6g，经大果处理后，平均粒重 8～10g，充分成熟后，果粒呈透明乳黄绿色，果肉柔嫩多汁，具浓郁香气，高糖浓甜，可溶性固形物 18％，品质上等。生长势强、抗病性强，不裂果，耐贮运能力较好。

6. 维多利亚　欧亚种，早熟品种，桂林 6 月中旬成熟。果穗圆锥形或圆柱形，平均穗重 730g，最大 1 950g。果粒着生中等紧密，果粒大，长椭圆形，美观诱人，平均粒重 9.5g，最大粒重 16g。果皮黄绿色，中等厚，果肉硬而脆，味甜爽口，可溶性固形物 17％，品质佳。生长势中庸，适应性强、不裂果、不脱粒。

7. 京秀　欧亚种，早熟，比巨峰早熟 20～25d。果穗圆锥形，平均穗重 510g，果粒着生紧密，椭圆形，平均粒重 5～6g，大的 7g，粉红色至紫红色。肉脆，味甜，可溶性固形物含量为 14％～17.5％，品质上等。种子小，一般 2～3 粒。果粒着生牢固，极耐运输。生长势中强，较丰产，不裂果，无日灼，落花轻，坐果好，易栽培管理。抗病力中等，易染白粉病和炭疽病。

8. 高妻　欧美杂交种，成熟期比巨峰早 1 周。果穗大，平均重 500g，圆锥形，中紧或紧密。果粒椭圆形，平均重 14g，疏花疏果后平均粒重可达 18～30g，果皮厚，紫红色，果粉多，果肉厚，多汁，易与种子分离，味甜，有草莓香味，可溶性固形高达 18％～21％，品质优，耐贮运。抗病性强，适应在南方高温多雨地区栽培。

9. 红地球　又名美国红提、晚红、大红球、全球红等。欧亚种，属晚熟品种，桂林 9 月上旬成熟。果穗长圆锥形，平均穗重 650～800g。果粒大，圆形或卵圆形，平均粒重 12～14g。果皮中厚，鲜红色，色泽艳丽，果肉硬而脆，可削成薄片，酸甜适口，可溶性固形物含量为 17％，品质极佳，极耐贮藏和运输。植株生长势强，丰产性强，抗病力弱，易染黑痘病、白腐病、炭疽病、霜霉病。

10. 美人指　欧亚种，晚熟品种，桂林在 8 月上中旬成熟。果穗圆锥形，平均穗重 450～800g。果粒长椭圆形，着生中等紧密，平均粒重 9～10g，最大可达 18g，充分成熟时果粒为紫红色。果皮薄，果粉厚，果肉脆甜，可溶性固形物含量为 15％～18％，品质上等。植株生长势强，极性强，易徒长。本品种外观极美，品味极佳，但因抗病力较差，栽培时应适当控制树体营养生长，提高植株成花率，做好病虫害防治工作和采取果实套袋、避雨栽培等措施。

11. 夕阳红 欧美杂交种，晚熟品种，桂林9月上中旬成熟。果穗长圆锥形，平均穗重1 066g，最大穗重2 300g。果粒长圆形，平均粒重13.8g，最大粒重19g，都远远大于普通品种。果实呈紫红色，鲜艳美观，果脐明显，果皮较厚，果粉较少，果皮与果肉易分离，果肉与种子易分离，肉质软硬适度，无肉囊，果汁多。含可溶性固形物16%，香甜宜人，品质上等。生长势强。对霜霉病和白腐病等真菌性病均有较强的抗病能力。

12. 无核白鸡心 别名世纪无核，欧亚种，属早熟品种。果穗圆锥形，穗重600g，果粒鸡心形，果皮黄绿色或金黄色，皮薄而韧，较整齐，商品粒重4.0～5.5g，果肉较硬脆，耐拉耐压力较强，略有香味，品质中上，味甜，无种子，可溶性固形物含量17%。该品种生长势强，较丰产。抗病力中等，较抗霜霉病，但不抗黑痘病和白粉病。

此外，适宜于南方栽培的常见品种还有早玫瑰、早红、紫珍香、奥古斯特、京优、秋红、秋黑等。

三、生长特性

葡萄植株结构见图13-1。

1. 根 葡萄为肉质根，忌积水，扦插、压条繁殖的植株无真根颈和主根，只有根干及其发出的各层侧根与须根。葡萄根系发达，分布特点与栽培的架式有关。根系垂直分布1～2m，吸收根集中在地表下30～60cm的土层内，一般水平分布比垂直分布范围大。葡萄根系无自然休眠，因冬季低温、夏季高温干旱而被迫停长。一般春季发芽前半个月左右根系开始活动。一年中出现两次生长高峰，一次在夏初到盛夏前，另一次是夏末至秋季。

2. 枝蔓 葡萄的枝通称为茎或枝蔓，可分为主干、主蔓、侧蔓、结果母枝、新梢（结果枝或营养枝）和副梢等。

从地面发出的茎称为主干，主干

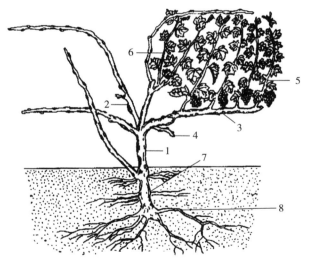

图13-1 葡萄植株的组成部分

1. 主干 2. 主蔓 3. 结果母枝 4. 预备枝
5. 结果枝 6. 发育枝 7. 根干 8. 侧根
（马骏，《果树生产技术》，2009）

上着生主蔓，主蔓上着生侧蔓，着生混合芽的一年生蔓叫结果母枝。结果母枝上的芽萌发后，有花序的新梢称结果枝，无花序的称营养枝。新梢叶腋间的夏芽和冬芽当年萌发形成的二次枝分别称副梢和冬芽二次枝，营养条件好时，其上亦可着生花序，第二次结果。葡萄新梢由节和节间构成。节部膨大着生叶片和芽眼，对面着生卷须或花序。

葡萄枝梢生长迅速，一年能多次抽梢，新梢的生长量可达1～10m不等，新梢生长高峰出现 2～3 次。开花前出现第一次生长高峰，第二次是副梢大量形成期，生长季较长的地区，采收后秋季落叶前还有一次生长高峰。

3. 芽　葡萄的芽一般分为冬芽、夏芽和隐芽 3 种，在新梢的叶腋间都形成冬芽和夏芽。冬芽又称芽眼，多为混合芽（图 13-2），一般当年形成第二年春季萌发，外被鳞片，内生绒毛，内含有 1 个主芽和 2～8 个副芽，主芽居中，春季主芽先萌发，部分副芽相继萌发，有时主芽和 1～2 个副芽同时萌发。

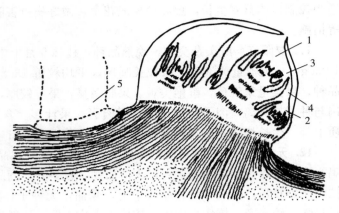

图 13-2　葡萄的冬芽
1. 主芽　2. 副芽　3. 花序原基
4. 叶原基　5. 已脱落的叶柄
（马骏，《果树生产技术》，2009）

夏芽为裸芽，属早熟性芽，当年萌发成夏芽副梢，夏芽副梢量大且生长迅速。隐芽着生于多年生枝蔓上，主要由冬芽的副芽不萌发形成隐芽，也有部分冬芽中的主芽因某些原因不萌发形成隐芽，葡萄的隐芽潜伏寿命长，有利于树体更新复壮。

4. 叶　葡萄的叶为单叶、互生、掌状叶，由叶柄和叶片组成。叶片的大小、厚薄、形状、裂刻多少、裂刻深浅、锯齿及其上有无茸毛、茸毛形状和稀密程度等都是鉴别和记载品种的重要标志。葡萄的抗病性与叶片的厚薄、茸毛的多少、颜色的深浅相关，叶片厚、茸毛多、颜色深的品种抗病力较强。

5. 花序与卷须　花序与卷须是同源器官，均为茎的变态，在花芽形成过程中，树体营养好时分化成花序，如营养不足时，花序发育会停止而变成卷须。葡萄花序属于圆锥花序或复总状花序，一般着生在结果枝的第 3～7 节位上，由花序梗、花序轴和花蕾组成。整个花序上有 200～1 500 个花蕾。花序上以中部花蕾质量最好，开花最早，而基部（肩部）次之，穗尖最晚。葡萄的花分完全花（两性花）和单性花（包括雌能花、雄能花），栽培品种多为两性花。卷须是葡萄的攀缘器官，但在栽培中无利用价值。

6. 果实　葡萄果实是由子房发育而成的浆果，食用部分为中果皮、内果皮形成的果肉，每一果粒有种子 1～4 粒，其果穗形状、果粒形状、大小、色泽因不同品种而异。

四、结果习性

1. 花芽分化　葡萄的花芽为混合花芽，一般着生在结果母枝的 2～16 节，生长势强的品种着生位置高（在 6 节以上），生长势弱的品种着生位置低（一般在 2～6 节）。冬芽一般在 5 月初开始花芽分化，6～8 月为花芽分化盛期，即花芽分化第一临界期，此期肥水条件好能形成完整的花序原基，否则形成的花序不完整，甚至退化成为卷须。8 月后处于缓慢分化状态，第二年春季冬芽膨大后，继续进行花芽分化，在开花前形成整个花序，此时为花芽分化第二临界期，若此期肥水条件好，则花序大而好，否则花序小、质量差。俗话有"花序有无看头年，穗大穗小当年春"，因此，葡萄园早春的管理对当年产量有很大影响。夏芽花芽分化速度快，但花序较小，并与品种及农业措施有很大关系。生产上经常通过主梢摘心，利用夏芽副梢及逼迫冬芽萌发实现一年多次结果。

2. 开花着果 葡萄从萌芽到开花一般需 6～7 周时间。一般每个花序的花期多为 5～14d，大多数两性花品种为自花授粉，也可进行异花授粉，有些品种可不通过授粉受精而单性结实为无核果，葡萄能闭花授粉，也能通过昆虫或风授粉受精结实。通过授粉受精的有核果实膨大迅速，果粒大，而无核果相对膨大缓慢，形成小果。开花后未经过授粉受精的花朵就自行脱落，花后两周出现一次生理落果高峰。树体管理水平低，营养不足、留果过多、营养生长过旺都会引起落花落果，此外，花期低温阴雨、大风、干旱也会引起落花落果。

3. 果实发育与成熟 葡萄从坐果到浆果成熟需 1.5～4 个月的时间。其生长呈双"S"曲线动态，可分为 3 个时期：浆果快速生长期（第一次快速生长期），果皮和种子迅速迅速生长，花后持续 1 个月左右；浆果缓慢生长期，内果皮硬化和胚的形成，可持续 1～5 周，此期的长短决定葡萄不同品种的成熟期早晚；浆果成熟期（第二次快速生长期），浆果的体积和重量再一次迅速增长，从果实着色至完全成熟，一般可持续 2～8 周。

五、对生态环境条件的要求

1. 温度 葡萄起源于温带和亚热带，性喜温暖，经济栽培区要求年平均气温 15～23℃，以 18℃最适宜。生长最适宜温度 28～32℃，根系开始活动的温度为 7～10℃，日平均气温 10～12℃开始萌芽，开花最适宜温度 25～30℃，低于 15℃影响授粉受精，浆果成熟期适宜温度为 30～35℃，低于 20℃则品质差，低于 16℃不能成熟，成熟期间昼夜温差达 10℃以上，果实品质好，相同葡萄品种在南方栽培因成熟期昼夜温差小，果实品质不如北方。

2. 水分 葡萄耐旱忌湿，性喜干燥。北美种群、欧美杂交种、东亚种群比欧亚种群耐湿力强，在年降雨量 1 000mm 以上的南方地区栽培表现较好，欧亚种群最适宜栽培区年降雨量为 600～800mm。萌芽期、新梢旺盛生长期和果实膨大期要求水分充足，有利生长，提高产量。开花期遇低温阴雨不利授粉受精，引起落花落果。浆果成熟期湿度大或阴雨天多，影响光照，易滋生病害，浆果着色不良、糖度低、品质低；久旱逢甘雨则引起裂果。葡萄生长后期，水分过多可导致枝叶贪长，影响养分贮藏，既不利于花芽分化也降低越冬性。葡萄整个生长期高温多湿，易感病，是南方栽培葡萄的不利条件。目前，南方地区常用避雨设施栽培葡萄。

3. 光照 葡萄是喜光性果树，对光照非常敏感。光照条件好，树体生长健壮、花芽分化充分，浆果着色好，含糖量高，风味浓，品质高。光照不足，果实着色不良，糖度低，品质差，枝梢出现徒长，枝梢不充实，花芽质量差。光照过强，果实发生日灼。

4. 土壤 葡萄对土壤适应性很强，但以土壤疏松透气、土层深厚肥沃、富含有机质的沙壤土最适宜；土壤 pH5～8 都能正常生长。

5. 风 葡萄抗风能力弱，大风能吹断葡萄的嫩梢、果穗，甚至破坏支架，沿海地区营造防护林，减少葡萄生长期受台风的危害。

实 训 内 容

一、布置任务

识别品种，观察葡萄物候期：通过观察树冠整体特征及枝蔓、叶片、果实形态，识别葡萄主要品种。观察葡萄枝梢生长与开花结果，了解葡萄的生物学特性。

二、材料准备

葡萄种植园，不同品种果实实物或标本，生产上主栽品种资料（品种介绍文字资料、图片、多媒体课件等），载果盘，卡尺，水果刀，折光仪，托盘天平，记载表，记录笔。

三、开展活动

（一）识别主要品种

1. 树体识别结构观察

树性：观察藤本树性特征。

枝蔓：观察枝蔓的颜色、节间长短，嫩梢茸毛有无、多少。

叶片：叶片大小、厚薄、形状、裂刻、颜色深浅、茸毛多少。

花序和卷须：观察花序和卷须着生的位置，花序、花朵的形状。

2. 不同类型枝蔓及芽观察

枝蔓：识别主干、主蔓、侧蔓、结果母蔓、结果蔓、营养蔓；新梢、副梢。

芽：观察冬芽、夏芽、隐芽；花芽、叶芽；主芽、副芽，识别芽的形态，着生位置。

3. 种类品种特征的观察与认识　参考葡萄主要种类及主要栽培品种相关内容，结合当地主栽品种进行观察。

4. 品尝果实

果穗：观察果穗穗形，测果穗的重量、大小、长短、松紧度。

果粒：观察果粒形状、大小、颜色、果粉、酸甜、香味有无、种子有无、种子数，测平均单果重、可溶性固形物。

5. 观察葡萄的物候期并按表 13-1 记载

表 13-1　葡萄物候期观察记载表

地点：　　　　　　　　　　观察时间：　　年　月　日　　　　　　　　记载人：

品种	伤流期	萌芽期	花序出现期	初花期	盛花期	终花期	新梢开始成熟期	果实着色始期	果实成熟期	落叶始期	落叶终期	备注

伤流期：春季萌芽前树液开始流动时，枝条新剪口流出液体成水滴状时为准。

萌芽期：芽外鳞片开始分开，鳞片下绒毛层破裂，露出带红色或绿色的嫩叶时为准。

花序出现期：随结果新梢生长，露出花序时。

开花期：花冠呈灯罩状脱落为开花。当全树有 1～2 个花序内有数朵花花冠脱落为初花期，全树有 50％的花花冠脱落为盛花期，有 95％以上的花花冠脱落为终花期。

新梢开始成熟期：新梢（一次梢）基部 4 节以下的表皮变为黄褐色。

果实着色始期：果实开始着色。

果实成熟期：全树有少数果粒开始呈现出品种成熟所固有的特征时为开始成熟期，每穗有 90％的果粒呈现品种固有特征时为完全成熟期。

落叶期：秋末冬初全树有 5％的叶片正常脱落为落叶始期，95％以上的叶片脱落为落叶终期。

【教学建议】本教学内容教学方式可灵活多样，以现场教学为主，生物学特性的观察在葡萄园内进行会增加学生的学习兴趣。

【思考与练习】全部观察项目完成后，写出观察分析报告。

模块 13－2　　生产技术

【目标任务】掌握葡萄施肥技术以及水分管理技术，熟悉葡萄的架子建立和整形修剪技术，学会葡萄的保花保果技术与果实套袋技术，学完本模块后达到能独立完成葡萄栽培管理的学习目标。

【相关知识】

一、葡萄产量的构成要素

葡萄产量与单位面积种植株数、每株结果母枝数、结果枝数、果穗数、果穗重、果粒重相关。葡萄产量计算公式有：

单株产量＝每株结果母枝数×每母枝结果枝数×每结果枝平均果穗数果穗平均重
　　　×安全系数

单位面积产量＝单位面积葡萄株数×平均单株产量

二、葡萄质量指标与影响质量的因素

1. 葡萄质量指标　果实优良性状可分为外观、内质和适于加工等。葡萄外观品质要求具有品种固有果形和特点，果穗美观，果粒较大，整齐度较为一致，果皮具有各品种特有色泽，鲜艳光亮，病斑及虫害亦少，外观诱人；内质的优良性状，主要表现为果汁丰富，果汁中糖、酸比适宜，风味和香气浓郁，维生素和矿物质营养含量高，无苦味和异味；葡萄果中的糖、酸、单宁、芳香物质和色素是判断酿酒葡萄品质的指标性物质。

2. 影响质量的因素

（1）主要受品种特性。品种的自身遗传特性如果实形状、色泽、成熟期等。

（2）气候条件。栽培地当年的积温、昼夜温差、不同生育期温度、光照的影响，如昼夜温差大的地方，果实含糖量高，如在果实成熟时，土壤干旱且光照好，果实中含酸量下降，糖分增加。

（3）栽培技术。不同的修剪、疏果、土壤管理、肥水管理等栽培措施，一方面影响到树体光

照条件和叶片光合效率，从而影响光合作用，另一方面，不同栽培措施会影响光合产物的运输和分配，如葡萄着色期合理追施磷、钾肥，有利于糖分的积累和蛋白质的形成，提高果实品质。

三、南方葡萄栽培的环境特点

南方属亚热带气候，夏季高温多雨，冬季温暖湿润，全年降雨集中在夏季（占全年的45%～65%）且温差较小，而秋冬春三季常常出现干旱。南方葡萄产区都在夏季高温多雨的气候控制之下，南方春季阴雨天气更加重了葡萄栽培的难度。例如，葡萄生长在雨水较多的土壤中，根系吸收水分过多，新梢生长旺长，组织不充实，抗性差。开花期间碰上梅雨天气影响授粉受精，引起严重落花落果及病害蔓延。在相当多的年份，葡萄成熟期遇到较多的降雨，浆果糖分积累困难，新梢旺长、叶幕郁闭、病害发生严重。秋冬春三季，雨水稀少，对葡萄越冬和第二年生长又会产生干旱的不利影响。

葡萄喜光。在南方，葡萄生长期常遇阴天多雨，光照不足，葡萄叶片薄而黄绿，新梢徒长或细弱、花芽分化不良，常产生小果穗和造成落花落果；光照不足，一方面光合产物少，葡萄营养不良，产量下降，品质低劣；另一方面，新梢不能充分成熟，加上南方的暖冬现象，一些品种经常出现休眠不足，来年花果质量差。

葡萄性喜温暖，要求相当多的热量，春季当气温达到7～10℃时·葡萄根系开始活动，10～12℃时开始萌芽，葡萄新梢生长、开花、结果和花芽分化的适宜温度为25～30℃，开花期间如出现低温天气（<15℃），葡萄就不能正常开花和授粉受精，鲜食葡萄和制干葡萄浆果成熟期的适宜温度为28～32℃，而酿酒葡萄则为17～24℃。

四、育苗与建园

（一）嫁接育苗与扦插育苗

1. 扦插育苗　葡萄硬枝扦插一般结合冬季修剪剪取插条，选择品种纯正、生长健壮充实、芽眼饱满、无病虫害及节间适中的一年生枝为插条（粗度0.7～1.0cm），过粗或过细枝不宜作插条。剪取好插条，可立即进行冬插。若是春插，必须用湿润的河沙进行贮藏，待来年早春气温回升，葡萄萌芽前进行扦插。葡萄绿枝扦插可在5～6月结合夏季修剪，选用达到半木质化的副梢剪取插条。

剪取插条时，每个插条具有2～3个芽，长约15cm，上剪口在芽上方2cm平剪，下剪口在芽下方紧挨节部斜剪，绿枝插条保留顶部叶片的2/3。按株距10～15cm，行距20～25cm进行扦插，扦插深度以顶芽露出地面为宜。

为了提高葡萄扦插成活率，生产上经常使用温床催根、药剂催根，结合薄膜覆盖、保湿。温床常用铺设电热线的温床。药剂常用50～100mg/kg的吲哚乙酸或萘乙酸浸泡基部12～24h，或用3 000～5 000mg/kg浸泡基部3～5s，也可用生根粉、2，4-滴等。

2. 嫁接育苗　为了增强葡萄的抗逆性，近年来不断利用抗寒、抗旱、耐湿、抗病的种或品种作砧木，采用嫁接育苗，目前常用砧木有SO4、5BB、贝达、山葡萄等。春季扦插的砧木在5～6月能达到嫁接粗度，可进行绿枝嫁接，也可培养到秋季或第二年春进行硬枝嫁接。

葡萄嫁接育苗有硬枝嫁接和绿枝嫁接两种，硬枝嫁接主要在休眠期进行，绿枝嫁接在夏季生长季节（5～6月）选用半木质化至木质化枝条作为接穗进行，砧木与接穗粗度相近，有利嫁接成活。常运用劈接法、舌接法嫁接。

（二）建园

1. 种植密度 葡萄栽植密度主要由架势、品种、地势、土壤等因素决定，为了提高前期产量，多采用计划密植栽培。一般篱架栽植的株行距 1.0～1.5m×2～3m，棚架栽植的株行距 1.5～2m×3～6m。

2. 品种选择与搭配 根据栽培地区的自然条件，如温湿度、地下水位的高低及光照等情况，选择适应本地区栽植的品种。再根据栽培技术选择适宜品种，初次种植者，技术薄弱、设施设备较差（露地栽培），应选种抗性强易管理的如巨峰系列品种，技术水平高设施设备好的（设施栽培）葡萄园可种植美人指、红提、无核葡萄等商品价值高的品种。

葡萄品种较多，合理搭配几个适应当地栽培的品种为宜，充分考虑成熟期、颜色、种植量3 个因素。既不要大面积种植单一品种，也不要种植太多品种。大面积种植同一品种，给销售带来困难；品种过多，会造成管理技术跟不上。成熟期考虑早、中、晚熟品种合理搭配。

3. 定植 篱架栽培常用南北向栽植，棚架栽培以枝蔓南北向生长栽培。山地果园要开垦成梯田，定植前要进行土壤改良，挖好定植沟，放足有机肥，平地或水稻田起高畦、挖深沟，注意排水。葡萄有秋植和春植，南方地区以秋植为好。定植前将贮藏苗木浸泡清水12～24h，吸足水，地上部剪留 2～3 个饱满芽，根系剪留 15～20cm，定植后树盘内用草覆盖，淋足定根水。

生产上也用栽培品种的枝条直接扦插建园，选用健壮充实，芽眼饱满，节间适中，粗度0.8～1.2cm 的枝梢，剪取 20～30cm 长，定值方法与苗木栽植基本相同，整好地、浇好水、覆膜（盖草淋水）后扦插。为减少缺苗，每定植点扦插 2～3 枝，枝梢插入地下约 20cm，地面露芽 1～3 个为好，待新梢长到约 20cm 时，每处留 1 株，其余苗木进行间移。

五、葡萄一年多次结果技术

葡萄花芽具有早熟性，多数葡萄品种在当年开花结束之前，冬芽已开始花芽的分化，早熟性夏芽通过摘心、扭梢等措施能促使花芽形成。同时，南方气候温暖湿润，生长期长，葡萄生长旺盛，多次抽梢，在南方地区经过技术处理，能够实现葡萄一年多次结果。

1. 利用副梢多次结果 只有在夏芽尚未萌发之前及时摘心才能形成花芽，因此摘心时间不能过迟，一般在结果蔓开花前 15～20d 在花序上留 4～6 叶摘心，摘心的同时，抹除主梢上已萌动的全部副梢，使树体营养全部集中在顶端 1～2 个未萌发的夏芽之中，促其花芽形成，5～7d 后萌发的副梢一般可带花序。对带花序的副梢，在花序以上留 2～3 片叶处摘心，以促进已抽生的花序正常生长形成二次果。若一次副梢无花序或诱发二次副梢结第三次果，在一次副梢其展叶 4～5 片时再次摘心，促发二次副梢开花结果。在枝梢摘心时，摘心处以下必须要有 1～2 个夏芽尚未萌动。

2. 激发冬芽当年萌发 在利用副梢结多次果时，若诱发的二次副梢未出现花序，而时间在 6 月中旬以前，可将二次副梢全部抹去，激发一次副梢上的冬芽萌发结果。也可在开花前 7～10d，一般在主梢花序上方有 4～6 个叶片平展时进行摘心，将所有副梢除去，使养分完全集中运向顶端 1～2 个冬芽之中，促进冬芽提前萌发，若第一个萌发的冬芽枝梢中无花序时，可将这个冬芽副梢连主梢先端一同剪去，以刺激枝条下面有花序的冬芽萌发，由于冬芽发育时间较长，所以冬芽副梢上的花序分化较好，结实力也相对较强。生产上为了使冬芽副梢花序质量更好，一般抹除副梢分两次进行：第一次先抹除中下部的副梢而暂时保留上部的 1～2 个副梢，并对这 1～2 个副梢留 2～3 个叶片进行摘心；待到距第一次副梢抹除后

10～15d 时，再将这 1～2 个副梢除去，以促发冬芽。这样新抽生的冬芽副梢不但整齐一致，而且冬芽中的花序也大而健壮，结实率也高。

六、葡萄采收技术

葡萄采收的具体时间要根据果实成熟时间来确定，根据成熟早晚进行分批采收。采收时，一手拿住穗梗或托住果穗，另一手用剪刀剪断穗梗并立刻剪除畸形粒、病虫粒和青粒，然后按穗粒大小、整齐程度、色泽情况分级装箱。采收、包装过程中注意轻拿轻放，避免挤压。目前，常用泡沫箱、塑料箱或木箱包装葡萄，容量一般在 10～15kg。为了减少葡萄果实挤压，可采用两次包装，先每 1～2kg（或其他葡萄礼品盒规格）装入一个硬质小盒，然后将 20～40 个小盒装入大的硬质运输大箱。小盒及大箱要贴有葡萄品种、重量和产地的标签。

实 训 内 容

【实训 1】

一、布置任务

葡萄整形修剪技术应用：观察果树形态，熟悉葡萄常用树形；掌握当地葡萄常用树形整形方法；掌握葡萄的冬季修剪和夏季修剪技术。

二、材料准备

确定开展活动的葡萄果园，枝剪，绳子。

三、开展活动

（一）**架式** 葡萄常用架式（图 13 - 3 至图 13 - 5）。

1. 篱架 架面与地面垂直，篱架又分为单篱架和双臂篱架。

（1）单臂篱架（单立架）。每行设 1 个架面，架高依行距而定。行距 2m 时，架高 1.2～1.5m；行距 2.5m 时，架高 1.5～1.8m；行距 3m 时，架高 2m 左右。行内每间隔 3～4m 设一立柱，柱上拉 3 道横向铁丝，第一道铁丝离地面 80cm，向上每隔 40～50cm 拉第二、三道铁丝。单臂篱架有利于通风透光，提高浆果品质，田间管理方便，又可密植，达到早期丰产，便于机械化耕作、喷药、摘心、采收及节省人力。其缺点是受植株极性生长影响，长势

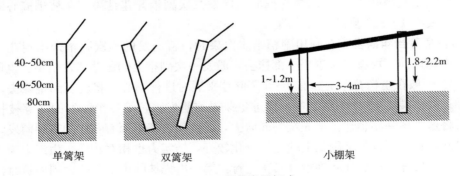

图 13 - 3　葡萄常用架式

过旺，枝叶密闭，结果部位上移，难以控制；下部果穗距地面较近，易污染和发生病虫害。

（2）双臂篱架（双立架）。架高 1.5～2.2m，双篱基部间距为 50～80cm，顶部间距 100～120cm，立柱和铁丝设置与单臂架相同，只是架面增加了 1 倍，结果枝量和结果部位也相应增多，可充分利用行间空地，因此，单位面积产量比单篱架提高 50%～80%。双臂篱架的缺点是架材用量较多，修剪、打药、采收等田间作业不便；枝叶密度较大，光照不良，果实品质不如单臂篱架好，且易感病虫害。目前，双立架栽培方式逐渐减少。

2. 双十字"V"形架 类似单篱架进行立柱，在篱架的水泥柱上离地面 105cm 和 140cm 处各固定横梁一根，下横梁长 60cm，上横梁长 80～100cm，横梁可用钢管、木条、竹竿等，在水泥柱 80cm 处绕柱拉 2 道铁丝，两根横梁的两端各拉一道铁丝，共拉 3 层 6 道铁丝即成（图 13-4）。这是篱架与"V"形架的复合形式，采用单干双臂整形，效果良好。双十字"V"形架枝蔓成行向外倾斜，方便整枝、疏花、喷药等管理工作，有利于计划定梢定穗、控产，从而提高了产品质量，有利于实行规范化栽培。

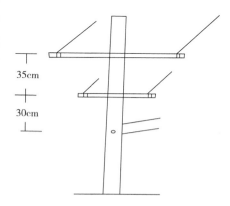

图 13-4 双十字 V 形架

3. 棚架 根据架面结构分为倾斜棚架（小棚架、大棚架）、水平棚架、屋脊式棚架等。

（1）小棚架。架长多为 5～6m，架根（靠近植株处）高 1.2～1.5m，架梢高 1.8～2.2m。其主要优点是：①适于多数品种的长势需要，有利于早期丰产。②主蔓较短，容易调节树势，产量较高又比较稳产。同时，更新后恢复快，对产量影响较小。结果早，早丰产，达到 1 年定植、2 年结果、3 年创高产的栽培要求，而且产量稳定。

（2）大棚架（斜坡式大棚架）。架长 7m 以上者称为大棚架，在我国葡萄老产区和庭院应用较多。近根端高 1.5～1.8m，架梢高 2.0～2.5m，架面倾斜。架长按品种长势或特殊需要而定。如龙眼品种生长势旺，架长 10～12m，可设 4～5 排石柱或水泥柱，每排 7～8 根，相距 1.5～2.0m（图 13-5）。

（3）水平式棚架。水平式棚架是把葡萄园一个作业小区 0.67～1.33hm² 的棚架面呈水平状连结在一起。实际就是将数排小棚架或大棚架连结在一起的架式，但没有倾斜坡度。架式结构：架高 1.8～2.2m，每隔 4～5m 设一支柱，呈方形排列，支柱高 2.2～2.5m。周围边柱较粗，为 12cm×12cm，呈 45°角向外倾斜埋入地内，并利用锚石使立柱和其上的牵引骨干线拉紧固定。要应用紧线器进行。周围的骨干线负荷较重，可用

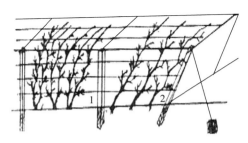

图 13-5 大棚架

双股 8 号铁丝，内部骨干线用单股 8 号铁丝，其他纵横线及分布在骨干线之间的支线用 12 号铁丝，支线间距离以 50cm 为宜。这种架式，多在平地利用。

（4）屋脊式棚架。是由两个倾斜式小棚架或大棚架相对组成，形似屋脊而得名。其优点是可省去一排高支柱，而且架式牢固，其他与大小棚架相同。

4. 棚篱架 棚篱架（连接式小棚架）是单臂篱架的发展，也是篱架和棚架的结合架式。篱棚架架根高 1.5～1.8m，架面宽和行距一致，为 4.5～5m，其架梢高 2.0～2.5m，在立架面拉 2～3 道铁丝，棚架面上拉 4～6 道铁丝。篱棚架的优点是兼有两种架面，既可充分利用空间结果，又解决了极性生长的矛盾，单位面积产量较高，一般比单臂篱架产量高 80% 左右。其缺点是棚架面连接，机械喷药、运输不便。一般每隔 2～4 个架面要留出一条作业道，不设棚架面。

5. 葡萄简易避雨棚架 在篱架上增加小拱棚结构起到避雨栽培作用，以双十字 V 形架进行介绍。避雨棚顶部离地 2.1m，于 1.8m 以上处建避雨棚，棚宽 2.2m，棚高 0.3m。棚顶与棚边用木条固定，用竹片做成弓形并扎紧。每 50cm 固定一竹片。竹片上覆膜，膜厚

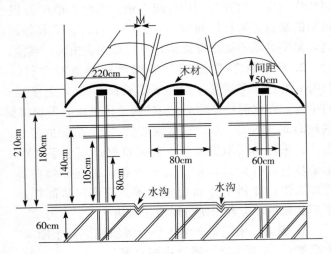

图 13-6 避雨简易棚架

0.08mm，每 50cm 用一压膜线（可用搭架用的扎藤代替），膜的宽度以盖至棚边或稍宽为宜（图 13-6）。

（二）整形

1. 双臂单层水平型 葡萄双臂单层水平型的整形，第一年植株高 0.8m 摘心（接近第一道铁丝），其上抽生的副梢选留 2 个作为主蔓。冬剪时各主蔓均在 1.5m 处剪截，将 2 个主蔓引绑在第一道铁线上，呈水平状，并剪去主干上距地面 0.8m 以下的副梢。主蔓上的副梢粗度在 0.5cm 以上留 1～2 芽进行短截，作为培养来年的结果母枝，在各主蔓上每隔 20～30cm 培养 1 个结果枝组，采用中、短梢修剪。此树形整形容易，操作简便，管理省工，利于密植，早期丰产。

2. 双臂双层水平型 有葡萄的单干双臂双层水平型和葡萄的双干双臂双层水平型两种，此树形均衡生长，新梢排列整齐，结果枝组易更新，产量高。

（1）葡萄的单干双臂双层水平型整形。单干双臂双层水平型的整形，当年栽植的植株，选留 1 个新梢，待新梢在 1.2m 时，进行摘心。在主干上距地面 0.8m 处选留 2 个副梢作为第一层主蔓，1.2m 处再选留 2 个副梢作为第二层主蔓。冬剪时，剪除距地面 0.8m 以下的副梢，各主蔓留 1m 剪截，将各主蔓分别引绑在第一、二道铁线上，呈水平状，各主蔓上的副梢粗度在 0.5cm 以上留 1～2 芽剪截，在各主蔓上每隔 20～30cm 培养 1 个结果枝组，采用中，短梢修剪。此种树形能均衡树势，新梢排列整齐，结果枝组宜更新，产量高，适用生长势强的品种。

（2）葡萄的双干双臂双层水平型整形。双干双臂双层水平型的整形与单层双臂水平型及矮、高干双臂单层水平型的整形相似。第一年在 1 穴中栽 2 株苗，当矮干植株在 0.8m 时摘心，高干植株在 1.2m 处摘心，及时抹除基部副梢，每株各留 2 个延长枝作为主蔓，冬剪时各主蔓在 1.5m 处剪截。第二年上架时，将矮干植株的 2 个主蔓引绑在

第一道铁线上，高干植株的 2 个主蔓引绑在第二道铁线上，构成了双臂双层水平型。在各主蔓上每隔 20～30cm 培养 1 个结果枝组，采用中、短梢修剪。这种树形适于生长势中庸的品种。

（三）修剪

1. 夏季修剪 夏季是葡萄果实生长成熟的重要时期，是全年管理的核心时段。管理的重点是协调营养生长与果实生长的平衡，达到通风透光，抑制病虫害的发生，节省水肥，提高果实产量和品质的效果。

（1）抹芽定梢。抹芽在植株萌芽后进行，一般分 2 次，第一次应抹去弱芽、过密芽、老蔓上萌发的无用的隐芽。1 个节上萌发 2～3 个芽时，留主芽去副芽。如需要更新应留少量方位适当的萌蘖。15d 后第二次抹芽，去掉花穗小、过多过密的结果枝和营养枝，这样可以节省养分。

定梢于新梢长至 10～20cm 长、已显露出花序时进行，过早分不清果枝，过迟会消耗大量养分。定梢的原则是留结果枝去营养枝，留壮枝去弱枝，留下不留上，留后不留前。篱架栽培的葡萄架在架面上每隔 15～20cm 留一个新梢为宜，棚架式每平方米留梢 20～25 个。对于生长势旺又易落花落果的品种（如巨峰），前期可适当多留梢以分散养分，抑制新梢过旺生长，坐果后再疏除部分过密梢，这样有利于坐果。

（2）主梢摘心。新梢摘心即是摘去新梢尖端的幼嫩部分，缓和新梢生长势，使养分集中供应给花穗，以防落花，使开花整齐，授粉良好，提高坐果率。新梢的花前摘心一般在花前一周至始花期进行。主梢摘心必须配合处理已萌发副梢。新梢花前摘心的强度主要依据新梢的生长势，一般在结果枝最上面花序前留 4～7 片叶摘心为宜，营养枝留 10～12 叶，弱枝不用摘心。后期摘心，可改善葡萄架面的通风、透光条件，促使花芽分化和果实发育，充实枝蔓，提高产量。

（3）副梢处理。新梢摘心后，抽生大量副梢，对结果枝上的副梢处理有两种方法。其一，是将结果枝上的副梢只保留顶端 1～2 个，其余的全部从茎部抹除，留下的副梢也只留3～4 片叶反复摘心；其二是将结果枝果穗以下副梢抹除，顶部副梢留 2～3 叶反复摘心，其余副梢保留 1～2 叶摘心。幼树及营养枝或延长枝上的副梢，一般都留 1～2 片叶摘心。如在夏秋季影响通风透光时，可酌情疏掉部分副梢。定植当年的幼树、主蔓上的副梢可间隔20～30cm 留一强壮新梢作次年的结果母枝，被保留的副梢长到 10～15 片叶时摘心，以促进冬芽发育良好。

（4）绑蔓去卷须。当新梢长至 30～40cm 时，对枝蔓要及时绑缚固定，防止因风折断枝条或摩擦果面。绑缚不宜过紧或过松，并应注意角度和方向与整形相适应。对新梢上的卷须要及时摘除，一是能节省营养，提高坐果率；二是防止自然固定而影响枝梢的分布。

（5）疏花疏果。疏花序可调整葡萄植株的负载量，提高坐果率，使果粒整齐、果穗紧密。疏花序是根据树势、枝条长势及产量要求疏除过多的花序。对一般鲜食品种来说，原则上强果枝可留 2 个花序，中庸枝留 1 个花序，弱枝不留花序。修整花穗是去除花序的一部分，通常的做法是掐去花序顶端为全长 1/5～1/4 的部分，有的还要摘除副穗。疏花序和修整花穗应在开花前 1～2 周为宜，到了开花期即应结束。果穗修整是坐果后疏除果穗上发育差的果粒和过多的果粒，可使果穗、果粒整齐均匀并保持果穗的一定紧密度，对鲜食葡萄是至关重要的。

（6）摘老叶。在夏剪葡萄时，要把已得黑痘病的病叶摘去，防止传染蔓延。同时，将已开始发黄而丧失光合功能的老叶摘除，以利通风透光，减少病害发生。

2. 冬季修剪

（1）冬剪时期。冬剪时期以落叶后 10～15d 到翌年春伤流期前 1 个月为宜。南方地区，葡萄不需埋土防寒，一般在树体进入深眠时期修剪为好。具体时期可根据当地实际情况灵活掌握，桂林经常在 1 月中旬至 2 月中旬进行。

（2）结果母蔓的修剪。根据剪留芽眼数分长梢修剪（留 8～11 芽）、超长梢修剪（留 12 芽以上）、短梢修剪（留 2～4 芽）、超短梢修剪（留 1 芽）、中梢修剪（留芽 5～7 芽）。结果母蔓的剪留长度应依据品种的结果习性、整枝方式、树势强弱、新梢生长和成熟状况、枝蔓疏密及粗细、立地条件、栽培技术等实际确定。如美人指、红提、玫瑰牛奶等植株上的结果母蔓枝条，基部花芽瘦弱，分化差，抽发的枝条结实能力很弱，架面的枝蔓也较小，宜长梢或中长梢修剪。高妻、户太 8 号、藤稔、玫瑰香等品种，成花容易，枝条基部花芽充实，抽发枝条结实能力强。对此类结果枝可采用短梢修剪或中短梢修剪。像巨峰、龙眼等品种因植株芽眼抽发部位多在结果枝中部 4～6 节上，所以应采用中梢修剪。

（3）结果母蔓的更新。冬剪中必须重视结果母枝更新修剪，尤其是结果部位外移上移、下部枝条光秃及生长衰弱的多年生枝，特别要做好结果母枝的更新修剪。常用双枝更新和单枝更新方法（图 13-7）。

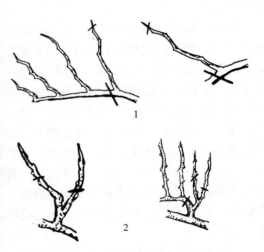

图 13-7　结果母枝更新修剪
1. 单枝更新　2. 双枝更新

双枝更新法多用于中、长梢修剪的情况。双枝更新就是在结果枝组上端留一个结果母枝，下端基部留一个预备枝。上端的结果母枝按需求长度剪留，下端的预备枝留 2～3 个芽短截，次年，上端的结果母枝开花结果，而下端的预备枝则培养 2 个新蔓，次年冬剪时，将已结果的果枝连同其母枝一起剪除，预备枝上的 2 个枝，上端的一个用中长梢修剪作为下一年的结果母枝，下端的一个又作为预备枝进行短梢修剪。以后每年均按此法修剪（亦称一长一短修剪法），不断更新结果母枝。

单枝更新修剪采用短梢修剪时，一般不需留预备枝，只留结果母枝，结果后对枝组进行回缩修剪，即将前端已完成结果任务的果枝和结果母枝全部剪除，保留后部 1～2 个枝作为下一年结果母枝，以达到更新复壮的目的。

（4）多年生蔓的更新。更新时应注意使枝蔓轮流交替更新，不要在一年内一次性更新完，应做到更新、结果两不误。具体方法为：在植株基部和枝组基部选留强壮的新梢作为预备枝，并分期短截老主枝。对光秃的枝蔓可回缩到下部萌发的新梢上。如无新梢，可根据占有的空间进行回缩，促进潜伏芽萌发新梢。待到新蔓布遍架面时，将老枝蔓除尽，2～3 年完成一次全更新。

【实训 2】

一、布置任务

保花保果、疏花疏果与套袋：掌握葡萄保花保果技术、疏花疏果技术、果实套袋技术。

二、工具材料的准备

葡萄园、量筒、烧杯、天平、喷雾器、枝剪、疏果用小剪刀、果袋等。

三、开展活动

1. 合理施肥保花保果 当浆果达到黄豆粒大小时，重施一次催果肥，促进浆果第一次生长高峰期果粒的迅速增长和防止浆果内种子的败育。结合喷药追施叶面肥，在开花前 10d 和始花期各喷 1 次 0.1%～0.3%的硼酸加磷酸二氢钾溶液，可以显著提高葡萄坐果率。

2. 控梢保果 在开花前 1 周，主梢进行摘心，及时处理副梢。

3. 生长调节剂应用 在花期用浓度为 50～100mg/kg 的赤霉素（或吡效隆）浸泡（或喷施）花序 1～2 次，可提高坐果率及增大果实，赤霉素在开花前用可促使无核果形成。或在开花前 5～10d 在植株上喷布 100～200mg/kg 的矮壮素溶液或喷布 300～500 倍丁酰肼溶液，缓和枝梢营养生长，提高坐果率，但是应注意，喷丁酰肼虽然能提高坐果率，但会抑制果粒的膨大，所以生产上喷丁酰肼的次数要合理。

4. 疏花疏果

（1）疏花穗。疏花穗指疏除多余的花穗，应本着弱梢不留花穗、中梢留 1 个、强梢留 2 个的原则进行。如果疏后仍然过多，可对部分强梢只留 1 个，部分中梢不留，作为预备梢。疏除时注意先疏去弱小花序和特大花序，尽量使保留的花序大小基本一致。疏花序的时间应在能辨认花序大小优劣时及时进行。

（2）掐穗尖和去副穗。果穗整形可使葡萄穗形大小整齐一致，提高商品价值。首先应以出现数量最多的大小适中、穗形相仿的果穗作为标准穗，稍加修整后作为该品种的模式穗，然后依此为标准对其他果穗进行整形。对大型果穗先剪去副穗和穗尖，再掐去第一、二分枝的尖部；对特大果穗除剪去副穗和掐穗尖外，可剪去第一分枝或一、二两个分枝。果穗整形宜在花序已充分发育、各分枝已舒展、花序的形状和大小已固定后进行，在开花前完成。

（3）顺穗、摇穗和拿穗。顺穗在谢花后进行，结合绑蔓把搁置在铁丝或枝蔓上的果穗理顺在棚架的下面或篱架有空间的位置。在顺穗的同时，将果穗轻轻摇晃几下，摇落干枯和受精不良的小粒。一天中以下午顺穗、摇穗最为适宜，因为此时穗梗柔软，不易折断。拿穗是果粒发育到黄豆粒大小后，把果穗上交叉的分枝分开，使各分枝和各果粒之间都有一定的顺序和空隙，有利于果粒的发育和膨大，也便于剪除病粒和喷药均匀周密。拿穗对穗大而果粒着生紧密的品种作用明显。

（4）疏果粒。疏粒的目的是使果穗整齐，果粒大小一致，增大单果重。一般在坐果后至硬核期进行，以在落果后进行比较稳妥。疏果粒时先疏去小果粒和畸形果粒，再疏去密挤的正常果粒，对果粒密度大的品种，可先疏除果粒密挤部位的部分小分枝，再疏单粒；对果粒稀疏的大粒品种如巨峰类，以疏果粒为主，必要时再疏除少量小分枝。某些巨峰葡萄园，实行每穗 40 粒、穗重 400g 的疏粒要求，使单穗外观明显改善。日本葡萄园广泛运用掐穗尖、去副穗，去掉花序上部 1～3 个分枝，每花序只留 14～16 个小分枝，坐果数保持在 30～40 粒措施，果个、品质明显提高。近年，南方一些省区在推广藤稔品种过程中，为使该品种的大果粒特性得到充分表现，采取严格控制负载量和严格疏花疏果措施，使每穗的果粒控制在 25～30 粒，使藤稔平均果粒重达 15g，最大粒重达 32g。疏果粒是保证葡萄果粒充分增大并稀密适度、整齐美观，提高品质的一项不可缺少的措施。

5. 果实套袋 套袋是生产优质鲜果的重要措施。葡萄通过套袋，果实着色均匀，还可以防止病虫和鸟类危害以及农药和尘埃污染，减少喷药次数，能明显提高葡萄品质。所用纸袋有两种，一是购买葡萄专用袋，二是自制报纸袋（19～27cm×27～38cm），从有利上色的角度，白色纸袋为好。套袋一般在坐果和疏粒后进行。葡萄套袋前应喷一次广谱性杀菌剂加杀虫剂（多菌灵、甲基托布津、溴氰菊酯、吡虫啉等）。有色品种应在成熟前 10～15d 去袋，如有鸟害可只撕去纸袋的下半部。对适光度好的纸袋和塑膜袋以及可在袋内着色良好的红色和黄色品种，不需提前去袋。

此外，还有采用给果穗戴一斗笠式帽（似帽子）的套袋方法，也有利于病虫害防治和防止农药污染。即用一张圆形或方形塑料薄膜或报纸，剪一条缝至中心点，然后把穗轴沿剪开的缝套进中心点，再用订书钉把边缘重叠钉住或用两个大头针别住即可。

【实训 3】

一、布置任务

葡萄的土肥水管理。

二、准备工具与材料

葡萄园、锄头、铁铲、肥料等。

三、开展活动

1. 土壤管理

（1）合理间作。幼龄葡萄果园，为充分利用行间空地，常常间种花生、豆类、蔬菜、草莓等作物。注意间种作物必须离植株 50cm 以外。

（2）中耕除草。葡萄园中耕经常在春季结合施萌芽肥，在秋季结合施采果肥进行，深度 15～20cm，生长季节用除草剂进行除草。葡萄园也可采用全园生草或行间、株间生草结合覆盖。选种黑麦草、紫花苜蓿、白三叶、毛叶苕子、三叶草等。多年生品种生草后每年收割 3～6 次进行覆盖，3～5 年后春季翻压，而后休闲 1～2 年，重新生草。

（3）覆盖。在夏季旱季来临前，用稻草、麦秸、玉米秸、豆秸等材料，全园或栽植行覆盖，覆草 15～20cm 厚，起到保湿降温作用。

2. 施肥 葡萄苗木定植当年，在生长季节内肥水管理要勤施薄施，用淡麸水、淡沼液、淡粪水加尿素、复合肥，每 10～15d 施 1 次水肥，7 月前以氮肥为主，7 月后适当控氮肥，改用复合肥或增加磷钾肥，促进花芽形成，每次每株用尿素或复合肥 20～50g。9～10 月结合深翻基肥。每 667m² 施入有机肥 2 000～3 000kg。

葡萄结果树根据产量、土质、树势确定施肥量，可参考每生产 1 000kg 葡萄，全年需施纯氮 5.6～7.8kg，磷 4.6～7.4kg，钾 7.4～8.9kg，其比例 1∶0.7∶1.5。一年施肥 5 次，以下经验施肥仅供参考。

（1）萌芽肥。葡萄萌芽前 10～15d，结合深翻畦面在植株周围进行土壤追肥，以促进萌发整齐。一般每 667m² 施尿素 10～15kg 或磷酸二铵 10～20kg。

（2）谢花肥。谢花后至幼果第一次膨大期（浆果黄豆大小时），需及时追一次速效肥，既促使果粒膨大，又可促进花芽分化。用氮、磷、钾配合施肥，可每 667m² 追施复合肥 30kg、硫酸钾 10～15kg，酌情追施适量氮肥 10～15kg。

（3）着色肥。浆果开始着色时进行追肥，以钾肥为主，一般不施氮肥，能提高果实糖度，促进着色和枝蔓成熟。每 667m² 追施硫酸钾 15kg 左右、过磷酸钙 15kg。

（4）采果肥。葡萄采果后 5～10d 内，每 667m² 施复合肥 30kg，尿素 10kg。

（5）基肥。采果后，落叶前，盛果期树每 667m² 施 2 000～3 000kg 厩肥（鸡粪、猪粪等畜禽粪）、堆肥等有机肥，其次配少量的微生物肥料（如根瘤菌、固氮菌、磷细菌、硅酸盐细菌、复合菌等）和硫酸钾、过磷酸钙、尿素及果树专用三元复合肥等。

3. 水分管理

（1）葡萄的需水特点。葡萄喜干燥，忌积水。各生育期对水分需求情况不同，以萌芽期、新梢旺盛生长期、果实迅速膨大期需水多，开花期、花芽分化、果实成熟期及休眠期需水较少。

（2）灌水与排水。葡萄前期田间土壤持水量在 60%～70%，后期浆果灌浆期田间土壤持水量保持在 50%～60%，若前期田间土壤持水量低于 60% 时，应及时灌水，若高于 70% 时要及时排水；后期浆果成熟期，若田间土壤持水量高于 60% 时，应及时排水。实行节水灌溉，如滴灌、微喷等灌水方法，忌用井水大量漫灌。在道路及果园小区四周田间地头开挖排水沟渠，以保证及时清沟沥水。

【教学建议】

1. 葡萄是一种蔓性植物，生产上必须搭架栽培，学生除了学习土肥水管理及树体管理等技术之外，棚架的设计、施工也是学习的重点内容之一。在教师的指导下，到当地葡萄园观察棚架的架式与搭建方法，有条件的要让学生亲自设计与施工，以加深印象与掌握该项技能。

2. 葡萄是南北均普遍栽培的果树，近几年来，南方葡萄发展快，但南方栽培技术与北方栽培技术相差较大，在具体学习时必须加以区分，灵活掌握。

【思考与练习】

1. 如何进行葡萄修剪。

2. 写出用葡萄果实套袋的活动报告。

模块十四　猕猴桃

◆ **模块摘要：** 本模块观察猕猴桃主要品种树体及果实的形态，识别不同的品种；观察猕猴桃的生物学特性，掌握主要生长结果习性以及对环境条件的要求；学习猕猴桃的施肥、水分管理、树体管理等主要生产技术。

◆ **核心技能：** 猕猴桃主要品种的识别；整形修剪技术；疏花与疏果技术；保花保果技术。

模块 14—1　主要种类品种识别与生物学特性观察

【目标任务】 熟悉生产上常见栽培品种的果实性状与栽培性状，识别当地栽培的主要品种，了解猕猴桃生物学特性的一般规律，为进行猕猴桃科学管理提供依据。

【相关知识】

猕猴桃又名阳桃、杨桃、仙桃、猴子桃和藤桃等。果实营养丰富，富含维生素 C 和多种矿质元素（维生素 C 含量高于柑橘 10 倍、苹果 20～80 倍），可鲜食，也可加工成果汁、果酒、果脯、果酱、罐头等产品，具有很高的保健和医疗价值，猕猴桃根、叶、茎、花、种子等所有器官都能入药。猕猴桃具有结果早、丰产性好、适应性强、病虫害少等特点，是一种前景广阔的新型水果。

一、主要优良品种

猕猴桃系猕猴桃科猕猴桃属植物，为多年生藤本果树，原产我国，栽培历史悠久。在全世界目前有 61 个种，其中 59 个种分布在我国。作为生产栽培的主要是中华猕猴桃、美味猕猴桃、毛花猕猴桃、软枣猕猴桃等，其中中华猕猴桃和美味猕猴桃最具栽培价值。

（一）主要种类

1. 中华猕猴桃　又名光阳桃，软毛猕猴桃，大型落叶藤本。冬芽被毛茸鳞片数枚，呈现裸露状。新梢黄绿色或微带红色，当年生枝、叶柄及叶背主脉和侧脉上均密生有极短的茸毛，幼枝被灰白茸毛，后期枝条上的毛脱落，近乎光滑。叶宽卵形到椭圆形，叶片厚，叶背黄绿色，密生星状毛。雌花直径 1.8～2.5cm，雄花直径 1.5～2.1cm，果实褐绿色、黄褐色，果肉黄绿色，上被有柔软茸毛或粗糙绒毛，毛易脱落。

2. 美味猕猴桃　又名毛阳桃、硬毛猕猴桃，大型落叶藤本。枝多被有黄褐色长硬毛，毛脱落后残迹显著。冬芽被长茸毛鳞片，常包埋于皮下，仅见小孔，半裸露或簇生长茸毛。叶宽卵形到倒卵形，叶柄有黄褐色长硬毛，叶面沿脉散生黄褐色硬毛，叶背具有白色或淡黄色星状毛，沿主脉具淡黄色长柔毛或硬毛。雌花较大，直径约 3.5cm，果肉翠绿色或黄绿色，果面密布黄褐色硬毛或近两端具硬毛，叶、花、果都较大。

3. 毛花猕猴桃　又名毛桃、毛阳桃、毛冬瓜。毛花猕猴桃是一种珍奇的野生藤本植物，有果中之王及超级水果之称，含有丰富的维生素 C，据分析测定，每 100g 鲜果中含 640～

925mg 维生素 C，相当于温州蜜柑的 26 倍多，为中华猕猴桃的 1.5～9.3 倍。老枝无毛，皮孔明显，幼枝密生银灰色柔毛。

4. 软枣狝猴桃　野生于东北、西北、华北、长江流域的山坡灌木丛或林内，抗寒性强。果实椭圆形，小而光滑，单果重 3～5g，最大可达 13g，可作为抗寒砧木。

（二）主要品种

1. 中华猕猴桃

（1）魁蜜。由江西省农业科学院园艺研究所选出。为中熟的鲜食、加工两用品种，果实 9 月中旬成熟，无采前落果现象，并可挂在树上到落叶前后采收。果实近圆形，果个大，果皮绿褐色或棕褐色，绒毛短、易脱落，平均单果重 92～110g，最大果重 232g；果肉黄色或绿黄色，质细多汁，酸甜味浓，具香气，每 100g 鲜果中含 120～148mg 维生素 C。该品种生长势中庸，坐果率高，早果，丰产，稳产，抗风，耐高温。果实常温下可贮存 20d，冷藏条件下可放 4 个月，贮藏性较好。本品种适宜于我国中南部地区栽培，可作为果汁加工基地的主栽品种。

（2）金丰。江西省农业科学院园艺研究所选出。为中晚熟的鲜食、加工两用品种，果实 9 月下旬成熟。果实椭圆形，整齐均匀，平均单果重 82～107g，最大果重 124g，果皮黄褐色，被有较多短绒毛，毛脱落后，果皮稍粗糙，果肉黄色，质细均匀可切片，多汁，出汁率 70%，味酸甜，有香气，每 100g 鲜果中含 103mg 维生素 C。该品种生长势强，以中、长果枝蔓结果为主，果枝蔓连续结果能力强，无生理落果和采前落果。抗风，耐高温干旱，但果实不耐贮藏，可作为加工基地主栽品种在我国中南部猕猴桃栽培区推广发展。

（3）早鲜。由江西省农业科学院园艺研究所选出，为早熟的鲜食、加工两用品种，8 月中下旬成熟。果实圆柱形，整齐美观，果皮绿褐色或灰褐色，密被绒毛，毛不易脱落，平均单果重 80g 左右，最大果重 132g，果肉绿黄色或黄色，酸甜多汁，味浓，有清香，每 100g 鲜果中含 75～100mg 维生素 C，常温下可保存 10～20d，冷藏条件下可放 4 个月，货架期 10d 左右。本品种生长势较强，早期以轻剪长放为主，以短果枝和短缩果枝结果为主，坐果率为 75%。其抗风、抗旱、抗涝性均较差，有采前落果现象，要及时采收。宜以调节市场和占领早期市场为目的，可小面积发展。

（4）庐山香。江西庐山植物园 1979 年从野生猕猴桃群体中选出的优株。果实近圆柱形，整齐均匀，果皮棕黄色，被有稀疏、容易脱落的短柔毛，果实外形美观，平均单果重 87.5g，最大果重 140g，纵径约 6.0cm，横径约 5.2cm，侧径约 5.0cm，果肉淡黄色，质细多汁，稍有香味，每 100g 鲜果中含 159～170mg 维生素 C，含糖 12.6%，含酸 1.48%，风味甜酸。果实在冷藏条件下能贮藏 4 个月，货架期约 5d。是适于加工果汁的品种。

2. 美味猕猴桃

（1）海尔德。新西兰品种。果实近椭圆形，整齐、美观，平均单果重 80g，最大单果重 150g。果皮绿褐色，被有褐色硬毛，果肉绿色，味道酸甜可口，有浓香味。可溶性同形物含量为 12%～17%，每 100g 鲜果含 50～76mg 维生素 C。该品种果形美，耐贮藏，但早熟性、丰产性差，有大小年现象。抗风性较差。树势生长旺，发枝力强，以长果枝结果为主，结果枝多着生在结果母枝的第 5～12 节。

（2）米良 1 号。吉首大学从自然群体中选育的品种。生长势旺，叶片大而厚，浓绿色。1 年生枝呈灰褐色，皮孔大。果实长圆柱形，果皮棕褐色，平均单果重 87g，最大单果重

160g。果肉黄绿色，汁多，有香味，酸甜可口。含可溶性固形物 15％，每 100g 鲜果含 188～207mg 维生素 C。常温下果实可贮藏 7～14d。该品种丰产，有轻度的大小年，抗旱性较强。果实 9 月中下旬成熟。

（3）金魁。湖北省果树茶叶研究所培育的品种。果实长圆柱形，平均单果重 100g 左右，果皮较粗糙，褐黄色，被棕褐色茸毛，毛易脱落，果肉绿色，汁液多，风味浓，甜酸可口，每 100g 鲜果含 l20～260mg 维生素 C，可溶性固形物含量为 20％。10 月中旬成熟。生长势和抗逆性均较强，对猕猴桃溃疡病抗性特强。是目前国内选出的最耐贮品种。

二、生长结果特性

1. 根　猕猴桃的根为肉质根，其主根不发达，侧根和细根多而密集。根系集中分布在地下 30～40cm 的土层内。在土质疏松、土层深厚、腐殖质含量高和土壤湿度适宜的园地，其水平根系分布可为地上冠径的 3～4 倍。春季根系开始活动后伤流较严重。

2. 枝蔓　猕猴桃是蔓性果树，其枝条根据性质和功能不同分为营养蔓、结果蔓和结果母蔓等。

（1）营养蔓。只长枝叶不能开花结实（雌株）或不能开花（雄株）的新梢，包括普通生长枝、徒长枝和细弱枝。普通生长枝健壮、充实，长 20～200cm，一般长 30～50cm 的普通生长枝容易形成结果母枝；徒长枝生长旺盛、枝条不充实，长 3～4m，不容易成为结果母枝；另外就是细弱枝，纤细而短，小于 20cm，多着生在树冠内堂，也不易成为结果母枝。

（2）结果蔓。着生花和果的新梢（雄株上称开花枝），可分为徒长性结果枝（100～150cm）、长果枝（50～100cm）、中果枝（30～50cm）、短果枝（10～30cm）和短缩果枝（<10cm）。

（3）结果母蔓。着生混合芽能够抽生结果枝的基枝（雄株上称开花母枝），是由上一年发育良好的生长枝或结果枝形成。

猕猴桃的枝条具有顺时针旋转缠绕性，当枝条生长到 80cm 左右，枝条先端缠绕在他物上，顺时针旋转缠绕生长。枝条一年有两次生长高峰，第一次从萌芽后至开花期，第二次在 7 月，9 月以后新梢生长又趋缓慢，除旺盛的副梢外，多数停止生长。

猕猴桃的芽为腋芽，每个叶腋间有 1～3 个芽，主芽较大且居中，副芽一般成潜伏芽，其寿命很长，有利于树冠更新。主芽分为叶芽和花芽，苗期和徒长枝上的芽是叶芽，瘦小，只抽枝长叶，而不结果；成年树上的多是混合芽，肥大饱满，既抽枝长叶，也能开花结果。已经开花或结果部位的叶腋不再生芽。

3. 花芽分化　猕猴桃花芽（混合芽）分化过程中，生理分化在 7 月中下旬至 9 月上旬，形态分化一般是在萌芽前至花蕾露白前进行。

4. 开花结果习性　猕猴桃为雌雄异株单性花，形态上雄花和雌花虽都是两性花，但生理上是单性花。其花芽为混合芽，芽体肥大饱满，萌发抽枝后，在新梢中下部的叶腋间形成花蕾，开花结果。雄株较雌株容易形成花枝，花枝较短且花的数量多。

三、对生态环境条件的要求

1. 温度　猕猴桃对寒冷特别敏感，大多数种类要求温暖湿润的环境。要求年平均气温 11.3～16.9℃，无霜期 160～270d。

2. 光照　属半阴树种，幼苗期喜阴，怕强光直射，育苗时需搭阴棚。成年树需充足的光照，但忌强光直射。

3. 水分　猕猴桃喜潮湿，不耐旱，也不耐涝。适宜在年降水量700～1 860mm、空气相对湿度74％～86％的环境下栽培。

4. 土壤　猕猴桃属浅根性树种，适宜于中性偏酸性的土壤上生长。在土层深厚肥沃、疏松透气、排水良好的砂质壤土中生长为好。

5. 风　风对猕猴桃的影响很大，春季干风常使枝叶干枯；夏季干热风会使叶缘焦枯凋萎；大风会使嫩芽受伤，或使枝条从基部折断，擦伤果实。因此，在多风地区栽培时注意设置防风林。

实　训　内　容

一、布置任务

识别猕猴桃品种，观察并记载其物候期：通过观察树冠整体特征及枝蔓、叶片、果实的特征，识别猕猴桃的品种，观察猕猴桃物候期。

二、材料准备

猕猴桃种植园，不同品种果实实物或标本，生产上主栽品种资料（品种介绍文字资料、图片、多媒体课件等），载果盘，卡尺，水果刀，折光仪，托盘天平，记载表，记录笔。

三、开展活动

1. 树体结构的观察

树性：观察藤本树性特征，雌雄异株。新梢顺时针缠绕生长。

枝蔓：观察枝蔓的颜色、节间长短，嫩梢茸毛有无、多少。

叶片：叶片大小、厚薄、形状、裂刻、颜色深浅、茸毛多少。

花：观察花或花序着生的位置，花、花序、花朵的形状。

2. 不同类型枝蔓及芽观察

枝蔓：识别主干、主蔓、侧蔓、结果母蔓、结果蔓、营养蔓。

芽：观察花芽、叶芽、主芽、副芽的形态，着生位置。

3. 种类品种特征的观察与认识

参照猕猴桃主要种类介绍，根据猕猴桃枝条、叶、果的观察，认识中华猕猴桃、美味猕猴桃、毛花猕猴桃、软枣猕猴桃种类及观察品种。

4. 品尝果实　包括外观品质与内质品评。

（1）观察果实形状。大小，纵径，横径，平均单果重；形状：圆形、长圆形、椭圆形、长椭圆形；

（2）观察果皮颜色。绿色，灰绿色，黄色、褐色等。

（3）解剖果实。用水果刀纵向、横向切开果实。

（4）观察果实内部结构与颜色。果肉厚度，果皮厚度，果肉颜色，种子大小。

（5）测定果实。使用手持式折光仪测量果实可溶性固形物。

（6）品尝果实。含纤维度，肉质，甜味，香味，异味。

5. 观察猕猴桃的物候期　把观察结果记录填入表 14－1。

表 14－1　猕猴桃物候期观察记载表

地点：　　　　　　　　　　　　　观察时间：　　年　　月　　日　　　　　　　记载人：

品种	伤流期	萌芽期	花序出现期	初花期	盛花期	终花期	枝梢开始成熟期	果实着色始期	果实成熟期	落叶始期	落叶终期	备注

【教学建议】生物学特性的观察可采取理实一体化教学方法，在相关知识的传授时可结合实训内容进行，如在品种识别时介绍主要品种。实训内容可分多次进行，其中品种识别一次完成，并结合利用图片及多媒体课件，加深学生对品种的认识。可结合果实成熟期在果园内对果树个体观察，叶片观察、树形观察、果实外观观察等一次性完成。

【思考与练习】全部观察项目完成后，写出观察分析报告。

模块 14－2　生产技术

【目标任务】掌握猕猴桃施肥技术，熟悉猕猴桃的整形修剪技术，学会猕猴桃的保花保果技术，学完本模块后达到能独立完成猕猴桃栽培管理的学习目标。

【相关知识】

一、育苗与建园

（一）育苗　猕猴桃生产上主要以嫁接育苗为主，也可采用扦插、压条育苗。

1. 嫁接　选用本砧，种子需要 30～100d 的层积处理，一般在 3～4 月播种。嫁接一般在早春萌芽前的 2～3 月进行，常用单芽枝腹接和单芽枝切接法，单芽枝切接法应以春季砧木树液尚未充分流动前 20～30d 进行为宜。单芽枝腹接或芽接春夏秋都可进行。

2. 扦插　扦插分为硬枝扦插、绿枝扦插和根插。硬枝扦插在落叶后或萌芽前均可进行，以早春 2 月结合修剪扦插为好；嫩枝扦插也叫绿枝扦插，一般在 6 月上旬至 9 月上中旬进行为宜；根插在 3 月下旬，挖根扦插，最好随挖随插。扦插有平插、斜插和直插，以斜插生根最好。

3. 压条　需要繁殖优良株系或补缺时，可采用压条方法。

（二）建园

猕猴桃适应性广，在平原或山地均可种植，建园时选择温暖湿润（年均气温在 12℃以上，极端最低温度不低于－16℃），雨量充沛（年降雨量在 1 000mm 以上，空气湿度不低于70%），水源充足，背风向阳的地方，以土层深厚，土质疏松肥沃、通透性好的沙壤土、壤土，有利于植株的生长发育。

1. 种植密度　依据环境条件及所采用的架式、品种特性确定种植密度。篱架栽培多采用株行距 3～3.5m×3～4m，"T"形小棚架栽培一般采用株行距 3.5～4m×4～

5m，水平大棚架栽培采用株行距 4～5m×5～6m。此外，土壤深厚肥沃要稀些，土壤瘠薄可密些；多雨潮湿地区宜稀，干旱少雨地区宜密；生长势强的品种要稀，长势中庸或弱的要密。

2. 品种选择和搭配 根据气候条件和市场需要，可选择果实品质优良且耐贮运、丰产稳产、抗逆性强的品种。大规模发展商品生产基地时，要考虑市场需求、品种成熟期搭配错开等问题，配置有早、中、晚熟品种，以免集中成熟上市，造成人力与销售、运输等的紧张。

猕猴桃为雌雄异株植物，雌株必须配置雄株授粉才能结果。因此，建园时，除了选好适应当地的优良雌株外，还必须同时配置与其相配的雄性授粉品种。选择配置的授粉品种原则为雄性品种和雌株品种花期一致，花期范围与雌性品种相同或宽于雌性品种，且授粉品种的花量大，花粉萌芽率高，两者亲和性好，授粉后能受精结实。雌雄配置比例可为 5～8∶1，在生产中较普遍使用的是 8∶1。

3. 定植 一般在落叶后至翌年萌芽前进行定植，根据定植季节分为秋植和春植，秋植在 10 的月中旬至 11 月中下旬，春栽在翌年 2～3 月。南方地区秋植为宜，此时定植的猕猴桃树，成活率高，且次年生长较旺。栽时舒展根系，覆土踏实，让根系与土壤接触紧密，并整成高出地面 20cm 的树盘，及时浇透水，立支柱保护。定植切忌过深，以嫁接口露出地面为宜，留 3～5 个饱满芽定干。定植后在苗的周围插上带叶的枝条覆盖遮阴。

二、整形修剪

（一）架式 猕猴桃通常采用的架式有 T 形架、棚架和篱架。

1. T 形架 T 形小棚架是在其直立的支柱上设置一横梁，构成一个形似 T 字的小支架，其架面也较大棚架小，故称 T 形小棚架。支架的材料，多采用水泥支架。横梁也可用6cm×6cm 的角铁或竹木架设。直立支柱的横截面通常为 10～12cm 见方，直立支架长一般为 2.4～2.8m，埋入土中 60～80cm，地上部分 1.8～2m，横梁长 1.5～1m，横梁上架设 3～5 道铅丝，铅丝多采用 8～10 号镀锌铅丝。T 形小棚架的建立沿栽植行向直立正中立柱，立柱间距 3～6m。该种架式是一种比较理想的架式，目前被世界各国广泛采用。但早期丰产性没有篱架好。

2. 棚架 水平大棚架即在每行支柱横向用 6cm×6cm 角钢横梁或粗钢丝连接，纵向（猕猴桃行向）每隔 50～60cm 架设 8～10 号镀锌铅丝。形成一个大网状结构，架面与地面平行，故称水平棚架。架面的大小因地形及地块的大小而定。该架式所采用的支柱长 2.4～2.8m，埋入土中 60～80cm，地面架高 1.8～2m，支柱材料一般采用水泥柱。支柱的横截面 10～12cm 见方，立柱间距 4～6m（图 14-1）。

3. 篱架 单壁篱架架面与地面垂

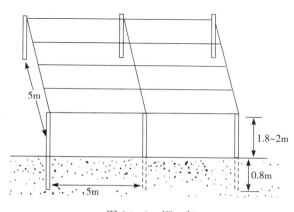

图 14-1 棚 架

（于泽源，2009）

直呈篱笆状，这种架式架材成本较低，适于密植，有利于早期丰产，管理方便。不足的是后期产量比棚架和篱棚架产量低，也不适宜美味猕猴桃品种栽培使用。篱架支柱材料最好选用水泥柱，经久耐用，不须再更换。水泥柱横截面积一般为10～12cm见方，长度2.4～2.6m，埋入土中60～80cm，立柱间距3～6m，地上部分1.8m，每隔60cm处留一小孔，用于穿铅丝，拉3道铅丝，铅丝多采用8～10号镀锌铅丝。也可因地制宜，就地取材，选用竹木做架材，在经济较困难的山区是比较可取的，待有经济效益后改用水泥支柱，缺点是竹木使用年限不长，再更换比较困难（图14-2）。

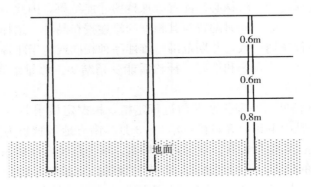

0.6m

0.6m

0.8m

地面

图14-2 篱 架

美味和毛花猕猴桃生长旺盛，多以中长枝结果，故采用T形架和棚架为宜。中华猕猴桃以中、短果枝结果为主，既可选用T形架和棚架，也可采用篱架。

（二）整形

1. 棚架整形 苗木萌芽后，选择一个生长强壮的枝作为主干，其旁立竹竿固定、引绑。待植株生长到架面时，在架下10～15cm处摘心，促发分枝，选留两个作为主蔓，分别引向架面两侧。在主蔓上每隔40～50cm留一结果母枝。下年结果母枝上每隔30cm均匀配备结果枝开花结果（图14-3）。

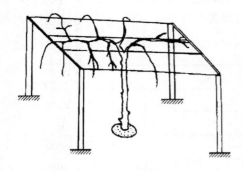

图14-3 棚架整形

（于泽源，《果树栽培》，2009）

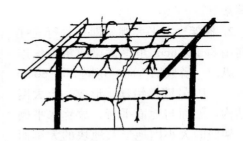

图14-4 T形架整形

（于泽源，《果树栽培》，2009）

2. T形架整形 T形架整形将猕猴桃栽植于两个立柱中央，选1个强壮的新梢作主干，使其直立生长到第一道铁丝，在第一道铁丝处培养3个枝蔓，将两个枝蔓引绑在第一道铁线上，呈水平状，作为第一层主蔓，余下的枝蔓继续生长至架面，培养第二层枝蔓。一般在每个主蔓间隔40～50cm留一侧蔓，直至枝蔓占满架面空间（图14-4）。

3. 篱架整形 篱架常用单干双臂整形方法。定植时在每棵幼树旁用2m左右的竹竿插作支架，第二年春每一幼树选一强壮新梢绑于竹竿上培养主干，长至篱架铁丝上，在铁丝下10~15cm处剪截，促发分枝。选留两枝梢向铁丝两边绑缚培养主枝，则成单干双臂单层水平形。从主干上再选枝梢让其向上生长，于第二道铁丝下短截，培养两个枝梢向铁丝两边绑缚而成单干双臂双层水平形（图14-5），在左右水平方向上的枝条就是主蔓，在主蔓上每隔30~40cm培养侧蔓，侧蔓向铁丝架两边下垂。通过修剪，使第一、二层4个主蔓上生长的侧蔓及结果母枝着生方向相互错开，均匀占据架面空间。单干双臂三层水平形的整形过程与上述双层双臂水平形修剪方式基本相同，只是在第三道铁丝上，再多培养一层枝蔓（图14-6）。

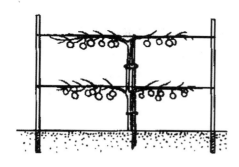

图14-5 单干双臂双层水平形

（马俊，《果树生产技术》，2009）

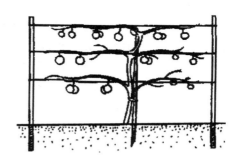

图14-6 单干双臂三层水平形

（马俊，《果树生产技术》，2009）

（三）修剪技术要点

1. 夏季修剪 猕猴桃进行夏季修剪对调节营养生长和生殖生长的矛盾、提高产量和质量至关重要，夏剪的主要措施有：

（1）除萌、抹芽。春夏芽萌发时进行，除去根基部的萌蘖，主干、主蔓以及大剪口下的萌蘖，对结果母枝上的双生、三生芽只保留1个，枝条背部的徒长芽也要去除。

（2）摘心。结果枝及生长枝要进行摘心。摘除生长旺盛新梢（结果枝和发育枝）的先端幼嫩部分，促进下部新梢生长充实，在开花前7~10d，对生长旺盛的结果枝从结果部位以上7~8叶处摘心，生长较弱的结果枝不摘心，徒长枝如作预备枝或更新枝留4~6叶摘心，发育枝约留12叶摘心，摘心以后只保留1个副梢，待其长出2~3叶后再反复摘心。

（3）短截、疏枝。疏除过多的发育枝、细弱的结果枝及病虫枝。疏枝的原则是结果母枝上10~15cm保留一个新梢，每平方米架面保留10~15个分布均匀的壮枝。对生长过旺而没有及时摘心的新梢及交叉枝、缠绕枝要进行短截。交叉枝、缠绕枝剪到交缠处，下垂枝截至离地面50cm处，新梢截留的长度与摘心标准一致。

（4）绑蔓。生长季节要及时多次进行绑蔓，引缚新梢至合理的地方，使枝条在架面上分布均匀。

2. 冬季修剪 在冬季落叶后至伤流期之前进行。主要内容包括结果母枝的选择和剪留长度、枝蔓更新和徒长枝的处理3个方面。

（1）结果母枝修剪。猕猴桃达到结果年龄的植株，除主干、主侧枝基部萌发的徒长枝外，几乎所有的当年新梢都能形成花芽，成为第二年的结果母枝。普通营养枝和中、长果枝，生长势中庸，枝条充实，芽饱满，宜留作结果母枝；生长过旺枝或过弱、短果枝不宜

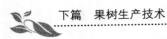

留作结果母枝。修剪时枝条剪留长度为：中华猕猴桃品种，营养枝留 6～10 个饱满芽，长果枝留 4～6 个芽，中果枝留 2～4 个饱满芽，结果母枝的枝间距保持在 30cm 左右；美味猕猴桃品种，营养枝留 10～15 个芽，长果枝留 6～10 个芽，中果枝留 4～6 个芽，结果母枝枝间距应在 40cm 左右。

（2）徒长枝处理。一是在多数情况下，对无利用价值的从基部疏除；二是剪留 4～8 个芽，使其抽生 3～5 个生长充实的营养枝，培养成结果母枝；三是剪留 2～3 个芽，促使翌年抽生 1～2 个生长强梢作侧枝更新。

（3）枝蔓更新。分为结果母枝更新和多年生枝蔓更新。对已衰老的或连续结果 2～3 年的结果母枝进行更新时，若结果母枝的基部有生长充实健壮的结果枝或营养枝时，可将结果母枝回缩到健壮部位，以防结果部位外移；若结果母枝生长过弱或其上分枝过高时，应从基部潜伏芽处删除，促使潜伏芽萌发，再培养结果母枝。多年生枝蔓更新的方法是从衰老的枝蔓基部将其疏除，利用潜伏芽萌发的新梢重新培养结果枝蔓。更新要注意逐年进行，侧枝更新量每年控制在 4%～5%。篱架整形时，枝蔓更新比较频繁，应采用双枝更新法。

冬剪时，还应剪除枯枝、病虫枝、纤细枝，理清缠绕枝，还要注意因为猕猴桃髓部中空，剪口易枯干，为保护剪口芽，剪口应距剪口芽 2cm 左右。

3. 雄株修剪　雄株与雌株的整形基本相同。雄株在 5～6 月花后进行修剪，短截过长枝条，疏除过密枝条，每株留 3～4 个枝，每条枝留芽 4～6 个，当新梢长 1m 时摘心。冬季一般修剪较轻，这样就能保证雄株开花量大，提供大量花粉。冬剪只疏除细弱的枯死枝、缠绕枝、交叉枝及萌蘖徒长枝，保留所有生长充实的枝条，必要时对其短截、回缩或疏除多年生老枝。

三、保花保果和疏花疏果

1. 控梢保果　对结果枝可在结果部位以上，留 7～8 芽摘心，不足 7～8 芽而自枯封顶的，可不必剪截；对徒长性发育枝或结果枝摘心后，经 15d 左右，其顶端又可萌发二次枝，对二次枝可留 3～4 叶摘心；二次枝摘心后，还可萌发三次枝，三次枝可留 2～3 叶摘心；8 月中旬以后，可不必再行摘心。

2. 疏花疏果　对于成花容易，花量大，花序为主的雌性品种，为了减少坐果期疏果的工作量，可在蕾期（能分辨侧花蕾时）疏除小的侧花蕾和过密的小主花蕾，有利于主花蕾的生长发育。在授粉正常的情况下，猕猴桃坐果率高，基本上没有生理落果现象，坐果量大，所以必须重视疏果。疏果时期在坐果 2 周内进行，疏除畸形果、小果、病虫果及侧花果，保留由主花发育而成、外形端正、形体大的果实，一般强壮果枝留果 5～6 个，中果枝留 3～4 个，短果枝留 1～2 个，弱果枝不留。

3. 授粉　猕猴桃属雌雄异株果树，因此栽培中需配置一定比例的雄株，且要求雌雄品种的花期相遇。猕猴桃靠昆虫或风传粉，只要花期天气晴朗，无连绵阴雨，则坐果率可达 95%，为提高授粉受精率，还可用果园放蜂和手工授粉等辅助措施。特别是在阴雨天需要采用人工授粉来提高授粉受精率，花期可喷 2%～3% 的蔗糖溶液吸引昆虫，有利于授粉。

（1）果园放蜂。在猕猴桃花期有 10%～20% 的花开放后，每公顷果园放 8 箱蜜蜂。

（2）人工授粉。若遇阴雨天气，昆虫活动减弱时，可进行人工辅助授粉。方法是：摘取开放的雄花涂抹刚开放的雌花柱头，或采集花粉用毛笔、海绵等点授，或随配花粉液用手持喷雾器对花喷射。

四、土、肥、水管理

（一）土壤管理

1. 深翻改土 在秋季结合施基肥进行深翻改土，对于挖定植穴栽植的园地，栽后每年从原来的定植穴向外扩穴，挖深度为 60～80cm、宽 50cm 以上的条状沟，底层填入绿肥，上撒适量石灰，熟土与家畜粪、饼肥等有机肥混匀后填在根系集中层，每株施用有机肥50～75kg，扩穴需逐年进行，3～4 年内完成全园深翻改土工作。对于壕沟栽种的园地，可采用挖壕沟改土的方法，即在果园行间以原定植沟向外挖壕沟，深度与扩穴一样，宽度可根据劳力而定，壕沟内同样需要施入肥料。

2. 果园间作 果园种植绿肥有利于培肥地力。绿肥按季节分为冬季绿肥和夏季绿肥。冬季绿肥于秋季播种，春季压入土中，主要是满园花、红花草、萝卜等；夏季绿肥于春季播种，夏季翻压或多次刈割覆盖于地表，主要是豆科作物、三叶草、黑麦草等。幼年果园光照充足时，也可间种西瓜、蔬菜等经济作物，以增加前期经济收入。

3. 中耕与除草 幼树果园，杂草容易生长，与猕猴桃根系争夺肥水，因此，要及时清除树行带或树盘（直径 1m 以上）杂草。一般在 4～9 月为杂草生长旺季，当杂草长到 10cm 左右时进行中耕除草，深度为 6～10cm，树盘周围要浅耕，以不伤根系为准，一般一年耕 4～5 次，利于保墒。成年树果园和密植园，由于根系布满全园，一般进行春耕和秋耕，每年进行一次全园耕翻，深 20～30cm，把待施的有机肥、速效肥撒施在树盘周围，再进行耕翻，树干附近宜浅翻，以避免伤根。除草时可选用化学除草剂，但注意防止产生药害。

4. 树盘覆盖 在干旱季节来临之前灌透一次水（或一次大雨之后），利用稻草、山青、秸秆、谷壳等材料覆盖树盘或全园，一般幼年园对树盘或种植行进行覆盖，成年园采用全园覆盖，覆草厚度以 15～20cm 为宜。通过树盘覆盖调节土壤的温湿度，使土壤保持疏松湿润，防止杂草滋生，冬春季节可以提高土温，夏秋季节可降低土温，有利于根系的生长。

（二）施肥

1. 基肥 一般提倡秋施基肥，采果后早施比较有利，以厩肥、鸡粪、猪粪等为主。幼树期由于根系分布范围较小，采用环状与条沟状施肥，深度 60～80cm。成年树或密植园因根系已布满全园，故采取树盘或全园撒施，将有机肥和化肥全园撒施后，再耕翻全园。经验施肥每株幼树施有机肥 50kg，加过磷酸钙和硫酸钾各 0.25kg，成年树进入盛果期，每株施厩肥 50～75kg，加过磷酸钙 1kg 和硫酸钾 0.5kg。

2. 追肥 幼树追肥采用少量多次的方法，一般从萌芽前后开始到 7 月份，每月施尿素 0.2～0.3kg，氯化钾 0.1～0.2kg，过磷酸钙 0.2～0.25kg；盛果期树，按有效成分计一般每公顷施纯氮 168～225kg，磷 45～52.5kg，钾 78～85.5kg。一般分 3 次进行，3 月上旬发芽前施入催梢肥；花后施入促果肥；在 6 月下旬全 7 月上旬果实开始迅速膨大时施壮果肥。追肥方法以灌溉方式而定，喷灌、滴灌可将肥料溶入水中，随水施入；漫灌、沟灌可在树盘内沟施、穴施或撒施。

（三）水分管理 猕猴桃性喜湿润而怕干旱。根为肉质根，耐涝性差，对土壤缺氧反应非常敏感，所以要加强果园的排灌工作。

1. 排水 雨季（4～7 月）及时开沟排水，要求在土层深度 50cm 以上无积水现象。平地果园多采用高垄栽培，园内要有围沟、横沟及竖沟，每隔 1～2 行要有一条水沟，使整个果园沟沟相通，且围沟、横沟及竖沟要深于每行的排水沟，便于排水。山地果园必须有环山沟渠，防止山水进园，同时每一梯均要有排水沟，且各排水沟均应相通，既便于雨季排水，又便于旱季蓄水灌溉。

2. 灌溉　猕猴桃需水量大，干旱季节（7～9 月）应及时灌溉，连续高温干旱时，每隔 5d 左右灌水 1 次。灌溉方法主要有地面灌溉（沟灌、穴灌、树盘灌）、喷灌和滴灌等。

实 训 内 容

一、布置任务

猕猴桃、葡萄栽培技术比较调查。

二、材料准备

猕猴桃、葡萄生产园，皮尺、枝剪、锄头、铲、记载工具等。

三、开展活动

1. 猕猴桃、葡萄栽培架式观察比较。
2. 猕猴桃、葡萄施肥时期观察比较。
3. 猕猴桃、葡萄修剪技术观察比较。

【教学建议】

1. 猕猴桃、葡萄栽培在形式上有相同之处，但又各有特点，在进行两种果树的学习时，既要互相联系掌握其共同点，又要相互比较掌握各自的特点。

2. 猕猴桃、葡萄的品种都非常丰富，品种间的差异较大，在栽培技术上也有较大的差异，具体有生产实践要充分了解不同品种的特点，根据不同品种有针对性地采取切合实际的栽培技术。

【思考与练习】

1. 写猕猴桃、葡萄栽培架式，观察比较分析报告。
2. 猕猴桃如何搭配授粉树？

模块十五　桃

◆ **模块摘要**：本模块观察桃主要品种树冠及果实的形态，识别不同的品种；观察桃的生物学特性，掌握主要生长结果习性以及对环境条件的要求；学习桃的土肥水管理技术、疏果与套袋技术、幼树整形技术、成年桃树的修剪技术等。

◆ **核心技能**：桃主要品种的识别；疏果与套袋技术、幼树整形技术、成年桃树的修剪技术。

模块 15−1　主要种类品种识别与生物学特性观察

【**目标任务**】熟悉桃树生产上常见的栽培品种的果实性状与栽培性状，识别当地栽培的主要品种，了解桃的生物学特性的一般规律，为桃树丰产栽培提供科学依据。

【**相关知识**】

一、主要种类

桃为蔷薇科桃属果树。桃属主要有普通桃、山桃、光核桃、甘肃桃、新疆桃 5 个种类，根据地理分布、果实形状又可分为南方品种群、北方品种群、黄肉品种群、蟠桃品种群、油桃品种群，南方品种群又分为水蜜桃与硬肉桃两类。

1. 普通桃　果实略呈圆球形，表面有茸毛，栽培品种多属之，亦作砧木用。包括蟠桃、油桃、寿星桃 3 个变种。

2. 山桃　中国北方及四川有野生，果小，砧木用。

3. 光核桃　野生于西藏及四川等地，果实近球形，果扁而光滑。

4. 甘肃桃　落叶乔木或灌木，高至 6m，冬芽无毛，3 个并生。叶狭椭圆披针形，长 7～12cm，宽 1.5～3.5cm，中部以下最宽，先端渐尖，基部宽阔楔形，缘具紧贴的细齿，表面黄绿色，背面粉绿色，叶柄长 3～8mm。花单生，白色，直径约 2cm，萼筒钟状，紫红色，萼裂片狭卵形，外被绒毛，花瓣卵形，白色或初期淡粉红色，长 1.2～1.4cm，雄蕊 25～30 枚，长 5～10mm，花柱中部以下具柔毛。果实近球形，直径 2.5cm，被短毛，肉质。核微扁，长 2cm，具短尖，表面有细沟纹，但无孔穴。花期 4 月，果期 7～8 月。

5. 新疆桃　乔木，高达 8m；枝条红褐色，有光泽，无毛，具多数皮孔；冬芽 2～3 个簇生于叶腋，被短柔毛。叶片披针形，长 7～15cm，宽 2～3cm，先端渐尖，基部宽楔形至圆形，上面无毛，下面在脉腋间具稀疏柔毛，叶边锯齿顶端有小腺体，侧脉约 12～14 对，离开主脉后即弧形上升，直达叶缘，在叶边逐渐相互接近，但不彼此结合，网脉不明显，柄粗壮，长 5～20mm，具 2～8 腺体。花单生，直径 3～4cm，先于叶开放；花梗很短；萼筒钟形，外面绿色而具浅红色斑点；萼片卵形或卵状长圆形，外被短柔毛；花瓣近圆形至长圆形，直径 15～17mm，粉红色；雄蕊多数，几与雌蕊等长；子房被短柔毛。果实扁圆形或近圆形，长 3.5～6cm，外被短柔毛，极稀无毛，绿白色，稀金黄色，有时具浅红色晕；果肉多汁，酸甜，有香味，离核，成熟时不开裂；核球形、扁球形或宽椭圆形，长 1.7～3.5cm，两侧扁平，顶端圆长渐尖，基部近契形，表面具纵向平行沟纹和极稀疏的小孔穴；种仁味苦或微甜。花期 3～4 月，果期 8 月。

二、主要品种

1. 富岛桃王　9 月 15 日成熟，果实圆形，果个特大，平均单果重 410g，最大 580g，外观鲜红色，硬溶质，味香甜，果肉硬度大，在树上挂果时间长，收获期长，耐贮运，是供应中秋、国庆两节的桃中珍品。

2. 白凤　树势中等，树冠较开张，枝条密生。果圆形，顶微凹，重 100～120g，果皮黄白色，沿缝合线有浅红色条斑。果肉白色，柔软多汁易消融，味甜具香气，黏核，7 月上中旬成熟，丰产。

3. 大久保　树势中等，以中长果枝结果为主，抗冻力较强，生理落果少，2 年生树即可结果，果型大，平均单果重 165g，果近圆形，果顶平，中央稍凹，果皮底色淡绿黄色，阳面有点状鲜红晕及条纹；果肉乳白色，近核处有红色；多汁，味香甜，离核，耐贮运，品质上等。7 月上中旬成熟，为中熟品种。

4. 重阳红　树势强，半开张，各类枝易成花，丰产。平均单果重 400g，最大果重 850g。果肉脆、甜，含糖 13.9%，离核。极耐贮运，常温条件下可贮存 15d 左右。果面鲜红至深红，有条纹，茸毛短而少。成熟期 8 月底至 9 月初。

5. 庆丰　果实椭圆形，果顶圆，幼果期常有尖凸，缝合线浅，两侧较对称，果形整齐；果皮底色黄绿色，阳面有红至深红色细点或晕条，绒毛中等，果皮易剥离。果肉乳白色或淡绿色，近核处淡绿，肉质柔软，纤维少，汁液多；风味甜，近核处微酸；半离核，含可溶性固形物 9%，可溶性糖 8.37%。

6. 中油桃　树势中庸，树姿开张，萌发力及成枝力中等，各类果枝均能结果，以中短果枝结果为主。铃形花，花粉量多，极丰产。果实短椭圆形，平均单果重 148g，最大单果重 206g。果顶圆，微凹，缝合线浅，果皮底色黄，全面着鲜红色，艳丽美观。果肉橙黄色，硬溶质，肉质较细。风味浓甜，香气浓郁。可溶性固形物 14%～16%，品质特优。黏核。郑州地区 3 月中旬萌芽，4 月初开花，6 月中旬果实成熟，果实发育期 74d 左右。

三、生长结果特性

1. 树种特性　桃为小乔木，是一个典型的喜光树种。生长迅速，3 年成形，经济年龄一般为 10～15 年。桃以中长果枝结果为主。桃树枝条生长量大，发枝多，常引起树冠密闭，可采用抹芽摘心的方法加以控制。

2. 根系　桃树根系较浅，其分布的浓度、广度，受砧木、品种、栽培密度、地下水位高低等因素的影响。一般地下水位高，土壤黏重，经过移植的桃树根系较浅，反之，则分布较深。桃树根系的垂直分布一般在 1m 以内的土层，水平扩展大体与树冠一致或稍广。

桃树根系的需氧量高，正常生长要求土壤空气含量达 10% 以上，新根的生长要求 5%，如在 2% 以下则根显著转细而枯死。因此，在通气良好的土壤里桃的根系特别发达，即使在 1m 以下深土层中，只要通气良好，根系可照样生长。此外，桃的根耐水性极弱，是落叶果树中最不耐水的树种之一，排水不良，含氧不足的土壤，根呼吸受阻，易变黑腐烂。

桃树的根系在年生长周期中没有明显的休眠期，只要条件适宜均可生长。一般在早春萌芽前60～70d，地温在4～5℃时就开始活动，其生长的适宜温度为15～20℃，30℃以上则发育不良。根系的生长周期中有两个生长高峰，在南京地区，第一个高峰在2～7月上、中旬；第二个高峰在10月上、中旬至11月底。

3. 枝条　桃为落叶性小乔木。根系属浅根性，生长迅速，伤后恢复能力强。桃芽具有早熟性，萌发力强，在主梢迅速生长的同时，其上侧芽能相继萌发抽生二次梢、三次梢。但在二、三次梢上，无芽的盲节很多。桃的成枝力也较强，且分枝角常较大，故干性弱，层性不明显，中心主干易早期自然消失。不同品种间分枝角度不同，形成开张、半开张和较直立的不同树姿。隐芽少而寿命短，其自然更新能力常不如其他树种。

桃花芽容易形成，进入结果期早。树冠中长、中、短各类枝条均易成为结果枝。花芽为纯花芽，在枝上侧生，每一芽内1花。顶芽为叶芽。同一节上着生2芽以上的称复芽，通常为花芽与叶芽并生。南方品种群中的水蜜桃系和蟠桃系中，长果枝上多复花芽。结果枝可分为长果枝、中果枝、短果枝和花束状果枝几种。

4. 花芽分化

（1）分化过程和时期。同其他温带落叶果树一样，桃花芽发育共分4个阶段，即生理分化期、形态分化期、休眠期和性细胞形成期。

生理分化期在形态分化前5～10d，芽内蛋白质态氮的比率显著增加时，与新梢缓慢生长期时间相符。形态分化期又分为花芽分化始期、萼片分化期、花瓣分化期、雄蕊分化期和雌蕊分化期5个时期。花芽分化到秋季，形成柱头和子房、四轮雄蕊、花药和花粉母细胞后，进入休眠期，时间一般在12月至翌年1月。第二年早春，当气温上升到0℃以上时，开始减数分裂。据山东农业大学观察，花粉母细胞减数分裂时期约距开花40d，为2月下旬至3月上旬，花芽的外部标志为鳞片松动，但看不出明显伸长。河南郑州早生水蜜桃2月上、中旬花粉母细胞开始减数分裂，3月上旬单核花粉粒与胚珠形成，3月下旬开花。在性细胞形成期，芽对营养和环境变化很敏感，易出现性器官退化或冻害现象。开花前单核花粉粒与胚珠形成。

桃花芽分化期，主要集中在7～9月。花芽形成的全过程需8～9个月。

（2）影响因素。桃花芽分化与新梢生长的节奏有关，桃花芽分化的两个集中分化期，即6月中旬和8月上旬，与新梢两次缓慢生长期相一致。短果枝花芽分化期早，但各花器分化过程延续时间较长；长果枝开始分化稍晚，但其分化速度较快；徒长性果枝、副梢果枝花芽分化最晚。成年树比幼年树花芽分化早。山坡地比平地分化早。

花芽分化前施氮肥与磷肥有利于花芽分化。夏季修剪在调节新梢生长与改善光照的同时，也提前了花芽分化的时间。保护地生产改变花芽分化的进程。

5. 开花

（1）种类。桃花为子房上位周位花。按花的组成，分为完全花和不完全花。多数品种为完全花。有的品种只有正常的雌蕊，雄蕊败育，称为雌性花。雌能花品种栽植时应配置授粉树，如深州水蜜、五月鲜、仓方早生等。也有的品种一部分花雌蕊败育，如雌蕊很短或无雌蕊或呈褐色。桃花为虫媒花。

（2）开花。花芽膨大后，经过露萼期、露瓣期、初花期到盛花期。当天开的花，花瓣浅红色，花丝浅绿白色，随后逐渐变为桃红色，花丝聚拢，花瓣脱落。部分油桃品种花瓣颜色较深。谢花后，萼筒自花盘交界处形成离层，陆续脱落。萼筒离层形成的时期较集中、一致，可作为落萼物候期的标志。

桃开花期平均气温约在 10℃ 以上，适温为 12～14℃。同一品种开花期延续时间，快则 3～4d，慢则 7～10d，遇干热风仅 2～3d。所以开花期与温度密切相关。

（3）授粉受精。桃是自花授粉结实率较高的树种，但自花授粉结实品种进行异花授粉可提高坐果率，而雌能花品种必须配置授粉树。所以，一般果园以互配授粉树为好。桃有闭花授粉现象。雌蕊柱头保持授粉能力时间一般为 4～5d。从授粉到受精所需要的时间，如北京大久保为 1 周，日本报道桃受精在花后 10～14d 内完成。

6. 果实发育　桃果实生长曲线属双 S 形。发育阶段的特点如下：①第一次迅速生长期：授粉受精后，子房开始膨大，至嫩脆的白色果核自核尖呈现浅黄色，果核木质化开始，即是果实第一次迅速生长结束的标志。此期果实体积、重量均迅速增长。果肉细胞分裂可持续到花后 3～4 周才趋缓慢，其持续时间大约为果实生长总日数的 20%。本期内桃的胚乳处于游离核时期。桃的受精卵经过短期休眠，发育成胚。②生长缓慢期：或称硬核期。此期果实体积增长缓慢，果核长到该品种固有大小，并达到一定硬度，果实再次出现迅速生长而告结束。这时期持续时间各品种之间差异很大，早熟品种经 1～2 周，中熟品种 4～5 周，晚熟品种持续 6～7 周。此期内胚迅速发育，由心形胚转向鱼雷胚、子叶胚；至本期末，肥大的子叶已基本填满整个胚珠。胚乳在其发育的同时，逐渐被消化吸收，而成为无胚乳的种子。珠心组织也同时被消化。③第二次迅速生长期：果实厚度显著增加。果面丰满，底色明显改变并出现品种固有的彩色，果实硬度下降，并富有一定弹性，即为果实进入成熟期标志。此时期果实重量的增加占总果重的 50%～70%，增长最快时期在采前 2～3 周。种皮逐渐变褐，种仁干重迅速增长。此期持续时间的长短，品种间变化很大。桃果实的生长与核、胚的生长有密切关系。果实有两个生长高峰，果实缓慢生长期出现在种子生长的高峰。当胚生长停顿时，果实进入第二次迅速生长期。

四、对环境条件的要求

1. 温度　桃树为喜温树种。一般南方品种以 12～17℃、北方品种以 8～14℃ 的年平均温度为适宜。地上部发育的温度为 18～23℃，新梢生长的适温为 25℃ 左右。花期 20～25℃，果实成熟期 25℃ 左右。桃树在冬季需要一定的低温才能完成自然休眠，实现正常开花结果。通常以 7.2℃ 以下的小时数（称为需冷量）计算，桃树的需冷量因品种不同而差异很大，一般在 600～1 200h 之间。

桃在休眠期对低温的耐受力较强，一般品种在 −22～−25℃ 时才发生冻害，有些品种甚至能耐 −30℃ 的低温。但处于不同发育阶段的同一器官，其抵抗低温的能力也不一样。花芽在自然休眠期对低温的抵抗能力最强，萌动后的花蕾在 −1.7～−6.6℃ 受冻害，花期和幼果期受冻温度分别为 −1～−2℃ 和 −1.1℃。

桃的果实成熟以温度高而干旱的气候对提高果实品质有利。

2. 光照　桃的原产地海拔高，光照强，形成了喜光的特性。其表现为干性弱，树冠小而稀疏，叶片狭长。桃树对光反应敏感，光照不良同化作用产物明显减少。据试验，树内光透过率低于 40% 时光合产物非常低下。光照不足枝叶徒长而虚弱，花芽分化少，质量差，落花落果严重，果实着色少，果实品质差，小枝易于死亡，树冠内部易于秃裸。因此，栽培上必须合理密植，采用开心形，进行生长季修剪，以创造通风透光的条件。

3. 水分　桃原产于大陆性的高原地带，耐干旱，雨量过多，易使枝叶徒长，花芽分化质量差，数量少，果实着色不良，风味淡，品质下降，不耐贮藏。各品种群由于长期在不同气候条件下形成了对水分的不同要求，南方品种群耐湿润气候，在南方表现良好，北方品种群在南方栽培易引起徒长，花芽少，结果差，品质低。因此在选用栽培品种时，应注意种群的类型，以避免在生产中带来麻烦。

桃虽喜干燥，但在春季生长期中，特别是在硬核初期及新梢迅速生长期遇干旱缺水，则会影响枝梢与果实的生长发育，并导致严重落果。果实膨大期干旱缺水，会引起新陈代谢作用降低，细胞肥大生长受到抑制，同时叶片的同化作用也受到影响，减少营养的累积。南方雨水较多，早熟品种一般不会缺水，晚熟品种果实膨大时，正处于盛夏干旱时期，叶片的蒸腾量也大，因此，应视实际进行适当的灌水，以促进果实膨大。

桃树花期不宜多雨，南方地区有时在桃开花期遇连续阴雨天气，致使当年严重减产，桃树属极不耐涝树种，土壤积水后易死亡。

4. 土壤　桃树较耐干旱，忌湿怕涝。根系好氧性强，适宜于土质疏松，排水通畅，地下水位较低的砂质壤土。黏重土或过于肥沃的土壤上易徒长，易罹流胶病和颈腐病。在土壤黏重湿度过大时，由于根的呼吸不畅常造成根死树亡现象。

桃树对土壤的 pH 适应性较广，一般微酸或微碱土中都能栽培，pH 在 4.5 以下和 7.5 以上时生长不良。盐碱地含盐量超过 0.28％桃树生长不良，植株易缺铁失绿，患黄叶病。在黏重的土壤或盐碱地栽培，应选用抗性强的砧木。

实　训　内　容

一、布置任务

通过本实习，要求掌握桃树物候期的观察方法，观察识别桃的主要种类品种各物候期。根据桃的叶片、果实的特征识别桃的品种。

二、材料准备

材料：选择当地栽培桃的主要树种及其主要品种的结果树进行观察。
用具：记载表格。

三、开展活动

（一）桃的各物候期的观察
花芽膨大期：春季花芽开始膨大，鳞片开始松包。
露萼期：花萼由鳞片顶端露出。
露瓣期：花瓣由花萼中露出。
初花期：全树 5％的花开放。
盛花期：全树 25％的花开放为盛花始期，50％的花开放为盛花期，75％的花开放为盛花末期。

谢花期：全树有 5％的花的花瓣脱落为谢花始期，95％以上的花的花瓣脱落为谢花终期。

落花期：指未授粉受精的花枯萎脱落的开始至终止期。

生理落果期：落花后，已经开始发育的幼果，中途萎蔫变黄脱落的时期。此期可分别记载落果开始和终止时期。

硬核期：通过对果实的解剖，记载从果核开始硬化（内果皮由白色开始变黄，变硬，口嚼有木渣）到完全硬化。

果实成熟期：全树大部分果实成熟。

叶芽展叶期：叶芽新梢基部第一叶片展开，以中、短枝顶芽萌发的新梢为准。

新梢生长始期：新梢叶片分离，出现第一个长节。

副梢生长期：一次梢上副梢叶片分离，节间开始伸长。

新梢生长终期：最后一批新梢形成顶芽。

叶片变色期：秋末正常生长的植株，叶片变黄或变红。

落叶期：秋末全树 5％的叶片正常脱落为落叶始期，95％以上的叶片脱落为落叶终期。

（二）桃品种的观察

1. 植株观察

树冠：树势强弱，树姿。

枝条：一年生枝颜色、软硬，茸毛有无、多少。副梢萌发能力强弱，主要结果枝类型，二次枝的结果能力。

芽：花芽、叶芽的形状、颜色，花、叶芽在叶腋内的排列形式。

叶：形状，颜色。

花：蜜盘颜色，花粉多少。

2. 果实观察

果重、大小：平均单果重，果实纵径、横径。

形状：长圆、圆形、扁圆。

果顶：凸出、圆平、凹入。

缝合线：深、浅，显著、不显著。

果皮：颜色，茸毛有无、多少，剥离难易。

果肉：颜色，果核附近有无红丝。

肉质：粗、细，汁多少。

风味：酸、甜酸、甜，香味浓、淡，可溶性固形物所占百分比。

果核：形状，核黏离程度。

【**教学建议**】实习前根据当地栽培桃的主要品种，确定观察树种及其观察的项目。主要树种可选 2～3 个代表性品种，作较详细的观察；次要树种，可选主要项目观察，如萌芽期、开花期、果实成熟期、落叶期等。主要果树可多观察一些品种，每品种只观察萌芽期、开花期、果实成熟期；某一物候期作详细观察时，可分为几个分期，如开花期可分为初花期、盛花期、末花期等，如作简要观察，可以始期（初花期）作为开花期记载；实习应在春季发芽前布置和讲解观察的项目和标准。具体的观察应利用课余时间进行；如观察的树种、品种较多，可以分组分人进行观察。每人以不超过 2～3 个树种，每品种选定 2～3 株为宜，并做好标记，注明品种名称，以便于观察。观察前要印制好观察记载表格；观察的次数，一般萌芽期至开花期每隔 2～3d 观察一次；开花期每天或 2d 观察一次；其他时间可每 5～7d 观察一次。有些物候期的记载标准，学生不易掌握，如芽膨大期、开绽期、花蕾分离期等，实习指导教师要选物候期早的树种品种，在某一物候期临界时，进行现场辅导。

【思考与练习】

1. 总结全班同学所观察的桃树物候期，并按开花先后排列顺序。
2. 根据桃的叶片、果实特征识别桃的品种。

模块 15－2 生产技术

【目标任务】 学习桃树栽培的主要生产技术，包括：育苗、栽植、土肥水管理、整形修剪、疏果与套袋、采收等。全面熟悉桃树生产栽培的主要技术。

【相关知识】

一、育苗与栽植

（一）育苗

1. 苗圃地的选择 快速培育桃树嫁接成品苗，一定要选择土质为轻壤或中壤、排灌方便并且肥沃的地块为苗圃地。圃址选择后要进行平整土地，每 667m² 施优质腐熟有机肥 5～6m³，深翻后作畦。

2. 砧木种子的处理 砧木种子选择当年山桃或毛桃的新种子，在播种前要进行浸种，一般用冷水浸泡 3～5d，每天换水 1 次，有条件的加入马尿或人尿少量。

3. 播种时间 常规桃树育苗培育砧木通常将砧木种子于 12 月底层积处理，第二年春季 3 月底至 4 月初将种子取出进行播种，这种方法出苗较晚且苗势较弱。而快速育苗应在每年秋季土壤冻前进行播种。播种采用双行带状，即大行距 50cm，小行距 30cm，每 667m² 播种量山桃为 40kg，毛桃 60kg，覆土厚度为种子直径的 3～4 倍。

4. 快速培养砧木苗，尽快达到嫁接粗度 春季苗木出土后，要及时灌水、除草、防治虫害。4～6 月每月灌水 2 次，5～6 月每月追施尿素 1 次，每次每 667m² 15kg 左右。要利用药剂控制金龟子为害幼苗。加强各项管理，使砧木苗在 6 月底以前达到嫁接粗度。

5. 嫁接时间 常规育苗通常在每年 7 月下旬至 8 月下旬进行嫁接，当年接芽不萌发。而快速育苗接芽当年萌发成苗，就要提前嫁接，一般要求在 6 月底至 7 月初进行芽接。接穗选择生长良好的长梢，接芽发育良好。

6. 解绑、折砧和抹芽 嫁接后 2～3 周解绑，并在接芽以上 1cm 处将砧木折伤后压平，向上生长的副梢剪除，主梢摘心。这种措施是使接芽处于优势部位，迫使接芽萌发。折砧后接芽及砧木上原有芽均可萌发，要将砧木上萌发芽及时抹除，促使接芽迅速萌发生长。当接芽长到 15～20cm 时剪砧。

7. 加强土肥水管理，促使接芽快速生长 接芽萌发后，要及时中耕除草、追肥灌水，使苗圃地无杂草为害，接芽成活后每隔 10～15d 追施 1 次尿素，每次每 667m² 施 10kg 左右，并且结合施肥灌水。为使苗木成熟度提高，每隔 15d 结合防治虫害喷施 0.3% 的磷酸二氢钾。当年秋季一般嫁接苗木高度在 70～80cm，达到桃树定干高度。10 月底将苗木挖出，除净叶片后沙藏假植。

(二) 栽植

1. 苗木选择　要求嫁接口以上 2cm 处干径 0.8～1.2cm，株高 60～80cm；无检疫性病虫害和危害性大的病虫害；根系良好。

2. 栽植时间　在落叶后的 12 月至翌年 2 月。在翌年 1 月底前完成为宜。

3. 栽植密度　一般每 667m² 栽植 33～42 株为宜，平地沃土每 667m² 33～42 株，山地黄壤每 667m² 42 株。

4. 挖坑、回填及定植

(1) 挖坑。按园区规划和株行距标出定植点，以定植点为中心挖定植坑，要求坑深 80～100cm，直径 100cm，将挖出的表土与底土分开堆放。

(2) 回填。先将表土回填于底层厚 20cm，然后施入腐熟圈肥 25～50kg，复合肥 2～3kg，油饼 1～2kg，与土充分拌匀后填入坑内，低于地面 20cm，最后填入纯土高出地面 30cm，形成直径为 1m 的树盘。

(3) 定植。栽植时将苗放在坑的中心，理顺根系，做细土掩埋，边填边踩实，将苗栽实栽紧，做到"苗正根疏"。嫁接口高出树盘 2～3cm，栽后立即浇定根水每株 10～15kg。

二、土肥水管理

(一) 土壤管理

1. 深翻扩穴　一般在秋冬季进行，从修剪后的树冠滴水线向外移 10cm 开始，逐年向外扩展宽 40～50cm、深 30～40cm，回填时混以绿肥、秸秆或腐熟的人畜粪尿、圈肥、饼肥等，表土放底层，心土放表层，然后对穴内灌足水分。

2. 间套作　桃树栽种 1～2 年幼树期可间作矮秆作物以保证结果前的效益，如辣椒、花生、红薯、草莓等，不能种植玉米、油菜、小麦等高秆作物和有藤蔓的瓜类、豆类作物。冬季在行间种植绿肥，既可防止杂草丛生，又能肥田，增加土壤有机质，改善土壤结构。第三年宜实行生草制，果园封行后可种植食用菌等喜阴作物。

3. 中耕　可在夏、秋季和采果后进行，每年中耕 3～4 次，保持土壤疏松透气。中耕与除草同时进行，中耕深度 20～30cm。

(二) 施肥

1. 施肥原则（按无公害农产品生长要求所需肥料施用）　幼树期以氮肥为主，结果树以钾肥为主，冬季基肥以复合肥、圈肥、沤肥为主。土壤改良提倡使用绿肥。禁止使用未经处理的城市垃圾或含有金属、橡胶和有害物质的垃圾；禁止使用硝态氮和未腐熟的人粪尿；禁止使用未获登记的肥料产品。

2. 施肥方法　秋冬施基肥，施肥方式可采用环状沟施、条状沟施和放射状施。沟施在树冠滴水线处挖沟宽 30cm、深 30～40cm 进行施肥，有微喷和滴灌设施的桃园可进行液体施肥。

3. 根外追肥　即叶面喷肥，见效快，利用率高，施用时间可根据果树生长的需要在生长期进行，果实采收前 20d 内停止叶面追肥。亦可结合防治病虫害一同喷施，省工省时，叶面喷施时应选择无露水、雨后、晴天，主要喷施在叶背上，以利充分吸收。常用肥及用量：尿素 0.3%；磷酸二氢钾 0.3%～0.5%。

4. 幼树追肥 勤施薄施，以氮肥为主，配合施用磷、钾肥，桃幼树生长期施肥 4～5 次，8 月份以后停止施用速效氮肥，以便增强桃在冬季的抗冻性。

5. 结果树施肥 施肥量以产果 100kg 计量，氮、磷、钾比例 1：0.4：1.5，在硬核期施一次以磷、钾为主的肥料。采果后施足量有机肥（基肥），占全年用肥量的 70%，以"斤果斤肥"为原则。

（三）灌溉与排水 一般桃树灌水主要结合追肥进行，若遇天气干旱要另行灌水。桃树不耐涝，6～7 月雨水集中，地势低的桃园容易积水受害，因此雨季要疏通排水沟，保证雨季来临排水通畅。

三、整形修剪

（一）整形

1. 自然开心形

（1）定干和主枝配置。桃苗定植后，春季开始萌动前进行定干，定干高度 40～50cm。春季发芽后上部留 7～8 个芽，将基部芽抹除。当新梢长到 30cm 左右，选留 3 个方位角各占 120°的健壮枝条留作主枝，其余疏除。第一年冬季修剪时主枝留 50cm 短截，剪口下留外侧芽，以便开张主枝角度，主干上的其他枝全部疏除。

（2）第二年修剪。次年 5 月，枝条正处旺盛生长期，应留主枝延长枝 50cm 进行摘心，剪口仍留外芽，使之成为以后的主枝延长枝。

第二年冬季修剪主枝约短截 1/3～1/2。选留第一侧枝，第一侧枝与主干距离 50～60cm，与主枝的分枝角度 50°～60°，剪留长度 30～40cm。在主枝上选留 1～2 个结果枝。

2. 两大主枝开心形 两大主枝开心形，也称"Y"形。露地定干 45cm，大棚定干 30～40cm 高，着生两大主枝。主枝的开张角度为 40°～50°，每个主枝上分生 2～3 个侧枝，在主枝和侧枝上配置结果枝组和结果枝。树高根据温室的高度、露地条件灵活掌握。这种树形整形容易，主枝间长势一致，树冠开张、通风透光良好，骨干枝少，结果枝组和结果枝多，枝组紧靠骨干枝及树冠紧凑等。是目前温室桃应用较多的一种树形，也是露地栽培的理想树形。

（二）修剪技术要点

1. 冬季修剪要点 在桃树落叶后休眠期进行，幼树期以整形为主。结果树修剪，以短截为主，在副主枝上配置位置合适的结果枝组，剪掉过密的枝条和不适当的背上枝，使全树枝条均匀分布。做到"大枝亮膛膛，小枝闹嚷嚷"。注意结果枝、营养枝与辅养枝的比例保持在 1：1：1 之间。冬季修剪以短截、回缩为主。开春进行花前复剪。强枝适当多留花，弱枝少留花，除去畸形花、病虫花。

（1）单枝更新。单枝更新多在强旺树上采用，其方法是：花芽节位高或呆枝细长的，可将长果枝适当轻剪，先端结果下垂后，基部芽位抬高，抽生新枝；下一年回缩至新分枝处，并对更新枝剪截，仍然是先端

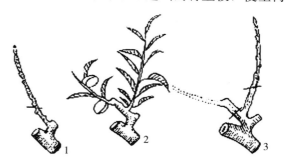

图 15-1 单枝更新
1. 第一年冬 2. 第二年夏 3. 第二年冬

结果，基部发枝。另一种方法是将长中果枝留 3～6 节短截，使其前部结果、后部发枝，翌年将已结果的部分回缩到后部较旺的一个果枝处，并继续短截；这样连年单枝更新，实现连续结果（图 15-1）。

（2）双枝更新。双枝更新也称两种枝相更新修剪，即在一个结果枝组或一个果枝群中，保留结果枝和预备枝两种枝相。第一年冬剪时，结果枝适当轻剪，使其当年结果；预备枝适当短截，使其抽生中长果枝，准备下年结果。第二年冬剪时，疏除头年的结果枝；从头年的预备枝上抽生的长枝中，选择前部一个适当轻剪，当年结果；选择后部一个适当短裁，留作预备枝。如此交替进行，连续结果（图 15-2）。

图 15-2　双枝更新
1. 第一年冬　2. 第二年夏　3. 第二年冬

2. 夏季修剪要点　在春季萌芽后到秋季落叶前进行的辅助修剪，主要方法有：一是抹芽，在芽开始萌发时，抹去枝条背上的徒长枝、密生枝、重叠枝、剪锯口下无用的丛生芽等无用的枝芽；二是摘心，一般在5～6月中旬进行，当新梢生长到 20～30cm 时进行，将枝条顶端的一小段嫩梢连同叶一起摘除；三是拉枝，通常在 7～8 月进行，这段时期树液流动旺，枝条柔韧性较好，不易拉裂和折断枝条。雨水多、光照差，枝条角度可拉到 60°～70°，按照自己所需的方向进行拉枝，原则上把枝条均匀拉开分布在能最大吸收光照的层面上。

四、疏果与套袋

（一）疏果　桃树成花容易，坐果率高，如不进行疏果，坐果过多，果形变小，品质下降。疏果分两次进行：在第一次生理落果后轻疏，疏除小果、畸形果等；在第二次生理落果后进行第二次疏果，疏除过密果、病虫果等。同一结果枝上的单果间距 8～10cm 以上，直立品种上部多留，下部少留，开张品种内膛多留。

（二）套袋　套袋是防治病虫害和提高果实品质的主要措施之一。桃园吸果夜蛾发生严重，对桃果实为害很大，特别是对中熟桃和晚熟桃造成严重损害，因此，套袋工作更显得重要。早中熟桃提倡套袋，晚熟桃必须套袋。时间应紧接定果或生理落果后，套袋前为防止病虫为害，要喷一次杀虫杀菌剂（多菌灵、甲基托布津等），雨天不套袋。晚熟桃套袋时间在第二次疏果后（5月底到 6 上中旬）进行，以单层的白色或黄色袋为宜，规格为 225cm×165cm。禁止使用报纸杂志加工的果袋。

五、采收

（一）采摘注意事项　一是采果时要轻采轻放，不可用手指压捏，应顺果枝侧上方摘下。如果柄短、梗洼深的果实，采收时不能扭转，应顺枝摘取，采摘时要保留果柄；二是成熟期不一致的果实，要分期采收，采收时同一树上应由外向里、由上往下逐枝采收。已采收果实应置于阴凉处，并及时分级；三是果实采收宜在晴天的早晨或傍晚进行，最好在上午 10 时前，避免中午采收；四是果篮大小以 5～7.5kg 为宜，有衬垫防止果实损伤。

（二）分级包装　内包装为衬垫、铺垫、浅盘、各种塑料包装膜、包装纸及塑料盒等。包装容器以 10～15kg 的装量为宜，应有一定的支撑力。外包装纸箱最合适，选择扁平箱形，每箱装两层，用隔板定位，箱边打通气孔，装箱后用胶带封固。

<h1 style="text-align:center">实 训 内 容</h1>

一、布置任务

通过实习，掌握桃的整形修剪技术。

二、工具材料准备

材料：当地桃的主栽品种的幼树、结果树。
用具：修枝剪、手锯、梯子。

三、开展活动

（一）桃树冬季整形修剪（以自然开心形为例）

1. 幼树整形修剪（1～3 年生）

（1）定干。高度 60cm 左右。

（2）主枝选定和修剪。定植当年选留基部 3 主枝，主枝拉枝调整基角到 55°～60°。冬剪时对主枝留 2/3 进行短截。

（3）侧枝的选定和修剪。在每个主枝上距离主干 60cm 处，选出第一侧枝，并距离第一侧枝 50cm 左右的相反方向选出第二侧枝。侧枝角度为 70°～80°，剪留长度为主枝剪留长度的 1/3～1/2（25～30cm）。

（4）直立徒长枝修剪。内膛抽生的粗壮徒长枝应彻底清除。

（5）一般枝的处理。凡有花芽的一律长放，不加修剪，令其尽量开花结果。无花芽的营养枝，一律短剪 1/3 左右。相邻的几个枝条，如果都需短截，应长短间隔，防止分枝在同一平面上，造成互相拥挤。

2. 2～3 年生树的整形修剪

（1）主枝的修剪。冬剪时对主枝延长枝留 2/3 进行短截（40～50cm）。直立品种剪口下留外芽，开张和半开张品种留侧芽。

（2）侧枝的修剪。主枝上的侧枝要与主枝保持明显的主从关系，侧枝角度为 70°～80°，剪留长度为主枝剪留长度的 1/3～1/2（25～30cm）。

（3）控制竞争枝。应注意疏除枝头上的竞争枝和过强的发育枝，防止这些枝扰乱树形。

（4）副梢的修剪。在主枝剪口芽以下 20cm 范围内的强副梢，生长直立者可疏除，平斜者剪留 25～30cm 培养成以后的结果枝组或侧枝，细弱副梢可长放不剪。

（5）徒长枝的修剪。内膛抽生的徒长枝应彻底清除。

（6）结果枝的修剪。对 30～60cm 长的结果枝留 1/2～2/3 进行短截，对 15～30cm 长的中果枝留 2/3 短截，对 5～15cm 长的短果枝放任不截。对已结过果的长果枝，留 20～30cm 在壮枝处进行回缩；对于衰弱无分枝的留 20cm 左右进行重回缩使其抽枝更新；下垂枝，应从壮分枝处回缩抬高角度，复壮枝势。

3. 结果大树的修剪

（1）延长枝的修剪。对各级延长枝一般留 1/2～2/3 短截。当主枝间生长势出现不平衡时，对强旺延长枝用背后枝或背斜侧一年生或多年生枝换头，以削弱树势；弱主枝要适当抬高枝头，以促进生长。

侧枝与主枝之间如重叠、交叉、横生时，应将侧枝回缩改造成大型结果枝组，枝条较多时甚至将侧枝从基部去掉。

（2）结果枝组的培养。培养良好的大型结果枝组，是防止盛果期骨干枝秃裸的重要环节。骨干枝斜侧、背下每隔 50cm 左右培养一个大型枝组，侧枝与大型枝组之间保持 40cm 左右距离，其间再配备中、小型枝组。

（3）结果枝组的修剪。

①结果枝组的修剪：对于已经衰老的枝组，应从基部疏除，利用较近的新枝再培养新的结果枝组；若结果枝组生长强旺，应去强留弱，及时疏除旺枝、直立枝，留中、下部生长中庸健壮的结果枝结果。枝组之间适宜的距离一般为 25～40cm。过密的枝组要进行疏剪。

②结果枝的修剪。徒长性果枝剪留 15～20cm，长果枝留 10～15cm，中果枝留 5～10cm。一般长果枝以保留 5～10 节、中果枝保留 3～5 节的花芽为宜，短果枝结果后发枝力很弱，不可随便短截，只有当中、下部确有复芽或叶芽时才能短截。花束状果枝着生在 2～3 年生枝背上或旁侧，易于坐果的可保留，朝下生长的可疏除。

（4）预备枝的修剪。预备枝是用于今后补充和代替结果枝组或结果枝的后备枝。无结果能力的弱枝、有空位置的徒长枝以及结果不好的强枝都可以作预备枝，这些枝剪留 2～3 个芽。盛果期树预备枝数量一般要占到全树总枝量的 1/5 甚至更多。

（5）骨干枝的更新修剪。对于已进入衰老期的桃树要注意骨干枝的更新修剪。更新骨干枝时，应根据衰弱程度，适时回缩。回缩时，最好留较强的枝条或枝组剪口枝，也可留骨干枝背上的徒长枝。桃潜伏芽寿命短，秃裸后较难补充，因此树冠内部光秃时对树冠内发生的徒长枝不要疏除，可控制、培养成枝组填空补缺，更新树冠。

（二）桃树夏季修剪 夏季修剪也叫生长期修剪。

1. 抹芽 桃树萌芽后，当新梢长到 5～15cm 时，开始抹芽。具体方法：

（1）延长头剪口芽为 3 芽梢的，抹去两边留下中间的强旺梢；主枝延长头剪口芽为双芽梢时，抹弱留强；若主枝需要分头时，可利用留双芽梢的办法分头。

（2）对树体其他部位的 3 芽梢，抹中间留两边；对双芽梢抹强留弱。

（3）对叉角间或主干上的萌蘖梢一律抹掉。

2. 摘心 春末夏初桃树新梢迅速生长期开始摘心，主要是内膛徒长枝、竞争枝和外围的旺长枝。

（1）对背上直立生长的新梢，留 5～6 片叶摘心，摘心后能发出 1～2 个新梢，留 5～6 片叶摘心再次摘心，全年进行 2～3 次，新梢的旺长就可得到有效的控制。

（2）对于特旺或剪口附近容易跑大条的枝条，留 3 片叶摘心，一般摘 1 次即可。在此法中要注意早摘心，重摘心。中庸树、偏弱树不宜采用。

（3）果枝回缩。对没有坐住果的徒长性果枝全部留 3～7 节回缩修剪，可控制无果新梢徒长，并培养结果枝组。

（4）拉枝开角。春末夏初桃树枝柔软，是拉枝开角的最佳时期。

（5）疏枝、扭梢。对主枝背上过旺徒长枝条，密挤的要疏除，有空间的地方及时摘心、扭梢，以削弱生长势促进徒长枝转为结果枝，培养结果枝组。

【教学建议】在教师指导下，选择当地桃树的主栽品种进行实习；以桃树为主栽果树的地区，应将桃树整形修剪安排在教学实习时间内进行，使学生通过实习能熟练掌握桃树整形修剪技术；实习以每组 2～3 人为宜，划分小组逐株进行，综合应用各种夏剪方法；实习开始时先由教师示范，然后由学生进行修剪实践，最后按每人独立修剪的桃树作为考核成绩的依据。

【思考与练习】

1. 根据桃树生长结果的特点，说明桃树冬季修剪要点。
2. 总结桃树夏季修剪的时期、方法及修剪效果。

模块十六 李

◆ **模块摘要**：本模块观察李主要品种的树冠及果实的形态，识别不同的品种；观察李的生物学特性，掌握李的主要生长结果习性以及对环境条件的要求；学习李的土肥水管理技术、保花保果与疏花疏果技术、幼树整形技术、成年李树的修剪技术等。

◆ **核心技能**：李主要品种的识别；保花保果与疏花疏果技术；幼树整形技术和成年李的修剪技术。

模块 16－1 主要种类品种识别与生物学特性观察

【**目标任务**】熟悉李树生产上常见的栽培品种的果实性状与栽培性状，识别当地栽培的主要品种，了解李的生物学特性，为李树丰产栽培提供科学依据。

【**相关知识**】

一、主要品种

1. 芙蓉李 芙蓉李又名浦李、夫人李、粉李、红心李。主要分布于福建福安、永泰等地。果实大，扁圆形，平均单果重 58.4g，最大果达 75.5g。福建省宁冈县引种栽培的大果型芙蓉李单果平均重 83.3g，最大果重 175g。果顶平或微凹，梗洼浅，缝合线稍深而明显。果粉厚，银灰色。果实初熟时皮呈黄绿色，肉为橙红色，肉质清脆。完熟后果皮和果肉均为紫红色、肉软多汁，味甜而微酸。品质上等。核小，果实可食率为 98.2%。果实成熟期为 7月上中旬。

该品种树势强健，枝条开张，呈圆头形。以短果枝和花束状果枝结果为主，适应性和抗旱性均强。该品种结果早，较丰产，果个大，品质优良，较耐贮藏，适于加工和鲜食。

2. 柰李 柰李有黄肉和红肉两大类型。黄肉的果皮、果肉均黄色，肉质稍坚脆而少汁，较晚熟，适于制干和罐藏，如福建古田的油柰和沙县、建阳等县的青柰；红肉型的果皮粉红美观，肉质柔软多汁，风味浓，全熟时可剥皮，适于鲜食，如沙县、顺昌的花柰、江西柰等。

（1）花柰。花柰又名大柰、硬皮杏。主产福建省。果实大，桃形，平均单果重 70.3g，最大可达 85g，果顶渐尖，顶端钝、微凹，果柄短。缝合线浅而明显，近梗洼处较深，梗洼周围有放射状沟纹。果皮胭脂红到紫红色，密生灰白色圆形斑点，成熟时更明显如花斑，并有明显油胞突起。果粉厚，银灰色。果肉胭脂红到粉红色，肉厚，质软而润，汁液多，甜酸适度，味美，品质佳。可溶性固形物 12.55%。果核大，卵圆形，半离核，核尖部常具空腔，即果核顶部常与果肉分离成蛀孔状。6 月下旬至 7 月上旬成熟。

该品种树姿直立，果实早熟，色美，充分成熟时味甚佳，丰产，是鲜食的优良品种。但由于花期较早，易受晚霜冻害。果实不耐贮藏。

（2）青奈。青奈又名青奈李、桃李、歪嘴桃、黄心奈、西洋奈等。主产福建省古田、福安等地。果实中等大，桃形，平均单果重 65.0g，最大可达 92.9g，果顶钝尖，果顶突出稍歪一侧。果柄短，缝合线浅而明显，梗洼窄而深，周围具放射状沟纹。果皮青绿色，成熟时果皮绿中带黄，果面光滑，果粉厚，灰白色，有油胞突起。果肉淡黄至黄色，核形似桃核，纵面沟明显，表面有浅沟纹。果实未完全成熟时，肉脆硬，完熟后，柔软多汁，蜜甜浓香，品质优。可溶性固形物 10.5%。果核小，半离核。种子先端部位有空室，种胚大部分发育不良。果实大暑至立秋前成熟。

该品种树姿直立，树冠半圆形。结果早，丰产，品质优，果实耐贮藏，适应性较强。

（3）油奈。油奈主产福建省古田县，因西洋村栽培历史最久，又称古田西洋油奈。目前，分布于福建、浙江、江西、广西等地。果形似桃，但略偏平些，果大，平均单果重 100g，最大可达 246g，果肩宽广，果顶钝尖。缝合线明显，具沟痕。果梗粗短，梗洼广而深，洼周有放射沟纹。果皮青绿色，成熟时果皮呈绿黄色，密生粗大灰白色斑点，果粉薄，灰白色。果肉淡黄色，肉质嫩，汁多，味甜，可溶性固形物 16.2%。核小。果实 7 月底成熟。

该品种树势强，树冠半直立，果形大，丰产性能好，品质优，果实较耐贮藏，花期较迟，可避开晚霜冻害，是优良的品种之一。

3. 携李 携李又名醉李。原产浙江桐乡桃源村。栽培历史已有 2 500 余年。为鲜食佳果，在古代被作为"贡品"。分布于浙江的嘉兴、海宁、海盐、吴兴、长兴，以及江苏、安徽等地。果实扁圆形，果顶平广微凹，有一形如指甲刮痕斑纹，有"西施指痕"的美称，两侧不对称。果形大，平均单果重 60g 左右，最大果达 100g。果皮较厚，果皮底色黄绿，熟后暗紫红色，密布大小不等的黄褐色星点。果粉薄，果肉浅橙黄色，硬熟期果肉致密，软熟期果实汁液极多，味甘甜浓香，可刺破果皮吸食，只留皮核，可溶性固形物含量 14.5%，品质极上。黏核，果核倒卵形，种仁发育不良。果实成熟期在浙江桐乡为 7 月上旬。

该品种树势中庸，树姿开张，呈自然半圆形。萌芽率高，成枝率弱，长枝稀少，短枝和花束状果枝密生，二年生发育枝表皮红棕色。适应性较广，抗病虫能力强，耐高温高湿。自花结实率仅 5.4%，人工授粉可达 21.8%。早期落花落果严重，喜高温多湿，抗寒抗旱力较差，坐果率低，大小年结果明显，生产上尚未解决坐果率低的问题，因此，目前未能大面积推广。

4. 金塘李 金塘李又名红心李。为浙江主要栽培品种，主产于浙江金塘、诸暨、舟山、金华、桐庐等地，以金塘栽培历史最悠久。果实圆形或扁圆形，果形大，平均单果重 60g，最大可达 100g。果顶圆，微凹陷，稍裂痕，缝合线浅而明显。硬熟期果皮底色黄绿，果顶有暗红色彩，果肉黄绿色；软熟期果肉呈紫红色，果面被灰白色果粉，近核处带有放射状红彩。肉质致密，松脆爽口，味鲜甜，汁液中等，品质上等。可溶性固形物 13.5%。果核小，半黏核。果实 7 月上旬成熟。

该品种树势强，树冠开心形或杯状形。适应性强，丰产，品质优，为制干、蜜饯、鲜食兼用品种，但果实成熟时，遇雨易裂果，不耐贮运，大小年结果现象明显。

5. 黑琥珀 美国品种，由黑宝石×玫瑰皇后杂交育成。1992 年引入我国。现分布于辽宁、山东、河北和北京等地，西北及南方一些地区已有引种栽培。果实扁圆形，平均单果重 100g，最大单果重可达 150g，果顶稍凹，果梗粗短，不易脱落，梗洼窄浅；缝合线浅，不明显，两边对称，易从缝合线处用手掰成两半，果皮厚韧，底色黄绿，着紫黑色，果粉厚呈霜状，白色，果点大，明显；果肉淡黄色，近皮部有红色，充分成熟时果肉为红色，质地细密；离核，核小。果实可食率达95％以上。果汁中等，味甜，脆嫩，可溶性固形物含量12.6％，品质上等。

树势中庸，枝条直立，树冠开张。萌芽率高，成枝力中等。幼树新梢生长偏旺，具有抽生副梢的特性，以短果枝和花束状果枝结果为主。种植第二年开始挂果，第三年投产，第四年进入盛果期，每667m²可产2 000~2 500kg，株产可达50~60kg。自花结实率较低，需配置授粉树。异花授粉结实力高，可用玫瑰皇后李作授粉树。江西赣南2月中旬初花，2月底进入盛花期，6月中下旬果实成熟。

该品种结果早，果型大，产量高，品质上等，耐贮运，适于鲜食和加工制罐用，但不抗蚜虫，易感染细菌性穿孔病。耐寒、抗旱能力较强。

6. 三华李 三华李原产于广东翁源县三华区三华乡。自明朝嘉靖年间开始栽培，至今已有400多年历史。目前，广东、广西、福建等省均有分布，以粤北栽培为多。其品系有：大蜜李、小蜜李、鸡麻李、白肉鸡麻李等。

（1）大蜜李。果实近圆形，平均单果重55g，最大果达70g。果顶微凹，缝合线浅，两侧较对称。果皮上有黄色小星点，具果粉。果肉紫红色，肉质爽脆，味甜，有香味。可溶性固形物12.5％~16％。成熟期6月下旬。

（2）小蜜李。果实近圆球形，平均单果重30g，最大果达45g。可溶性固形物10％~12％。成熟期7月上旬。

（3）鸡麻李。果实长椭圆形，果实大，平均单果重70g，最大的达90g。果皮上星点较大，皮厚微涩。果粉厚，果顶凸，缝合线深。果肉深紫红色，肉质脆甜，香味较浓。可溶性固形物12％~16％。成熟期6月中下旬。

（4）白肉鸡麻李。果实中等大小，长椭圆形，两侧不对称。果顶凸，果皮淡黄色。果肉白色爽脆，味甜，香味浓，果核小。落果严重。成熟期6月下旬。

三华李品种树势强健，枝条开张。每年抽生枝梢2~3次，以春季抽生的短果枝结果为主，丰产性较好，品质优，适应性较强，喜潮湿气候，无隔年结果现象。

二、生长结果习性

（一）根系 李树地下部分所有的根称为根系。它是树体的重要组成部分，其主要作用是从土壤中吸收水分和养分，参与许多化合物的合成，如氨基酸、蛋白质、激素等，贮存与合成有机营养物质，并具有固定树体的作用。根系的分布状况、生长发育与地上部的生长发育以及开花结果有着密切的关系。

1. 根系结构 李树多数采用嫁接繁殖，毛桃砧是李树的主要砧木，其根系包括主根、侧根、须根和菌根等部分。

①主根。李树的根是由毛桃种子的胚根向下垂直生长形成的，称为主根。主根是根系的永久中坚骨架，具有支撑和固定树体、输送与贮存养料的作用。

②侧根。在主根上着生的许多较粗大的根称为侧根。李树的各级侧根和主根一道，构成根系的骨架部分，为永久性的根，称为骨干根。侧根也具有固定树体、输送和贮藏养料的作用。

③须根。着生在主根和侧根上的大量细小的根称为须根。经过须根的生长，构成了强大的根系，增强了根系吸收和输送养料的作用。

④菌根。李树根系可与真菌共生，形成内生菌根。真菌能从根上吸收自身生长所需要的养分，又能供给根群所需的无机营养和水分。菌根能分泌有机酸，可促使土壤中的难溶性矿物质的分解，增加土壤中的可供给养料，通过菌根来吸收水分和养分。菌根还能产生对李树生长有益的生长激素和维生素。菌根的菌丝具有较高的渗透压，大大提高了根系吸收养分和水分的能力，增强了根系的吸收功能。菌根的存在是李树能适应干旱和瘠薄土壤的主要原因。

2. 根系分布　李树用毛桃砧或李砧嫁接繁殖的树体，主根不发达，为浅根性树种。李树根系在土壤中的分布，按其生长的方位，分为水平根和垂直根。

（1）水平根。水平根的分布较接近地面，几乎与地面平行，多数分布在离地面 10～40cm 处。水平根系的根群角（主根与侧根之间的夹角为根群角）较大，分枝性强，易受外界环境条件的影响。

水平根的分布范围较广，一般可达树冠冠幅的 1.5～2 倍。水平根的分布范围，与土壤条件关系密切，在土壤肥沃、土质黏重时，水平根分布较近；瘠薄山地、土质沙性重时，水平根分布较远。水平根分枝多，着生细根也多，它是构成土壤中根系分布的主要部分。

（2）垂直根。垂直根距离地面较远，几乎与地面成垂直状态，根群角较小，分枝性弱，根系受外界环境条件的影响较小。

垂直根分布深度一般小于树高，直立性强、生长势旺的树垂直根深；垂直根分布的深度受土壤条件影响较大，在土层深厚、质地疏松、地下水位低的园地，垂直根分布较深。地下水位的高低直接左右着垂直根的分布范围。垂直根主要固定树体和吸收土壤深层的水分和养分，它在全根量中所占比例虽小，但它的存在、分布深度对适应不良的外界环境条件有重要的作用。

根系分布的深浅，常常受到砧木接穗、繁殖方式、树龄大小、土层深浅、地下水位的高低和栽培环境条件的影响。不同的砧木，根系分布深浅不同，如杏砧根系较深；毛樱桃砧根系较浅，分布较广；毛桃砧和李砧根系分布深度较适中，分布较广。接穗品种不同根系分布深度也不相同，通常，高大直立的品种，根系深而广；矮化、开张的品种，根系分布浅。嫁接繁殖的李树根系较实生繁殖浅。幼树李树根系较成年树的根系浅。李树在土层深厚、肥沃，地下水位低的土壤中，根系分布较深，其根系分布可达 10～50cm 深；而在土壤板结、瘠薄，地下水位高的李园，根系分布主要在 5～20cm 的浅土层中。

水平根和垂直根在土壤中的综合配置，构成了整个根系。随着新根的大量增生，而发生季节性的部分老根的枯死，这种新、旧根的生长与枯死的交替称为根的自疏现象。根系就是借助于这种新旧根的生长与枯死的交替，使根系在土壤中分布具有一定的密度，并表现出明显的层性，通常为 2～3 层。

3. 根系生长　李树根系在年周期内无明显的休眠期，只有在土温过低的情况下，才被迫休眠。如果土壤温度、湿度适宜，则全年均能生长。当土温为 5～7℃时，即发生新根，15～22℃为根活动的最适温度，超过 22℃则根系生长缓慢。当土温超过 37℃后，根系即停止生长。土壤含水量达到田间持水量的 60%～80% 时，是根系活动的最适土壤湿度。如果土壤水分过多，则影响土温和减少通透性，根系正常活动受阻；土壤水分过少，则根系生长缓慢或停止生长。在江西赣南地区，根系一般于 2 月底至 3 月初开始生长，至 12 月底停止生长。土壤的通气性对根系生长极为重要，因根系的生长和营养物质的吸收都必须通过呼吸作用而取得能量。土壤孔隙含氧量在 8% 以上时，有利于新根的生长，当土壤孔隙含氧量低于 4% 时，新根生长缓慢，含氧量在 2% 时，根系生长逐渐停止，含氧量低于 1.5% 时，不但新根不能生长，原有根系也将腐烂，根系出现死亡。因此，土壤积水、板结时，根系生长减弱，树势衰弱，叶片黄化，产量下降，甚至不能开花结果。

李树根系在全年内呈波浪式生长。幼年树一年内有 3 次生长高峰。并与枝梢生长交替进行。即在每次新梢停止生长时，地上部供应一定量的有机养分输送至根部，根系才开始大量生长。春季随着地温的升高根系开始活动，当温度适宜时出现第一次生长高峰。随着新梢的生长，营养物质主要集中供应地上部，根系生长则进入低潮。当新梢生长缓慢而果实尚未迅速膨大时，根系出现第二次生长高峰。随着果实的膨大和花芽的分化，同时温度过高，根系活动又进入低潮。当立秋之时，根系又出现第三次生长高峰。成年李树的根系则只有两次生长高峰。在江西赣南地区，第一次新根的发生，一般在抽生春梢开花以后，初期新根生长数量较小，至夏梢抽生前，新根大量发生，形成第一次生长高峰，此次发根量最多；第二次生长高峰，常在夏梢抽生后，发根量较少；第三次生长高峰在秋梢停止生长后，发根量较多。

（二）芽　芽是李树适应不良外界环境条件的一种临时性器官。所有的枝、叶、花，都是由芽发育而成的。芽是枝、叶、花等的原始体，所以芽也可看作是李树生长、结果及更新复壮的重要器官。

1. 芽的种类　根据芽在枝条上着生位置的不同，李树的芽可分为顶芽和侧芽。顶芽着生于枝条的顶端，侧芽着生在枝条的叶腋内，也称为腋芽。由于它们都着生在一定的位置上，因此，也称为定芽。不定芽常发生在剪锯口附近，或由于修剪过重，而刺激其诱发出没有固定位置的芽。

按照芽的性质的不同，李树的芽可分为叶芽和花芽。叶芽在枝条上呈螺旋状排列，与叶序是一致的，在两个循环内着生 5 片叶，而第一片和第六片叶在枝条上处于同一方位。叶芽形状较尖细、瘦弱，呈三角形，萌发后只抽生枝叶，不开花。花芽为纯花芽，较肥大、饱满，略呈椭圆形，萌发后只开花而不抽生枝叶。一般李树的一个花芽可以开出 2～4 朵小白花。

根据芽在同一节上着生数量的多少，李树的芽分为单芽与复芽。在同一节上只着生 1 个芽的称为单芽。单芽多为叶芽。若在一个芽位上着生有 2 个以上的芽，这种芽称为复芽。李树的芽多为复芽，芽位上普遍存在 2～3 个芽。两芽并生的多为 1 个叶芽和 1 个花芽，也有 2 个都是花芽的；三芽并生的，常常是叶芽在中间，花芽在两侧，也有 2 个叶芽并生于一个花芽两侧的，也有 3 个叶芽或 3 个花芽并生的。长果枝、中果枝和花束状果枝上，复花芽多、单花芽少；短果枝上单花芽多。复花芽多，充实，着生芽位低，排列紧凑，是李树丰产的形态标志之一。

2. 芽的特性

（1）芽的异质性。芽在发育过程中，因枝条内部营养状况和外界环境条件的差异，同一枝条不同部位的芽存在着差异。这种差异称为芽的异质性。如早春温度低，新叶发育不完全，光合作用能力弱，制造的养分少，枝梢生长主要依靠树体上一年积累的养分。这时所形成的芽，发育不充实，常位于春梢基部，而成为隐芽。其后，随着温度的上升，叶面积增大，叶片较多，新叶开始合成营养，养分充足，从而逐渐使芽体充实。故李树枝梢中、下部的芽较为饱满，生命力旺盛，抽生的枝条生长势强，用这些芽做接穗繁育李苗，成活率高。生产上，可以利用芽的异质性，通过短截枝梢，对所发生的剪口芽选留饱满的叶芽，促使抽生强壮的枝梢，增加李树的抽枝数量，尽快扩大树冠。

（2）芽的早熟性。李树当年生枝梢上的芽当年就能萌发抽梢，并连续形成二次梢或三次梢，这种特性称为芽的早熟性。芽的早熟性使李树一年多次抽梢，枝梢分枝多，生长量大。在生产上，利用芽的早熟性和一年多次抽梢的特点，可使幼树快速成形，扩大树冠，尽早投产。

（3）萌芽力。生长枝上的芽能萌发的能力称为萌芽力。通常以萌发的芽数占总芽数的百分率，即萌芽率来表示萌芽力的强弱。李芽的萌发力很强，绝大部分芽都能萌发。在生产上，利用拉枝可培养大量的结果母枝。

（4）成枝力。生长枝上的芽萌发后，能够抽生成长枝（通常在5cm以上）的能力，称为成枝力。李树芽的成枝力中等偏弱，所以易形成中短枝。在生产上，老树更新复壮应注意骨干枝（长枝）的培养。

（5）芽的潜伏性。李树枝梢和枝干基部都有隐芽，隐芽又称潜伏芽。隐芽萌发力弱，但是，它的寿命很长，可在树皮下潜伏数十年不萌发，只要芽位未受损伤，隐芽就始终保持发芽能力，而且一直保持其形成时的年龄和生长势。枝干年龄愈老，潜伏芽的生长势愈强。在李树枝干受到损伤、折断或重缩剪等刺激后，隐芽即可萌发，抽生成具有较强生长势的新梢。在生产上，可利用李树芽的潜伏性，对衰老树或衰弱枝组进行更新复壮的修剪。

（三）枝梢 李树在幼年期，枝梢生长迅速，一年内可抽梢2～3次。进入结果期后，它的萌芽力强，成枝力弱。

1. 枝的种类 李树上仅具有叶芽的枝条，称为营养枝、生长枝或发育枝。营养枝按其生长势的强弱，分为普通生长枝、叶丛枝、徒长枝和纤细枝。

（1）普通生长枝。在幼树和旺树上多见，一般长50cm以上，生长势旺盛，主要用于扩大李树的树冠或形成新的枝组，扩大结果部位。在生产上，可以加强肥水管理和重剪措施，以促使成年李树营养枝的抽生和健壮生长。

（2）徒长枝。幼年李树上易发生徒长枝。徒长枝多见于树冠上部，由强旺的骨干枝背上芽或直立旺枝上的芽萌发而成。其枝长一般为60～100cm，由于徒长枝生长旺盛，消耗养分多，枝态直立、高大，影响通风透光，因此，必须对它加以改造或剪除。幼年李树上的徒长枝，可用以整形。通过对它拉枝，可以加速形成树冠。盛果期的李树很少发生徒长枝，如有发生，则要及时将它剪除，或通过扭梢，将其改造成结果枝组。

（3）叶丛枝。李树的叶丛枝多由枝条基部的芽萌发而成。由于枝梢基部的芽营养供应不足，因而萌发后不久，便停止生长。所形成的枝长度在1cm以下，仅有一顶芽，也称为单芽枝。这种枝发育良好时，可转化为花束状果枝结果；若发育不充实，则可延续多年，但是仍然为叶丛枝；当它受到刺激后，又可促发强枝更新。

（4）纤细枝。在李树上，由潜伏芽萌发抽生的细弱枝，称为纤细枝。对于这种纤细枝，在树冠内部秃裸或树势衰弱的情况下，可以利用它来结果，或予以更新。

2. 枝的特性

（1）顶端优势和垂直优势。李树在萌发抽生新梢时，越在枝梢先端的芽，萌发生长越旺盛，生长量越大，分枝角（新梢与着生母枝延长线的夹角）越小，呈直立状。其后的芽，依次生长变弱，生长量变小，分枝角增大，枝条开张。通常枝条基部的芽不会萌发，而成为隐芽。这种顶端枝条直立而健壮，中部枝条斜生而转弱，基部枝条极少抽生而裸秃生长的特性，称为顶端优势。形成顶端优势的主要原因，是由于顶芽中的生长素对下面的侧芽有抑制作用。同时，顶端芽的营养条件好，处于枝条生长的极性位置，能优先利用树体的养分。顶端优势的特性，一方面使顶部的强壮枝梢向外延伸生长，扩大树冠，枝叶茂盛，开花结果；另一方面，使中部的衰弱枝梢，逐渐郁闭，衰退死亡并使枝条光秃，造成内膛空虚，使无效体积增大，生产能力下降。在生产上，可以利用枝梢顶端优势的特性，在整形时将长枝摘心或短截，其剪口处的芽成为新的顶芽，仍具有顶端优势，虽不及原来的顶端优势旺盛，但中下部，甚至基部芽的抽生，缩短了枝条光秃部位，使树体变得比原来紧凑，无效体积减小，可逐步实现立体结果和增产。

枝条生长姿态不同，其生长势和生长量也不同。一般直立枝生长最旺，斜生枝次之，水平枝更次之，下垂枝最弱，这就是通常所说的垂直优势。其主要原因是由于养分向上运输，直立枝养分流转多的缘故。这种现象也属于李树的顶端优势，幼树整形时，常利用这一特性来调节枝梢的长势，抑强扶弱，平衡各主枝的生长势。

（2）加长生长和加粗生长。春季萌芽后，新梢开始生长。由于叶片尚未展开，新梢生长是消耗前一年树体内贮存的营养，因此，生长速度很慢，叶片小，节间短，叶腋芽小。此期7～10d，称叶簇期。随着温度上升，枝梢生长逐渐旺盛，叶片变大，节间变长，叶腋芽变饱满。这一时期对水分条件要求较高，称为水分临界期。如水分不足，枝条提早停止生长，不利于生长和结果；如水分过多，枝条易徒长，不充实，花芽分化不好，枝条的越冬性减弱。枝梢旺盛生长时，主要是加长生长，6～7月枝梢转入缓慢生长期，养分开始积累，有利于花芽分化，枝梢加粗生长明显。

（四）花

1. 花芽分化 李树花芽形成的数量与质量，直接关系到李树的产量和品质。掌握李树花芽形成的规律，采取相应的农业技术措施，提高花芽形成的数量和质量，对获得高产优质的李果至关重要。

（1）花芽的形态分化。花芽形成的过程就是花芽分化，从叶芽转变为花芽，通过解剖识别起，直到花器官分化完全止的这段时期称花芽分化期。花芽分化又划分为生理分化和形态分化。一般认为芽内生长点由尖变圆就是花芽开始形态分化，在此以前为生理分化，到雌蕊形成，为花芽分化结束。李树花芽的形态分化分为7个时期。

①未分化期。芽鳞片紧包生长点，生长点小而尖，和叶芽相同。

②开始分化期。花芽分化开始以后，紧包生长点的鳞片松动，生长点变宽变圆，呈半球状，以后生长点继续向上伸长增大。

③花蕾形成期。生长点肥大高起，形成2～3个突起，将发育成2～3朵花。

④花萼形成期。生长点两侧突起，萼片原基出现，生长点花蕾的中心部分相对凹陷。

⑤花瓣形成期。在萼片原基的内侧产生新的突起，即为花瓣原基。

⑥雄蕊形成期。在花瓣原基的内侧又发生若干小突起，即为雄蕊原基。

⑦雌蕊形成期。在生长点中心底部发生新的突起，形成雌蕊原基。来年春季雄蕊和雌蕊进一步发育，形成胚珠和花粉粒，随后开花。一个花芽内可分化出1～3个或更多的花蕾。

（2）花芽分化的时期。李的花芽分化，属夏秋分化型。据湖南农业大学（长沙）观察，艳红李的花芽分化过程表明：花芽分化最早出现在 6 月初；开始分化的盛期在 6 月中旬，可延续至 6 月底；花蕾形成期在 6 月上旬至 7 月中旬；萼片形成期在 7 月上旬至 8 月中旬；花瓣形成期在 8 月初至 8 月底；雄蕊形成期在 8 月下旬至 9 月中旬；雌蕊形成期最早出现在 9 月中旬，延续至 11 月上、中旬。胚珠、胚囊和花粉粒的形成，则在翌年春季。据观察，3 月 3 日开始形成珠心，3 月 9 日形成胚珠，3 月 6 日花粉粒发育完成，3 月 11 日形成核胚囊，3 月 21 日花朵开始开放。其中 7～9 月份高温干旱，光照充足，为花芽分化盛期。但是，由于品种、地区不同，甚至年份不同，其花芽分化期也不一样。

2. 开花与坐果

（1）开花。花芽分化结束后，一般在春季开花。李树花期可分为现蕾期和开花期。①现蕾期：从发芽以后能区分出极小的花蕾，花蕾由淡绿色转为白色至花初开前称现蕾期。在湖南，李的现蕾期为 3 月上旬。②开花期：花瓣开放，能见雌、雄蕊时称为开花期。在湖南，李在 3 月中下旬开花，3 月底谢花。开花期又按开花的量分为初花期、盛花期和谢花期。一般全树有 5% 的花量开放时称初花期，25%～75% 开放时称盛花期，95% 以上花瓣脱落称谢花期。李树开花过程为 15～20d，但不同的品种花期各异，快的花期为 3～4d，慢的花期可达 5～7d。花期的长短还受天气的影响，通常，春暖时，花期提早，天气晴朗、气温高、花期短而集中；阴雨天气，气温低，花期推迟，持续时间长。由于气候的变化，个别年份会提前或推迟 5～7d。

（2）坐果。中国李一般能自花结实，但结实率低，应配置授粉树。也有少数李的品种表现为自花不实，如朱砂李等。栽培自花不实品种更应配置授粉品种。授粉品种，应选择与主栽品种具有良好的亲和性，且花期相遇或较主栽品种开花稍早；授粉树花粉量大，花粉质量好，发芽率高；授粉品种应能适应当地的环境条件，且本身的果实品质好，经济价值高，以满足生产的需要。此外，即使是自花能结实的品种，异花授粉后，产量会更高。

三、对环境条件的要求

1. 温度　温度是李树正常生长发育的必需因素之一。李树在长期的生存过程中，形成了对温度的一定要求，有其最高、最适、最低的温度界限。实践证明，温度（尤其是冬季低温）已成为李树分布的主要限制因子。

李树对温度的要求，因种类和品种而异。如同为中国李，生长在北方的东北美丽李，进入休眠后，可耐 $-40～-35℃$ 的低温；而生长在南方的芙蓉李、油奈等品种，则对低温的适应力较差，$-15℃$ 以下即可发生冻害。我国北部山地，主要分布在华北的中国李，其耐寒力较强；原产于气候温和的地中海南部地区的欧洲李，则适于温暖地区栽培；而美洲李则比较耐寒，可在我国东北一带安全越冬。冬季一定的低温是使李树通过休眠的条件。如果冬季低温期不足，休眠不完全，使花芽分化受阻，那么畸形花、败育花多，且叶芽亦不能按时萌发。一般认为：冬季气温在 7.2℃ 以下，欧洲李解除休眠需 900～1 700h，美洲李需 700～1 700h。

李树生长季节的适温为 20～30℃，花期最适宜的温度为 12～16℃。不同发育阶段的有害低温也不同；花蕾期为 $-5.5～-1.1℃$；开花期为 $-2.7～-0.6℃$；幼果期为 $-1.1～-0.5℃$。李树光合作用适宜温度是 25～30℃。生长期温度高于 35℃ 时，生长受到抑制。但是，当温度降至 6℃时，生长受阻。

2. 光照　光照是李树进行光合作用，制造有机养分不可缺少的条件。李树属于喜光植物，以樱桃李喜光性最强，其次是欧洲李，美洲李和中国李又次之。光照充足，李树叶片光合作用强，光合产物多，树势强健，花芽分化好，产量高，果实色泽鲜艳，而且含糖量高，果实品质优。若李树种植过密、任其自然生长或整形修剪不当，势必造成枝梢生长过密，树冠内膛郁闭，通风透光条件差，表现为枝梢细弱，花果少，果实品质差，甚至出现"栽而无收"的局面。

3. 水分　水是李树最基本的组成部分，是李树生命活动的必需物质。一般枝、叶的含水量为 50%～75%，根为 68%～80%，果实为 85%以上。李树的生命活动更需要水分参加，如光合作用、呼吸作用等。

李树是浅根性果树，抗旱力中等，性喜潮湿。在年生长发育周期中，对水分的需求也不相同。新梢旺盛生长和果实迅速膨大期，需水最多，对缺水最敏感，因此称为"需水临界期"。花期干旱或水分过多，常会引起落花落果。花芽分化期和休眠期则需要适度干燥。

空气湿度对李树生长也有很大影响。如空气过于干燥，会增加蒸腾强度。尤其是冬季天气干旱时，如果枝条丧失了正常含水量的 50%以上，枝条就会因失水而干枯，外表好似冻害。

李树园保持适量的土壤水分，通常要求土壤田间持水量保持在 60%～80%，对枝叶生长、果实发育、花芽分化以及产量提高，都极为有利。李对水分的要求，因种类和品种不同而有差异。欧洲李和美洲李，对空气湿度和土壤湿度要求较高，中国李则比较耐旱。

4. 土壤　李树对土壤条件要求不严，较耐瘠薄和粗放栽培，只要土层有适当深度和一定肥力即可。但种类、品种不同，对土壤要求有所差异。中国李对土壤适应性超过欧洲李和美洲李。无论是北方的黑钙土、南方的红壤土、西北高原的黄壤土，均适于李树生长。一般来说，栽培李树以保水排水良好、土层比较深厚肥沃、富含矿质元素的黏质壤土为好。尤其是桃砧李树，更应注意排水通气，如果土壤渍水，则易导致根系无氧呼吸，造成酒精中毒，烂根而死亡或诱发树脂病，排水不良的黏质土，在梅雨季节更易诱发黑星病和黑斑病。在质地疏松的微酸性土壤中，李树根系生长良好，细根多，树势健壮，而在土壤浅薄，底层为板结的紧土层，根系难以向土壤深层生长，造成根系浅弱，树势早衰，果实小，产量低，品质差。因此，在瘠薄地建园时，宜行深翻压绿，增施有机肥料，培育发达根系，以保丰产优质。

实　训　内　容

一、布置任务

通过实习，初步培养学生识别桃、李、梅等核果类果树主要品种的能力，通过鉴别观察，学会对品种形态特征、特性的描述方法。

二、材料准备

材料：桃、李、梅等核果类果树主要品种的幼树、结果树和成熟果实。

用具：钢卷尺、卡尺、放大镜、托盘天平、水果刀、镊子、折光仪、记载和绘图用具。

三、开展活动

1. 确定观察项目

（1）树性观察。

树冠：树势强弱、树姿。干性强弱，分枝角度，枝条极性。

枝条：一年生枝条颜色、软硬，茸毛有无、多少。副梢萌发能力强弱。

芽：花芽、叶芽的形状、颜色，花、叶芽在叶腋内的排列形式。

叶：形状，颜色。

花：蜜盘颜色，花粉多少。

（2）果实观察。

果重、大小：平均单果重，果实纵径、横径。

形状：长圆、圆形、扁圆。

果顶：凸出、圆平、凹入。

缝合线：深、浅，显著、不显著。

果皮：颜色，茸毛有无、多少，剥离难易。（李、梅）果粉有无、多少。

果肉：颜色，（桃）果核附近有无红丝。

肉质：粗、细，汁多少。

风味：酸、甜酸、甜，香味浓、淡，可溶性固形物所占百分比。

果核：形状，核粘离程度。

（3）结果习性观察。

休眠芽、副芽、花芽、叶芽：萌发情况，副芽的着生位置。花、叶芽在枝条上的分布及其排列形式。

发育枝、徒长枝、叶丛枝、单芽枝：区别，及其对生长结果的作用。

果枝：长、中、短果枝及花束状果枝的识别，结果部位外移的生长习性与枝条更新规律。

2. 观察时间　本实习可分 2～3 次进行。一次在果实成熟期，从树体和果实上识别品种，一次为果实室内解剖识别，而结果习性的观察可安排在冬季休眠期或生长后期进行，以便于观察。

3. 观察记载　将实习观察的内容填入表中，在实习指导教师的指导下，完成分析报告。

【**教学建议**】本实习的适宜时间，可选择在梨树落叶后至发芽前比较适宜，有利于观察。实习前选择用于观察的品种 1～3 株，并标明树种名称，便于学生独立观察。实习时由实习指导教师边讲解边引导学生观察，然后以实习小组为单位，进行观察，由小组汇总观察的结果，做好实习报告。

【**思考与练习**】

1. 按实习内容绘制品种果实外形和纵切面图各 1 幅，注明各部分名称，并说明该品种的主要特征。

2. 说明桃、李、梅等核果类果树的生长结果习性（如观察两个树种，可作比较）。

3. 绘制桃、李、梅等核果类果树发育枝、各类结果枝示意图，并注明枝条名称及花、叶芽着生部位。

模块 16－2 生产技术

【目标任务】 学习李栽培的主要生产技术。包括：育苗、建园、种植、土肥水管理、保花保果与疏花疏果、整形与修剪、采收等。全面熟悉李树生产栽培的关键性技术。

【相关知识】

一、育苗

（一）砧木

1. 砧木的种类 毛桃、山桃、山杏、梅、毛樱桃、李等均可作为李的砧木。

（1）毛桃。毛桃作砧木，它与美洲李的嫁接亲和力很强，不论什么品种都易接活，但与欧洲李的亲和力弱。若用毛桃砧，具有早果丰产、果大质优、细根发达、耐旱性强等优点，适于在排水良好的土壤上栽培。但寿命和耐湿性较差，尤其是低洼黏重土壤上栽植时，表现极差。且易患根头癌肿病、白纹羽病。嫁接部位过高时，有大脚现象。

（2）山桃。山桃砧较桃砧耐寒力强，是其优点，但寿命和耐湿性较差，尤其是低洼黏重土壤上栽植时，表现极差。且易患根头癌肿病、白纹羽病。嫁接部位过高时，有大脚现象。

（3）山杏。山杏砧与中国李和欧洲李嫁接均易成活。抗寒抗旱力较强，适宜山地、丘陵等地。一般表现结果好，寿命长。嫁接部位过高时，有小脚现象。

（4）梅。梅砧树的寿命较长，但生长较缓慢，结果较迟。

（5）毛樱桃。毛樱桃树体小，颜色好，含糖量高，但抗旱性较差，应该种植在有灌溉条件的地方。后期植株衰弱，根系较浅。

（6）李（中国李）。适于比较黏重而低温的土壤，耐寒性较强，但更适于温暖湿润的地区。李砧对根头癌肿病抗性较强，嫁接树寿命较长，但不如毛桃砧耐旱。李砧的嫁接树所结果实果型较小，味较酸，故品质不如毛桃砧好。

2. 砧木的选择 在选择砧木时，要考虑亲和性，不能随意嫁接，要慎重。如以晚红李品种嫁接在山桃、毛桃、榆叶梅、山杏、毛樱桃、欧洲李等砧木上为例，综合性状以接在山桃、毛桃砧上最好，表现果个大，产量高，不易早衰。而榆叶梅、欧洲李、山杏等作为晚红李的砧木时，表现为亲和力差，后期死树严重，因此，不宜做晚红李的砧木。此外，毛樱桃不能做小核品种的砧木，黑琥珀李不应以山杏为砧。

选择砧木时，还要考虑气候、土壤条件。我国南方李树嫁接多采用本砧（即李砧），也有用桃、梅作砧木。而我国北方嫁接李，常用本砧（即李砧）、毛桃砧、山桃砧等，还有采用杏砧、毛樱桃砧。

（二）嫁接

1. 嫁接时期

（1）生长期嫁接。芽接通常在生长期进行，多在夏、秋实施。此时，当年播种的毛桃苗已达芽接的粗度，作为接穗的植株，当年生新梢上的芽也已发育，嫁接成活率高。

（2）休眠期嫁接。枝接通常在休眠期进行，而以春季砧木树液开始流动，接穗尚未萌发时为好。春季 2～4 月进行，秋季 9～11 月进行。

2. 嫁接方法　李树生产上常采用小芽腹接法，也称芽片腹接法。选用粗壮的、已木质化的枝条作接穗，手倒持接穗，用刀从芽的上方 $1\sim1.5cm$ 处往芽的下端稍带木质削下芽片，并斜切去芽下尾尖，芽片长 $2\sim3cm$，随即在砧木距地面 $10cm$ 左右处，选光滑面，用刀向下削 $3\sim3.5cm$ 的切口，不宜太深，稍带木质即可，横切去切口外皮长度的 $2/3\sim1/2$。将芽片向下插入切口内，用塑料薄膜绑缚，仅将芽露出。

二、建园

（一）园地的选择　李树的适应性强，对土壤要求不严，平地、丘陵山地均可栽植。但以土层深厚、肥沃、保水性好的壤土和沙壤土更适合李树的生长。李喜肥、好光、怕涝，故应选择背风向阳、光照充足、土层深厚肥沃、排水性好、地下水位低的土地建园为佳。在土层浅、土壤瘠薄的沙地栽植李树，土壤有机质含量低，保水保肥性差，应注重土壤改良，增施有机肥，肥培土壤并完善供水设施，才能获得较好的优质果品。在地势平坦、开阔地栽植李树时，具有交通方便，管理便利，水源充足，树体生长量大，根系发达，产量高等优点。但通风、光照及雨季排水方面往往不如有一定坡度的丘陵山地，果实品质也较丘陵山地的差。特别要考虑园地的地下水位，以防止果园积水。通常要求园地地下水位应在 $1m$ 以上。丘陵山地建园，应选择在 $20°$ 以内的缓坡、斜坡地带为宜，具有光照足、土层深厚、排水良好，建园投资少、管理便利等优点。另外，园地的选择，还要考虑交通因素。因为果园一旦建立，就少不了大量生产资料的运入和大量果品的运出，没有相应的交通条件是不行的。低洼地一般地下水位较高，尤其在降水量多的山区，土壤含水量增高，排水不畅，常常产生硫化氢等对李树有毒害的物质，导致李树根系受毒害死亡。同时，地势低洼、通风不良易造成冷空气沉积，李树开花期易受晚霜危害，使产量不稳。因此，在低洼地不宜建立李园。

（二）主栽品种的选择与授粉树的配置　主栽品种的选择是优质李生产的中心环节，优良品种的选择是取得高产、优质、高效的基础，因此，建园时要认真地选择优良主栽品种和搭配适宜的授粉品种。

1. 主栽品种的选择　主栽品种的选择直接关系到优质李生产的难易和经济效益的好坏，必须慎重选择。应根据建园所在地的市场需求、距离城市的远近以及交通运输是否方便等方面，以及品种的适应性、丰产性、抗逆性、耐贮性和品质等综合方面进行选择。在一个生产果园中，品种不宜过多，应注意早、中、晚熟品种的合理搭配。

2. 授粉树的配置　李树属于异花授粉，自花结实率低，尤其是中国李，必须配置授粉树，才能取得良好的结实率。

（1）授粉树应具备的条件。授粉品种与主栽品种授粉亲和性要好，且花期相遇或较主栽品种开花稍早；授粉品种应能适应当地的环境条件，且本身的果实品质好，经济价值高；授粉树花粉量大，花粉质量好，发芽率高。部分李品种的授粉组合：大石早生李以美丽李、黑宝石李作授粉树授粉良好，以圣玫瑰李或黑宝石李作瑰李、拉罗达李或蜜思李作授粉树授粉不良，自花授粉不结实；圣玫瑰李能自花授粉；蜜思李以圣玫瑰李、红肉李或黑宝石李作授粉树授粉良好，以大石早生李作授粉树授粉较好；红肉李以圣玫瑰李作授粉树授粉良好；先锋李以圣玫瑰李或拉罗达李作授粉树及自花授粉良好，以蜜思李作授粉树授粉不良；黑琥珀李以玫瑰皇后李作授粉树授粉良好，以圣玫瑰李或黑宝石李作授粉树授粉较好，以拉罗达李作授粉树授粉不良；黑宝石李以圣玫瑰李、大石早生李或蜜思李作授粉树授粉良好；安哥诺李以圣玫瑰李或黑宝石李作授粉树授粉良好。综合的授粉组合见表 16-1。

表 16-1　部分李品种的授粉组合

主栽品种	授 粉 品 种
大石早生李	美丽李++　黑宝石李++　圣玫瑰李-　拉罗达李-　蜜思李-
圣玫瑰李	圣玫瑰李（可自花结实）
蜜思李	圣玫瑰李++　红肉李++　黑宝石李++　大石早生李+
红肉李	圣玫瑰李++　黑宝石李++
先锋李	圣玫瑰李++　拉罗达李++　蜜思李-
黑琥珀李	玫瑰皇后李++　圣玫瑰李+　黑宝石李+　拉罗达李-
黑宝石李	圣玫瑰李++　大石早生李++　蜜思李++
安哥诺李	圣玫瑰李++　黑宝石李++

注：++表示授粉良好；+表示授粉较好；-表示授粉不良。

（2）授粉树的配置。授粉树在李园内应均匀分配，并且达到一定数量，一般不能少于20%，最好在同一李园中采用 2～3 个优良品种。配置时要考虑到便于管理。如果授粉品种与主栽品种不但能互相授粉，而且果实品质又优良时，可以考虑授粉品种与主栽品种按 1∶1 进行等量栽植，即可以 2 行主栽品种间隔 2 行授粉品种。当授粉树与主栽品种授粉亲和性好，但授粉树果实品质不很好时，授粉树要尽量少栽，可以按授粉树与主栽树为 1∶2 或 1∶3～4 的比例栽种，即每隔 2～4 行主栽品种栽 1 行授粉品种。在山地或多风的地区，间隔的行数可以少一些。如果还要再加大主栽品种比例，则可以每 8 株主栽品种夹栽 1 株授粉树，但要注意主栽品种与授粉树间最大距离不要超过 30m，距离越近，授粉效果越好（图 16-1）。

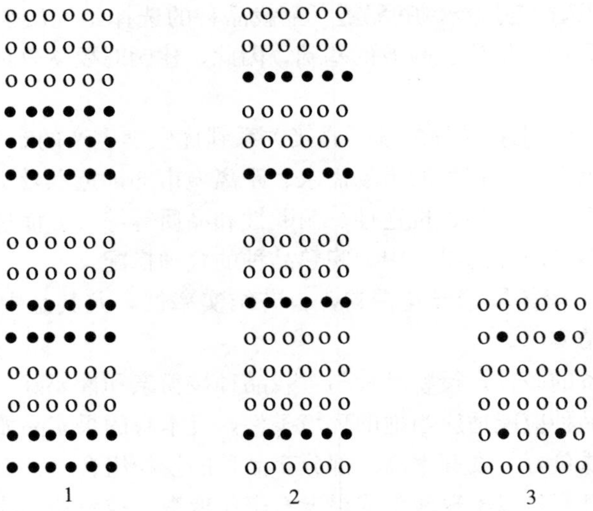

图 16-1　授粉品种配置
1. 等量式　2. 差量式　3. 小量式（中心式）
○ 主栽品种　● 授粉品种

（三）种植

1. 推行"大穴、大肥、大苗"种植

（1）挖大穴。山地、丘陵地挖穴改土通常有两种方式：一种是穴式，即按照定植穴的位置，挖一个长、宽各 80～100cm、深 60～80cm 的大穴；另一种是壕沟式，即将种植行挖深 60～80cm、宽 80～100cm 的壕沟。挖穴时，应以栽植点为中心，画圆挖掘，将挖出的表土和底土分别堆放在定植穴的两侧。最好是秋栽树、夏挖穴，春栽树、秋挖穴。提前挖穴，可使坑内土壤有较长的风化时间，有利于土壤熟化。如果栽植穴内有石块、砾片，则应捡出。特别是土质不好的地区，挖大穴对改良土壤有着极其重要的作用。一般深度要求在 60～100cm。而采用壕沟式者，挖沟时已将株与株之间的隔墙打通，有利于果树根系生长。水平梯田定植穴、沟的位置，应在梯面靠外沿 1/3～2/5 处，即在中心线外沿，因内沿土壤熟化程度和光线均不如外沿，且生产管理的便道都设在内沿。

（2）施大肥。无论是栽植穴还是栽植壕沟，或是土墩，都必须施足基肥，这就是通常所说的大肥栽植。栽植前，把事先挖出的表土与肥料回填穴（沟）、土墩内。回填通常有两种方式，一种是将基肥和土拌匀填回穴（沟）、土墩内，另一种是将肥和土分层填入。一般每立方米需新鲜有机肥 50～60kg 或干有机肥 30kg，磷肥 1kg，石灰 1kg，枯饼 2～3kg，或每 667m² 施优质农家肥 5 000kg。

（3）栽大苗。选择优质壮苗是李树早结丰产的基础。壮苗的基本要求是：品种纯正，地上部枝条生长健壮、充实，叶片浓绿有光泽；苗高 35cm 以上，并有 3 个分枝；根系发达，主根长 15cm 以上，须根多，断根少；无检疫性病虫害和其他病虫害危害，所栽苗木最好是自己繁育或就近选购的，起苗时尽量少伤根系，起苗后要立即栽植。

2. 合理密植　合理密植是现代化果园的方向，它可以充分利用光照和土地，提早结果，提早收益，提高单位面积产量，提早收回投资。提倡密植，并不是愈密愈好，栽植过密，树冠容易郁闭，果园管理困难，植株容易衰老，经济寿命缩短。通常在地势平坦、土层较厚、土壤肥力较高，气候温暖，管理条件较好的地区，栽植可适当稀些，因为在这种良好的环境条件下，单株生长发育比较茂盛，株间容易及早郁闭，影响品质提高，株行距可采用 3m×4m，每 667m² 栽 55 株；在山地、河滩地，肥力较差、干旱少雨的地区栽植，可适当密植，株行距为 2.5m×4m，每 667m² 栽 66 株。

3. 适时栽植　栽植时期应根据李树的生长特点和气候条件来确定。北方寒冷地区习惯于春植，即在土壤解冻后至萌芽前进行，由于北方冬季严寒、干旱、多风，苗木容易抽条或受冻，春植可以随着气温、土温的升高，苗木即进入生长季节，有利于成活。南方冬季不严寒、干旱的地区宜秋植，即在秋季落叶以后至地面结冻以前栽植。秋植比春植效果好。因秋季时间长，可充分安排劳力，当年伤口易于愈合，根系容易恢复，苗木成活率高，翌年春天苗木长势好。栽植时间最好选择阴天或阴雨天，如遇毛毛雨天气也可栽植，但大风大雨不宜栽植。栽植前，解除薄膜，修理根系和枝梢，对受伤的粗根，剪口应平滑，并剪去枯枝、病虫枝及生长不充实的秋梢。栽植时做到苗正、根舒、土实、水足，根不直接接触肥料，防止肥料发酵而烧根。栽后树盘可用稻草、杂草等覆盖。

三、土水肥管理

（一）土壤管理

1. 幼龄李园的土壤管理　幼龄李树根系分布范围小，可通过扩穴压绿、间种、树盘覆盖等来提高果园土壤肥力，改善土壤的理化性状，增强土壤调节水、肥、气、热的能力，改善植株根系的生长发育环境，促进根系的良好发育。

（1）深翻扩穴。

①时期。深翻扩穴时期分春季和秋季。春季可在土壤解冻后进行，此时地上部仍处在休眠状态，根系刚开始活动，生长比较缓慢，伤根后容易愈合和再生。春季土壤解冻后，水分上移，土质疏松，操作较省工。北方多春旱，深翻后要及时灌水。在风大、干旱缺水地区不宜春季深翻。秋季即在果实采收后，结合秋施基肥、蓄水灌溉同时进行，这是最适宜的时期。有利于劳动力的安排，深翻时期长。此时正值根系生长高峰，伤根易于愈合，并能长出新根。如结合翻后施肥灌水，可使土壤与根系迅速密接，有利于根系生长。

②方法。幼树定植后对栽植穴以外的心土部分，用 3～5 年时间，进行扩穴改土，其方法可先在一行间深翻，留一行不翻，第二年或几年后再翻未翻过的那一行。若为梯田果园，可在一层梯田内每隔两株树翻一个株间，隔年再翻另一个株间，通常挖深 60～80cm、宽 50～60cm 的壕沟，株施猪牛栏粪 20kg，或腐熟垃圾 30kg，饼肥 1.5～2kg，钙镁磷肥 1kg，石灰 1.5kg。这种方法，每次深翻只伤半面根系，可免伤根过多，有利于恢复生长。有条件的地区可采用挖土机深翻，可大大提高劳动效率。

（2）树盘覆盖。幼树在树盘上覆盖一层 10～15cm 厚的杂草、秸秆、落叶等材料，可防止土壤冲刷，杂草丛生，保持土壤疏松透气，减少土壤水分蒸发，夏季可降低地表温度10～15℃，冬季可提高土温 2～3℃，具有明显的护根作用。同时，覆盖物经腐烂后翻埋入土壤中，可增加土壤有机质，改良土壤理化性质，有益于微生物的活动，提高土壤肥力，有利于李树的生长发育。其方法是：每年 6 月份以后，结合中耕除草，将树盘杂草清除，并覆盖于离树干 5～10cm 的树盘周围。进入旱季时，可在树盘上再添盖一次覆盖物，以利于抗旱及越冬防寒。

（3）合理间作。幼龄李园，树冠小，行间大，覆盖率低，果园收入少，应充分利用植株间的空隙，间作一些作物，如花生、蚕豆、黄豆、豌豆；套种绿肥。夏季绿肥有猪屎豆、印度豇豆、印尼绿豆；冬季绿肥有肥田萝卜、苕子等。值得注意的是：间作时，不要把作物、绿肥种得离树盘过近，不要间作如木薯、甘蔗、玉米等高秆作物、攀缘及缠绕作物以及与李树有共同病虫害的其他作物。否则，就会出现间作物丰收，李树受损，以至造成"以短吃长"的恶果。

间作物的选择应因地制宜，土壤瘠薄的远山地果园，可间作耐旱耐瘠薄的豆类和绿肥，如蚕豆、绿豆、早大豆、豌豆、印度豇豆、肥田萝卜等；近山地果园，可选择绿肥、花生等；河滩果园可间作西瓜、花生、豆类等；肥水条件好的果园也可适当间作蔬菜、草莓等。

2. 成年李园的土壤管理

（1）中耕除草。果园中耕除草的目的是疏松土壤，切断毛细管，减少土壤水分蒸发，还能起到保墒和防止杂草争夺果树所需肥水的作用，同时对干旱、半干旱地区的李园积蓄雨水，保持土壤温湿度也具有重要作用。中耕除草深度一般为 10cm 左右。中耕可在以下几个时期进行。

①早春。在早春土壤解冻后，及早耙地，浅刨树盘或树行，可保持土壤水分，提高土温，促进根系活动。这是干旱地区春季的一次重要抗旱措施。

②生长季节。生长期勤中耕除草，可使土壤松软无杂草，促进微生物活动，减少养分和水分的流失与消耗。

③秋季。秋季深中耕，对山区旱地李园可多蓄雨水，对涝洼地李园可散墒，以免土壤湿

度过大及通气不良。

除草是一项费工的操作，利用除草剂防除杂草，方法简单易行，效果良好。

除草剂的类型，按作用途径可分触杀型、内吸型和土壤残效型三大类。防治一年生杂草多用触杀型，它能杀死接触到药液的茎、叶，而不能杀死草根，对多年生杂草作用不大。因此，只能用来防治一年生杂草，如百草快、五氯酚钠、除草醚等属于这一类型。内吸型除草剂在茎叶上喷洒，被植物吸收后，能遍及全体而影响根系，因此能杀死多年生杂草，如草甘膦、茅草枯等。土壤残效型除草剂，主要通过植物根系吸收传导来杀死杂草，并能保持较长的药效，如敌草隆、敌草腈、西玛津等。应用时应根据各地李园杂草的种类、危害程度、间作物种类以及各地购买药物条件来制定本园的除草计划。

（2）果园覆盖。成年李园多采用全园覆盖，即在果园地面上覆盖一层10～15cm厚的稻草、杂草、落叶等，可减少土壤水分蒸发，起到保墒的作用，并能抑制杂草的生长，保持土壤的通透性；覆盖秸秆等有机物质，经1～2年腐烂后，结合深翻土壤埋入地下，可大大增加土壤中有机质养分的含量，提高土壤肥力。果园覆盖有利于土壤微生物活动，增强土壤的保水、保肥能力，夏季覆盖可降低地表温度10～15℃，冬季覆盖可提高土温2～3℃，具有明显的护根作用，使根系不至于因地表温度的急剧变化而影响生长，有利于李树的生长发育。

（3）培土与客土。坡地或沙地果园，常因水土流失致使果树根系外露，影响树体生长发育。对于这种果园进行树下培土，加厚土层，可提高土壤保肥蓄水能力，还可使树体直立生长，不至于倒侧倾斜；寒冷地区或寒冷季节培土，可以提高土温，减少根系冻害。培土适宜时间为冬季。培土原则是黏性土黏沙性土，沙性土客黏性土。这样可起到客土改良土质的作用，同时还有增加土壤养分、防止土壤流失而造成的根系裸露的作用。培土数量要因地制宜。培土数量太少，改良土壤的效果不明显，培土太厚，影响根系透气，每株培土150～250kg，其厚度为5～15cm，每667m² 5t左右。培土时应撒匀，最好结合耕翻或刨树盘，使培土与原土掺和均匀。

（二）施肥

1. 施肥时期

（1）基肥。基肥是全年的主要肥料，以迟效性有机肥为主，如厩肥、堆肥、枯饼、绿肥、杂草、垃圾、塘泥、滤泥等，施入土壤后，需经土壤微生物分解成小分子营养成分才会被作物吸收利用。结合深翻改土，可以补充土壤有机质含量。为尽快发挥肥效，施基肥时也可混施部分速效氮素化肥、磷肥等。结合基肥施入少量石灰，可调节土壤酸碱度。秋施基肥比春施好，早秋施肥比晚秋或冬施好。此时李树经过开花和结果，耗去大量养分，正值恢复积累阶段，又是根系生长高峰，施肥改土挖断的根系容易愈合，并长出新根。同时，基肥秋施，肥料腐烂分解时间长，矿化程度高，施肥当年，即可被根系吸收并贮备在树体内，翌春可及时为果树吸收利用，对满足果树翌年萌芽、开花、坐果和生长，都具有重要意义；另外，基肥秋施还可以提高土温，减少根系冻害。

（2）追肥。追肥又称补肥，是在李树树体生长期间为弥补基肥的不足而临时补充的肥料。以速效性无机肥为主，如尿素。施入土壤后，易被植物吸收，可及时补充李树当年生长的需要，既能保证树体生长健壮，又能使花芽分化良好，为来年生长结果打下基础。追肥的时期与次数应结合当地土壤条件、树龄树势及树体挂果量而定。一般土壤肥沃的壤土可少施，砂质土壤宜少施，勤施；幼树、旺树施肥次数比成年树少；挂果多的树可多次追肥；结果少或不结果的树，可少施或不施。李树追肥分以下几个时期。

①花前肥。在2月下旬至3月初给较弱树和多花树适量追施速效性肥料，加以补充，可明显提高坐果率，又能促进枝叶生长，叶片长大转绿，尽早进入功能期，增强光合能力。但是，如树势较旺，或花芽量少的，花前不宜追肥，否则，会因促进枝梢旺长而造成大量落果。花前肥早施效果较好，最好是花芽膨大期施入。这次追肥应以氮、磷、钾配合，而适当多施氮肥为主。

②花后肥。李在谢花后施入，以速效性氮肥为主，配合磷、钾肥，补充花期对营养物质的消耗，保证坐果和促进新梢生长。这时幼果迅速膨大，而且新梢生长迅速，对氮素的需要量很大，为李树需要营养的关键时期，如果供应不足，不仅落果严重，而且影响枝叶生长，枝梢生长与果实发育对养分的需求矛盾突出，养分优先供应枝梢生长，果实发育因养分不足，造成大量落果。

③花芽分化肥（也叫硬核期追肥）。在花芽生理分化前，或者果实硬核期开始时施入，以速效性氮肥为主，配合磷、钾肥。其作用在于补充幼果及新梢生长对养分的消耗，提高生长点细胞渗透压，增加细胞液浓度，促进花芽分化和果实膨大，特别是对早熟品种的果实膨大及胚、核的发育有良好的作用。如果此时营养不足，核、胚发育不良，以后果实也长不大，组织内营养贮备水平低，花芽分化亦受到影响。

④催果肥（也称果实膨大肥）。果实采收前15～20d施入，主要施用速效性钾肥。目的在于促进中、晚熟品种果实的第二次迅速膨大，增进果实大小，提高产量，提高果实品质，增加含糖量。

⑤采果肥。果实采收后施入，以氮肥为主，配合磷、钾肥。用于补偿由于大量结果而引起的营养物质亏空，尤其是消耗养分较多的中、晚熟品种和树势衰弱的树。此外，对恢复树势，增加树体养分积累，充实枝条和提高树体的越冬抗寒能力，为下一年丰产打好基础，极为重要。

幼龄李树的施肥，可在生长期内勤施薄施，以氮肥为主，配合磷、钾肥，促使树体迅速生长，形成丰产树冠。

2. 施肥量　李树的施肥量可从以下几方面去考虑：

（1）从树龄考虑施肥。秋季施基肥的用量，可根据树龄大小来确定。通常2～3年生幼树的施肥量为：每株施厩肥25～30kg，复合肥0.25～0.5kg；4～5年生的初结果树的施肥量为：每株施厩肥50kg，复合肥0.5～1.5kg；6年生以后的盛果树施肥量是：每株施入粪尿或有机肥50～100kg，尿素1.2～1.5kg，磷肥2～3kg，钾肥1～1.5kg。

（2）从产量考虑施肥量。李树的结果量不同，施肥量也不同。实践证明，若每667m²产李果600～1 000kg，要施入人粪尿2 000～2 500kg、尿素25～30kg、钾肥20～30kg、磷肥40～60kg。若株产李果50kg，需每株施有机肥100kg，硫酸铵2～2.5kg，硫酸钾0.25～0.5kg，过磷酸钙0.25～0.5kg。

（3）实行配方施肥。所谓配方施肥，就是根据果树需肥规律、土壤供肥性能和肥料使用效应，在有机肥为基础的条件下，提出氮、磷、钾和微肥的适宜量、比例及相应施肥技术。配方，就是根据土壤肥力和果树生育状况，确定肥料的种类及其比例。施肥，就是肥料配方在生产中的具体执行，即根据配方确定肥料品种和用量，合理安排追肥和基肥的比例，施肥的次数、时间、用量及施肥方法等。一般李树的基肥，在 9 月早秋施入用量应占全年施肥量的 70%，而生长季节的各次追肥总量应占全年施肥量的 30%。

根据每生产 100kg 李果，需施氮（N）0.7～1.2kg，磷（P_2O_5）0.4～0.5kg，钾（K_2O）0.6～1kg。一般认为李树最佳氮、磷、钾比例为 1：0.5：1，盛果期可为 1：2：1。在实际操作时，还要考虑树龄和产量，据日本资料，幼龄李树施肥比例为：N：P：K＝1：1.52：1.27，成年李树为：N：P：K＝1：0.95：0.85，丰产李树为：N：P：K＝1：0.89：0.94。各地应根据李的树叶分析、土壤测试结果和气候条件具体确定适宜的配方比例。另外，还要注意补充铁、锰、铜、锌、硼等微量元素。

3. 施肥方法 李树的施肥方法有土壤施肥和根外追肥两种。

（1）土壤施肥。土壤施肥应尽可能把肥料施在根系集中的地方，以充分发挥肥效。根据李树根系分布特点，追肥可施用在根系分布层的范围内，使肥料随着灌溉水或雨水下渗到中下层而无流失为目标。基肥应深施，引导根系向深广方向发展，形成发达的根系。氮肥在土壤中移动性较强，可浅施；磷、钾肥移动性差，宜深施至根系分布最多处。土壤施肥又分为沟施、穴施、撒施等。

（2）根外追肥。根外追肥又称叶面喷肥，是把营养元素配成一定浓度的溶液，喷到叶片、嫩枝及果实上，15～20min 后即可被吸收利用。这种施肥方法简单易行，用肥量少，肥料利用率高，发挥肥效快，且可避免某些元素在土壤中发生化学的或生物的固定作用。李树的保花保果，微量元素缺乏症的矫治，根系生长不良、引起叶色褪绿，结果太多导致暂时脱肥，树势太弱等，都可以采用根外追肥，以补充根系吸肥的不足。但根外追肥不能代替土壤施肥。两者各具特点，互为补充。

李树叶面吸收的养分，主要是在水溶液状态下渗透进入组织，所以喷布浓度不宜过高，尤其是生长前期枝叶幼嫩时，应使用较低浓度，后期枝叶老熟，浓度可适当加大，但喷布次数不宜过多，如尿素使用浓度为 0.2%～0.4%，连续使用次数较多时，会因尿素中含缩二脲引起中毒，使叶尖变黄，这样反而有害。叶面喷肥应选择阴天或晴天无风的上午 10 时前或下午 4 时后进行，喷施应细致周到，注意喷布叶背，做到喷布均匀。喷后下雨、效果差或无效时应补喷，一般喷至叶片开始滴水珠为度。喷布浓度严格按要求进行，不可超量，尤其是晴天更应引起重视，否则由于高温干燥水分蒸发太快，浓度很快增高，容易发生肥害。为了节省劳力，在不产生药害的情况下，根外追肥可与农药或生长调节剂混用，这样可起到保花保果、施肥和防治病虫害的多种作用。但各种药液混用时，应注意合理搭配。常用根外追肥使用肥料的浓度见表 16 - 2。

表 16 - 2　根外追肥使用肥料的适宜浓度

肥料种类	浓度（%）	喷施时期	喷施效果
尿素	0.3～0.5	萌芽、展叶、开花至采果	提高坐果，促进生长
硫酸铵	0.5～1	萌芽、展叶、开花至采果	提高坐果，促进生长
过磷酸钙	1～2	新梢停长至花芽分化	促进花芽分化
硫酸钾	0.3～0.5	生理落果至采果前	果实增大，品质提高
氯化钾	0.3～0.5	生理落果至采果前	果实增大，品质提高

（续）

肥料种类	浓度（%）	喷施时期	喷施效果
草木灰	2～3	生理落果至采果前	果实增大，品质提高
磷酸二氢钾	0.3～0.5	生理落果至采果前	果实增大，品质提高
硼砂、硼酸	0.1～0.2	发芽后至开花前	提高坐果率
硫酸锌	0.1	萌芽前、开花期	防治小叶病
柠檬酸铁	0.05～0.1	生长季	防缺铁黄叶病
硫酸锰	0.05～0.1	春梢萌发前后和始花期	提高产量，促进生长
钼肥	0.1～0.2	花蕾期、膨果期	增产

（三）水分管理 水分管理包括灌水、排水等措施。

1. 灌水

（1）灌水时期。在生长季节，当自然降水不能满足李树生长、结果需要时，必须灌水。一般可按以下几个时期灌水。

①萌芽开花前。早春李树萌芽、抽梢、开花、坐果需水量较多，水分充足与否，直接影响到当年产量的高低，尤其是早春干旱地区特别重要。因此，及时在花芽膨大时灌水，有利于李树的萌芽、开花和新梢生长，并可提高坐果率。

②新梢生长和幼果膨大期。从硬核期至果实成熟前15～20d，即果实迅速膨大和新梢生长期，对水分的需求量很大，缺水会抑制新梢生长，影响果实发育，甚至造成大量落果，干旱时应及时进行灌溉。但要防止灌水过量，以免导致营养生长过旺而影响花芽分化，特别是初果期幼龄树更为严重。所以，灌水时要根据具体情况，灵活掌握用量。

③果实迅速膨大期。此时正值雨季，气温偏高，雨水多，可少灌。若遇天旱，应适当灌水，有利于果实膨大，提高产量，但灌水过多会影响果实品质，降低果实耐贮性。

④果实采收后。果实中富含水分，采果后，树体因果实带走大量的水分而出现水分亏缺现象，再加上天气干旱，树体对水分的需求更加明显。此时，结合施基肥及时灌水，可促使根系吸收和增强叶片的光合效能，从而增加树体的养分积累，有利于恢复树势，提高花芽分化质量，为树体安全越冬和下一年丰产打好基础。

（2）灌水量。果园灌溉必须掌握适当的灌水量，才能调节土壤中水分与空气的矛盾。一般应根据土质、土壤湿度和李树根群分布深度来决定。最适宜的灌水量，应在一次灌溉中使李树根系分布范围内的土壤湿度达到最有利于李树生长发育的程度。一般土壤含水量达田间持水量的60%～80%为宜。

（3）灌水方法。山地果园灌溉水源多依赖修筑水库、水塘拦蓄山水，也有利用地下井水或江河水，引水上山进行灌溉。

合理的灌溉，必须符合既节约用水，充分发挥水的效能，又要减少对土壤的冲刷。常用的灌溉方法有沟灌、浇灌、喷灌和滴灌。

①沟灌。在果园行间挖深20～25cm的灌溉沟，与输水道垂直，稍有比降。灌溉水由沟底、沟壁渗入土中。灌水完毕，将土填平。山地梯田可以利用台后沟（背沟）引水至株间灌溉。此法用水经济，全园土壤浸湿均匀。但应注意，李根忌水浸，灌水切勿过量。

②浇灌。在水源不足果园或幼龄李园，可采用人力挑水或动力引水皮管浇灌。一般在树

冠下地面开环状沟、穴沟或盘沟进行浇水。这种方法费工费时，为了提高抗旱的效果，可结合施肥进行，在每 50kg 水中加入 4~5kg 人粪尿，或 0.1~0.15kg 尿素，浇灌后即行覆土。该法简单易行，目前在生产中应用极为普遍。

③喷灌。喷灌是利用水泵、管道系统及喷头等机械设备，在一定的压力下将水喷到空中分散成细小水滴灌溉植株的一种方法。其优点是：减少径流，省工省水，改善果园的小气候，减少对土壤结构的破坏，保持水土，防止返盐，不受地域限制等。但其投资较大，实际应用有些困难。

④滴灌。滴灌又称滴水灌溉，是将有一定压力的水，通过系列管道和特制毛细管滴头，将水呈水滴状渗入果树根系范围的土层，使土壤保持李树生长最适宜的水分条件。其优点是：省水省工，可有效地防止表面蒸发和深层渗透，不破坏土壤结构，增产效果好。滴灌不受地形限制，更适合于水源紧缺、地势起伏的山地李园。滴灌可与施肥结合，可提高工效，节省肥料。但滴灌的管道和滴头易堵塞。

2. 排水　土壤水分过多，尤其是低洼地李园，雨季易造成园地积水，土壤通气不良，缺乏氧气，从而抑制根系的生长和吸收功能，形成土中虽有水，根系却不能吸收的"生理"干旱现象。根部缺氧使根系不能进行正常的呼吸作用，无氧呼吸产生一些有毒物质，如硫化氢、甲烷等，积水时间一长，致使根系受害，并出现黑根烂根现象，甚至一部分根系会窒息死亡。所以雨季必须排水，确保园地不积水，对李树的健壮生长及高产优质至关重要。

李园排水可以在园内开排水沟，将水排出，也可以在园内地下安设管道，将土壤中多余的水分由管道中排除。即明沟排水和暗沟排水。生产中较多采用明沟排水。

对已经受涝被淹的李树，要及时排除积水，并用清水冲洗被淹叶片上的泥土，及时松土散墒，使土壤通气，促使根系尽快恢复生长，以减轻受害。

四、整形与修剪

（一）幼树整形　李的树形通常有：自然开心形、延迟开心形、疏散分层形、自然杯状形、主枝开心形和细长纺锤形。其整形过程如下：

1. 自然开心形　自然开心形李树的整形过程如下（图 16 - 2）：

（1）第一年。苗木定植后，在春梢萌芽前，将苗木留 40~50cm 后短截定干，剪口芽以下 20cm 为整形带，整形带内选择 3

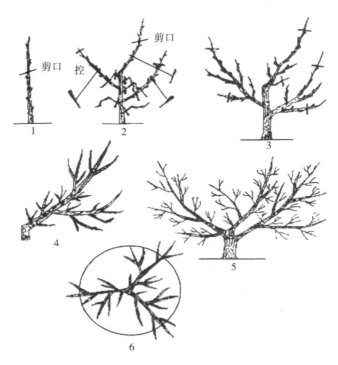

图 16 - 2　自然开心形整形过程
1. 定干　2. 第二年冬剪　3. 第三年冬剪
4. 侧枝的配置　5. 成形大树　6. 俯视图

个生长强，分布均匀和相距 10cm 左右的新梢，作为主枝培养。其余新梢除少数作辅养枝外，全部抹去。整形带以下即为主干，在李树主干上萌发的枝和芽，应及时抹除，以保持主干有 20～25cm 的高度。在夏季新梢尚未完全硬化之前，应采用拉枝技术，将新梢角度拉开，使主枝与主干呈 40°～45°角。要防止将李树主枝拉成弯弓状。否则，弯曲突出部位易出现强旺枝，扰乱树形。基角拉开以后，整形时容易选择侧枝，盛果期时负荷能力强。

（2）第二年。春季发芽前，短截主枝先端衰弱部分，即剪去 1/4 或 1/5，大冠树留长 50～60cm，小冠树留长 30～40cm。如果主枝的着生角度较小，过于直立，则剪口芽选用外芽或采取拉枝措施，以加大主枝的开张角度。在各主枝的中部，选留 2～3 个向外斜向生长的分枝作侧枝，进行中度短截，剪去 1/3。在各主枝上萌发的结果枝，其中的花束状果枝应该全部保留，10cm 以上的中长枝条，可稍重短截，以促其萌发分生发育枝和结果枝。

（3）第三年。继续培养主枝和副主枝，将主枝的延长枝适度剪截，即剪去 1/4 或 1/5，侧枝剪去先端衰弱部分，即剪去 1/3。对剪口芽留外芽，以促发枝梢，继续扩大生长，形成树冠。主枝、侧枝上萌发的短果枝和花束状果枝，应全部保留。有竞争枝、徒长枝的，可对其采用绑枝法、拉枝法将其改变方向，缓放结果。树冠内的强旺枝条，无缓放空间者可疏除；其余枝条只要不重叠，不交错，一律缓放，待结果后回缩，将其培养成结果枝组。主枝要保持斜直生长，以维持生长强势。并陆续在各主枝上，以 30～40cm 的间距，选留 2～3 个副主枝，使其方向相互错开，并与主干成 60°～70°。在主枝、副主枝上，保留短果枝和花束状果枝，使其结果。

2. 延迟开心形　延迟开心形李树的整形过程如下（图 16-3）：

（1）第一年。苗木定植后，于 60～70cm 处定干，从剪口下长出的新梢中，在上部选 1 个健壮的直立枝作为主干延长枝，再从下部枝条选出 3 个长势较强、分布均匀、错落着生的枝条，作为第一层主枝培养。主枝间距为 15～20cm，主枝基角为 50°～60°，方位角约呈 120°。将主干以内的枝芽全部抹除，保持主干高度为 30～50cm。第一层的 3 个主枝，如生

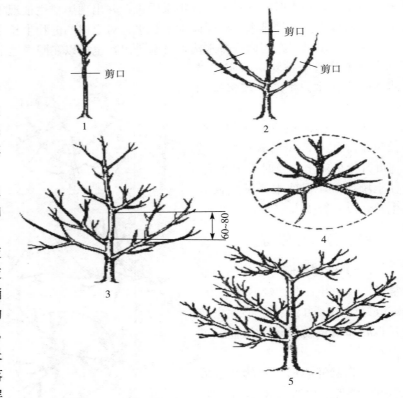

图 16-3　延迟开心形整形过程

1. 定干　2. 选中心枝和三主枝　3. 层间距离 60～80cm

4. 主枝配置方位　5. 成形大树

长过旺，过于直立时，可在6～7月间采取拉枝措施，调整主枝基角和方位角。对其余的枝条进行摘心或疏除，控制其生长。冬季修剪时，对第一层主枝剪留50cm左右，主干延长枝剪留80cm左右。

（2）第二年。从主干延长枝的剪口下选留2个枝条，作为第二层主枝培养，主枝间距为10～15cm，主枝基角为45°～50°，并与第一层主枝相互错开不重叠，以上开心形层间距保持在60～80cm。同时，在第一层的每个主枝上选留背斜侧枝2个，作为副主枝培养。副主枝间距为30～40cm，方向相互错开，第一副主枝距主干30cm，并与主干成60°～70°角。冬剪时，对各主枝延长枝作轻度短截，即可剪去枝梢先端衰弱部分的1/4～1/3。

（3）第三年。在第二层主枝上，选两个背斜侧枝作为副主枝培养。在主干上不再培养结果枝组，只保留叶丛枝或短果枝和花束状果枝，过旺的徒长枝可早摘心，促发分枝培养枝组或从基部疏除。在修剪留枝过程中要严格掌握"上小下大，两稀两密"的原则。即全树上层小、下层大，每个主枝前端小、后边大；全树的留枝量，上层稀、下层密，大枝稀、小枝密。通过疏枝、拉枝开角等措施，控制背上枝，使其不能形成树上树，以免影响各级主侧枝生长和光照。对大、中型的结果枝组，也要采取开心措施，使其斜伸向两侧生长，能够枝枝见光。这样，就不会产生上强下弱、结果部位外移等现象。

3. 疏散分层形　疏散分层形李树的整形过程如下（图16-4）：

（1）第一年。苗木定植后，在春梢萌发前，对苗木留70～80cm后短截定干。剪口下选留3个生长势强、分布均匀、错落着生的枝，作为第一层主枝培养。主枝间距20～30cm，干高为30～4cm。中心留一个直立枝，以后将它逐年培养成中心领导枝。其余枝条全部剪除或者将其拉平，以缓和生长势，培养成结果枝，促使早结果。冬剪时，对主枝和中心领导枝要轻度短截，一般可剪去枝长的1/4～1/3。作为主枝的3个枝条，如生长过旺，过于直立时，可在6～7月间，采取拉枝

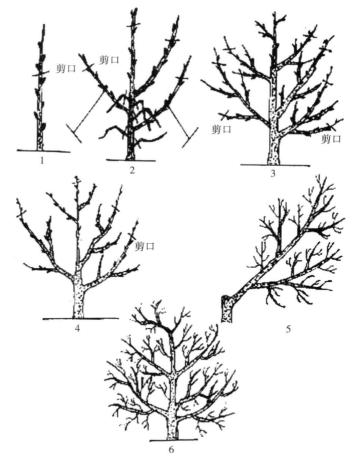

图16-4　疏散分层形整形过程
1. 定干　2. 第一年冬剪　3. 第二年冬剪
4. 第三年冬剪　5. 侧枝的配置　6. 成形大树树形

措施,使主枝基角达 50°~60°,方位角约呈 120°。

(2)第二年。在中心领导枝上留 2 个主枝作为第二层,层内距为 10~20cm。这一层主枝与第一层主枝之间的层间距保持 50~60cm。第二层主枝要与第一层主枝错开方向,不要重叠,以免遮光。同时,在第一层的每个主枝上,选留背斜侧枝 2~3 个,作为副主枝培养。副主枝间距为 30~40cm,其方向相互错开。副主枝与主枝之间的水平夹角为 45°。冬剪时,对各主枝延长枝作轻度短截,即可剪去枝梢先端衰弱部分的 1/4~1/3。

(3)第三年。在中心领导枝上,再留 1~2 个主枝作为第三层,这一层距第二层主枝 50~60cm。同时,在第二层主枝上选 1~2 个背斜侧枝,作为副主枝培养。在第三层主枝上,一般不留侧枝。其余的枝条,短枝则保留,中枝则重剪,将其培养成结果枝组;对短果枝和花束状果枝一律保留,让其结果;对过旺的徒长枝可以早摘心,以促发分枝培养枝组,或将其从基部疏除。第二、三层主枝基角较第一层主枝要小些,为 40°~50°。从上而下俯视,第二、三层主枝正好处于第一层 3 个主枝之间。当各个主枝已经培养成后,可从最后一个主枝以上,把中心领导枝锯除,使树冠落头开心,成形树高度约 3.5m。以后修剪时,应该注意保持各级枝的从属关系,使树势均衡发展。

4. 自然杯状形 自然杯状形李树的整形过程如下(图 16 - 5):

(1)第一年。苗木定植后,距地面 45~60cm 处短截定干。剪口下 20~30cm 为整形带,主干高度为 25~30cm,无中心干。整形带内长出枝条后,选择 3 个生长势强、分布均匀、错落着生的枝条,作为主枝培养。通过拉枝措施,于 6~7 月间,将李树主枝拉成约 45°角,并调整主枝方位角约为 120°。将主干段内萌发的枝梢全部剪除。主干段以上的枝条,除主枝以外,对其余的枝条,长势过旺的可剪除或拉平,缓和生长势,将其培养成结果枝,过密的枝梢予以疏除;保留的要及时摘心,促使其分枝,形成枝组。冬剪时,对李树各主枝的延长枝作适当短截,即剪去李树枝梢先端衰弱部分的 1/4~1/3。

(2)第二年。在各主枝上选择一个生长势与主枝延长枝相类似的枝条进行培养,使每个主枝分杈生成两个生长势力相等的主枝延长枝,并对各主枝延长枝作适当短截,即剪去枝梢先端衰弱部分约 1/4,以后各枝逐年延伸。

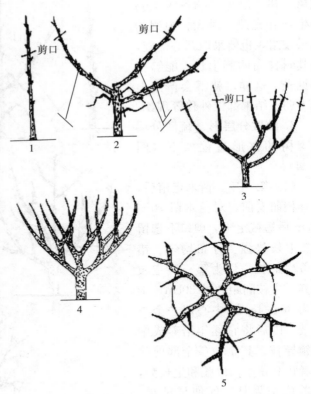

图 16 - 5 自然杯状形整形过程
1. 定干 2. 第一年冬剪 3. 第二年冬剪 4. 成形大树 5. 俯视图

(3)第三、四年。在主枝上再培养几个内侧枝、外侧枝和旁侧枝。内侧枝着生在主侧枝内侧，数目不等，有空就留，互不遮光；外侧枝分别着生在各级主枝的外侧；旁侧枝为平侧，即与主枝的开张角度方向一致。各主侧枝之间的距离，应保持在1m以上。各主侧枝上的短果枝和花束状果枝一律保留，让其结果。对于难控制的竞争枝和徒长枝，可将其在基部剪除。对于过密枝条，予以疏除。所保留的枝条，要及早摘心，促使其分枝，形成结果枝组。旁侧枝的开张角度以70°～80°为宜。

5. 主枝开心形 主枝开心形李树的整形过程如下：

(1) 第一年。进行主枝开心形李树的整形，可采用两种方法进行培养主枝：

①利用副梢培养主枝。在第一年，苗木定植后不定干，将原中心干进行人工拉枝，使其倾斜40°～45°角，培养成第一主枝。夏季，在其下方适当部位选择粗度、方向合适的副梢，将其培养成第二主枝，保持主干高度为25～30cm。以后，将主干段以内枝梢全部剪除。对主干以上除主枝外的其余枝梢，长势旺的枝可剪除，或者拉平，缓和生长势，将其培养成结果枝；过密的予以疏除；保留的要及时摘心，促使分枝，缓和长势，以利于早结果。两个主枝培养成功以后，依靠其主枝的生长量和开张角度的调节，使其生长势均衡（图16-6）。

②定干后培养主枝。第一年，苗木定植后，在距地面45～50cm处短截定干。剪口下20cm作为整形带，主干高度为25～30cm。在整形带内，待芽萌发长出枝条后，选留两个错落着生、长势健壮、大小均衡、左右伸向行间的新梢，作为主枝培养，并及时摘心，促其发生副梢。其余枝条，长势旺的可剪除，或者拉平，缓和生长势，培养成结果枝；过密的予以疏除；保留的要及时摘心，促使分枝，缓和长势，以利于早结果。通过拉枝措施，调整好两个主枝的方位和开张角度。在平地李园，主枝开心形李树的两个主枝，宜伸向行间；在山地梯田李园，主枝开心形李树的两个主枝，宜伸向梯田壁和梯田下侧，侧枝与梯田平行，主枝的开张角度调整为40°～45°。

冬季修剪时，对两主枝先端部分作适当短截，即可剪去枝梢先端衰弱部分的1/4～1/3，以作主枝的延长枝，并在其下的副梢中，距地面约80cm处，选一侧枝短截，剪留长度可稍短于主枝的延长枝，作为第一副主枝培养（图16-7）。

(2) 第二年。以上两种方法培养的主枝，夏季修剪时，继续对主枝、副主枝的延长枝进行摘心，在距离第一副主枝40～60cm处培养第二副主枝，并与第一副主枝方向相反，副主枝与主枝之间水平夹角为60°～70°。其余的枝条，过密的予以疏除，保留的进行多

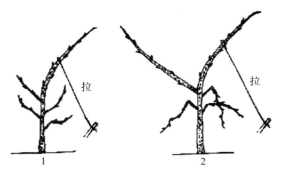

图16-6 利用副枝培养主枝

1. 定植后不剪，将中心干拉弯，培养成第一主枝

2. 当年夏季在第一主枝近基部选健壮副梢，培养成第二主枝

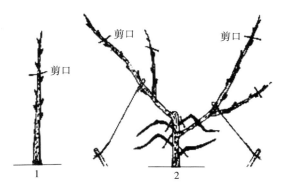

图16-7 定干后培养主枝

1. 定干 2. 第一年冬剪

次摘心，促其形成果枝和花芽。冬剪时，各主枝延长枝作轻度短截，即可剪去枝梢先端衰弱部分的 1/4～1/3（图 16 - 8）。

（3）第三年。在各主枝上，选留背斜侧枝作为第三副主枝培养，并与第二副主枝方向相反，间距为 40～60cm。主枝上其余枝条，过密的予以疏除；保留的尽早进行摘心，促使分枝，培养枝组；短果枝和花束状果枝一律保留，让其结果；过旺的徒长枝可剪除，或拉平，缓和生长势，通过摘心，促使萌发副梢，培养成结果枝组，枝组间距约 20cm。

6. 细长纺锤形 细长纺锤形李树的整形过程如下（图 16 - 9）：

第一年苗木定植后，距地面 45～60cm 处短截定干。剪口下 15～20cm 作为整形带，主干高度为 30～40cm。整形带内长出的枝条中，上部选一个生长健壮的直立枝作为主干延长枝，再从下部选择 2～3 个生长势强、分布均匀、错落着生的枝条作为主枝培养。主枝间距为 15～20cm。主干以下的枝条全部剪除，主干以上除主枝外的其余枝梢，生长过旺的枝可剪除或拉平，缓和生长势，培养成结果枝。过密的予以疏除，保留的及时摘心，促使分枝，以利早结果。冬季修剪时，中心干延长枝按 40～50cm 剪留，主枝延长枝可以轻剪或不剪，但必须采取拉枝技术，在 6～7 月间，将主枝角度拉开，以缓和生长势，增加短枝数量。主枝基角控制在 70°～90°，使主枝近似水平，向四周伸

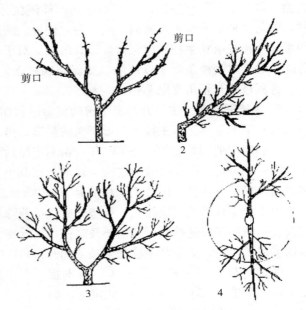

图 16 - 8 两主枝开心形整形过程
1. 第二年冬剪 2. 侧枝的配置 3. 成形大树 4. 俯视图

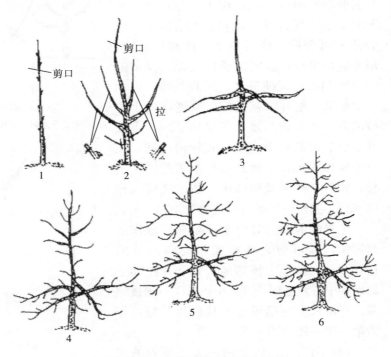

图 16 - 9 细长纺锤形整形过程
1. 定干 2. 第一年冬剪 3. 主枝近似水平，向四周伸展
4. 第二年冬剪 5. 第三年冬剪 6. 成型的大树树形

展。这种做法容易使中心干优势突出，造成上部生长过旺。因此，冬季修剪时，可以去掉原来生长势强的中心干延长枝头，换成生长势较弱的枝条替代换头，以平衡全树的生长势。

以后第二年至第四年每年选留 2～3 个主枝进行培养。对于难以控制的主枝上的竞争枝和徒长枝，可以全部疏除，对于短果枝和花束状果枝全部保留，让其结果，过密枝梢予以疏除。完成整形任务后，全树高度约为 3m，主枝数为 8～10 个，主枝在中心干上没有明显层次，同侧主枝间的垂直距离不少于 50～60cm，下层主枝长 1～2m，上层主枝逐渐缩短，树形呈纺锤形。

（二）结果树修剪

1. 初结果李树的修剪　李树定植后 3～5 年开始结果，产量逐年上升。在此期间的李树，应以生长为主，继续扩大树冠，从而尽早进入结果盛期。

①控制树体的长势，明确主从关系。初结果李树生长势强，应控制树体的长势，保持主枝、副主枝之间生长的平衡，使树体的主枝、副主枝具有明确的主从关系。对于生长势过强的枝条，可将其从基部剪除，或通过拉枝，使它开张角度。对长势强的枝，可将其拉至水平状，特旺的枝可拉至下垂，以削弱顶端优势，缓和生长势。要适当疏去背上旺长枝，留中庸偏弱枝，促发短果枝和花束状果枝，提高结果能力。否则，初结果李树的旺长枝就容易抽生徒长直立枝。

②继续短截延长枝。对初结果李树的主枝、副主枝的延长枝，可作适当短截，即可剪去枝条先端衰弱部分的 1/4～1/3，并对剪口芽留外向芽，使延长枝逐年成波浪状延伸。对于生长过弱的初结果李树，可以抬高其枝头，适当重截延长枝，即剪去枝条的 1/2，对剪口芽留内向芽。对其他枝条，应多截少疏，使其逐年转强。生长较旺的李树，对它的剪口芽留外向芽，短截延长枝，也可用背后枝换头，开张主枝角度。

③及时处理长果枝和生长强旺的生长枝。初结果期李树，营养生长较旺，对于强旺的生长枝及长果枝，重截后极易抽生徒长性枝，而徒长枝次年不易形成短果枝和花束状果枝。若任其自由生长，或仅适当轻打头，即轻截先端发育不充实部分，则次年其先端可再抽 1～2 根长枝；然后抽中枝，中部以下多短果枝及花束状果枝。这样，往往造成枝多花密，开花过多，坐果率低，影响产量。因此，对于李树一年生强壮的生长枝或长果枝，可采取摘心处理的技术措施，将强枝约留 50cm 长后摘心，冬季修剪时，再将强枝留 35～45cm 长后短截。对李树中等的枝留 20～30cm 后剪截，有利于结果枝组的形成。对于树冠内膛过密枝和细弱枝，应予以疏除，以改善树体通风透光条件，促使树冠中、下部正常结果。

2. 盛果期李树的修剪　李树栽植 6～7 年，产量明显上升，进入大量结果的盛果期。盛果期李树的特点是：主枝开张，树势缓和，中、长果枝比例下降，短果枝、花束状果枝比例上升。因此，对盛果期李树提高树体营养水平，促使营养生长，保持树势健壮，调整生长与结果的关系，对维持盛果期年限，至关重要。这就必须一丝不苟地搞好盛果期李树的修剪工作，使树体结构匀称，枝条分布合理，枝叶数量适当，树冠通风透光，营养生长与开花结果保持相对的平衡，有效地延长李树的盛果期。具体来说，就是必须搞好盛果期李树的冬季修剪和夏季修剪的树体管理工作。

（1）冬季修剪。

①及时调冠整枝。要使成年李树保持高产稳产，达到立体结果，就必须使树冠的各个部分互不遮阴，积极做到上部稀、外围疏，内膛饱满，通风透光，层层疏散。对树冠上部抽生

的直立大枝，应注意控制，以缓和树势，防止树冠出现上强下弱的现象。进行冬季修剪时，要剪除先端强旺枝，适当短截中庸枝，疏除交叉枝和重叠枝。对树冠外围大枝较密者，可适当疏剪部分 2～3 年大枝，以改善内膛光照条件，防止早衰，延长盛果期年限。

②继续短截延长枝。对主枝、副主枝的延长枝作适当的短截，即剪去枝条先端衰弱部分的 1/4～1/3。次年，其先端可抽生 2～3 个枝条，可选取一个开张角度适宜的枝，继续作延长枝，下面再选留一个枝条作为侧生枝。然后，将其余枝条自基部剪除。如果主枝角度过小，可利用多年生背后枝换头，也可利用一年生背后枝换头，开张主枝角度。如果主枝角度过大，可以利用生长角度较小的背上枝替代原主枝延长枝。对结果多、长势过弱的树，可适当重截延长枝，即剪去枝条的 1/2，剪口芽留内向芽，以抬高枝头，增强树势，扩大树冠。

③适当疏枝，改善树体光照。由于李树成枝力较强，新梢的中部多形成腋花芽，并可形成短果枝和花束状果枝，开花结果。如不对它适当进行修剪，就常常会因枝量过多而影响产量。对树冠内的交叉枝、重叠枝和密生枝等，应予以疏除。对大枝背上剪锯口萌生的丛生枝，在有空间时可适当留 1～2 个，而将其余的疏除，以免消耗养分，影响光照。对主枝和副主枝上的短果枝或花束状果枝，如数量过多，影响树势，则也应适当疏剪，以改善树体的光照条件，延长盛果期年限。

④更新培养枝组。对于强旺的小型结果枝组，可以剪去先端强枝，下部长果枝留 7～8 节花芽，中果枝留 4～6 节花芽，短果枝和花束状果枝不剪，如果过密可以疏除。过弱的小型枝组，可将其回缩至花束状果枝处更新复壮。对直立徒长枝，过强的可视其着生位置情况而定。若没有更新价值的，可将其从基部剪除；有利用价值的，可采取开心方法，去强留弱，去直立留平斜，促使其形成短果枝和花束状果枝，以便培养新的枝组。也可采取拉枝措施，将强旺直立枝拉至水平，将特旺的拉至下垂，并适当疏剪背上旺长枝，留中庸偏弱枝，促发短果枝和花束状果枝，以利于结果，达到均衡树势的目的。

⑤适度短截营养枝。对一年生枝作适度短截，即剪去枝条的 1/4～1/3，次年其先端可抽生 1～2 根长枝，中、下部易形成短果枝和花束状果枝。对于生长过旺的营养枝，可采用弱枝带头，进行短截，即剪口留有弱小的枝条，以缓和生长势，有利于形成短果枝和花束状果枝。对于过密枝和细弱枝，予以疏除。

⑥合理回缩修剪。下垂枝经结果后，枝条衰退，可逐年进行回缩修剪，从健壮处下剪，剪去先端下垂衰弱部分。对所发生的剪口芽留内向芽，以抬高枝梢位置。对多年生冗长枝和衰弱枝，一般可从 2～4 年生处进行回缩，并在剪口留壮枝、壮芽带头，增强树势。

（2）夏季修剪。

①疏除部分花枝，提高坐果率。早春，对开花结果过多的树，适当疏剪成花母枝，剪除部分生长过弱的结果枝。对中、长果枝，修剪程度可稍重一些，即剪去枝条的 1/3～1/2，以疏除过多的花、果，减少养分无谓的消耗，有利于保果。

②合理回缩，及时调节树体结构，减少养分消耗。

③采果后，注意及时调整树体结构，改善光照条件。要疏除或重回缩密挤、挡光的大枝，疏除主枝前段旺盛的分枝，将主枝理顺成单轴延伸，或缩至弱分枝处，既解决光照不良问题，又能防止结果部位外移。

④适当留枝，增光减耗。及时抹除树冠内膛的新梢，可减少无效枝的生长，避免树体营养的无谓消耗。一般每 7～10d 抹一次。尤其是果实膨大期，要严格控制枝梢旺长，减少养

分消耗，促使果实膨大。对过密枝梢，要予以疏除。有空间位置时，对生长旺盛的枝条，要及时采取摘心处理，促使分枝，长出副梢，在秋初或秋末，对长出过多的副梢进行回缩或疏剪，以控制其生长，形成结果枝组。

⑤及时处理长枝。对于一年生强壮的生长枝或长果枝，可采取摘心处理，即将强枝留50cm后摘心，缓和枝梢生长势，促使其分枝。长出的副梢过密时，予以疏除，改善树体的通风透光条件，促使树冠中、下部枝条生长健壮。长势旺者可再次进行摘心处理，缓和生长势，促使形成短果枝和花束状果枝，培养良好的结果枝组。

五、保花保果与疏花疏果

(一) 保花保果

1. 生理落果现象 栽培的李树，多数品种有自花不实特性，即同一品种的花粉在雌蕊柱头上不发芽，或发芽后花粉管在中途停止生长，或者花粉管伸入子房后停止生长，不能完成受精过程。因此，李树虽然花量大，但落花落果也相当严重。正常的落花落果是树体自身对生殖生长与营养生长的调节，对维持树势起着很重要的作用。但是，异常的落花落果直接影响坐果率，影响产量和树势。李树的生理落果大致有3个高峰时期。第一次自开花后开始，也称为落花。第二次从花后2～4周开始，果实绿豆大小的时候，幼果和果梗变黄脱落。第三次从第二次落果后3周开始，幼果不带果梗脱落。

2. 保果措施

(1) 加强栽培管理，增强树势。营养状况对李树的花芽形成、开花、坐果有着重要影响。营养不良，花芽质量差，子房和花粉败育率高，授粉受精困难，即使采取辅助授粉措施，也难以受精，无法达到高产。因此，加强栽培技术管理，增强树势，提高光合效能，积累营养是保果的根本。凡树势强健或中庸，枝梢粗壮充实，长度适中，叶片厚，叶色浓绿，根系发达，坐果率高，表现为丰产优质。要达到强健的树势，必须深翻扩穴，增施有机肥，改良土壤结构，为李树根系生长创造良好的生长环境。为防止夏梢大量萌发，在5月份要停止施氮肥，尤其是不能施含氮量高的速效肥，如尿素、鸡屎等，对于树势较弱，挂果多的树，已在谢花时进行适量施肥，夏季只要进行叶面施肥就可以了。若在李花芽充实期（9月上旬），进行叶面喷施500mg/L硼砂＋37mg/L过磷酸钙溶液，能提高李树对春寒的抗性，可大大提高坐果率。此外，加强病虫害的防治，尤其是要做好急性炭疽病的防治工作，防止异常落叶，对提高树体营养积累，促进花芽分化，增强树体的抗性，极为重要。

(2) 喷施营养液。营养元素与坐果有密切的关系，如氮、磷、钾、镁、锌等元素对李树坐果率提高有促进作用，尤其是对树势衰弱和表现缺元素的植株效果更好。生产上可使用0.3%～0.5%的尿素与0.2%～0.3%的磷酸二氢钾混合液，或用0.1%～0.2%的硼砂加0.3%的尿素，在开花坐果期进行叶面喷施1～2次。也可在盛花期叶面喷施液体肥料，如农人牌液肥，施用浓度为800～1 000倍液，补充树体营养，保果效果显著。此外，使用新型高效叶面肥，如叶霸、绿丰素（高N）、氨基酸、倍力钙等，进行叶面喷施2～3次，隔7～10d喷一次，营养全面，也具有良好的保果效果。

(3) 合理配置授粉树，提高授粉受精率。生产上栽培的多数李树品种均属于中国李和欧洲李。中国李的大多数品种都有自花不实的特性，需要配置授粉树。生产中不少李树园，由于品种单一或授粉树配置不当等原因，如授粉品种花期与主栽品种花期不遇，开花过早或过迟于主栽品种，授粉品种与主栽品种授粉亲和力差，从而造成坐果率低，产量不高，甚至出现绝产的现象。因此，可以采用以下措施，弥补授粉树不足的缺陷。若建园时没有配置授粉树，可在树冠内高接授粉品种，对高接枝加强培养；或在开花初期，剪取授粉品种的花枝，插在水罐或水瓶中，挂在需要授粉的树上，以代替授粉品种。

（4）施用植物生长调节剂。目前用于李树保花保果的生长调节剂不少，具有明显的增产增收作用。如在盛花期喷洒 50～100mg/kg 的防落素，100mg/kg 的赤霉素，50mg/kg的赤霉素＋25mg/kg 的防落素＋0.5％蜂蜜等。也有采用生长调节剂与营养元素结合使用，如 20mg/kg2，4-滴＋0.2％磷酸二氢钾，30mg/kg 赤霉素＋300mg/kg 稀土溶液（或在此溶液的基础上再加入 0.3％硼酸溶液，或 0.4％～0.5％的硼砂液），具有明显的增产效果。

（5）合理修剪。夏季，为了防止枝梢生长过旺，应及时地疏除过密枝梢，防止枝梢徒长，改善树体光照条件。在李树枝梢旺盛生长期，可进行树冠喷施"杀梢素"，即在枝梢萌发 3～5cm 长时进行施用，每包加水 15kg，充分搅拌后喷于嫩梢叶片上，对控制枝梢旺长具有良好的效果。为了控制枝梢旺长，也可进行叶面喷施 1 000mg/L 的多效唑，或在秋季土施 0.5g/m² 的多效唑，可显著地抑制枝梢生长，提高坐果率，且果实增大明显。

（6）采用环剥（环割）、环扎措施。

①环剥（环割）。花期、幼果期，用环割刀或电工刀等，选择主干或主枝光滑部位的韧皮部（树皮），进行环剥一圈或采用错位对口环剥（环割）两个半圈，两个半圈相隔 10cm，或采用螺旋形环剥（环割），环剥宽度一般为被剥枝粗度的 1/10～1/7，环割宽度为 1～2mm，环剥（环割）深度以不伤木质部为宜，环剥（环割）后，及时用塑料薄膜包扎好环剥（环割）口，以保持伤口清洁、湿润，有利于伤口愈合。通常环剥（环割）后约 10d 即可见效，一个月可愈合。若环剥（环割）后出现叶片黄化，可喷施叶面肥 2～3 次，宜选择能被植物快速吸收和利用的叶面肥，如康宝腐殖酸液肥、农人液肥、氨基酸、倍力钙等，如果在喷叶面肥中加入侵 0.04mg/kg 浓度的芸薹素内酯，能增强根系活力，效果更好。若出现落叶时，要及时淋水，春季提早灌水施肥，壮梢壮花。环剥（环割）后也不能喷石硫合剂、松脂合剂等刺激性强的农药。喷 10～20mg/kg 2，4-滴混合 0.3％磷酸二氢钾或核苷酸等，可大大减少不正常的落叶。

②环扎。在第二次生理落果前 7～10d 进行，即用 14 号铁丝对强旺树的主干或主枝选较圆滑的部位环扎一圈，扎的深度使铁丝嵌入皮层 1/2～2/3，大约扎 40～45d 时，叶片由浓绿转为微黄时拆除铁丝。经环扎后，阻碍了有机营养物质的输送，增加了环扎口上枝条的营养积累，促使营养物质流向果实，提高了幼果的营养水平，有利于保果。

（7）花期放蜂。花期放蜂可明显地提高授粉率和增加坐果量。当李树初花期时，果园可放蜜蜂。每 6 667m² 地放蜜蜂 2～3 箱，可提高产量 30％以上。采用蜜蜂授粉的果园，必须在放蜂前 10～15d 喷 1 次杀虫剂和杀菌剂，放蜂期间，严禁使用任何化学药剂，以防杀死蜜蜂。

（二）疏花疏果

1. 疏花疏果的时期 李树疏果通常在第二次落果后，坐果相对稳定时进行，最迟在硬核开始时完成。果实较小，成熟期早，生理落果少的品种，可在花后 25～30d（第二次落果结束）一次完成疏果任务。为了提高果实品质，疏果可分 2 次完成。第一次在李果长至黄豆粒大小时（花后 20～30d）进行，应留最后留果量的 4～5 倍；第二次在花后 50～60d 期间，按要求留果量完成疏果。生理落果严重的品种，应该在确认已经坐住果以后再进行疏果，一般先疏早熟品种，后疏中晚、熟品种。

2. 疏花疏果的标准 疏花疏果，要按预先确定的负载量，外加 5％的保险系数，估算每株李树的留果数。在蕾期疏花，区别花蕾质量比较容易。发育差的花蕾个小，发育慢，有的变为畸形。疏花时首先疏掉发育差的、畸形的花蕾，保留果枝两侧或斜下侧的花蕾。保留花蕾的标准：长果枝留 5～6 个花蕾，中果枝留 3～4 个花蕾，短果枝和花束状果枝留 2～3 个花蕾，预备枝上不留花蕾。长果枝疏掉前部和后部的花蕾，留中间的花蕾；短果枝和花束状果枝则去掉后部的花蕾，留前部花蕾。一般情况下，全树疏花蕾量约 50％，盛果期树和坐果比较稳定的品种，疏花量可达 70％。当疏花工作量较大时，不仅可以在开花前疏花蕾，盛花期或落花后仍可疏花朵。

疏果时应保留具有品种特征的、发育正常的果实。疏去畸形果、病虫果、过密果、果皮缺陷和损伤果。生产中多按果实形状来规定是否该留果。经验证明，纵径长的果实以后膨大得快，容易长成大果。向上着生的李果，一是容易遭受风害；二是随着果实膨大容易受到机械损伤，着色也不好；三是套袋困难。因此，疏果时，应保留侧生和向下着生的幼果。单株树疏果的顺序是由上而下，由内向外。

疏果前，应根据历年产量，当年生长势，坐果情况，果实的大小以及对果品的需求来确定单株留果量。李果实在树体上的分配应该是树冠外围及上部少留果，内膛下部要多留果。留果量可根据叶果比、枝果比、留果距离来确定。一般小型果以 10～20 片叶留 1 个果，大型果以 20～30 片叶留 1 个果较为合适。在一般短果枝上，小果型品种留 1～2 个果，中果型和大果型品种留 1 个果；中、长果枝上，小果型品种间隔 4～5cm 留 1 个果；中果型品种间隔 6～8cm 留 1 个果；大果型品种间隔 8～10cm 留 1 个果。也有根据结果枝粗度来定果的，即枝径 1～1.5cm，隔 4～5cm 留 1 个果；枝径 0.5～1cm，隔 5～6cm 留 1 个果。

3. 疏花疏果的方法 李树疏果在稳果后以人工摘除为宜。人工疏果分全株均衡疏果和局部疏果两种。全株均衡疏果是指按叶果比疏去多余的果，使植株各枝组挂果均匀；局部疏果系指按大致适宜的叶果比标准，将局部枝全部疏果或仅留少量果，部分枝全部不疏，或只疏少量果，使植株上轮流结果。坐果量大或小果、密生果多的多疏，相反则少疏或不疏，一般可疏去总果量的 10％左右。疏果应注意首先疏去畸形果、病虫果、过密果、果皮缺陷和损伤果。如以叶果比为疏果指标，最后一次疏果后，一般小型果的叶果比为 10～20：1，大型果的叶果比为 20～30：1 较为合适。

六、采收

1. 采收时期 李果采收时期的迟早，对果实的产量、品质以及贮藏性均有影响。正确确定果实的成熟度，把握好果实的采收期，才能获得产量高、质量好和耐贮藏的果实。

（1）成熟度的划分。李果的成熟度，根据不同的用途，划分为 3 种：

①可采成熟度。果实的生长发育已达到了可以采收的阶段，但还不完全适于鲜食。此时的果实，已完成了膨大生长和各种营养物质的积累过程，大小已经定型，绿色开始减退，并

呈现本品种成熟时的色泽，采后在适宜的条件下可以自然完成后熟过程。此时李果处于硬熟期，红色李果果面着色占全果的 1/3～1/2，黄色李果由绿色稍变成淡黄色。这时采收，果实耐贮运，适于加工和远距离运输。

②食用成熟度。果实已成熟，果实中积累的各种物质，经过转化，已具有该品种固有的色、香、味和外形，营养价值已达到较高点。此时的果实，含糖量高，风味品质好。果实处于完熟期或半软熟期，红色李果果面着色占全果的 4/5，黄色李果全果变成淡黄色。这一成熟度，适于在当地销售，用于鲜食，也适于加工制作果汁、李酱等加工品。但不宜远距离运输，不耐贮藏。

③生理成熟度。果实在生理上已达到充分成熟的阶段，果实肉质松软，种子充分成熟。此时的果实，达到了生理成熟度，果实中化学成分的水解作用加强，使果实变得淡而无味，营养价值大大降低，不宜食用，更不能贮运，一般作为采种用的才在这时采收。果实处于软熟期。

(2) 成熟度的确定。确定果实成熟度的方法很多，主要有以下方面：

①果实大小与形状。果实经生长发育，达到该品种应有的大小后，可以作为判断成熟度的指标之一，但这一指标不能单独应用。因为在许多情况下，同一品种，其果个发育受负载量、气候条件以及栽培管理条件的影响。果实形状及果实丰满度同样是成熟指标。当果肩和缝合线发育良好、充实饱满时，即表明果实已成熟，应根据需要适时采收。

②果实色泽。果实成熟时，在果皮色泽上有明显的特征。果皮中的叶绿素消失，类胡萝卜素和叶黄素等增加，出现本品种固有的色泽。果实内在品质也达到了理想的要求。生产上常常以果皮色泽的变化来作为成熟的指标。此法较简单，易于掌握。当果树上有 2/3 的果实达到所要求的成熟度即可确定为采收期。不同用途所要求的成熟度不同，采摘期也不同。用作鲜食的果实，要求色泽、风味都达到该品种的特点，肉质开始变软时，采收为宜；贮藏用果实，一般果皮已有 2/3 转黄，油胞充实，果实尚坚实而未变软时即可采收，要求比鲜食果成熟度略低。判断成熟度的色泽指标，是以由深绿变黄的果皮底色为依据。面色的着色状况是质量的重要指标，但不是成熟度的可靠指标，因为果面色泽受日照的影响较大，果色显现的迟早，在很大程度上，取决于阳光照射的程度，所以判断成熟度，不能全凭面色。而以果皮底色和果肉颜色的变化用作成熟指标更为可靠。

③果肉硬度。果肉的硬度用果实硬度计来测定，方法简单易行。果实在成熟的过程中，由不溶解的原果胶转变为可溶性的果胶，硬度降低，果实变软。果实硬度的测定，对判断果实成熟度有一定的参考价值，但准确度不高。不同的年份，同一成熟度果肉硬度有一定变动，但在预先掌握其变化规律的基础上，根据果肉硬度确定采收期也是可行的。

④固酸比。由于果实中可溶性固形物主要是糖，所以可用来代表含糖量。通常，用手持折光仪（手持糖量计）测定的含糖量，可近似地看作果实的可溶性固形物含量。果实中可溶性固形物含量与酸的含量之比称为固酸比。随着果实的成熟，含糖量增加，含酸量降低。故也有以固酸比来作为成熟度的指标。根据果实中可溶性固形物及含酸量的变化，来判断果实成熟度，是有一定参考价值的。

⑤果实生长的日数。各种品种从盛花期到果实成熟，在同一环境条件下，都有各自的生长时数，但在不同的年份有所不同，主要受气候因素、栽培管理条件及树势强弱等影响，最好根据多年实践记录的平均数，来确定果实的成熟期较为合适。

总之，判断李果的成熟度，不能仅靠测定某一项目来决定，因为它不是固定不变的，常常受环境条件和栽培技术措施的影响而发生变化，而应该考虑多个指标，才能做出比较准确的判断。

　　（3）适时采收。适时采收期，不仅要根据成熟度，还要从调节市场供应、贮藏、运输和加工的需要、劳动力的安排、栽培管理水平、品种特性以及气候条件来确定。李果不耐贮藏，采收期的确定应考虑到果实的用途、运输距离的远近。用于鲜食、产销两地距离短不需长途运输的李，一般要求成熟度高些，在接近完熟期时（九成熟时）采收为好；用于加工某些加工制品，或长途运输时，要求成熟度低些，可在硬熟期时（七至八成熟时）采收。同一品种、同一株树上的果实，为了延长鲜果供应时间，保证果实色泽和风味，应分期分批采收，这样做还有利于恢复树势。

　　2. 采收方法　采果时，应遵循由下而上、由外到内的原则。先从树的最低和最外围的果实开始，逐渐向上和向内采摘。采果时，用手握住果实，用食指按着果柄与果枝连接处，稍用力扭动即可。果实采下后，将其轻轻放在筐内，尽量减少果粉损失。采果时不可拉枝、拉果，尤其是远离身边的果实不可强行拉至身边，防止折断果枝、破损花芽，以免影响来年的产量。

实　训　内　容

一、布置任务

通过实习，学会李树的整形与修剪技术。

二、材料准备

材料：李的幼树、结果树。
用具：修枝剪、手锯、梯子、绳子、木桩等。

三、开展活动

（一）幼年树的整形与修剪

1. 幼树整形　一般多采用自然开心形或多主枝自然圆头形。

（1）自然开心形整形要点。幼树定植后，李在距地面40～50cm处定干。在生长期中从所发新梢中，选留3个生长均衡健壮、方向适宜、基角40°～50°的枝条作主枝培养。冬剪时，对3个主枝适当短截。第二年从剪口下萌发的新梢中选健壮、角度适宜的新梢作延长枝，中度短截，继续扩大树冠。再从下部新梢中选择位置适宜的健壮枝条作第一侧枝，其他枝条在不影响主、侧枝生长的前提下，可插空选留、使之结果或培养结果枝组。这样经过2～3年后，便可培养出具有3个强壮主枝、每个主枝上着生2～3个健壮侧枝的自然开心形树冠。

（2）多主枝自然圆头形的整形要点。定干高度同自然开心形。在1～2年内选留5～6个健壮新梢作主枝培养，在每个主枝上距主干50cm处，选留第一侧枝，再向外每隔30～50cm培养第二侧枝，每个主枝上共培养2～3个侧枝。根据空间大小，在主、侧枝上配备大、中、小不同类型的结果枝组。

2. 幼年树与结果树的修剪

（1）幼年树修剪。李是以短果枝和花束状果枝结果为主的果树，幼树整形修剪时应掌握轻剪、多放、少截的原则。

一般延长枝留 40～60cm 短截，约剪去原枝长的 1/3。延长枝下面较旺的发育枝留 1/3 短截，其余中庸枝均缓放，过密枝疏除。对分枝少的树，适当轻短截，促生分枝。

（2）结果树修剪。延长枝短截程度可逐年加重，对中、短果枝和花束状结果枝一般不截，使之结果，长果枝可留 3～8 芽短截。着生在主、侧枝两侧的徒长枝、健壮发育枝可利用短截，或先放后缩法培养结果枝组。如树势较弱时，对延长枝和其他分枝要多短截少缓放。对多年生的衰老枝组，可在有健壮分枝处回缩。

【教学建议】本实习应在指导教师的指导下，选择附近幼龄李园或成年李园，实习开始前，先由指导教师示范，然后学生分小组进行实际操作，集体讨论，最后按小组完成的整形修剪树进行实习成绩考核。

【思考与练习】说明李适用的树形和结果树修剪的特点。

模块十七　柿

◆ **模块摘要**：本模块观察柿主要品种的树冠及果实的形态，识别不同的品种；观察柿的生物学特性，掌握主要生长结果习性以及对环境条件的要求；掌握柿的施肥、水分管理、树体管理等主要生产技术。

◆ **核心技能**：柿主要品种的识别；保花保果技术；促进花芽分化技术，柿脱涩技术。

模块 17−1　主要种类品种识别与生物学特性观察

【目标任务】熟悉生产上常见柿树栽培品种的果实性状，识别当地栽培的主要柿树品种，了解柿树生物学特性的一般规律，为进行柿树科学管理提供依据。

【相关知识】柿果色泽鲜艳，汁多味甜，果实营养丰富，富含蛋白质、糖、维生素等物质，除鲜食之外，还可加工成柿饼、柿酒、柿醋、果脯、柿漆等多种产品。柿果有较高的医疗保健价值，具有治咳嗽和降血压等疗效。柿树适应性强、寿命长、产量高、易种易管，南北各省除严寒地区都有种植。柿的树形美观，还是良好的园林美化绿化树种。

一、主要优良品种

柿属于柿树科柿属植物，原产我国，已有 2 000 多年的栽培历史。柿属植物全球约有 250 种，原产我国的有 49 种，具有经济价值的主要有柿、君迁子和油柿 3 种，其中大多数栽培品种是柿种。我国的柿品种有 800 多个，根据果实在树上能否自然脱涩分为甜柿和涩柿两大类。

（一）涩柿

1. 恭城水柿　又名恭城月柿，产于广西恭城、平乐、阳朔县一带。树冠稍低矮，枝较短，叶有波状皱纹、心脏形、深绿色、有光泽。果中等大，重 160～250g，大果重 400～500g，扁圆形，金黄色，果顶广平，顶点稍凹陷，微有十字沟，果肉橙色，肉质脆硬，味甜，软化后水质，品质上等，宜加工柿饼或鲜食。单独种植无核，与有雄花的品种混植有核 3～5 粒，有核果较大，果顶微突。10 月中旬至下旬成熟。

2. 高脚方柿　该品种树势强健，抗病虫能力极强，丰产稳产。主产于浙江、江西。果大，重约 250g，高方圆形，橙黄色。果肉黄色，肉质致密，汁多味甜，适宜脆柿食用，品质上等。11 月上旬成熟。

3. 阳朔牛心柿　又名华南牛心柿，产广西阳朔、广东番禺等地。果大，平均单果重 182g。果实心状球形，向顶部渐尖，横切面为方形，果面橙黄色，光滑有白蜡粉。果肉橙红，质脆味甜，肉厚汁多味甜，含糖量达 18％。品质上等，适于生食，也适于制柿饼。10 月上旬至 11 月下旬成熟。

4. 元宵柿　主产广东潮阳和普宁，因鲜果可贮至元宵而得名。果大，平均单果重 200～300g。果实扁圆形，蒂部凹，萼片小，反卷，果皮黄色。果肉橙黄色，肉质柔软，叶浓甜，含糖量 21.0%，种子 3～4 粒，品质上等。10～11 月成熟。

5. 大红柿　主产于广东潮州。果大至特大，单果重 180～300g。果实近圆球形，果顶突或平或微凹。成熟时果面朱红色，被白蜡粉。果肉橙红色，肉质柔软，味甜，无核或 1～2 核。含可溶性固形物 14.0%，可食率 89%，品质上等，最宜鲜食。当地 9 月至 10 月上旬成熟。是中秋应节品种。

6. 安溪油柿　主产福建安溪。其树势强健，树冠高大，树姿开张，枝条分布稀疏，微下垂；叶阔呈椭圆形，顶端渐尖或钝尖，边缘稍向后卷，叶色浓绿。果特大，平均单果重 280g，最大单果重 440g，果实稍高扁圆形，橙红色，有蜡粉，纵沟不明显，果顶广平、微凹，肉质柔软细腻，纤维少，汁多味甜，品质上等。鲜食加工兼优，制成的柿饼油性大，深受欢迎。产地 10 月中旬至下旬成熟。

（二）甜柿

1. 罗田甜柿　主产湖北罗田、麻城。树势强健，枝条粗壮。果实小，果实扁圆形，果面广平无纵沟。平均单果重 100g。果皮橙红色，肉质细密，味甜，核较多，品质中上，鲜食、制饼兼用型甜柿品种。在罗田 10 月上、中旬成熟，但有早、中、晚 3 个类型，每期差 10d 左右。该品种着色后便可直接食用，高产稳产，耐湿热，抗旱。

2. 次朗柿　原产日本静冈县。该品种树势稍弱，树姿开张，树冠呈自然圆头形，抗炭疽病，果实含单宁量低，只需着色便可食用，单性结实能力强，但仍需配植授粉树。果实大，果实单重 200～300g，扁圆形，从蒂部至果顶有 4 条明显的纵沟，果皮橙红色、细腻，果粉中等多。果肉橙红色，肉质细脆，汁少味甜，可溶性固形物 16%，种子小、圆形，平均 1～5 粒。在树上脱涩完全，品质上，宜脆食。10 月中下旬成熟。次郎系的其他品种有若杉次郎、前川次郎、无核次郎等芽变品种。

3. 伊豆　由日本农林省果树实验场育成，果实大，平均果重 200g，最大 284g，扁圆形，果面橙红色，果肉火红色，有紫红色斑点，纤维少，粗而长。肉质脆，致密，汁液多，味浓，可溶性固形物 21%，种子小，3～4 粒，阔卵圆形。在树上脱涩完全，品质极上，宜鲜食，10 月中旬成熟。

4. 富有　原产日本。果实扁圆形，平均单果重 100～250g，果皮橙红色，熟后浓红色。肉质致密，柔软味甜，含糖 18%，品质优。鲜食完全甜柿品种，一般 10 月下旬采收，11 月中旬至 12 月上旬完熟。该品种结果早，丰产，单性结实力弱，需配置授粉树或进行人工授粉，易患炭疽病和根癌病。富有系的其他品种还有松本早生、爱知早生、上西早生等。

此外，甜柿优良品种有引进的禅寺丸、花御所、阳丰、新秋等。

二、生长特性

1. 根系　柿为深根性果树，主根发达，细根较少。根系垂直分布于 3m 以上，水平分布为冠径的 2～3 倍，大多数吸收根分布在树冠滴水线内、深 10～40cm 的土层。根系生长较迟，柿萌芽展叶后活动，在一年中根系有 2 次生长高峰，分别出现在 6～7 月和 9～10 月，柿根系单宁含量多，受伤后难愈合，发根较难，移栽时应注意保护根系。

2. 芽 柿芽常分为花芽、叶芽、潜伏芽、副芽4种。花芽为混合芽、饱满肥大，位于结果母枝中上部，抽生结果枝；叶芽比花芽瘦小，位于一年生枝的中下部，抽生营养枝；枝条基部有两个鳞片覆盖的副芽，常不萌发而成为潜伏芽，潜伏芽的寿命很长。

3. 枝 柿树干性强，幼树顶端优势、层性明显，盛果期后，树势缓和。幼树和旺树一年抽梢2～3次，成年树一般只抽生春梢，枝梢有顶芽自剪现象，只有假顶芽。柿的枝条分为营养枝（纤细枝、发育枝与徒长枝）、结果枝和结果母枝。结果枝大多由结果母枝的顶芽及其以下1～3个侧芽发出，再往下的侧芽抽生为营养枝，营养枝一般短而弱。结果枝在第3～7节叶腋间着生花蕾，开花结果。着生花的各节没有叶芽，开花结果后成为盲节，是柿树结果部位迅速外移的成因，修剪时应注意此特性。

三、结果习性

1. 花芽分化 柿树的花芽分化在新梢停止生长后1个月，约在6月中旬当新梢侧芽内雏梢具8～9片叶原始体时，自基部第三节开始向上，在雏梢叶腋间连续分化花的原始体。每个混合花芽内一般分化3～5个花。中部各节花的分化程度较高，所以果枝中部开花早，结果好。

2. 花与开花 柿的花有雌花、雄花、两性花3种。一般栽培品种仅生雌花，单生于结果枝第3～7节叶腋间，雄蕊退化，可单性结实，仅少数品种，如日本甜柿需要配置授粉树。有雄花的品种，雄花1～3朵聚生于弱枝或结果枝下部，呈吊钟状。每一结果枝着生的花数多少因品种及结果枝的营养状况而异。位于结果母枝顶端的花多，位于下部的花少。柿树在展叶后30～40d，日均温达17℃以上时开花，花期3～12d，大多数品种为6d。

3. 坐果与果实发育 柿果实发育过程分为3个阶段，柿果生长全过程在150d左右。柿的落花落果以花后2～3周较重，6月中旬以后落果减轻，8月上中旬至成熟落果很少。

四、对生态环境条件的要求

1. 温度 柿喜温暖气候，但也相当耐寒。在年平均温度10～21.5℃，绝对最低温度不低于−20℃的地区均可栽培，以年平均温度13～19℃最为适宜。涩柿在南北都可种植，甜柿对温度要求比涩柿高，要求生长期平均温度在17℃以上，否则，在树上不能完全脱涩，失去原有的风味和品质，且着色不良。

2. 水分 柿树耐湿抗旱，但开花坐果期，发生干旱容易造成大量落花落果。柿树在新梢生长和果实发育期，需要有充足的水分供应，生长期水分过多可导致枝叶贪长，影响养分贮藏，即不利于花芽分化，也影响果实成熟和自然脱涩。

3. 光照 柿为喜光树种，但也稍耐阴。在光照充足的地方，生长发育好，果实品质优良。

4. 土壤 柿对土壤要求不严，山地、丘陵、平地、河滩都能生长。但最好土层深厚，土壤pH6～7.5，地下水位宜在1.5～2m以下，最适宜保水排水良好的壤土和黏壤土。

实 训 内 容

一、布置任务

柿的生长结果习性观察：通过观察观察柿枝梢生长与开花结果了解柿的生物学特性。

二、材料准备

进入结果期的柿树，生产上主栽品种资料（品种介绍文字资料、图片、多媒体课件等），载果盘，卡尺，水果刀，折光仪，托盘天平，记载表，记录笔。

三、开展活动

1. 确定观察项目

（1）树体综合观察。树形、干性、层性、分枝角度、顶端优势、枝条密度等。

（2）芽的类型与特征特性。叶芽的形态、大小、着生部位，不同节位叶芽的萌发力及萌发新梢的类型；休眠芽的形态、着生部位、萌发能力；花芽的形态、着生部位；副芽着生位置；枝条的先端自枯性的假顶芽。

（3）枝的类型与特性。识别徒长枝（长度 1m 以上，一般垂直向上，不充实）、发育枝、纤细枝（生长细弱，长度多在 8cm 以下，不充实）、结果枝、结果母枝的形态、着生部位；结果枝的着花节位；观察结果母枝强弱与抽生结果枝的关系，结果枝强弱与坐果率高低、连续结果的关系；枝条上的盲节区位。

（4）观察开花结实习性。观察雌花、雄化、两性花，观察雌能花的花器形态结构、单性结实特性。

（5）物候期的观察。柿树物候期包括萌芽期、现蕾期、初花期、盛花期、终花期、落果初期、落果终期、新梢生长、果实着色始期、果实成熟期、落叶始期、落叶终期。

2. 重要项目观察记载表　观察物候期完成记载表 17-1。

表 17-1　柿物候期观察记载表

地点：　　　　　　　　　　观察时间：　　　年　　月　　日　　　　　　　记载人：

品种	萌芽期	现蕾期	初花期	盛花期	终花期	落果初期	落果终期	新梢生长			果实着色始期	果实成熟期	落叶始期	落叶终期	备注
								一次梢	二次梢	三次梢					

【**教学建议**】柿子南北广泛栽培，品种丰富，品种和识别是最基本的技能，在本模块教学中，于不同的季节如开花、结果初期，果实成熟期，到柿子园观察生物学特性的同时识别不同的品种。

【**思考与练习**】全部观察项目完成后，写出观察分析报告。

1. 绘制柿的结果习性示意图，并注明各部分名称。

2. 试分析柿的结果母枝强弱与结果的关系。

模块 17-2　生产技术

【**目标任务**】掌握柿施肥技术以及水分管理技术，熟悉柿的整形修剪技术，学会保花保果技术，学完本模块后达到能独立完成柿栽培管理的学习目标。

【**相关知识**】

一、育苗与建园

（一）嫁接育苗柿育苗主要是用嫁接法育苗

1. 砧木　生产上常用砧木有君迁子（又称软枣）和野柿，个别地区还有用油柿的。富有柿等多数甜柿品种（次郎、禅寺丸、花御所除外）与君迁子嫁接有后期不亲和的现象，以用野柿砧嫁接比较好。种子秋播或沙藏层积处理后春播。播种后用塑料薄膜覆盖苗床，有助于提高出苗率和砧木嫁接率。

2. 嫁接　嫁接采用枝接或芽接。接穗选成年树树冠外围生长健壮的枝条，结果母枝或发育枝都可选用。枝接多在春季接穗芽开始露青（3 月下旬至 4 月上旬）时进行，这时砧木已萌芽。采用切接或劈接法。保持接穗新鲜，动作熟练并防止接口干燥是提高成活的关键。芽接在当年 8 月中旬至 9 月上旬或次年花期。花期芽接多采用方块芽接法，将带有潜伏芽的接芽片切割成长度约 1.5cm 的长方形或方形，从枝条上取下后，立即插入到砧木同样大小的方形或工字形切口的离皮木质部上，然后进行绑扎。由于柿树含较多单宁物质，因此，嫁接速度要快，并随时用干净的布擦去刀上的单宁物。

（二）栽植

1. 时期　柿树秋栽或春栽都可以，南方地区以秋栽为好。

2. 种植密度　栽植密度依品种而异，计划密植的株行距 2～3m×2～3m，以后根据果园具体情况进行间移；涩柿品种一般树冠高大，株行距常以 4～5m×5～7m 栽植；甜柿品种树冠较小，株行距可缩小到 3～4m×4～6m；无明显中心干的矮生品种（小方柿）可掌握 3.5～4m 的间距密植。

3. 配置授粉树　柿树多数品种单一栽植可获丰产，并形成无核柿，单一栽植时容易发生落花落果的现象。当混栽具有雄花的品种时，能提高产量，但会形成有核果实。富有、次郎等品种单性结实的能力比较弱，需配植禅寺丸具有雄花的品种作为授粉树。

4. 定植　柿根富含单宁物质，伤根后愈合困难，起苗时要少伤根系，贮苗、运苗期间要注意保湿、保温。定植穴长、宽、深不小于 80cm，每穴施腐熟的优质农家肥 50～75kg。将表土与底肥充分混匀，施入穴下部至地表 20cm 处，然后填入一部分表土，灌水沉实后栽植。栽植深度为苗木根颈部与地面相平，根系充分舒展，苗木直立。栽后踏实、淋足定根水，每株覆 1m×1m 的地膜，或定植后树盘内用干草覆盖。

二、施肥

1. 幼树施肥　幼树施肥的目的是迅速扩大根系和树冠，为早结丰产打下基础。其有效措施是勤施薄施氮肥，用量由少到多、由淡到浓的办法。一般每次梢施肥 2～3 次，每次梢萌芽前 10d 左右追一次氮肥促梢，7～10d 后再追 1 次肥，梢自剪后施 1 次复合肥壮梢，秋梢转绿后，9～11 月保持每月施粪水 1 次，开始时淋粪水或 50kg 水对 100～150g 尿素或复合肥，溶后可浇 10 株树。随着梢量增加，可略增加施肥用量，但夏、秋干旱季节不宜多加，粪水浓的宜少加或不加尿素。随着树龄的增加，树冠不断扩大，施肥量应逐年增加。一般结果幼树每株年施肥量为：尿素 0.2～0.4kg，人粪尿 20kg，绿肥 15～20kg，厩肥 20kg，过磷酸钙 0.15～0.3kg，硫酸钾 0.2kg 左右。

2. 成年树施肥　根据柿树生长习性和需肥特点，一年施 3～4 次肥，即萌芽肥、壮果肥、采果肥、基肥。基肥以有机肥为主，化肥为辅。可在果实采收后结合施采果肥（也可在落叶后至来年春季萌芽前施），以放射状沟、条状沟、半环状沟、全园撒施或穴施方法施入，施肥沟深 30～40cm，宽 60～70cm，长视具体情况而定，盛果期树每 667m² 施有机肥 3 000kg 以上，最好与 75～100kg 过磷酸钙混合施入。基肥施入量占全年施肥总量的 80% 以上。萌芽肥春梢萌芽前 10～15d 施用，促使春梢健壮，减少落花落果，株产 50kg 果应施用 0.5～0.75kg 复合肥，氮不可过量，否则，枝梢生长旺盛，引起落花落果。壮果肥在 7 月上旬幼果迅速膨大期施用，不仅能壮果，还促进花芽分化，此次株产 50kg 果应施用 0.75～1kg 复合肥。采果肥在果实采收前后及时施入，起到恢复树势的作用，株产 50kg 果应用 50kg 麸水，加 0.25kg 尿素。此外，全生长季喷叶面肥 3～4 次，也可与防治病虫结合进行。果实着色前可用 0.3%～0.5% 尿素，着色后可喷施 0.2%～0.3% 磷酸二氢钾等。

三、整形修剪

（一）幼树整形　树势强，树体直立性强、层性明显的品种可用疏散分层性；干性弱、分枝多、树姿较开张的品种，宜用自然圆头形。此外还有纺锤形、变则主干形、多主枝开心形等。

1. 疏散分层形　适于株距 3～4m、行距 5～6m 的密度。树体结构：干高 60～80cm，干性、层性明显，树高 4m 左右。主枝在中心干上成层分布，第一层主枝 3～4 个，第二层主枝 2～3 个，第三层 1～2 个，全树主枝 5～7 个。同层主枝间距 20～40cm，层与层之间保持 60～80cm 的层间距。主枝开张角度 50°～60°，主枝上着生 2～3 个侧枝，主侧枝上着生中、小型结果枝组，下层主枝较大，上层主枝渐小，树冠成圆锥形或半椭圆形。

2. 纺锤形　适于株距 2～3m、行距 4～5m 的密度。干高 60～80cm，主枝 8～12 个，分枝角度 70°～85°，在中心干上错落分布，相间 15～20cm，主枝不分层或分层，上下重叠主枝间距不小于 80cm。树高 3.5m 左右，冠径 3～4m。主枝上不着生侧枝，直接着生结果枝组。下层主枝较大，向上依次减小，树冠呈纺锤形。

3. 自然圆头形　定干 80～100cm 后，在整形带（自剪口往下 50cm）内选留 3～5 个错落着生的主枝，主枝都向外围伸展。主枝基部与树干成 45°～50°。当主枝长达 50～60cm 时剪截或摘心，促其生成 2～3 个侧枝分列主枝两侧，主枝头继续延伸。当侧枝生长至 30～50cm 时进行摘心，在其上形成各类结果枝并逐渐形成枝组。结果枝组可以分布在侧枝的两侧或上下。

4. 多主枝开心形　适于株距 3～4m、行距 4～5m 的密度及土层较薄、肥力较差的立地条件。树体结构：主干高度 80～100cm，无明显的中心主干，树高 3.5～4m。在树干顶端选留 4～5 个主枝，主枝开张角度 45°～50°，向斜上方自然生长，各主枝间生长势相对平衡，每个主枝错落着生 3～4 个侧枝，主侧枝上着生结果枝组。主枝平衡生长，侧枝层性明显，树冠呈自然半圆形。

（二）结果树修剪　柿树修剪以休眠期修剪为主，夏季修剪主要进行萌芽、摘心、环割、拉枝等。

1. 结果枝组的培养 以先放后缩为主。徒长枝可拿枝以后缓放，也可先截后放培养枝组。枝组修剪要有缩有放，对过高、过长的老枝组，应及时回缩；短而细弱的枝组，应先放后缩，增加枝量，促其复壮。

2. 结果母枝修剪 首先应通过去弱、疏密、留壮或剪去顶端 3～4 个花芽的方法，使其保持合理的负载量和距离。然后对留下的结果母枝，根据其生长情况，分别进行修剪：生长健壮的结果母枝一般不进行短截；强旺的结果母枝混合花芽比较多，可剪去顶端 1～3 个芽；生长较弱的结果母枝从充实饱满的侧芽上方剪去，促发新枝恢复结果能力，若没有侧芽，从基部短截，留 1～2cm 的残桩，让副芽萌发成枝。

3. 结果枝修剪 如当年未形成花芽，可留基部潜伏芽短截，或缩剪到下部分枝处，使下部形成结果枝组。有发展空间的徒长枝可短截补空，否则，从基部疏去。

四、保花保果

柿树坐果率较高，但生理落果较严重，必须在保花保果的基础上结合疏花疏果。

1. 疏花疏果 疏花疏果分疏蕾、疏花、疏果 3 次进行。在开花前 10d 左右疏蕾。在开花期疏花，应根据品种、结果枝的长度、长势以及在结果枝上的着生角度而有不同。在同一结果枝上，应留早开的花及其所结的果。疏果应在第一次落果后进行。疏除病虫害果、伤果、畸形果、迟花果，保留个大、整齐、深绿色、萼片大而完整，不易受阳光直射的侧生果或侧下果。一种方法是将结果枝两端的小型果及畸形果疏除，保留第 2～4 节位上的果实；另一种方法是当结果母枝抽生 3～4 个结果枝时，留先端 2～3 个结果枝结果，下部结果枝上的果实全部疏除，作为下一年的预备枝。

2. 人工授粉 一些柿树品种单性结实能力弱，必须搭配授粉树或人工授粉，多数柿树品种单一栽植，能获得丰产，但落花落果严重，搭配授粉树或人工授粉能明显减少落花落果。

3. 生长调节剂和微量元素使用 在盛花期喷 5～10mg/kg 的 2，4-滴或 50～100mg/kg 赤霉素或 50mg/kg 萘乙酸，在开花前及开花期各喷一次 0.1％硼砂加 0.2％～0.3％的磷酸二氢钾溶液，都有起到减少落花落果的作用。

4. 合理的修剪措施 树势生长健壮的柿树，在开花前 5～7d 环剥一次，若营养生长特别旺盛的在谢花后 5～7d 在再进行环剥一次。在开花期在结果枝花上留 4～6 叶摘心，抽生的二次枝留 2 叶摘心。这些措施能控制营养生长，集中养分供应给花和果，起到保花保果作用。

五、果实采收

采收时期依品种、用途而定，鲜食脆柿宜在果实已达应有的大小、果顶开始着色、皮色转黄、种子呈褐色时采收，经过脱涩后供应市场，采收过早，皮色尚绿，脱涩后水分多，甘味少，质粗而品质不良。加工柿饼用果实应在果实成熟，全部着色，由橙转红时采收，一般都在霜降前后采收，果实含糖量高，尚未软化，削皮容易，制成的柿饼品质较优，加工果脯的在 1/2 着色时采收。作软柿的柿果，最好在树上黄色减退，充分转为红色，即完熟后再采。甜柿在树上已脱涩，采收后即可食用，一般在果皮完全转黄后采收，在外皮转红色、肉质未软化时采收，则品质更佳，过熟的甜柿，果肉已软化，风味不佳，甜味减弱，可见，甜柿的最适采收期在果皮变红的初期。果实采收可用长采果杆采摘，要避免损伤果实。不同地区柿子的采收方法不同，有的用夹竿，有的用捞钩折，有的用手摘，有的用采果器采收。

实 训 内 容

一、布置任务

柿的脱涩处理：熟记目前柿子脱涩的方法及使用的药剂；掌握药液配制方法；掌握药物处理方法；观察记载处理效果。

二、材料准备

乙烯利、石灰，量筒，水桶，喷雾器，口罩，肥皂，生涩柿果实。

三、开展活动

1. 石灰水脱涩　按 100kg 柿果用生石灰 3～5kg 的比例，配成石灰水，将柿放入大缸或木桶，石灰水以淹没柿果为度，密封后经 3～6d，即可脱涩。因钙离子的作用，此法有保脆作用，但果实表面常有石灰附着，处理不当易裂果。

2. 温水脱涩　用大缸装入涩果，满达容器的 70%，注入 50℃ 的温水将柿果浸没，加盖密封，保持恒温，隔绝空气，经 10～24h 便可脱涩。此法关键是控制水温，方法简单易行，速度快，但处理的柿果风味变淡，不能久贮（易变褐、变软）。

3. 二氧化碳脱涩　将柿果置于充满二氧化碳的密闭容器中，无氧条件下，保持温度 25～30℃，经 7～10d 可脱涩。若加压至 $3.4×10^5$～$5.4×10^5$ Pa，温度 20℃，2～3d 可脱涩。脱涩后的柿果常有刺激性气味，需在通风处挥发掉气味方可食用。处理后的果肉紧密细脆，但组织易软化，货架期短。

4. 乙烯利脱涩　用 250mg/kg 的乙烯利水溶液浸果 3min，然后密闭 3～10d 即可脱涩。此法简便，成本低，可大规模进行。

5. 酒精脱涩　将柿果装入脱涩容器内，每装一层喷少量酒精（或每 30kg 柿果用 30%～40% 酒精的普通白酒 200～300mL），装满后封闭 7d 左右即可脱涩。此方法要注意酒精用量过多易使柿果变味。

此外，还有冷水脱涩、鲜果或植物叶脱涩、熏烟脱涩、柿果的树上脱涩等方法。

【教学建议】

1. 根据当地柿生产规模及特点选择实训内容，其余部分通过教学录像或其他形式完成。

2. 香蕉后熟处理和柿果脱涩处理可以同时进行，并可设置对比试验。

【思考与练习】

1. 调查当地如何对柿的果实进行脱涩。

2. 柿的整形修剪要点有哪些？

模块十八　番石榴

◆ **模块摘要**：本模块观察番石榴的生物学特性，掌握主要生长结果习性以及对环境条件的要求；学习番石榴的施肥、水分管理、树体管理等主要生产技术。

◆ **核心技能**：番石榴整形技术；疏花与疏果技术；保花保果技术。

模块 18—1　主要种类品种识别与生物学特性观察

【**目标任务**】熟悉生产上常见的栽培品种的果实性状与栽培性状，识别当地栽培的主要品种，了解番石榴的生物学特性，为进行番石榴科学管理提供依据。

【**相关知识**】番石榴属于热带、亚热带常绿或半落叶木本果树。果实清香可口，营养丰富。除鲜吃外，还可制作果酱、果汁饮料等。番石榴还具有医疗保健作用，果汁和叶片可降低血糖，果实治糖尿病，民间常用叶片治腹泻。番石榴以它独特的口感和保健功能受到越来越多消费者的青睐，在国外饮料市场上，番石榴汁渐渐替代鲜橙汁，已成为世界热带地区的著名饮料。

番石榴适应性强，是速生、早结、成花容易、结实性好、丰产、稳产的果树，已成为我国南方一种重要的果树。番石榴全年可开花结果，可周年供应市场。

一、主要品种

番石榴为桃金娘科番石榴属果树。该属约有150个种，其中番石榴是番石榴属中分布最广、栽培最多的一个种。目前，生长上栽培的主要品种有：

1. 新世纪石榴　我国台湾选育的番石榴品种，是目前台湾栽培最广的品种之一。果为圆形和长椭圆形，平均单果重 310～450g，成熟时果色呈玉绿色，肉质洁白，种子少，果质松脆，可溶性固形物含量 8%～13%，酸甜可口，风味佳，可食率 77%～85%，品质优。果实耐贮藏，货架期较长，常温下放置室内 10d 后仍保持原有风味，不软化腐烂。

图 18-1　番石榴结果状

2. 胭脂红石榴　广东优良品种。其最主要特征是成熟果实呈红色，外观令人喜爱。依其着色情况，又分为 5 个品系，即宫粉红、出世红、大叶红、全红、七月红。

3. 珍珠石榴　原产台湾。果实为圆形至椭圆形，标准果果形极像珍珠，果顶圆大，果肩渐尖；果大，平均单果重 500～520g；种子少，果肉脆，糖度高，可溶性固形物含量

10%～14%，风味佳，品质优。果实耐贮藏性强，8℃下贮藏21d无异味，常温下放置10～15d仍保持原有品质。

二、生长结果特性

1. 根系　番石榴根系发达，侧根、小根多而密，较浅生，主根群分布在表土50cm以内。每年2月开始萌发新根，以4～5月生长最快，9月以后生长减慢。番石榴由于细根多，伤后恢复生长快，所以大树移栽容易成活。

2. 枝梢生长　在南亚热带地区，一般在2月开始萌芽，3～4月抽出新梢。在温度适宜、水分和养分充足的条件下，全年均可抽梢。芽具早熟性，容易萌发，成枝力强。一般幼年树每年可抽梢3～4次梢，结果树抽梢2次（春、秋梢）。番石榴有顶芽自枯现象，但由于枝梢延伸生长能力强，未经摘心、短截，强壮的枝梢可延伸生长达1m以上。经摘心、短截，促进枝梢老熟、加粗生长和抽发新梢。长约30cm的粗壮枝梢是优良结果母枝，对不着花的新梢留30cm摘心，使其长成为粗壮的结果母枝。每次新梢萌发都能开花结果。结果枝不但在上一次老熟的枝梢上抽生，也可于2～3年生枝上抽生，且结果性能更好。对番石榴结果后要进行修剪，以便促发新的结果母枝继续结果。

3. 花芽分化　番石榴属于多次分化型，一年四季都可进行花芽分化。每次新梢萌发都能开花结果。根据这个特性，通过修剪的方法，可人为地调节花期和产期。

4. 开化与结果　番石榴的花蕾，大都着生在当年抽生的新梢或老熟枝条萌发的新梢的第2～4节叶腋上。在新梢枝条长出5～8对叶片，叶片展开，并由青黄色转为浅绿色时，即抽出花蕾。花蕾大多成对生，有单花对生、二花集生或三花簇生。花为两性花，夜间开放，早上9～10时谢花，自花能孕，坐果率达95%以上。花期一般15d左右。

番石榴一年四季均可开花，但集中在4～5月和8～9月开花。4～5月为正造花，8～9月为翻花。正造果果实生育天数60～70d，翻花果果实生育天数80～120d。番石榴自开花至小果历期约20d；出现小果后再经20d，小果转蒂（果实下垂），然后进入迅速膨大期，此期需要充足的水分和养分，要注意水分管理与施肥。

三、对环境条件要求

1. 温度　番石榴为热带果树。其耐寒力比芒果、番荔枝、番木瓜、香蕉和菠萝强，能忍受短期轻霜，故也适于南亚热带栽培。在-2～-1℃时幼龄树会受冻而死，成年树出现冻害；在-4℃时成年树地上部大部分受冻致死。

最低月平均气温在15℃以上的地区可作为番石榴栽培生态最适宜区，最低月平均气温在10℃以上可作经济栽培。温度低生长缓慢甚至停止生长，叶呈紫色，光合能力差，不利于开花坐果和果实发育。在果实发育期较高温度膨大快，着色好，低温时成熟慢，当气温低于15℃时，则品质不良。日夜温差大，有利于养分积累，提高果实品质，故番石榴冬季成熟的果实比夏季成熟的果实品质好，种子明显减少，肉质香脆。

2. 光照　番石榴喜光也较耐阴，阳光充足，果实品质更优良，着色更佳。

3. 水分　番石榴喜水，耐湿性强，也很耐干旱，在贫瘠旱坡上的番石榴，即使半年不雨，又未灌溉，也未见枯死，比大多数热带果树耐旱。在热带地区，年降雨量1 000～2 000mm的地区都能丰产。

4. 土壤　番石榴对土壤适应性强，无论肥沃松软的砂质土和黏质土，还是贫瘠的丘陵坡地赤红壤土，都能生长，但以土层深厚、排水良好、pH5.5～6.5、富含有机质的沙壤土为佳。但如土壤过于肥沃或施肥过多，虽可早结、丰产、果大，但产期落果，成熟果实质软，果皮色青，缺乏光泽、风味淡，不耐贮运。

实 训 内 容

一、布置任务

观察番石榴的生长结果习性。

二、工具材料的准备

番石榴种植园，卡尺，尺子、记载表，记录笔。

三、开展活动

1. 确定观察项目　抽梢时间、结果母枝抽生的部位、结果母枝的大小、结果母枝的长度、开花的部位、开花状态、开花到小果期天数、膨大期天数、果实发育总天数。

2. 观察记载　把观察记录入表 18-1，并作分析报告。

表 18-1　番石榴生长结果观察记录表

观察时间：　　　　　　　　年　　月　　日　　　　　　　　　　　　　　　　记录者：

品种	新世纪石榴	珍珠石榴	胭脂红石榴	备注
抽梢日期				
结果母枝抽生的部位				
结果母枝的大小				
结果母枝的长度				
开花的部位				
每枝开花数				
开花日期				
小果出现日期				
开花到小果期天数				
果实成熟日期				
果实发育总天数				

【**教学建议**】本教学模块主要是认识番石榴的生物学特性，主要的实训内容是观察生长结果习性。因而，番石榴的开花结果习性的观察等内容必须到果园内进行，观察时间不定期，在经常的课外观察中掌握所学的知识。

【**思考与练习**】写出对番石榴结果习性的观察报告。

模块 18－2　　生产技术

【目标任务】掌握番石榴的育苗建园技术、施肥与整形修剪技术，重点掌握整形修剪技术。

【相关知识】

一、育苗与建园

番石榴可用播种法培育实生苗（本地普通番石榴可用此法），常用的是用嫁接法培育嫁接苗。

1. 砧木　以本地的普通番石榴或野生番石榴做砧木为好。番石榴种子忌日晒，随采随播为好，经日晒的番石榴种子发芽率低。番石榴种子外壳坚硬不易吸水，故在播种前要进行催芽处理，用 500～1 000mg/L 赤霉素浸种 12h，可促进发芽，提高发芽率。或将种子与等量的粗砂混合，置于结实的桶中用圆头木头冲捣，擦伤种壳，也利于种子吸水发芽。

2. 嫁接　春季气温回升至新梢萌发前、秋季秋梢成熟后至降温前是番石榴嫁接的最佳时期。番石榴嫁接以芽切接法为多，也可以用舌接法嫁接。

二、栽植

1. 时期和方法　以春季气温回升，尚未萌发新芽时栽植最好，秋季也可栽植。广东一般习惯于 3～4 月春植，广西一般在 2～3 月种植。番石榴细根多，根系恢复生长能力强，种植容易成活。但在栽植时还是要注意少伤根，否则栽植后恢复生长慢或生长不良，严重的不能成活，因而以带土起苗或用营养袋苗定植为好。

2. 密度　种植密度因品种、土质、栽培管理方法而定，一般株行距为 3m×4m、4m×5m、4m×6m；国外也有采用 6m×9m 稀植的。为实现早期丰产，实行计划密植，可采用 2.5m×3m、2m×3m 种植。

三、施肥

1. 幼树施肥　定植前在定植坑（穴）内放足基肥，在定植 1.5～2 个月后番石榴恢复生长时可以开始进行追肥。幼年树以施速效氮肥如尿素、粪水等为主，结合施复合肥，每 2～3 个月施一次，一年施 3～4 次即可。计划第二年投产的树，在当年的秋季要增施磷、钾肥（过磷酸钙、氯化钾、磷酸二氢钾等），以促进花芽分化良好。

2. 结果树施肥　番石榴施肥以有机肥为主，氮、磷、钾及微量元素合理配合施用。对结果的番石榴，氮肥施用需适量，过量将降低品质（果肉松软、味酸、味淡）且不耐贮运；增施磷、钾肥对增加果实含糖量，降低酸度，增加果重以及利于着色等均居较好效果。

施肥时期根据各品种的开花习性和主要收果期而定，一般年施肥 4～5 次。施肥通常在花芽分化前、幼果期、果实膨大期及采收后施。开花前施有机肥、氮肥为主，幼果生长及果实迅速膨大期以磷、钾为主。若以生产冬春果为主，施肥重点在培养秋梢结果枝和促冬春果的发育，一般可在 2、5、8、11 月各施一次，其中 8 月及 11 月的施肥对冬春果地品质至关重要，需特别加强。8 月要有机肥与化肥结合，以氮肥为主，磷、钾配合，11 月施肥则以磷、钾肥为主，促进果实发育和提高品质。

四、整形修剪

1. 丰产树形 番石榴的树形以无主干的自然圆头形为主，矮化密植的也可用扇形、丛状形树冠。

2. 结果树修剪的必要性和基本要求 番石榴是在新梢上抽生花蕾开花结果，因而必须进行修剪促发新梢成为结果枝。如长期不修剪，不仅由于抽新梢少时间不一致而导致开花少、产量低、成熟不整齐，并且枝条不断向外扩张，影响通风透光，果实容易招致病虫灾害而降低果实品质。修剪是番石榴控制旺长，促发健壮的结果枝，保证丰产稳产的重要的技术措施。

修剪的基本要求一是培养结果枝，让结果枝抽发多而整齐；二是控制树冠，防止树冠向外扩张，维持果树树冠的良好形态。

五、保花保果技术

1. 疏花 番石榴是易成花的果树，一般只要有健壮的新梢抽生，其上就必有花。为了减少营养消耗，促进果实发育，结出大果提高品质，必须进行疏花。疏花在盛花前期进行，保留新梢单生花序；二花集生者去除小花；三花簇生者去除左右花，保留中央无柄花。

2. 疏果 番石榴坐果率高，开花时只要气候良好，有花必有果。为了促进果实生长，达到果大、丰产、优质的目的，提高经济效益，必须进行疏果。疏果一般在谢花后30～40d，当果实直径达1～2cm时进行。留果量则视枝条营养状况，枝粗叶大而厚的结果枝留两个果，枝较弱而叶较小的结果枝留一个果。

3. 套袋 套袋是番石榴丰产优质栽培的一个重要环节，套袋后果实着色好，外观呈鲜嫩的色泽。疏果后立即进行果实套袋，由于番石榴果实皮薄，表皮易擦伤和老化粗糙而降低商品价值，所以，一般用泡沫网筒套作内层，再套果袋。生产上有专门的番石榴果袋可以选用。套袋时间可根据幼果大小而定，一般在开花后1个月左右进行，这时幼果果径达到1～2cm；套袋要分期分批进行，套袋前应喷一次内吸性杀菌剂防病，以防果实在袋内腐烂。果实采收前不用除袋，采收时连袋一起摘下，确保果实不受机械损伤，保持外观完美。

实 训 内 容

一、布置任务

番石榴的整形修剪技术。

二、材料准备

适合修剪的番石榴树，枝剪，手锯，薄膜等。

三、开展活动

1. 幼年树的整形 苗木定植后任其生长一段时间，然后在离地面40～50cm处短截定干。萌发新梢后培养3～4条主枝向四面斜展，使树体生长匀称，能接受到充足的光照。主枝以及从主枝抽生的各次新梢留30cm摘心，培养矮化紧凑的自然圆头形。随着植株的逐年增大，进行拉枝、疏剪，改善通风透光条件。

2. 结果树的修剪 结果初期修剪以轻剪、摘心、疏剪为主，一般不采取重短截促梢。当新梢长至 30cm 即摘心，对于生长过密的枝条适当疏剪。

进入盛果期后，开花结果多，营养生长减弱，要加重修剪，同时短截大枝，促发新梢，成为新的结果枝。一般树体健壮、养分积累充足、有新梢萌发的，就有部分新梢抽出花蕾成为结果枝开花结果。未着生花蕾的新梢，留 30cm 摘心，可促进其变粗短，成为良好的结果母枝。

对多年生的大树，枝条过多过密时，为改善通风条件，疏去过密枝，并对大枝进行回缩修剪，用手锯锯截，锯后用薄膜包扎锯口，利于伤口愈合。

【教学建议】

1. 番石榴的主要生产技术在于整形与修剪，特别是通过修剪促发新梢而开花结果是保证丰产的主要技术，在教学上必须到果园进行实地操作，并观察其处理效果。

2. 番石榴套袋的效果对改善外观品质作用很大，在进行操作实训时，设置不套袋的为对照，到收获时套袋与不套袋的进行效果对比，加深印象。

【思考与练习】试解释番石榴修剪的重要性。

模块十九　毛　叶　枣

◆ **模块摘要：**本模块观察毛叶枣主要品种的树冠及果实的形态，识别不同的品种；观察毛叶枣的生物学特性，掌握主要生长结果习性以及对环境条件的要求；学习毛叶枣的施肥、水分管理、树体管理等主要生产技术。

◆ **核心技能：**掌握毛叶枣的生物学特性；毛叶枣的整形与修剪技术；毛叶枣的疏花疏果技术。

模块 19－1　主要种类品种识别与生物学特性观察

【目标任务】熟悉生产上常见的栽培品种的果实性状与栽培性状，识别当地栽培的主要品种，了解、掌握毛叶枣的生物学特性。

【相关知识】

毛叶枣又称印度枣、大青枣、台湾青枣等，是热带、南亚热带常绿或半落叶性灌木或小乔木。印度是原产地，也是世界上的生产大国。我国台湾、广东、广西、海南、云南、福建是主要产区。

毛叶枣粗生易长，是木本果树中生长结果最快的果树之一，成年树当年重修剪后萌发的枝条可长到 3～4m 长，径粗达 3～4cm。栽培适应性强，生长快，结果早，当年种当年收。成花容易，丰产稳产，无大小年结果现象。果实清脆细腻，口感好，风味独特，营养丰富。果实上市时间正是冬春鲜果供应淡季，市场需求量大，果实有一定的耐藏性，发展潜力大，投资效益高。但叶片及果实容易受白粉病感染，要加强防治。

一、主要品种

毛叶枣是鼠李科枣属果树，本属共有 100 种，我国约产 13 种，栽培的主要品种有：

1. 五十种　又称高郎 1 号，是台湾选育的品种。果实呈长椭圆形，单果重 100～160g；皮薄光滑、淡绿色，颜色鲜艳；果肉白色，肉质脆嫩、细致，清甜多汁且无酸味，可溶性固形物含量为 10%～13%；果实贮运性好，品质优良。

开花期 5 月下旬至 11 月上旬，成熟期 11 上旬至翌年 2 月中旬。树势旺盛，枝条粗壮，枝条刺少。易栽培管理，抗白粉病。

2. 世纪枣　果实长卵圆形，果大，重约 300g，果皮薄但较粗糙，呈青绿色。果肉细嫩、清甜多汁、无酸味，果实完全成熟后仍清甜可口，品质优良。果实成熟期 10 月中旬至翌年 2 月上旬。抗白粉病，枝条无硬刺，便于管理。

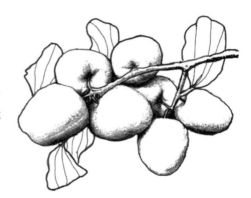

图 19-1　毛叶枣结果状

3. 脆蜜　从五十种中选出。果实椭圆形，果较大，单果重130～160g，果皮鲜绿，皮薄，果肉白色，肉质脆嫩，清甜多汁，果实成熟后果肉不易变松软，可溶性固形物含量为15％，品质特优，商品性好。开花期5月开始，果实成熟期12月到翌年2月。

4. 大世界　果大，130～200g，果实味甜、质略粗，比脆蜜皮厚，耐贮运，但外观不及脆蜜。成熟期10月至翌年2月，可留果到3月，晚熟。

5. 蜜思枣　果实近圆形，单果重100～120g，果皮绿色、光亮，果肉白色致密，肉质脆，可溶性固形物含量为15％～17％。成熟期12月至翌年3月上旬，晚熟。

二、生长结果特性

1. 根系　毛叶枣根系发达，有浅生性，侧根较多，吸肥吸水能力强。毛叶枣具有强大的吸收根系，是植株迅速生长的保证。

2. 枝梢生长　毛叶枣枝干发达，主干直立粗壮，树皮厚且粗糙，常有纵裂纹。叶为单叶互生，呈椭圆形或长椭圆形，有3条明显叶脉，叶面光滑，叶背生灰白色茸毛。毛叶枣枝梢斜向生长，一年内抽生新梢3～8次，且呈连续生长，即顶芽向上生长，并随时抽发侧枝，萌芽力强。枝梢耐修剪，生长强旺的树在肥水充足时，春季对主枝回缩修剪，半年内就可恢复树势。新梢当年内生长量可达1m以上，一年生的幼树树高达1.5m以上。枝条长、软、脆，生产上需立柱或架支撑，防止断裂。

3. 花芽分化　毛叶枣的花为聚伞花序，腋生于当年生枝条上，每花序着生小花多朵，小花白色，是完全花。毛叶枣花芽分化与枝梢生长同步进行，花芽分化快，且能连续分化，随着生长而不断开花。毛叶枣成花容易，花量大，花果同枝，一年可多次开花，多次结果。但一般8月以前开的花坐果率很低，9～10月开的花则坐果率高。幼苗定植后2～3个月就能开花结果。

4. 开花与结果　毛叶枣主要通过蜜蜂、苍蝇、蚂蚁等昆虫和微风传粉，坐果率高，一般每个花序可坐果3～7个，可成串成果。花后40d内是果实快速生长期，此期生理落果较多。花后90d左右果核硬化，果实膨大明显加快，花后120d左右，果实开始由青绿转至浅绿或黄绿，果实成熟。从开花至果实成熟需110～150d，早熟品种需110～120d，晚熟品种需130～150d。成熟期9月至翌年3月，但多集中在12月至翌年2月。

三、对环境条件的要求

1. 温度　毛叶枣原产于热带地区，但对气温的适应性较强，既能耐热，也能耐较低温度，在-5℃条件下短时间不会冻死，但忌霜冻。在1 200mm海拔下，年平均温度18℃以上，基本无霜的热带、亚热带地区生长快，投产早，品质优。一般在气温14～16℃时，即可开始萌芽，17℃抽梢展叶，19～20℃现蕾，20～22℃可开花。

2. 光照　毛叶枣为阳性树种，喜充足的光照，在光照充足时生长快，花量大，坐果率高，反之坐果率低，落花落果严重。但适当的遮阴有利于果实膨大，外观好，但口感风味稍差。

3. 水分　毛叶枣喜干燥环境，不耐阴湿气候，忌浸水。花前1个月、幼果期需保持干燥，其他时期保持湿润。花期遇雨或转冷，结果不良；果实发育期遇干旱，果实变小，变硬；忽干忽湿，会造成严重落果。

4. 土壤　毛叶枣对土壤适应力强，可在砂土、石砾土、黏土和壤土等多种类型的土壤生长。但以土层厚、肥沃、排水良好、pH6～6.5的砂质壤土栽培为好，植株生长旺盛，产量高，果实品质好。

实 训 内 容

一、布置任务

毛叶枣的生长结果习性观察。

二、工具材料的准备

毛叶枣种植园，卡尺，尺子、记载表，记录笔。

三、开展活动

1. 确定观察项目 抽梢时间、开花时间、开化状态、每枝开花数、开花到小果期天数、膨大期天数、果实发育总天数。

2. 观察记载 把观察结果记录入表 19 - 1，并作分析报告。

表 19 - 1　毛叶枣生长结果观察记录表

观察时间：　　　年　月　　日　　　　　　　　　　　　　　　　记录者：

品　　　种	品种 1	品种 2	品种 3	备　注
抽梢日期				
开花时间				
开花状态				
每枝开花数				
小果出现日期				
开花到小果期天数				
果实成熟日期				
果实发育总天数				

【**教学建议**】本教学模块主要是认识毛叶枣的生物学特性，识别主要栽培品种，主要的实训内容是观察生长结果习性。因而毛叶枣的开花结果习性的观察等内容必须到果园内进行，观察时间不定期，在经常的课外观察中掌握所学的知识。

【**思考与练习**】写出对毛叶枣结果习性的观察报告。

模块 19—2　　生产技术

【**目标任务**】学习掌握毛叶枣的育苗建园技术，施肥与整形修剪技术，疏花疏果技术，重点掌握整形修剪技术。

【**相关知识**】

一、育苗与建园

毛叶枣用嫁接法育苗为多。

1. 砧木　选用野生的毛叶枣即酸枣或用滇刺枣作砧木。毛叶枣的种子种壳厚，为了提高种子发芽率，促进发芽整齐均匀、出苗快、幼苗生长健壮，播前应进行种子处理。处理方法是用清水浸种 36～48h，或用 5％的石灰水浸种 24h，既有杀菌作用，也有利于种子发芽。

2. 嫁接　毛叶枣的适宜嫁接时期为 4～9 月，以 5 月为最好。当实生苗长到径粗 0.7～1.0cm 时即可以嫁接，嫁接高度离地面 10cm 左右，砧木保留叶片 2～3 叶。嫁接方法常用切接、枝腹接和芽片腹接。

二、栽植

1. 时期　营养袋苗全年均可种植，裸根苗宜在 2～4 月新梢萌发前定植。

2. 密度　毛叶枣生长快，结果时一般把枝条拉向水平方向，尽管每年都对树冠进行重修剪，但由于萌发后枝梢生长快，树冠占地面积仍大，据此，新植园初期可密些，如株行距为 2m×5m、3m×4m、3m×5m，第三年再行间移到适宜密度，依次为 4m×5m、6m×4m、6m×5m。

3. 配种授粉树　毛叶枣为异花授粉果树，若在一果园中种植单一品种，往往授粉不良，坐果率不高，产量低。因此，种植时需配种授粉品种。授粉品种宜选择花粉亲和力强、花量多、开花期相吻合的品种。主要授粉品种有黄冠种、世纪枣、碧云种等。主栽与授粉品种比例为 6～7：1。

三、施肥

毛叶枣生长快，开花多结果也多，必须供应充足的肥水条件才能获得高产优质。

1. 幼树施肥　新定植的幼苗长出第一次新梢后，每隔 7～10d 淋一次 0.3％～0.5％尿素水肥，连续追肥 3～4 次；以后每隔 40～50d 施一次复合肥，每株树施肥 0.2～0.3kg。10 月中、下旬至 11 月上旬每株施 1～1.5kg 的腐熟麸饼肥，提高果实甜度。

2. 结果盛期施肥　结果盛期的毛叶枣施肥，应掌握好 3 个主要施肥时期。第一次在春季（4～5 月）主干回缩修剪后、新梢抽生时施，目的是恢复树势，促新梢生长。此时重施有机肥，配合适量化肥，每株施腐熟有机肥 20～30kg＋0.5～1.0kg 石灰＋0.5～1.0kg 复合肥，采用沟施。第二次在盛花期前（7～8 月），促花芽分化和提高花的质量，以氮、钾肥为主，适当施磷肥。每株施复合肥 0.5～1.0kg，施后淋水。第三次在果实发育期（10～11 月），促果实增大和改善品质，每株施复合肥 1～1.5kg，若遇干旱，结合灌水。

3. 喷施化肥或微量元素　毛叶枣结果多，需肥多，并对微量元素的需求量比一般果树大，特别是开花挂果期（8～12 月），容易缺硼、缺镁、缺锌，因而在整个生长期要不断地喷施化肥及微量肥加以补充。在抽梢期和开花坐果期，每隔 15d 左右喷施一次 0.2％磷酸二氢钾加 0.3％尿素；在果实膨大期 10～11 月，喷施 0.2％硼酸＋0.2％硫酸镁＋0.2％硫酸锌等叶面肥 3～4 次；在果实采收前 10～15d 再喷一次 0.2％磷酸二氢钾＋0.5％葡萄糖液，增加果实甜度。

四、整形修剪

1. 培养树形　当苗长到 30～40cm 高时进行摘心，或当苗长到 50～60cm 高时，在离地面 30～40cm 处剪断（嫁接口以上 12～20cm），促使抽生侧枝。当侧枝抽发后，选留 3～4

条分布均匀、生长健壮的侧枝作为主枝，用竹竿引缚向四方，使之成为开心形树冠。

2. 摘心、除梢　当果实开始迅速膨大时，对枝条进行摘心，萌发的枝梢也要及时摘除，以免枝条继续生长，消耗营养。

3. 疏枝　主枝上抽生的直立枝梢应及时剪除，并适当剪除密生枝、徒长枝和纤细枝，利于营养积累供果实发育，也有利于通风透光，减少白粉病。

4. 立支架　毛叶枣枝梢木质软，结果多时，由于果实太重枝条难以承载往往连果带枝垂落到地面甚至折断，须及时设立支架加以固定。架子材料可以选用竹竿或木棍，架子高度1.0～1.5m，支撑各枝，防止主枝因叶果重量过大下沉造成主枝分叉处劈裂。

5. 主枝更新　由于毛叶枣枝梢生长量大，再生力强，必须进行更新修剪，二年生以上的毛叶枣，每年须更新，否则来年所结果实小，品质差，产量低。更新修剪的方法：在毛叶枣果实采收后，经1～2个月树势恢复，于3～4月在离地面30～40cm（嫁接口上20～30cm）处锯断主枝。截后抽发新梢，选留生长良好、位置适中的一条新梢作当年的新主枝，在其附近再选3～4条作为第一级分枝，其余抽发出的枝、芽应全部及时剪除，以后的整形修剪按一年生幼树整形修剪方法。新主枝长1.2～1.5m时重新搭架支撑各主枝。

五、花果管理

1. 疏果　毛叶枣花果量很大，每个节位一般自然挂果达3～7个。如果任其自然生长，果小，果实品质差。因而需进行疏果。疏果能使果实显著增大，提高其品质和商品性。疏果应在谢花后的幼果期进行（果径约0.5cm时），疏除过多过密的小果、畸形果、病果、虫果等，每节选留一个果或每间隔一节选留一个果实，强壮枝多留，弱细枝少留。留果节位尽量靠近枝条基部，枝条末端的幼果、花穗一般不留。

2. 套袋　大青枣果皮幼薄，易受风伤及病虫害、鸟害损坏，实施套袋作业，才能保证大青枣表皮光亮、品质良好。疏果作业后，当果实直径有1cm时，选择晴好天气，喷完杀菌、杀虫药剂后立即套袋。目前的套袋材料多用塑料胶袋，规格为用宽8～10cm、长12～15cm，底部两端各剪一斜口，有利于透气排水。

实　训　内　容

一、布置任务

毛叶枣的搭架栽培。

二、工具材料的准备

适宜进行搭架的毛叶枣果园、柴刀、木条、竹竿、铁线、绳子、铁锹、铁锤等。

三、开展活动

1. 搭架时期　当树高80～100cm时，就开始搭架，引枝上架。

2. 木条或竹子的处理　把木条或竹竿锯成长200～230cm的木桩。横架用竹子或木条或铁线，长度200～300cm均可。

3. 搭架　先立柱，柱入土30～40cm，保持柱高150～200cm，然后拉横架。横架可用铁线、木条、竹竿等材料横向拉开搭成，用铁线绑扎固定。

4. 引枝上架　随着枝条的伸长，把枝条引上架，并用胶线绑紧固定。

【**教学建议**】修剪，疏花疏果是毛叶枣的主要栽培技术，特别是每年的更新修剪，是不同于其他果树的一项作业，尽管本教材没有安排更新修剪的实训项目，但在教学上必须实地进行实际操作，以提高教学效果。

【**思考与练习**】

1. 试说明毛叶枣疏果的必要性。

2. 简述毛叶枣更新修剪技术要点。

主 要 参 考 文 献

北京市农业学校.1984.果树栽培学实验实习指导［M］.北京：农业出版社.

陈本康，等.1986.果树栽培学［M］.广州：广东省农业厅.

福建省漳州市农业学校.1990.果树栽培学各论（南方本）［M］.北京：农业出版社.

傅秀红.2007.果树生产技术（南方本）［M］.北京：中国农业出版社.

龚辉祥，等，1999.果树栽培学［M］.广州；广东省农业厅编.

黑龙江省佳木斯农业学校，江苏省苏州农业学校.1989.果树栽培学总论［M］.北京：中国农业出版社.

胡若冰.2000.红提、黑提葡萄优质栽培技术［M］.济南.山东科学技术出版社.

黄东光.1997.荔枝丰产栽培技术［M］.广东：广东高等教育出版社.

黄辉白，等.2003.热带亚热带果树栽培［M］.北京：高等教育出版社.

梁春浩，等.2010.简易避雨设施减轻葡萄霜霉病发生试验［J］.中国果树（5）：43-45.

梁立峰.1996.果树栽培学实验实习指导（南方本）［M］.2版.北京：中国农业出版社.

刘权，等.1998.枇杷杨梅优质高产技术问答［M］.北京：中国农业出版社.

刘星辉、吴少华.1997.龙眼栽培新技术［M］.福州：福建科学技术出版社.

马骏.2009.果树生产技术（北方本）［M］.2版.北京：中国农业出版社.

倪耀源，等.1997.荔枝栽培，龙眼栽培［M］.广州：广东省农业厅经济作物处和广东省发展亚热带办公室.

翁树章.1997.华南特种果树栽培技术［M］.广州：广东科技出版社.

吴汉珠，周永年.2001.枇杷优质高效栽培［M］.北京：中国农业出版社.

姚自鸣，罗守进.2006.优质葡萄亩创5000元关键技术［M］.北京：中国三峡出版社.

以农乐，等.1999.柿优质高产栽培技术［M］.南宁：广西科学技术出版社.

殷华林.2006.林果生产技术（南方本）［M］.北京：高等教育出版社.

张明沛，等.2008.三避技术［M］.南宁：广西人民出版社.

张明沛，等.2008.三免技术［M］.南宁：广西人民出版社.

朱裕忠、符晓东.2011.枇杷采后修剪要点［M］.中国南方果树（5）：86-87.

图书在版编目（CIP）数据

果树生产技术：南方本/覃文显，陈杰主编．—2
版．—北京：中国农业出版社，2012.7（2023.6重印）
中等职业教育国家规划教材
ISBN 978-7-109-16671-4

Ⅰ.①果…　Ⅱ.①覃…②陈…　Ⅲ.①果树园艺—中
等专业学校—教材　Ⅳ.①S66

中国版本图书馆 CIP 数据核字（2012）第 062414 号

中国农业出版社出版
（北京市朝阳区麦子店街 18 号楼）
（邮政编码 100125）
责任编辑　吴　凯

中农印务有限公司印刷　新华书店北京发行所发行
2001 年 12 月第 1 版　2012 年 7 月第 2 版
2023 年 6 月第 2 版北京第 5 次印刷

开本：787mm×1092mm　1/16　印张：20.5
字数：485 千字
定价：49.50 元
（凡本版图书出现印刷、装订错误，请向出版社发行部调换）